南水北调中线一期

引江济汉工程环境保护实践与管理

肖代文 张仲伟 刘伦华 等著

编 委 会

前言

PREFACE

水资源是人类社会赖以生存和持续发展的物质基础，如何合理利用水资源是人类社会共同面对的严峻形势和亟待解决的问题。根据我国南方水多、北方水少的实际，国家早在1958年就正式提出了一项全国性水利规划。改革开放以来，随着社会经济的快速发展，城市规模不断扩大，工业、农业等迅猛发展，发展国民经济的需水量急剧增加，水资源供需矛盾日益突出。20世纪80年代以后，北方地区水资源短缺的矛盾日趋严重，缺水所造成的损失和环境的恶化更为明显。国家在充分论证的基础上，已于2003年先后启动了南水北调东、中线工程。南水北调中线工程（从汉江丹江口水库调水北上补给北京、天津等淡水紧缺地区）是南水北调工程的重要组成部分，对缓解京津及华北地区水资源短缺，改善受水区生态环境，促进该地区经济和社会的可持续发展具有重要战略意义。

引江济汉工程是从长江荆江河段引水至汉江高石碑镇兴隆河段的大型输水工程，属于南水北调中线一期汉江中下游治理工程之一。工程规划贯彻落实党的十八大、十九大精神，以"创新、协调、绿色、开放、共享"为发展理念，同时以习近平总书记提出的"节水优先、空间均衡、系统治理、两手发力"为重要治水策略。使之建设成为富有经济、生态和环境效益的利国利民的划时代工程，使它成为经得起历史和人们检验的绿色工程，以水资源的可持续利用支撑经济社会的可持续发展。该工程是为解决南水北调中线工程调水后对汉江中下游的生态环境影响，为汉江中下游地区社会经济的可持续发展和全面实现小康社会提供有力支撑，缓解汉江中下游水资源的供需矛盾，缓解南水北调中线工程调水对汉江中下游生态环境和社会经济的影响，修复和改善汉江中下游地区的生态环境，解决东荆河灌区的灌溉水源，满足在汉江兴隆以下河段的生态、灌溉、供水和航运用水条件，改善汉江下游灌溉、航运和生态系统维持的水资源需求，促使汉江下游的生态环境得到合理的保护和健康发展，达到南水北调中线调水区和受水区经济、社会、生态的协调发展，实现调水区与受水区的经济和生态等可持续发展，实现“南北双赢”。

引江济汉工程静态投资61.69亿元，为大型水利工程，包括引江济汉干渠和东荆河节制工程，引水干渠起于荆州市李埠镇龙洲垸，止于潜江市高石碑镇，全长67.23km，地跨荆州、潜江、荆门三市。工程从提出到主体工程建成通水，历时十余年。沿途交叉建筑物100多座；其设计调水量为350m^3/s，最大流量为500m^3/s，预计年均调水量为22.8亿m^3。截至2022年底，引江济汉工程已累计调水298.68亿m^3。除引江济汉工程外，南水北调一期工程同时实施的还有汉江中下游兴隆水利枢纽、部分闸站改造和局部航道整治三项工程。引江济汉工程定位着眼全局：施工前开展了详尽的实地调研工作，工程沿线的地质地貌、生态敏感区、农业耕地及居民的搬迁安置等均做了深入调研与勘察，本着低碳环保的理念制定该工程的环境保护设计方案。第一，在主干渠最优线路的抉择，进水口和出水口位置的选定，均进行了多轮的科学论证；第二，工程设计精益求精，进口段通航渠道在引水渠道下游且二者的夹角为20°，荆江大堤防洪闸变更为两孔开敞式水闸，闸门由7扇潜孔闸门变更为2扇提升式平面闸门，防洪闸闸室上游端由桩号3＋800变更为桩号3＋885；第三，工程各枢纽及其管理区均进行了植被恢复和景观提升。该项目具有复杂性且有诸多因素的影响，在实施过程中应全方位考虑面对的实际问题及挑战。工程计划周密，环境保护管理落实到位。工程以生态、文化和社会功能三方面为核心的主题色彩创造一条绿色可持续的生态廊道，既为汉江源源不断地输送水源，又为生态系统的能量流和物质流开辟了一条新通道，以引江济汉主体渠线为核心保护区，与沿线的历史文化景观进行联动，打造生态功能的一体化、连续性和多功能的作用，如荆州环古城湿地公园、长湖湿地公园等重要景观节点和沿河道绿化带协同发展，加强景观生态功能的提升，从而促进沿线旅游业的发展，带动当地的经济发展和历史人文的传播。

工程竣工后环境效益和社会效益日益显现，评价良好。工程施工场地在竣工后均改建为管理区（所），减少了对土地、植被的破坏，且进行了植被恢复、提高了景观美化度，陆生植物和动物种类比施工前有一定量的增长；进水口设置拦鱼设施，减少长江鱼类的流失；依托兴隆水利枢纽工程的鱼类增殖放流站已连续4年开展了增殖放流活动。施工期间和竣工试运行阶段均开展了环境管理与监理工作，编制了监理月报、环境监理工作总结，同时进行了详细的水生生态、陆生生态、钉螺、农田土壤肥力、地下水水化学指标和地下水位、沿线移民安置区噪声和空气的现状调查与监测工作。使之建成之后，为该地区在生态用水、农业灌溉、城市供水和通航等方面提供优良条件，为当地的人们生活带来诸多便利。为避免该工程带来的潜在不良影响，在未来很长一段时间内要持续性观察该项目对周边带来的影响，在此过程中应注意保护当地的生物群落、生态环境和水生环境，为今后研究该地区野生动植物资源等相关研究提供丰富的资料和物质基础。同时，作为一个典型案例，为其他有相同情况的地区提供借鉴和经验。为全球水资源可持续利用和调控提供一条新的创新道路，为人类命运共同体奉献中国式贡献。

目　录
CONTENTS

第一篇　南水北调中线一期引江济汉工程概述

第二篇　水土保持生态篇

第三篇　环境保护篇

第五篇 景观生态贡献与前景展望

附 录

附 图

第一篇

南水北调中线一期引江济汉工程概述

第1章　工程的建设背景与意义

1.1　工程建设背景

水是生命之源，对于人类的生存与发展有着极其重要的作用。地球表面70%是被水覆盖的，但在地球表面覆盖的70%的水资源中，只有2.5%是人类能够直接利用的淡水，而在这部分淡水中，70%是以固态的形式存在于南极的冰层中，目前无法开采利用，因此，淡水资源是一种稀缺资源。在我国，水资源在总量上十分丰富，在全球国家排名中位于第4位，但是人均淡水占有量的排名却在110位，水资源在整体上而言，其拥有量并不算高，且我国地域辽阔，由于地势以及气候的不同影响，我国南北的水资源分布不均匀。淡水资源在人类的生活以及生产中扮演着极其重要的角色，由于水资源分布不均匀，会导致南北地区经济发展不平衡。因此，我国通过南水北调来缓解北方地区水资源短缺的问题，此战略性举措，对于保障北方地区的水资源安全性以及充足性有着举足轻重的作用。

南水北调是顺应社会经济发展和维持生态系统所需的工程。经党中央、国务院审议通过的总体规划，将汉江中下游的兴隆水利枢纽、引江济汉、改扩建沿岸部分引水闸站、整治局部航道等四项整治工程，列入了南水北调中线第一期工程，这是国家实施可持续发展战略、高度重视生态建设的英明决策。引江济汉工程作为四项整治工程之一，从多年构想到建成通水运行，标志着汉江中下游综合治理开发已经达到了新的篇章。

引江济汉作为南水北调中线水源区工程之一，是从长江上荆江河段附近引水至汉江兴隆河段、补济汉江下游流量的一项大型输水工程（图1-1）。工程的主要任务是向汉江兴隆以下河段（含东荆河）补充因南水北调中线调水而减少的水量，同时改善该河段的生态、灌溉、供水和航运等用水条件（附图1）。

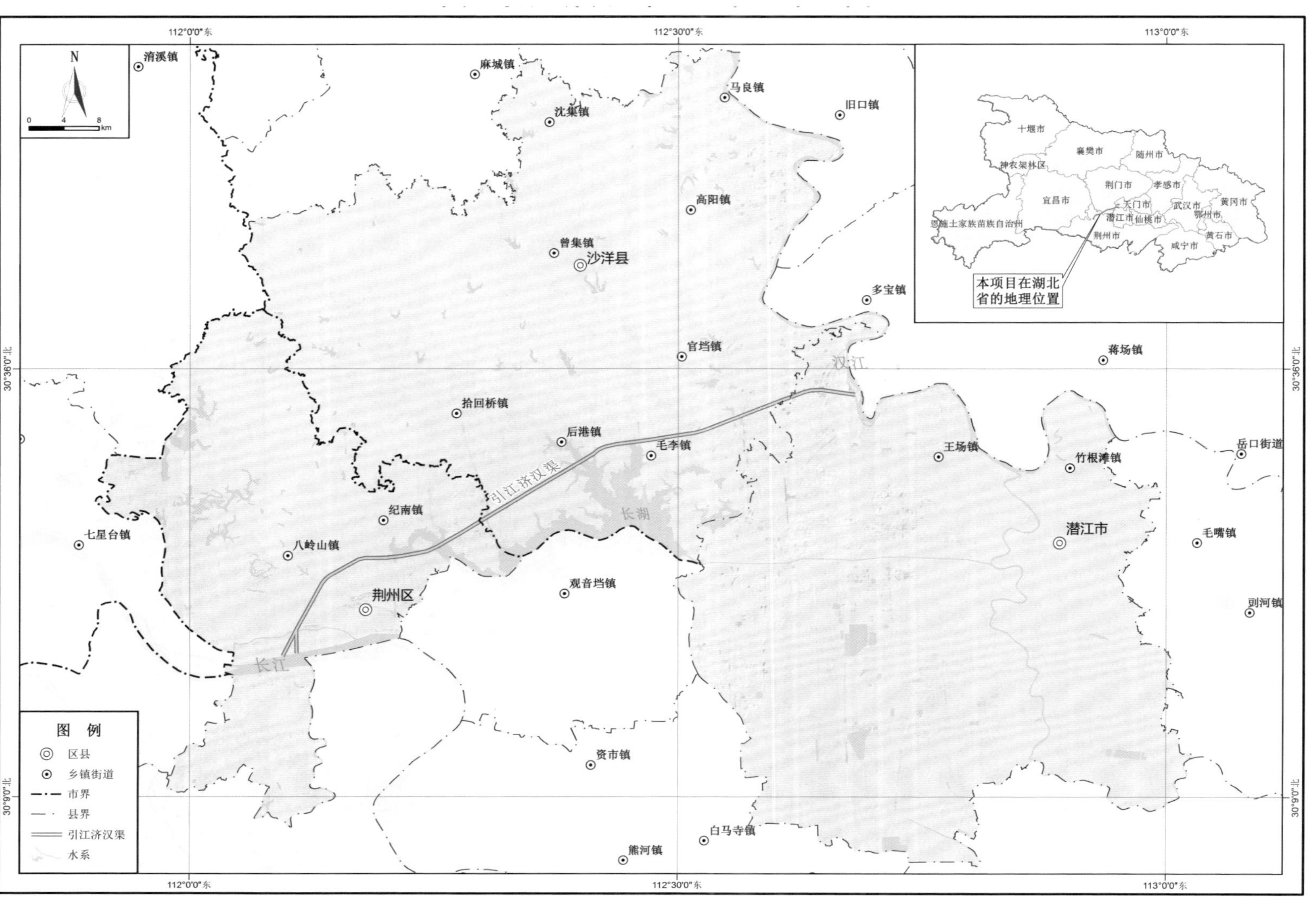

图1-1 引江济汉工程地位置示意图

引江济汉工程规划研究工作具有悠久的历史，早在（公元前 540—529 年）楚国、西晋（280—289 年）及北宋（988 年）年间就几次开通过沙市和沙洋之间的运河（两沙运河）。原结合航运也称“江汉运河”或“两沙运河”。20 世纪 50 年代中期到 60 年代初，水利部门就规划四湖地区兴建沙市闸引长江水灌溉的方案；交通部门在做全国水运网规划中，拟建两沙运河选作京广运河的江汉连接段，1959 年被长江水利委员会列入《长江流域综合利用规划要点报告》。1972 年长江水利委员会编制的《荆北放淤规划》再次提出沙市建闸方案。

1978 年大旱，汉江中下游连续 200 多天干旱无雨，受灾面积 1230 万亩，促使水利部门又对引江济汉工程重新进行规划研究。湖北省水利水电勘测设计院于 1980 年编制了《江汉引水工程规划报告》，充分论述了灌溉引水结合航运兴建引江济汉工程的必要性和迫切性，并对高线和低线两条线路进行了比较论证，原则推荐了从沙市盐卡进口的低线。1984 年湖北省交通厅又编制了《两沙运河航运规划报告》。此后，长江水利委员会和湖北省水利水电勘测设计院将引江济汉工程作为南水北调中线工程汉江中下游补偿工程，在 20 世纪 90 年代又组织过多次查勘和规划。

2001 年 9 月和 2002 年 6 月，长江水利委员会相继编制完成《南水北调中线工程规划（2001 年修订）》和《南水北调中线一期工程项目建议书》（以下简称《项目建议书》），并获审查通过。《项目建议书》确定引江济汉工程的主要任务是：从长江上荆江沙市河段附近引水，补济汉江兴隆以下河段流量和补充东荆河灌区水源，改善汉江下游生态用水、灌溉、供水和航运条件，促使汉江下游的生态环境得到合理的保护和健康发展，达到南水北调中线调水区和受水区经济、社会、生态的协调发展，实现“南北双赢”。

依据国务院审议通过的《南水北调工程总体规划》，受湖北省南水北调工程建设管理局委托，湖北省水利水电勘测设计院于 2002 年 6 月正式开展引江济汉工程可行性研究工作，并于 2003 年 11 月编制完成了《南水北调中线一期引江济汉工程可行性研究报告（初稿）》，其后根据审查意见多次对可研报告做了认真修改、完善，并于 2005 年 12 月编制完成了《南水北调中线一期引江济汉工程可行性研究报告》。

按照国务院南水北调工程建设委员会办公室对南水北调工程初步设计工作的有关要求，湖北省南水北调工程建设管理局于 2007 年 3 月组织对引江济汉工程开展了初步设计招标工作，并于 2007 年 7 月确定了中标单位。引江济汉工程共划分为 3 个设计标段，湖北省水利水电勘测设计院为设计 2 标中标单位，并为设计协调和总承单位。第 1、3 标段中标单位分别为长江勘测规划设计研究有限责任公司和中水淮河规划设计研究有限公司。同时，引江济汉工程需考虑综合利用，引水与通航工程相结合，故由湖北省交通规划设计院承担引江济汉工程初步设计通航部分及干渠公路桥梁的工作。上述 4 家勘测设计单位通力合作，密切配合，于 2008 年 12 月编制完成初步设计报告，2009 年 2 月 12—15 日，湖北省南水北调工程建设管理局在武汉主持召开南水北调中线一期引江济汉工程初步设计报告法人内审会。根据内审意见，各设计单位对初步设计报告进行了修改、补充，并于2009年3月编制完成了《南水北调中线一期引江济汉工程初步设计报告》（以下简称《初设报告》）。湖北省南水北调工程建设管理局以鄂调水局〔2009〕16号文将《初设报告》上报国务院南水北调工程建设委员会办公室。

受南水北调工程设计管理中心委托，水利部水利水电规划设计总院于2009年7月15—19日在北京市召开会议，对《初设报告》进行了审查。根据初审意见，各设计单位对初步设计报告进行了修改、补充和完善，并于2009年9月编制完成了《南水北调中线一期引江济汉工程初步设计报告》（修改本）。

引江济汉工程总进度的安排原则，依据国家对南水北调中线工程的投入、供水需要及总的进度要求，另外考虑到本工程布置特点及工程量巨大，编制本工程施工总工期为四年。第1年7—12月进行施工准备，并进行基坑降水井施工；第2年1月至第4年12月，进行龙洲垸进水闸段施工，其中，第3年底进水口具备挡水条件，第4年5月拆除原龙洲垸老堤；第4年10月底前拆除原荆江大堤。根据工程区跨越河流的水文特点，各交叉建筑物工程主要安排在11月至次年4月的枯水时段内进行大规模施工，部分项目可根据实际情况在10月、5月安排施工；渠道的施工基本上不受水文条件的限制，可全年进行，穿湖段的施工受长湖水位的影响，安排在10月至次年4月施工。

1.2 引江济汉工程意义

由于调水后丹江口水库下泄过程有所变化，对汉江中下游生活、生产及生态有一定影响，根据《南水北调中线一期工程项目建议书》，引江济汉工程的任务是："满足汉江下游区生活、工业、农业、生态和航运的水量需求，减缓调水对汉江中下游地区的不利影响。"引江济汉工程的开工，对于加快南水北调工程建设步伐，推进汉江中下游综合治理开发，促进汉江中下游乃至湖北省经济社会可持续发展具有十分重要的意义。这对于改善江汉中下游地区的经济以及生态等方面都有着正向的促进作用。

1.2.1 社会意义

（1）串联两江四岸，密切航运联系

引江济汉工程确定的规模是："考虑远景调水的需要及调水对生态环境的不确定因素并尽可能地改善汉江下游航运条件，现阶段初步拟定工程最大设计流量为500m³/s。""江汉运河"或"两沙运河"是《全国水运主通道总体布局规划》中20条水运主通道之一，其大部分工程可与引江济汉工程相结合，通航工程的实施，将使水资源综合利用的原则得到贯彻，运河建成后，将大大缩短长江与汉江水陆直达运输里程，节约大量运输成本，同时也促进水运建设的发展，使湖北省交通综合运输体系更趋完善，对国民经济发展具有重要意义。由此可见，对引江济汉实施通航工程是十分必要的。通航工程的建设，汉江下游地区均会直接受益，两江之间的水运路程大大缩短，使得两地之间相互串联起来，密切相连，对于带动两地的发展有着十分重要的作用。

（2）补充江汉水量，缓解供水失衡

汉江中下游干流供水区内共有武汉、襄阳、孝感等 17 个城市以汉江为主要供水水源，其需水量包括生活、工业、生态环境及其他用水等。在分析预测城市需水量时，主要采用定额法，并利用需水弹性系数法和增长率法对需水量进行合理性分析。在着重分析了各城市的用水现状和产业结构布局的基础上，把节水放在突出位置，即根据各个城市的节水现状，考虑国家对城市节水的宏观要求，由城建部门制定各城市具体的节水目标。根据节水目标分别进行水资源一次分析和二次分析，最终合理确定城市需水量。经分析，汉江中下游各城市现状，2010 年和 2030 年总需水量分别为 30.67 亿 m^3、47.55 亿 m^3 和 66.94 亿 m^3。

引江济汉工程的供水范围（直接受益范围）为汉江中下游干流供水区的组成部分，主要包括汉江兴隆河段以下的 7 个城市（区）（潜江市、仙桃市、汉川市、孝感市、东西湖区、蔡甸区、武汉市城区）和 6 个灌区（谢湾、泽口、东荆河区、江尾引提水区、沉湖区、汉川二站区），现有耕地面积 645 万亩，总人口 889 万人，其中非农业人口 400 万人，工业总产值达 1015 亿元。因此，引江济汉工程的建设，可以有效地缓解由于南水北调工程江汉中下游地区缺失的水量，为城市、灌区、耕地及时补充水源，缓解供水失衡问题。

（3）顺应时代要求，建设“两型社会”

建设引江济汉工程，有助于湖北全省“两型”社会建设。首先，对于资源节约型社会而言，引江济汉工程在原材料及工程等很多方面都是经过再三审议后，在节约成本以及保证工程等多方面经过权衡利弊作出的最终决断，且引江济汉工程的建成，大大缩减了两江地区的航运路线，对于缩减两地航运时间的航运优势发挥着重要的作用。其次，引江济汉工程的附加效应，即美化渠线两岸的地貌景观，优化两岸的基础设施，极大地改善了堤顶的陆上交通环境；该工程的建设，对于美丽中国的建设也有着积极正向的作用。

（4）促进政策实施，造福两江人民

自党的十九大以来，习近平总书记强调要促发展、保民生。水资源在人民的生活中是不可或缺的存在，它直接影响着人民的生活质量以及生产水平。引江济汉工程的建设对于相关政策的实施有着促进作用，该工程项目完工，会为两江地区布置出一条生态蓝带，解决两江地区的供水问题，且该工程的实施，会带动两江地区的建设，为当地人提供更多的就业岗位，解决农民工无岗位以及就业难的问题；与此同时，引江济汉在改善当地生态环境时也可带动旅游业的发展，既能美化两江的绿水青山，也能促进经济发展，造福两江人民。

1.2.2 生态效益

（1）改善下游水质，润泽江汉大地

引江济汉工程的实施可改善汉江下游河道内枯水期的水环境，基本控制“水华”的发生。引起“水华”现象主要有3个原因：一是水流速变缓，二是水体富营养化，三是温度较高。而引江济汉工程实施可保证汉江中下游河道1—3月枯水期流量在500m^3/s（预防汉江出现“水华”的最小流量，保证率可提高到95%）以上，流速的增大，有可能降低汉江下游江段“水华”发生的概率。同时，引江济汉工程也有利于改善汉江下游水环境质量。经测算，实施引江济汉工程，可以降低汉江下游水体COD浓度4.1%～9.7%，改善汉江下游枯水期和平水期水环境质量。

（2）供水灌溉农田，美化乡村环境

项目区地处富饶的江汉平原腹地，经济以农业为主，是湖北省灌溉农业最发达的地区之一。项目区所涉及的23个乡镇，国土面积2385km^2，农业人口85.15万人。农业生产水平在全省位居前列。乡镇企业营业收入达218亿元。因此，在两江地区发展好农业对于此后的长期发展十分重要。引江济汉工程的建设，可以有效地解决项目区的农业灌溉用水问题。经分析，汉江中下游各灌区农业灌溉需水量现状、2010年和2030年分别为81.5亿m^3、85.0亿m^3和78.8亿m^3，农业灌溉需水量2030年比2010年呈减少的趋势；乡镇工业、生活及农村饮水需水量现状、2010年和2030年需水量分别为15.8亿m^3、32.8亿m^3和40.1亿m^3。

（3）加强生态保护，恢复渔业资源

鱼类、鸟类及昆虫对生态环境的变化有着灵敏的连锁反应，环境生物可以作为生态环境建设及保护成效的监测生物。该工程对于鱼类、鸟类、植物等都做出了具体的保护策略：

1）充分依托兴隆水利枢纽工程建设的鱼类增殖放流站，定期向汉江和长江投放相应的鱼类苗种；

2）不污染游禽和涉禽的生境，保护长湖鸟类物种多样性；

3）做好施工人员宣传教育工作，避免施工期间妨碍陆生动物的正常活动，禁止捕杀野生动物和从事其他有碍动物生境的活动；

4）严格控制林木的砍伐数量，禁止砍伐征地之外的树木，践行陆生植物保护工作。

在两江地区，由于引江济汉工程的实施，可以使江汉中下游地区在枯水季节提高水位，可以改善鱼类的栖息环境，从而改善鱼类群落，增加鱼类的数量，从而促进渔业资源的恢复。2022年7月对引江济汉工程沿线实地调研发现：渠线水体上空翱翔着白鹭等鸟类，渠线两侧绿地陆生小型动物较多。

(4) 优化生态环境，减轻防洪压力

引江济汉工程的实施，对于改善当地生态环境，减轻中下游地区防洪压力极其重要。引江济汉工程具有撇洪功能，分流四湖部分洪水，也可以有效地减轻长湖的防洪压力。四湖上区排蓄演算成果表明，在现有工程条件下，通过采取借粮湖、彭塚湖分洪等综合措施，长湖防洪标准勉强可达到 20～50 年一遇，防洪形势依然严峻。鉴于长湖所处的险要位置，提高其防洪标准十分急迫。而拾桥河集水面积 1134km^2，约占长湖流域汇流面积的一半以上，实施拾桥河撇洪可有效缓解长湖防洪体系存在问题，如田关河过流能力有限、田关闸自排和田关泵站电排同道的矛盾，故从结合当地水利规划的角度统筹考虑，研究实施拾桥河撇洪工程是必要的。湖北省水利水电勘测设计院 2007 年编制完成的《四湖流域综合规划报告》也推荐实施拾桥河撇洪方案。

第2章　工程建设历程及概况

引江济汉工程的任务是为了满足汉江下游区生活、工业、农业、生态和航运的水量需求，减缓调水对汉江中下游地区的不利影响。引江济汉工程的科学论证为其近期及远期社会效益和生态效益提供前提保障。

2.1　水文分析及进口河段位置

2.1.1　水文分析

引江济汉工程从长江上荆江河段引水到汉江兴隆河段，根据《引江济汉工程可行性研究报告》，推荐线路为龙高Ⅰ线，其引水口位于荆州龙洲垸、出水口为潜江市高石碑。干渠线路地跨荆州、荆门两地级市所辖的荆州区和沙洋县，以及省直管市潜江市和仙桃市。

（1）长江取水口河段

引江济汉工程取水口位于长江枝江至沙市之间，河段长约58km。取水口龙洲垸位于沮漳河出口下游，上距陈家湾水位站3.34km，下距沙市水文站13.76km，河段左岸有沮漳河汇入，右岸有太平口分流入洞庭湖。洞庭湖在河段下游约252km城陵矶处汇入长江，对本河段水位有顶托影响。河段上游有葛洲坝工程和三峡工程（已蓄水运用），对本河段水文特性将造成较大影响。

（2）出水口河段

出水口为汉江兴隆枢纽下游约3km的高石碑，上距沙洋（三）站27.1km，下距泽口站31.85km。出水口高石碑位于汉江下游，河道处于冲积平原，两岸有堤防，上游有丹江口水库及建设中的兴隆水利枢纽。

（3）项目区工程概况

四湖上区地处长江一级支流内荆河流域的上游，西北以漳河二干渠和三干渠为分水岭，南以长湖湖堤和田关河堤与四湖中区分界，东抵汉江干堤和东荆河堤，西为荆江大堤，集水面积3240km^2，其中直接汇入长湖2265km^2，上西荆河539km^2，田北内垸436km^2。四湖上区地势西北高、东南低，低山丘陵面积2030km^2，约占2/3，平原湖区面积 1210km²，占 1/3。

从沙市到兴隆引江济汉渠线中间隔着长湖，长湖是四湖上区重要的调蓄湖泊，具有防洪、治涝、灌溉、供水等综合利用效益。长湖湖底高程 27.20～28.00m（冻结吴淞高程，－1.869m 为黄海高程，下同），正常蓄水位 30.50m，相应湖面积 122.5km²，湖泊容积2.71 亿 m³。当达到设计最高洪水位 33.50m 时，长湖湖面积可达 164.2km²，湖容 6.97 亿 m³。

田关河是长湖向东荆河外排的通道，建有田关闸和泵站外排。治涝规划四湖上区成为一个相对独立的除涝系统，一般不向四湖中区内排。因此，实际成了汉江下游的一个治涝区。

引江济汉工程穿越的主要河流有太湖港、拾桥河、广平港、上西荆河、殷家河等。

2.1.2 进口河段位置

（1）宜昌站设计洪水

三峡水利枢纽设计中，根据宜昌 1877—1990 年 114 年实测系列和丰富的历史洪水资料，对宜昌和枝城站设计洪水作了深入细致的分析研究，设计成果通过了审查。本次宜昌、枝城设计洪水分析，是以三峡水利枢纽初步设计成果为基础，通过加入 1998 年等长江大洪水，对资料系列延长后，补充复核宜昌设计洪水成果。本次复核的宜昌设计洪水参数仍与三峡初设成果一致。宜昌站设计洪水见表 2-1。

表 2-1　　宜昌站设计洪水成果表　　（流量：m³/s；洪量：亿 m³）

项目	统计时段	统计参数			设计值				
		Ex	Cv	Cs/Cv	0.33%	0.50%	1%	2%	5%
原三峡初设成果系列至1990年	日均流量	52000	0.21	4	91000	88600	83700	79000	72300
	3d	130	0.21	4	227.5	221	209.3	197.6	180.7
	7d	275	0.19	3.5	453.8	442.8	420.8	401.5	368.5
	15d	524	0.19	3	854.1	833.2	796.5	759.8	702.2
	30d	935	0.18	3	1487	1450	1393	1330	1234
本次计算（延长系列至2007年）	日均流量	51300	0.21	4	90100	87400	82700	77900	71200
	3d	128.1	0.21	4	225	218	207	195	178
	7d	271.4	0.19	3.5	448	436	416	395	365
	15d	512	0.19	3	835	814	778	740	686
	30d	914	0.18	3	1450	1420	1360	1300	1210

（2）枝城站设计洪水

枝城洪水主要来自宜昌以上，宜昌至枝城区间水量不大，同步系列分析表明，区间水量占枝城水量的 3.6%～4.3%，枝城洪量是宜昌洪量的 1.04 倍左右。考虑到宜昌洪水系列长，资料精度高，历史洪水可靠，因而枝城站洪水频率计算成果直接借用宜昌站有关统计参数，仅对枝城各时段洪量的均值 Ex 乘上 1.04 倍进行修正。枝城站设计洪水成果见表 2-2。

表 2-2 **枝城站设计洪水成果表** （流量：m^3/s；洪量：亿 m^3）

统计时段	统计参数			设计值				
	Ex	Cv	Cs/Cv	0.33%	0.5%	1%	2%	5%
日均流量	54100	0.21	4.0	94600	92100	87000	82200	75200
3d	135.2	0.21	4.0	236.6	229.8	217.7	205.5	187.9
7d	286.0	0.19	3.5	472.0	460.5	437.6	417.6	383.2
15d	545.0	0.19	3.0	888.3	866.5	828.4	790.2	730.3
30d	972.4	0.18	3.0	1546	1508	1449	1381	1283

（3）三峡水库建成前，进水口断面设计洪水现状

龙洲垸进口断面设计洪水采用枝城设计洪水成果，考虑支流的加入与松滋口的分流。松滋口分流比取近期分流情况枝城流量大于 50000m^3/s 时的最小分流比即 10.9%，沮漳河相应来水 1300m^3/s。本次初步设计阶段进水口断面设计洪水为枝城设计流量成果减去松滋口分流量再加上沮漳河相应来水 1300m^3/s，见表 2-3。

表 2-3 **龙洲垸进口断面设计洪水成果表** （流量：m^3/s）

进口断面	设计值			
	1%	2%	5%	10%
龙洲垸	78800	74500	68300	63600

（4）三峡水库建成后，进水口断面设计洪水

三峡水库建成后，其调度原则为：遇百年一遇以下洪水，可使沙市水位不超过 44.50m（冻结吴淞），不启用荆江分洪区，并可减少洲滩民垸被洪水淹没的机会，枝城控制泄量为 56700m^3/s；遇 1931 年、1935 年、1954 年洪水，可使沙市水位不超过 44.50m（冻结吴淞），不启用荆江分洪区，枝城控制泄量为 56700m^3/s；遇千年一遇或类似 1870 年洪水，可使沙市水位不超过 45.00m（冻结吴淞），保证荆江河段的行洪安全。进口河段设计洪水成果在三峡水库调度原则下分析计算出，即遭遇百年一遇以下洪水，三峡水库建成后，龙洲垸进水口断面设计洪水为枝城控泄流量 56700m^3/s 减去松滋口分流量（分流比 10.9%）再加上沮漳河来水 1300m^3/s 得，即 51800m^3/s。

（5）进水口断面施工设计洪水

根据 1956—1998 年宜昌、枝城、长阳、河溶、松滋口（新江口和沙道观）、太平口弥

陀寺等水文站资料分析计算三峡水库建成前取水口断面历年月均流量成果；结合三峡水库调度原则，进行1956—1998年长系列操作，分析计算三峡水库下泄流量过程，考虑口门分流及区间来水，分析计算三峡水库建成后，进水口断面历年月均流量成果，选取11月至次年4月三峡水库建成前、后分月月均流量成果，采用与经验频率相近的典型年流量值为施工设计洪水成果（表2-4）。

表2-4　进口河段11月至次年4月施工期平均流量设计洪水成果表　（单位：m^3/s）

项目	施工期	均值	频率 P（%）				
			2	5	10	20	50
三峡建库后流量（系列：1956年11月至1998年4月）	11月至次年3月	6330	7500	7230	7000	6740	6290
	11月至次年4月	6330	7550	7300	7070	6800	6310
	11月	9030	13600	12500	11700	10600	8880
	12月	5940	7480	7090	6770	6420	5850
	1月	5393	5530	5500	5480	5450	5390
	2月	5543	5800	5750	5700	5650	5540
	3月	5736	6140	6060	5990	5900	5730
	4月	6379	11900	8840	7150	6160	5870
三峡建库前流量（系列：1956年11月至1998年4月）	11月至次年3月	5610	6950	6660	6410	6120	5590
	11月至次年4月	5790	7330	6990	6700	6360	5760
	11月	9895	13400	12600	12000	11200	9810
	12月	5810	7490	7120	6800	6430	5770
	1月	4217	5220	4990	4800	4580	4190
	2月	3798	4770	4540	4350	4130	3760
	3月	4323	6320	5830	5420	4970	4220
	4月	6649	12300	10700	9500	8180	6210
还原流量（系列：1956年11月至2007年4月）	11月至次年3月	5650	7000	6710	6460	6170	5630
	11月至次年4月	5810	7350	7010	6720	6380	5780
	11月	9780	13500	12700	12000	11100	9690
	12月	5830	7520	7140	6820	6450	5790
	1月	4300	5380	5130	4920	4680	4270
	2月	3880	4980	4720	4500	4250	3830
	3月	4420	6840	6220	5720	5170	4280
	4月	6640	12500	10900	9570	8210	6170

本次初设阶段对上述月均流量系列补充分析计算了三峡水库建成前、后分期11月至次年3月、11月至次年4月平均流量成果，并将原月均流量系列延长至2007年4月，由

于三峡水库建成蓄水，需对进水口断面2003年11月至2007年4月月均流量成果进行还原计算，依据1998年11月至2007年4月天然月均流量系列，统计出11月至次年4月分月月均和分期11月至次年3月、11月至次年4月平均流量，然后将1956年11月至2007年4月系列成果进行频率分析计算。经长短系列施工设计洪水成果比较，长系列1—3月月均施工设计洪水成果比短系列要偏大1.42%～8.23%。故考虑到安全性，三峡水库建成前施工设计洪水成果采用长系列施工设计洪水成果。

2.2 工程地质勘测评估

工程区位于扬子准地台的江汉盆地西部的江陵凹陷处，新构造运动以来以下降运动为主，下降过程中伴有间歇性和掀斜性。晚第三纪以来工程区没有活动性断裂通过，附近断裂亦无明显活动迹象，没有发生强震的历史记载，地壳稳定性中等偏好。根据《中国地震动参数区划图》(GB 18306—2001)，工程区地震动峰值加速度为0.05g，地震动反应谱特征周期0.35s，相应的地震基本裂度为Ⅵ度。

工程区地处江汉平原中偏西部，地势总体较平坦，微向东南倾斜，第四纪以来接受江湖堆积为主，地貌形态可分为垅岗状平原、岗波状平原、湖沼区，低平冲积平原及人工地形区。区内主要出露地层为第四系全新统（Q_4）和上更新统（Q_3）冲积、湖积和洪积堆积，全新统地层（Q_4）主要分布于渠线进出口段，中部在河湖附近零星出露，岩性有黏土、壤土、淤泥质土、沙壤土和砂土；其中黏性土一般呈软～塑状，土的物理力学性质较差。上更新统地层广泛出露于渠线中部，岩性主要有黏土、壤土、沙壤土和砂土等，黏性土呈可～硬塑状，土的物理理学性质较好。上更新统地层在进出口段下部也有分布，岩性以砂土为主。

工程区地下水类型可分为第四系孔隙潜水、孔隙承压水。地下水的水化学类型主要为重碳酸钙钠型及重碳酸钙镁型，对混凝土无侵蚀性。

根据渠线出露地层及其工程特性、地形地貌、水文地质条件和主要工程地质问题，将引江济汉渠道分为36段，其中一般黏性土段7.2km，占渠线总长的10.7%，膨胀土段42.5km，占渠线总长的63.2%（中等膨胀土段12.4km，弱膨胀土段30.1km），砂基段16.73km，占渠线总长的24.9%，软基段5.26km，占渠线总长的7.8%。

砂基渠段主要是边坡稳定和施工期基坑涌水涌砂，对于中等膨胀土和弱偏中膨胀土渠坡可采取换土处理，配合坡面防水、排水措施，尤其注意施工的临时防护。渠线穿庙湖、海子湖段湖水不深，湖底淤泥和淤泥质土不厚（0.6～1.3m)，清淤施工相对较容易，渠堤堤基主要为硬塑状老黏土，其顶板高程和渠底相差不大，不需要进行大量开挖或回填，方案可行。

引江济汉渠道进出口建筑物坐落在上长江、汉江一级阶地，地层以第四系全新统土层为主，土的物理力学性质较差，存在边坡不稳定、承载力偏低和渗漏、渗透等安全问题。由于基坑已揭露粉细砂层，且承压水水头高，施工期存在基坑涌水涌砂，应选择枯水季节施工，并做好基坑降水工作。

干渠通过桥河时，设计平立交方案，如结合撇除桥河洪水时需加高加固桥河堤防。现有桥河堤防堤身填土主要以黏土、壤土为主，局部夹淤泥质土和粉细砂，除左堤桩号9+020附近外，大部分堤身填筑质量较好。堤基土层以二元结构为主，上部主要是 Q_3 黏土、壤土，局部分布有原河塘沉积淤泥质土，但软土厚度小且不连续。在汛期和高水位情况下，部分堤基存在渗透变形问题。同时，部分堤基还存在沉降变形问题。

水系恢复主要采取倒虹吸的形式，共 30 座。其中红卫渠、港南渠和港总渠等 3 个倒虹吸位于长江一级阶地，地层以第四系全新统土层为主，工程地质条件较差。广平港、拾桥河等 19 个倒虹吸位于长江、汉江二级阶地，地层以第四系上更新统土层为主，工程地质条件较好。西荆河、兴隆河等 6 个倒虹吸位于汉江一级阶地，地层以第四系全新统土层为主，工程地质条件较差。

路渠交叉建筑物恢复主要采取原地恢复形式，共 33 座（含东荆河节制工程 2 座），其中铁路桥一座，公路桥 32 座（含东荆河节制工程 2 座）。天鹅、荆李等桥梁位于长江一级阶地，地层以第四系全新统土层为主。兴隆河等桥梁位于汉江一级阶地，地层以第四系全新统土层为主。其他桥梁位于长江、汉江二级阶地，地层以第四系上更新统土层为主。跨渠交通建筑物基本采用桩基，桩基持力层为下覆砂卵石层。

东荆河马口、黄家口、冯家口 3 个橡胶坝坝址区地层均为第四系全新统冲积和湖积地层，岩性主要为黏土、壤土、淤泥质壤土、淤泥质黏土、沙壤土和粉细砂。各坝址存在的主要工程地质问题是坝基土层承载力不足，存在软基、坝基渗透变形，河滩土层抗冲刷和坝基抗滑稳定等，需根据不同的地质情况，分别采取相应的工程处理措施。

通顺河补水渠线渠道从进口至冯宝渠与火脑沟交汇处为南北向展布，地层岩性主要以细粒土为主，渠道两岸地层均为黏性土层，属微透水层，不存在渗透问题。需对渠道按设计底板高程和设计边坡进行清淤。通顺河节制闸、新建冯家口闸、冯宝闸和古河闸等存在的主要工程地质问题是土层承载力不足，存在软基、坝基渗透变形，抗滑稳定等，需根据不同的地质情况，分别采取相应的工程处理措施。

工程所需土料宜采用 Q_3 黏性土，建议优先使用渠道开挖弃土，但必须剔除膨胀土、软土、砂土等质量较差的土层。本阶段针对不同渠线选择并勘察了一批土料场，其储量和质量基本上能满足设计要求。石料除外购外，还选择了八岭山石料场、荆门十里铺石料场、沙洋马良山石料场 3 个石料场，岩性为玄武岩、灰岩、白云质灰岩等，其质量和储量可满足工程建设需要，但对整个引江济汉工程而言，石料源分布不均，且运距较远。

渠道开挖有大量弃土，建议一部分作为土料用于填筑渠堤及加固附近河道堤防，一部分就近堆放在渠道两侧。

2.3 工程规模与方案

2.3.1 规模确定的原则

引江济汉工程属调水工程，调入区（即汉江中下游干流供水区）需要调入的水量，应进行全面的水资源供需平衡分析后确定。同时，工程的供水对象由汉江干流和东荆河两部分组成，故需首先分别确定各自的需水要求，再从整体上进行研究。

确定引江济汉工程规模时，应考虑以下原则：

1）工程的规模以2010年调水95亿m^3的方案为设计条件，并考虑了三峡工程建成运用后对长江河床的冲刷而引起进口水位下降的影响；

2）工程对汉江高石碑以下河段的流量是补济性质的，因此其规模应进行全面的水资源供需平衡分析后确定，即将其下游需水过程与上游来水过程进行比较，不足的部分即为要求引江济汉工程补济的流量过程；

3）工程规模应尽量满足工程任务的要求。

2.3.2 规模确定的方法

依据上述原则，引江济汉工程规模确定的方法分两步进行。

2.3.2.1 水资源供需平衡分析

根据引江济汉工程出口下游需水及上游来水，初拟工程的需水规模，具体计算过程为：

1）根据汉江出口下游各用水部门的需水要求，计算出下游的需水过程；

2）根据丹江口水库的下泄过程和区间来水，扣除工程出口以上的汉江干流各用水部门的需水，计算出引江济汉工程出口上游的来水过程；

3）将下游需水过程与上游来水过程进行比较，不足部分即为要求引江济汉工程补济的流量过程，根据该流量过程初拟工程流量规模。

2.3.2.2 工程供水保证程度复核

根据长系列进出口水位成果，验证初拟的工程流量规模是否满足工程任务的要求，具体计算过程为：

1）以工程进出口长江和汉江的长系列水位过程为上下游边界条件，初拟渠道断面设计参数，进行明渠恒定非均匀流计算，得出工程长系列的可引流量过程；

2）根据工程长系列的可引流量过程和工程出口上游调水后汉江的来水过程，验证工程是否达到了既定任务的目标；

3）若工程目标不能满足，则适当增大工程规模（含泵站）或调整渠道断面参数，直至工程能达到既定任务。

2.3.2.3 水资源供需平衡分析

设计水平年2010年，丹江口水库按往北调水95亿m^3方案下泄，此为设计条件。

（1）汉江干流需引水过程

将汉江高石碑出口断面的需水过程与上游来水过程进行比较，不足的部分即为要求引江济汉工程补济的流量过程。

（2）东荆河需引水过程

东荆河补水主要为满足东荆河灌区的灌溉用水需求。东荆河的分流量加上区间来水量和回归水量与东荆河灌区的需水量之差值，即为东荆河所需的引水过程。

（3）工程渠首需引水过程

将汉江干流和东荆河的需引水过程进行同期相加，即为工程渠首需引水过程。需补水流量成果汇总详见表2-5。

表2-5　　工程年需引水量成果表　　（单位：亿m^3）

水平年	多年平均	$P=85\%$	$P=90\%$	$P=95\%$
2010年（调水95亿m^3）	28.0	39.8	46.6	57.0
2030年（调水95亿m^3）	30.8	42.9	52.0	61.5

2.3.2.4 工程规模确定

因进口长江水位和工程的需引水过程变幅均较大，很难确定某一种工况作为干渠的设计条件，应结合需水要求、进出口水位条件、地形条件和工程规划方案等因素综合拟定。

经分析，龙高Ⅰ线不具备仅靠自流引水满足工程任务的条件，渠首增建泵站是必然的。故工程的设计条件也相应由渠道自流设计条件（确定渠道断面）和泵站的设计条件（确定泵站规模）两部分组成。这两部分是相互联系的，存在多种组合。

鉴于长江5—9月水位较高，自流条件较好，为尽量缩减汛期的抽水历时，故初步确定工程5—9月自流引水保证率达到90%作为渠道断面设计的初拟条件，泵站的设计条件为补充满足其余时段工程任务的要求。

（1）渠道设计流量

从渠道5—9月自流引水保证程度分析，并考虑汉江干流和东荆河灌区需水要求的不均衡性，故工程的设计流量拟定为$Q=350m^3/s$。

（2）渠道最大引水流量

为尽可能利用干渠自流输水能力来增加中水流量的历时，同时考虑到需水过程的不均匀性，渠道的引水规模应适当留有余地。故渠道的最大流量拟定为$Q=500m^3/s$。

（3）东荆河补水流量规模

按缺水量进行设计代表年分析，选择1960年作为东荆河灌区设计代表年（$P=85\%$），据此确定东荆河补水设计流量为$100m^3/s$。同时加大系数取1.1，故东荆河的补水加大流量确定为$110m^3/s$。

（4）泵站规模

泵站规模的确定应以满足工程任务目标为基础，即按以下情况取外包：①汉江仙桃控制断面2—3月的流量大于$500m^3/s$的历时保证率达到95%；②灌溉年保证率达到80%～85%；③在满足兴隆以下河段最小通航流量的基础上，使该河段中水（$600\sim800m^3/s$）的通航保证率基本达到现状水平，即工程出口断面的汉江流量大于$800m^3/s$的历时保证率基本达到60%左右，大于$600m^3/s$的历时保证率基本达到75%左右。

本阶段运用三峡水库30年和40年的1956—1998年旬平均水位系列补充分析了长江龙洲垸进口断面；分别考虑进口设计条件变化（水位下降2m和3m）和需水变化（2010年需水和2030年需水）两种情况，并以此为边界条件，复核了工程的供水保证率。

鉴于三峡工程建成运用后清水下泄河床下切导致进口水位下降有一个观察和渐变的过程，为避免投资积压和资源长期闲置，本阶段确定近期泵站规模为$200m^3/s$，远期泵站规模为$250m^3/s$。近期需结合考虑远期泵站的工程布局和场地预留，除增加的机组暂不安装外，机组的安装高程和泵房尺寸均按远期考虑。龙洲垸进水闸应考虑远、近期相结合，即近期按进水口水位下降3m、相应引水流量$250m^3/s$进行设计。

2.4 投资估算与运行成本

2.4.1 投资估算

龙高Ⅰ线工程投资：设计工期四年，按2004年8月价格水平计算，工程总投资485080.41万元。其中水利工程部分投资354911.30万元；移民、水保及环保部分投资130169.11万元；若考虑干渠通航，需增加投资103032.99万元。在满足通航条件下工程总投资为588113.40万元。

2.4.2 运行成本

本次财务运行成本分析主要分析各线路方案的年运行费和总成本费用。年运行费包括工资及福利费、材料费、管理费、抽水电费、维护费和其他费用等，总成本费用包括年运行费和折旧费。各方案运行成本费用估算见表2-6，可见龙高Ⅰ线年运行费最少，龙高Ⅱ线最多。

表 2-6　各方案运行成本费用估算表（未计入通航部分）　（单位：万元）

序号	方案	龙高Ⅰ线	龙高Ⅱ线	高Ⅱ线	盐高线
1	年运行费	7166	10455	7525	7375
2	折旧费	10138	9313	11406	9794
3	总成本费用	17304	19768	18931	17170

综上所述，引江济汉工程龙高Ⅰ线方案年运行费为 7166 万元/年。

2.4.3　综合评价

引江济汉工程作为南水北调中线工程的水源区工程之一，是南水北调中线工程的重要组成部分和湖北省汉江中下游水资源优化配置的龙头项目，它的实施不仅对中线工程的调水规模和供水保证率有直接影响，而且对汉江中下游地区的生态环境修复和改善具有重大作用，还可缓解汉江中下游水资源的供需矛盾，为汉江中下游地区社会经济的可持续发展和全面实现小康社会提供有力支撑，其生态效益和社会效益十分显著。

据财务运行成本分析初步测算，工程实施后，龙高Ⅰ线方案年运行费为 7166 万元。因该工程属社会公益性的水资源优化配置项目，虽然无直接的财务收益，但其自身社会效益、生态效益十分显著。建议国家给予财政补贴和政策扶持。根据湖北省办公厅给水利部报告的精神，“建议引江济汉工程年运行费计入中线工程供水成本及水价中”。

根据长江水利委员会编制的《南水北调中线一期工程项目建议书》，南水北调中线一期工程的多年平均调水量为 95 亿 m^3，扣除输水损失后，各受水区的净需水量为 78 亿 m^3 左右，如考虑从中线工程供水水价中按 0.01 元/m^3 提取费用，则每年可筹措资金约 7800 万元，完全可维持引江济汉工程的正常运行。

第3章 施工与管理

3.1 工程概括及主要建筑物

3.1.1 工程概况

南水北调中线工程是解决京津华北平原缺水问题的重大战略基础设施，它将从汉江丹江口水库调水，第一期调水95亿m^3，第二期调水130亿m^3。由于将丹江口以上多年来水的25%～30%调往北方后，对汉江下游将产生较大的不利影响。为了减少或消除调水对汉江中下游产生的不利影响，改善和保护中下游的生态环境，需要兴建补偿工程项目，引江济汉工程即为其主要项目之一。

引江济汉工程是从长江荆江河段引水至汉江兴隆以下河段，以解决东荆河灌区的水源及改善兴隆以下河段的灌溉、航运及河道内生态用水的条件。确定设计引水流量350m^3/s。选定引水线路龙高Ⅰ线，即自荆州市龙洲垸建进水闸，向东北方向引水至桩号3+500处穿过荆江大堤，桩号7+310处穿过太湖港总渠，在荆州城北穿宜黄高速公路后与高Ⅱ线相接，在桩号22+812处穿过海子湖，桩号27+828处穿越拾桥河后进入荆门市境，在桩号38+000处穿过后港长湖湖汊，桩号55+690处穿过西荆河，桩号61+100处穿过祖师殿后进入潜江市境，在桩号65+640处过高石碑出水闸，将长江水引入汉江；总长67.23km。

引江济汉工程初选方案（龙高Ⅰ线）的主要工程量：开挖土方6267.1万m^3，填筑土方1755万m^3，混凝土139万m^3，钢筋制安2.6万t。考虑通航总投资58.81亿元，不考虑通航总投资48.51亿元。计划总工期为4年。

3.1.2 渠线选择

工程区地处江汉平原中偏西部，地势北高南低，总体较平坦，地面高程一般在39～28m，微向东南倾斜。按地貌形态和成因类型，可将工程区分为垅岗状平原、岗波状平原、湖沼区、低平冲积平原及人工地形区等5种类型。场区水系发育，湖泊众多，地表水资源丰富。工程区内出露地层以第四系为主，主要为全新统及上更新统地层，部分中更新统地层。第三系地层仅在裁缝店以西零星出露，一般多深埋于第四系之下。

遵照“全面考虑，科学比选”的原则，对引江济汉渠线作了高线（选线专题报告中的高Ⅰ线）、低线（进口盐卡，出口红旗码头下游）、利用长湖线（进口盐卡，出口红旗码头下游 3.2km）3 条线路进行比较，其中低线和利用长湖线对江汉油田干扰大，实施困难，且利用长湖线无自流能力，因此推荐高线方案。

在充分研究、比选项目建议书方案结论的基础上，综合各方面的因素，研究了与渠线比选相关的进出口选址、渠湖分家或不分家以及是否先期兴建提水泵站等多个方案。选取了大埠街、龙洲垸、盐卡 3 个进水口及高石碑和红旗码头 2 个出水口，依此组合了 9 条线路进行比较，即高Ⅰ线（进口大埠街，出口高石碑，不穿湖）、高Ⅱ线（进口大埠街，出口高石碑，局部穿湖）、龙高Ⅰ线（进口龙洲垸，出口高石碑，局部穿湖）、龙高Ⅱ线（进口龙洲垸，出口高石碑，利用长湖）、盐高线（进口盐卡，出口高石碑，局部穿湖）、低Ⅰ线（进口龙洲垸，出口红旗码头，北走，局部穿湖）、低Ⅱ线（进口龙洲垸，出口红旗码头，南走，局部穿湖，利用田关河）、利用长湖Ⅰ线（进口龙洲垸，出口红旗码头，北走，利用长湖）、利用长湖Ⅱ线（进口龙洲垸，出口红旗码头，南走，利用长湖，利用田关河）。

若选红旗码头为出口，高石碑到红旗码头有近 25km 水道没有补水，若整治该段河段至少要花近亿元（仅整治为Ⅳ级航道），达不到“济汉”的主要目标；红旗码头出口的线路必经江汉油田，油田直接经济损失为 7 亿～10 亿元，间接经济损失（主要是停产损失）为 4 亿～18 亿元，所以否定红旗码头出口，随之有低Ⅰ线、低Ⅱ线、利用长湖Ⅰ线和利用长湖Ⅱ线等 4 个方案被淘汰。高Ⅰ线渠线长，交叉建筑物数量最多，土方开挖多，工程投资多，“三多一长”，因此不推荐高Ⅰ线。

推荐龙高Ⅰ线。根据进出口河势、地形地貌及地质情况，在线路选择专题报告基础上，综合各方面的因素，本报告选择了 3 个渠道进口（大埠街、龙洲垸、盐卡），1 个出口（高石碑），组合成 4 条渠线（即龙高Ⅰ线、龙高Ⅱ线（利用长湖方案）、高Ⅱ线、盐高线）进行优化比选。龙高线进口为龙洲垸，高Ⅱ线进口为大埠街，盐高线进口为盐卡，出口均为高石碑。

龙洲垸距大埠街 25.48km，在沮漳河出口下游 3.34km（龙高Ⅰ、Ⅱ线的进水口），比大埠街进水口水位减少约 1.2m。

盐卡进水口距大埠街 47.84km，在沮漳河出口下游约 25.7km，比龙洲垸进口要减少水位约 1.1m。各渠线分别叙述如下。

3.1.2.1 渠线布置

龙高Ⅰ线：龙高Ⅰ线进口为龙洲垸，出口为高石碑。渠首位于荆州市李埠镇龙洲垸长江左岸江边，干渠渠线沿北东向穿荆江大堤（桩号 772＋100），在荆州城西伍家台穿 318 国道、红光五组穿宜黄高速公路后，近东西向穿过庙湖、荆沙铁路、襄荆高速、海子湖后，折向东北向穿拾桥河，经过蛟尾镇北，穿长湖，走毛李镇北，穿殷家河、西荆河后，在潜江市高石碑镇北穿过汉江干堤入汉江（桩号 251＋320）。

龙高Ⅰ线全长 67.1km，进口渠底高程 26.5m（考虑泵站引水渠的需要，进口高程由 27.0m 降至 26.5m），出口渠底高程 25.0m，干堤渠底纵坡 1/33550，渠底宽 60m。渠道在拾桥河相交处分水入长湖，经田关河、田关闸入东荆河。

龙高Ⅰ线沿线交叉建筑物共计约78座，其中各种水闸16座，泵站1座，船闸5座，东荆河橡胶坝3座，倒虹吸15座，公路桥37座，铁路桥1座。

（1）龙高Ⅰ线在海子湖与后港镇间的渠线比较

龙高Ⅰ线在海子湖与后港镇间的渠线本次设计了2条线路进行比较。线路一穿后港镇南边2个长湖汊，穿湖长3.45km；线路二位于线路一的北边，穿后港镇南边1个长湖汊，穿湖长1.97km。

线路一的优点是渠道长度较线路二短0.6km，移民占地较少，缺点是穿湖长度长1.48km，填方量多10万m^3，挖方多41万m^3，投资多0.2亿元。

线路二的优点是穿湖长度较线路一短1.48km，填方量少，挖方少，修建3km的公路通往后港镇后，可以节省后港长湖船闸2个。缺点是渠道长度长0.6km，移民占地较多，穿湖段淤泥质土较南边线路深1m。地方政府希望渠线距后港镇近点，以推动当地经济发展。综合考虑本阶段推荐线路二，即穿后港镇南边1个长湖汊的线路。

（2）龙高Ⅰ线局部利用长湖方案比较

该方案为龙高Ⅰ线干渠穿长湖后港湖汊时，仅修筑南堤，局部利用长湖湖汊。其优点是穿湖段少筑一道渠堤，填筑方量少，土建工程直接投资减少约1.7亿元；缺点是：①根据数模计算成果，局部利用长湖时多年年平均长湖淤积泥沙量约40万m^3；②干渠水面线计算成果表明，长湖水位在此将有所抬高（设计水位为32.16m），增加淹没面积和村庄。淹没区分两部分，即西区和东区。西区淹没16个湾嘴，120户，拆迁房屋24000m^2。东区淹没9个湾嘴，73户，拆迁房屋19600m^2（其中肖桥小学占5000m^2）。补偿费用只计算两部分时：房屋拆迁费用和永久征地费用（没有计入有关税费和所有间接费），就需3.57亿元。综上所述，该方案工程直接投资净增1.87亿元（因长湖水位抬高，后港镇内将淹没大量房屋和土地，还须拟建堤防保护，堤防长度6.27km，保护面积1.76km^2。净增投资未包括新建堤防部分投资），不推荐局部利用长湖方案。

（3）被截长湖湖汊水体交换设想

引江济汉渠道截断了后港长湖湖汊、庙湖及海子湖湖汊。为不影响被截断湖汊水体自由交换，采取以下2种工程措施：

1）拟在被截湖汊的渠堤下设置连通管，为防连通管淤积，连通管的进出口高出湖底0.5m左右，庙湖连通管的流量为2m^3/s，海子湖为120m^3/s，后港长湖为170m^3/s；

2）在渠道上设引水闸，将渠内水引至湖汊，引水流量1m^3/s，后港处通过3km长直径1.2m的预制混凝土管将水引至后港长湖湖汊（西湖）；庙湖处由庙湖泄洪闸（泄太湖港的洪水）将水引至庙湖汊。

龙高Ⅱ线：龙高Ⅱ线进口为龙洲垸，出口为高石碑，龙高Ⅱ线为利用长湖线，龙洲垸—海子湖段线路、彭冢湖—高石碑段线路与龙高Ⅰ线重合，长湖—高石碑段渠道的进水口设在毛李镇李家湾长湖边，龙高Ⅱ线长43.5km。龙洲垸—海子湖段渠道长21.65km，进口渠底高程26.2m，出口（进入长湖）渠底高程25.0m，渠底宽60m，渠底纵坡

1/18042；长湖—高石碑段渠道长 21.85km，进口（长湖）渠底高程 25.0m，出口渠底高程 24.0m（26.0m），渠底宽 60m，渠底纵坡 1/21000。

龙高Ⅱ线沿线交叉建筑物共计约 63 座，其中各种水闸 14 座，泵站 2 座，船闸 4 座，东荆河橡胶坝 3 座，倒虹吸 9 座，公路桥 30 座，铁路桥 1 座。

龙高Ⅱ线为利用长湖线，把长湖作为渠道的一部分。如何利用长湖水位，本次设计作了 2 个方案比较，方案一是维持长湖正常高水位 28.63m（冻结吴淞高程 30.5m），方案二是将长湖正常高水位由 28.63m 抬高至 30.23m（冻结吴淞高程由 30.5m 抬高至 32.1m）。方案一的最大优点是不影响长湖的正常运行和调度，工程投资较少；方案二的最大缺点是对长湖的正常运行和调度有一定的影响，淹没损失较大，工程投资多；综合比较推荐方案一。

高Ⅱ线：高Ⅱ线的进口位于枝江市七星台镇大埠街，距上游七星台镇 2.5km 左右，干渠向东穿过下百里洲、沮漳河、荆江大堤（桩号 789+000）等，从荆州城北边穿过汉宜高速公路，然后向东偏北穿过庙湖、荆沙铁路、襄荆高速、海子湖及拾桥河后，经过蛟尾镇北，穿长湖，走毛李镇北，穿殷家河、西荆河后，在潜江市高石碑镇北穿过汉江干堤入汉江。高Ⅱ线长 79.6km，渠底宽 50m。渠道在拾桥河相交处分水入长湖，经田关河、田关闸入东荆河。

高Ⅱ线沿线交叉建筑物共计约 92 座（未包括水系恢复增加的建筑物），其中各种水闸 18 座，船闸 6 座，东荆河橡胶坝 3 座，倒虹吸及连通管 19 座，泵站 1 座，公路桥 44 座，铁路桥 1 座。

本次高Ⅱ线设计了先期建泵站（5—9 月自流保证率 95%）和全年基本自流 2 个方案进行比较（设计水平年为 2010 年）。泵站方案为 5—9 月自流保证率 95%方案：泵站规模以满足 2—3 月水生生态用水为控制条件，渠道设计底宽 50m，渠底进口高程 27.0m，出口渠底高程 25.20m，纵坡 1/25079。基本自流方案：设计渠底宽 98m，渠底进口高程 26.50m，出口渠底高程 25.00m，纵坡 1/526607。2010 年自流方案最大的缺点是工程投资太大，超过 65 亿元，另外，2010 年河床继续下切，水位进一步降低，不能完全满足自流，还需建泵站，综合比较推荐泵站方案。

为避开纪南古城遗址，作了纪南城南和纪南城北方案比较，虽然纪南城南线搬迁工程较大，但纪南城北方案开挖方量比纪南城南方案多开挖土方约 500 万 m^3。综合比较还是推荐纪南城南方案，即项目建议书推荐方案的线路。

盐高线：盐高线进口为沙市盐卡，出口为高石碑。渠首穿荆江大堤处的桩号 748+250，渠线沿东北向穿西干渠，在枪杆三组穿汉宜高速，在文岗六组入长湖，从借粮湖与宋湖间穿过，穿西荆河（殷家河与西荆河交汇点下游 0.5km），于高石碑镇北破汉江干堤进入汉江，全长 52.5km。进口渠底高程 24.0m（考虑泵站引水渠的需要，进口高程由 26.0m 降至 24.0m），出口渠底高程 25.00m，渠底纵坡 1/52500，渠底宽 80m。渠道在刘岭闸上游处由分水闸分水入长湖，经田关河、田关闸入东荆河。

盐高线沿线建筑物共计约 65 座，其中各种水闸 14 座，泵站 1 座，船闸 4 座，东荆河橡胶坝 3 座，倒虹吸 17 座，公路桥 26 座。南水北调中线一期引江济汉渠线比较平面布置见附图 2。

3.1.2.2 线路主要参数见表 3-1

表 3-1 各线路方案主要参数表

渠线名	龙高Ⅰ线	龙高Ⅱ线	高Ⅱ线	盐高线
渠道长度（km）	67.1	43.5	79.6	52.5
渠底宽度（m）	60	60	50	80
渠底纵坡	1/33550	1/18042 1/21000	1/25079	1/52500
进口渠底高程（m）	26.5	26.2（25.0）	27	24
出口渠底高程（m）	25	25.0（26.0）	25.2	25.0
穿砂基长度（km）	13.9	13.9	16.6	19.5
穿湖处理长度（km）	3.89	0	3.89	3.49
泵站装机容量（kW）	13×2000	6×800 12×2100	12×2000	8×3200
年平均抽水电量（万 kW·h）	764	6498	175	1588
涵闸座数	16	14	18	14
船闸座数	5	4	6	4
跨渠倒虹吸座数	15	9	19	17
橡胶坝座数	3	3	3	3
泵站座数	1	2	1	1
跨渠公路桥数	37	30	44	26
跨渠铁路桥数	1	1	1	0
主要交叉建筑物合计	78	63	92	65

3.1.2.3 线路的主要工程量及造价汇总表见表 3-2

表 3-2 各线路方案的主要工程量及造价汇总表

项目	单位	龙高Ⅰ线	龙高Ⅱ线	高Ⅱ线	盐高线
1. 挖方	万 m^3	6267.1	5738	6600	4366
2. 填方	万 m^3	1755.35	637	2376	2437
3. 混凝土	万 m^3	138.95	125	156	137
4. 钢筋	万 t	2.61	2.75	3.1	2.75
5. 移民	人	8492	5306	9648	5138
6. 房屋拆迁	万 m^2	37.38	25.22	42.18	22.84
7. 永久占地	万亩	2.48	1.45	2.72	1.90
8. 临时占地	万亩	2.42	3.06	2.59	2.45
9. 工程造价	亿元	48.51	44.56	54.57	46.86

3.1.2.4 综合比选意见，各线路的主要优缺点见表3-3

（1）进口比较

龙洲垸距大埠街25.48km，在沮漳河出口下游3.34km（龙高Ⅰ、Ⅱ线的进水口），比大埠街进水口水位减少约1.2m。盐卡进水口距大埠街47.84km，在沮漳河出口下游约25.7km，比龙洲垸进口要减少水位约1.1m。

取水口河段稳定性，以大埠街取水口河段最好，龙洲垸、盐卡次之。

（2）渠线地质条件比较

4条比选渠线处于同一区域构造单元上，区域构造环境较稳定，工程地质条件变化不大，所遇到的工程地质问题并不严重，处理难度不大。4条渠线方案从技术上均可行。仅从工程地质条件角度，相比较而言，龙高Ⅰ线及盐高线略优。

（3）泥沙问题比较

入长湖方案（龙高Ⅱ线）在三峡工程运用前50年，年均入湖泥沙55万～75万m^3，随着时间增长，年均入湖泥沙将大于100万m^3，与不入长湖方案在泥沙方面比较，不入长湖方案较优，进入汉江的泥沙基本上不会引起汉江河道明显的冲淤变形。

（4）自流条件比较

各线路均考虑6—9月基本自流，但随进口位置不同自流时段也不同，各方案均要建泵站抽水。所需电量分别为：龙高Ⅰ线年均电量764万kW·h，龙高Ⅱ线年均电量6498万kW·h，高Ⅱ线年均电量175万kW·h，盐高线年均电量1588万kW·h。高Ⅱ线自流时间长，较优。

（5）交叉建筑物及基础处理

高Ⅱ线交叉建筑物最多，共有92座，龙高Ⅱ线最少，只有63座，砂基处理长度盐高线最长，达19.5km，龙高Ⅰ、Ⅱ线最短13.9km；穿湖处理长度龙高Ⅱ线最短，龙高Ⅰ线、高Ⅱ线最长。龙高Ⅱ线较优。

（6）移民征地比较

高Ⅱ线移民最多（9648人），盐高线最少（5138人）；占地高Ⅱ线最多，龙高Ⅱ线最少。文物发掘高Ⅱ线最多，盐高线最少。龙高Ⅱ线和盐高线较优。

（7）对油田影响的比较

4条线路均穿过江汉油田至荆炼12号输油管，直接经济损失均为0.5亿元。

（8）对环境影响的比较

高Ⅱ线大埠街进口是“四大家鱼”（青鱼、草鱼、鲢鱼、鳙鱼，以下简称“四大家鱼”）的产卵场，且是中华鲟、胭脂鱼的洄游区，与沮漳河平交存在血吸虫扩散问题；盐卡进水口上游有化肥厂和污水排放等污染问题，且渠水高于地面2～5m，可能存在浸没问题。渠线穿长湖方案增加占用耕地，对湖水生态有一定的影响，但渠湖互不干扰；而穿湖方案，虽能改善水质，但泥沙淤积多，清除处理难，且湖水污染可能向汉江推移。从环境的角度考虑，龙洲垸进水口方案优于其他进水口，龙高Ⅰ线较优。

表 3-3　　各线路方案的主要优缺点表

线路	优点	缺点
龙高Ⅰ线	1. 交叉建筑物少，渠线较短，工程量较少，造价相对较少； 2. 弃土占压土地少，移民及永久占地少； 3. 整个渠线都可与通航渠线结合； 4. 结合水上旅游开发条件较好； 5. 可撇走太湖港及拾桥河部分洪水（但要增加工程投资 1.6 亿元）； 6. 运行管理方便	1. 自流引水时段较短，泵站装机规模较大，较高Ⅱ线多 6800kW，抽水时间较长，多年平均抽水电量 764kW·h 较高Ⅱ线多 589 万 kW·h； 2. 增加 3.89km 的穿湖堤施工难度； 3. 进口引水条件较大埠街差，需采取工程措施
龙高Ⅱ线	1. 渠线最短，交叉建筑物少； 2. 弃土占压土地少，移民及永久占地少； 3. 整个渠线都可与通航渠线结合； 4. 结合水上旅游开发条件较好	1. 补汉流量不能自流，全年需抽水，泵站装机规模最大，较龙高Ⅰ线多 4000kW，年平均抽水电量较龙高Ⅰ线多 5734 万 kW·h； 2. 每年 50 万～100 万 m^3 的泥沙进入长湖，清淤工程量大； 3. 进口龙洲垸引水条件较差，需采取工程措施
高Ⅱ线	1. 自流引水时段长； 2. 可撇走太湖港及拾桥河部分洪水（但要增加工程投资 1.6 亿元）； 3. 进口河势稳定，大埠街进水条件好； 4. 泵站装机规模最小	1. 砂基出露长 16.6km，增加渠道防渗工程量及施工难度； 2. 增加 3.89km 的穿湖堤，施工难度较大； 3. 需另修建部分通航渠道； 4. 沮漳河运行管理复杂； 5. 进口河段为四大家鱼产卵地，沮漳河的血吸虫将对水质产生影响； 6. 移民征地较多，工程投资最多
盐高线	1. 渠线避开了荆沙铁路及在建的襄荆高速公路； 2. 渠线较短，交叉建筑物少； 3. 弃土占压土地少，移民及永久占地少； 4. 通航时有利于货物吞吐； 5. 结合水上旅游开发条件较好	1. 进口由于金城洲影响，河势存在不确定因素； 2. 该渠线首段要穿过规划中的荆沙电厂、4.2.1 工程、盐化工厂的厂址及盐卤采集及化工区、工业园二期、工业园三期、东方大道等，影响荆州城市发展规划； 3. 进口至长湖段地势较低，设计情况渠内水深高出地面 2～5m，渠顶高出地面 4～7m，形成了 14km 长的“地上河”，抬高了地下水位，影响周边的排水； 4. 进口上游化工厂、造纸厂及污水处理厂，污水需引向下游； 5. 进出口水头差小，自流时间短，泵站装机规模大，管理运行费用高； 6. 穿长湖处的淤泥质土厚 6.0m，施工难度大

(9) 与通航结合的比较

高Ⅱ线的进口大埠街远离沙市城区，且干渠又与沮漳河交叉，与航运结合较为困难，需另开航运支线与干渠相接，通航投资较大。龙洲垸和盐卡进口能较好地结合航运，较优。

(10) 工程投资比较

龙高Ⅰ线工程投资58.81亿元，龙高Ⅱ线52.92亿元，高Ⅱ线63.90亿元，盐高线55.22亿元。龙高Ⅱ线工程投资最少，高Ⅱ线最多。龙高Ⅱ线工程投资最少，较优。

(11) 年运行费比较

龙高Ⅰ线年运行费0.72亿元，龙高Ⅱ线1.05亿元，高Ⅱ线0.75亿元，盐高线0.74亿元。龙高Ⅱ线年运行费最多。龙高Ⅰ线较优。

(12) 技术经济比较

通过比较各线路总费用表明，4条线路的排位为：盐高线最优（53.7亿元），后面依次为龙高Ⅰ线（55.0亿元，与盐高线相差1.25亿元，两方案各项指标相差不大）、龙高Ⅱ线（57.31亿元）、高Ⅱ线（60.58亿元）。

盐高线存在技术经济比较未计入的两大难以量化的社会或环境问题：①盐高线渠首段须穿过规划中的荆沙电厂（240万kW，预可研报告已审批）和4.2.1工程、盐卤采集及化工区、工业园二期、工业园三期、东方大道等，影响荆州城市的总体发展。为此，荆州市人民政府荆政函〔2004〕9号文明确表示，要求采用龙洲垸进口；②盐卡进口至长湖段地势低洼，渠内设计水位高出地面2～5m，渠顶高出地面4～7m，形成了约14km长的"地上河"，抬高了周边地区的地下水位，加速周边耕地的潜育化，可能对周边农田产生浸没影响，并可能加重周边居民因渠道持续高水位而产生的心理压力。

根据上述综合比较，推荐龙高Ⅰ线。

3.1.3 主要建筑物

龙高Ⅰ线主要建筑物包括引水渠道、进出口建筑物（龙洲垸进水闸、龙洲垸泵站、泵站节制闸、沉砂池、沉螺池、荆江大堤船闸、荆江大堤防洪闸、高石碑出水闸、高石碑船闸）、河渠交叉建筑物（港南渠泄洪闸、港总渠泄洪闸、庙湖泄洪闸、拾桥河右岸节制闸（兼通航孔）、拾桥河泄洪闸、拾桥河船闸、后港长湖引水闸、西荆河船闸）、跨渠倒虹吸（港南渠倒虹吸、港总渠倒虹吸、纪南渠倒虹吸、庙湖倒虹吸、海子湖倒虹吸、曾家湾倒虹吸、黄场倒虹吸、后港长湖倒虹吸、广平港倒虹吸、骆家村排水渠倒虹吸、殷家河倒虹吸、西荆河倒虹吸、沙洋东干渠倒虹吸、永长渠倒虹吸、兴隆河倒虹吸）、路渠交叉建筑物、东荆河节制工程等。

3.1.3.1 引水渠道

(1) 渠道断面设计原则

1) 渠道设计引水流量 350m³/s，最大引水流量 500m³/s；东荆河补水设计流量 100m³/s，加大流量 110m³/s。

2) 按 2010 年设计水平年，考虑三峡水库蓄水后的有利和不利影响，按 6—9 月基本自流的原则，不满足供水保证率的月份考虑增建泵站抽水。泵站规模按满足 2—3 月河道内水环境用水和灌溉期引水要求综合拟定。

3) 渠道岸顶超高根据《灌溉与排水工程设计规范》(GB 50288—99) 的规定，Ⅰ级渠道岸顶超高应按土石坝设计要求论证确定。根据《碾压式土石坝设计规范》(SL 274—2001) 的规定，坝顶在水库静水位以上的超高 $y=R+e+A$ (y 为坝顶超高，R 为最大波浪爬高，e 为最大风壅水面高，A 为安全加高)，Ⅰ级建筑物设计情况时 $A=1.5$m，校核情况时 $A=1.0$m，通过计算 $R+e$ 较小，本次设计暂不考虑。渠道岸顶高程取渠内引水时最大流量的水位＋1.0m、设计流量时渠内水位＋1.5m 与河沟防洪水位＋1.0m 的外包值；通航时渠顶高程取渠内引水时最大流量的水位＋2.0m。

4) 渠道糙率采用 0.016。

(2) 渠道断面设计

渠堤顶宽 10m，渠顶一边设 7m 宽泥结石路面，另一边设 7m 宽混凝土路面。渠道坡脚外 15m 内为管理用地。

渠道采用窄深式时，工程量较省，结合进出口实际水下地形及深泓高程，综合比较后确定渠道底宽为 60m。选定的渠底宽同时满足Ⅲ级航道所需的航宽要求。

龙洲垸进口处长江近期深泓点高程 25～26m，高石碑出口汉江近期深泓点高程 25m 左右。通过比较，渠道采用窄深式时，工程量较省，但进出口渠底高程不能太低。经反复比较，进口渠底高程 27m (考虑泵站引水的需要，进口段局部高程由 27.0m 降至 26.5m)，出口渠底高程 25.0m，比较合适。龙高Ⅰ线长 67.1km，纵坡 1/33550。

断面型式：由于地面较高，大部分渠道为挖方渠道，为方便施工及渠道边坡稳定需要，渠道断面采用复式断面，渠底高程以上 6.5m 处设一级平台，平台宽 3m，渠道底宽 60m；挖方较大的断面设多级平台，平台间高差为 6.5m，平台宽 3m；填方渠道高度超过 6.5m 的为复式断面，渠底高程以上 6.5m 处设一级平台，平台宽 3m (穿湖段渠道)。

为减少渠道糙率，防止渠道冲刷破坏，对渠坡采取混凝土衬砌护面，衬砌厚 0.1m，混凝土强度等级 C15；为满足混凝土衬砌的稳定性，沙基段除外，当地下水高于渠内设计水位时混凝土衬砌护面设计为透水式，衬砌混凝土内设排水孔，孔距 3.0m×3.0m，第一排孔距渠底 1.0m，在渠坡排水孔处铺设 1m 宽条状反滤土工布。

渠道边坡：挖方渠道的开挖边坡根据渠道沿线的地质资料确定，粉细砂及淤泥质土的开挖边坡为1∶4，壤土及沙壤土的开挖边坡为1∶2.5，黏土的开挖边坡为1∶2；填方渠道的边坡统一为1∶3。

填土料为黏土或壤土，填方大部分为渠道的开挖方，不足部分就近取土，土料的干密度1.50～1.60g/cm^3，含水量20%～25%，渗透系数小于10^{-5}cm/s。

3.1.3.2 进出口建筑物

进出口建筑物包括龙洲垸进水闸、沉砂池、沉螺池、龙洲垸泵站、泵站节制闸、荆江大堤船闸、荆江大堤防洪闸、高石碑出水闸、高石碑船闸。沉砂池布置在龙洲垸进水闸后面，长2km，宽200m，沉砂池池底高程低于渠底2m，为24.5m；沉螺池与沉砂池结合布置，宽350m，长500m（由沉砂池扩宽而成），池底高程同沉砂池；沉砂池出口渠道分为两支，一支与泵站节制闸相接，另一支与龙洲垸泵站相接；荆江大堤船闸、荆江大堤防洪闸布置在荆江大堤堤内，高石碑出水闸、船闸布置在汉江干堤堤内；船闸的设计详见湖北省交通规划设计院的《南水北调中线一期引江济汉工程通航设计专题报告》。

（1）龙洲垸进水闸

龙洲垸进水闸布置在长江龙洲垸堤内，设计流量350m^3/s，最大引用流量500m^3/s，同时必须满足提水引水时能引进所需提水流量的要求。龙洲垸进水闸比较了涵洞式和胸墙式两种型式，推荐涵洞式。闸底板高程26.5m，涵闸总宽度95.60m，过流总净宽80m，8孔，单孔尺寸均为10m×8.93m（宽×高），每2孔一联，共4联，穿堤涵闸顺流向总长103m，共分6节。闸室段为第1节，长28m。

（2）龙洲垸泵站

在长江低水位、渠道自流引水流量小于需补水流量时，需靠泵站提水。泵站设计流量200（430）m^3/s，泵站装机13×2000kW；泵房顺流向长49.5m、宽146.4m，主体结构为钢筋混凝土结构，分主厂房和副厂房，底板顶高程16.70m。

（3）泵站节制闸

泵站节制闸为开敞式，设计流量350m^3/s，最大引用流量500m^3/s，总宽度62.20m，过流总净宽49m，7孔，孔口宽7m，中间三孔一联、两侧两孔一联。闸顶高程37.00m，底板顶高程26.92m。

（4）荆江大堤防洪闸

荆江大堤防洪闸布置在荆江大堤堤内，设计流量350m^3/s，最大引用流量500m^3/s，涵洞式，7孔，孔口尺寸7m×8.36m（宽×高），底板顶高程26.89m。

（5）荆江大堤船闸

进口选择在龙高线进口上游约0.7km处，船闸布置在龙高线与荆江大堤相交处上游约 0.5km 处，连接河长度 5.77km，底宽 44m，考虑到运河与干渠衔接，设置了长 100m 的渐变段。船闸上闸首与荆江大堤同高，左侧布置新堤与荆江大堤相连，右侧新堤与荆江大堤进水闸相连。

船闸主体工程长 487.4m，其中上闸首长 22.0m，宽 27.0m，闸室长 200.0m，下闸首长 25.4m，上、下游主导航墙长 120m。上、下游引航道底宽 40m，上、下游主导航墙延线上各布置 6 个靠船墩，间距 22m。

船闸主要建筑采用钢筋混凝土结构，上、下闸门采用钢质横拉门，上、下游设置钢质叠梁事故门，并配备专门启闭设备。

（6） 高石碑出水闸

高石碑出水闸布置在汉江干堤内，设计流量 $350m^3/s$，最大引用流量 $500m^3/s$，涵洞式，净宽 64m，孔口尺寸 8m×8m（宽×高），底板顶高程 25.04m。

（7） 高石碑出口船闸

上、下闸首均采用钢筋混凝土整体结构，平底板，空箱侧墙。上闸首底板平面尺寸 $B\times L=27.0m\times25.1m$，板厚 3.0m，其建基面为 20.1m。下闸首底板平面尺寸 $B\times L=27.0m\times26.1m$，板厚 3.5m，其建基面为 20.1m。上、下闸首启闭机房均为钢筋混凝土框架结构，下闸首启闭机房一层布置有活动公路桥（桥宽 8m）。

闸室为钢筋混凝土整体坞式结构，墙高 15.1m。底板厚 2.5m，底板宽 17.0m，全长 200m，墙顶设 2.4m 宽混凝土人行便桥。

上导航墙采用钢筋混凝土扶壁结构，导航墙主扶壁墙高 7.7m。下导航墙采用钢筋混凝土扶壁+排架结构，下部扶壁墙高 11.5m，上部排架结构高 3.6m。上、下游两侧墙间均设有钢筋混凝土格梁。

3.1.3.3 河渠交叉建筑物

龙高Ⅰ线河渠交叉建筑物沿线穿过大小河流及沟渠 40 余条，其中流量较大的有拾桥河、殷家河、西荆河，其余均为当地灌溉、排水渠道，流量较小。根据地形、水位条件，交叉工程布置了平交、立交、平交和立交相结合 3 种型式。渠道与拾桥河交叉推荐平交型式；与港南渠、港总渠交叉推荐平交和立交相结合的型式，灌溉所需的流量由倒虹吸排向下游，区间洪水由泄洪闸排到渠内；其余推荐立交型式。

（1） 拾桥河交叉建筑物

引江济汉渠道穿过拾桥河布置了立交和平交两种方案进行比较。平交方案较立交方案省 0.1 亿元。平交方案最大的优点是加固了拾桥河的堤防，有利于当地的经济发展，对撇洪有利。综合比较本阶段暂推平交方案。

拾桥河平交工程包括拾桥河右岸节制闸（兼通航孔）、拾桥河泄水闸及船闸、拾桥河堤防加固工程（包括排水闸的封堵、灌溉闸的重建）、排水系统的恢复等内容。

拾桥河右岸节制闸（兼通航孔）设计流量 $350m^3/s$，最大引用流量 $500m^3/s$，开敞式结构，1孔，孔口尺寸 60m×6.97m（宽×高）；闸室段长 22.50m。

拾桥河船闸：由于拾桥河目前有一定的通航要求，修建拾桥河拦河闸后，影响了原河道的通航，因此，需设置船闸。考虑通航和发展旅游事业等实际运用的要求，船闸暂按Ⅵ级航道标准、通行 100t 级船队的规模设计。船闸闸室净宽为 9.0m，闸门采用横拉式闸门，闸门顶高程为 33.13m。由上闸首、下闸首、闸室、上下游导航墙及上、下游引航段组成，全长 225.5m，其主要建筑物均采用钢筋混凝土结构。

（2）西荆河交叉建筑物

西荆河交义建筑物由西荆河船闸、西荆河倒虹吸组成。在西荆河上、下游侧各布置一个船闸，倒虹吸紧靠船闸与船闸平行布置；不考虑船闸过水流量，西荆河洪水全部由倒虹吸排出。

西荆河船闸按Ⅴ级航道标准通航 300t 级船队设计。船闸由上闸首、下闸首、闸室、上游导航墙、下游导航墙等组成，全长 402.00m。

西荆河倒虹吸设计流量 $200m^3/s$，管身为 8 孔 4m×4m 的方管，每 4 孔一联，共两联，全长 214.0m，闸孔总过流净宽 28m，单孔过流净宽 3.5m。

（3）倒虹吸

引江济汉工程渠线较长，渠道截断沿线许多河流及渠道，为了恢复原有建筑物的功能，根据需要设置倒虹吸。

龙高Ⅰ线倒虹吸 15 座，其中 100～$200m^3/s$ 的倒虹吸 5 座；50～$100m^3/s$ 的倒虹吸 1 座；10～$50m^3/s$ 的倒虹吸 4 座；5～$10m^3/s$ 的倒虹吸 2 座；$5m^3/s$ 以下的倒虹吸 3 座。

3.1.3.4 路渠交叉建筑物

根据调查资料统计，渠道沿线与道路相交主要有：汉宜高速公路、318 国道、207 国道、荆沙铁路以及正在建设中的襄荆高速公路等。考虑到渠道建成后，较高等级公路应恢复原有水平，一般等级公路可根据原来位置作相应调整，使之便于生产、生活。参照当地交通状况，龙高Ⅰ线需恢复的等级公路桥共 37 座，铁路桥 1 座。

3.1.3.5 东荆河节制工程

为满足东荆河沿岸取水设施的取水水位，拟在东荆河马口、冯家口、黄家坝建 3 座橡胶坝；扩建冯家口闸，扩建后冯家口闸设计流量 $31.2m^3/s$，改建冯家口引水渠 0.806km（渠底宽 8m，边坡 1∶3），新建设计流量 $18.0m^3/s$ 的引水渠 3.485km（渠底宽 4.5m，边坡 1∶3），新建设计流量 $18.0m^3/s$ 的分水闸、节制闸各 1 座。

3.2 施工与管理的主要举措

(1) 运行管理体制

由于引江济汉工程为南水北调中线工程的补偿性项目，按照国务院经济体制改革办公室关于《水利工程管理体制改革实施意见》的分类和定性原则，引江济汉工程为新建的公益性建设项目，运行期管理单位性质为事业单位，根据湖北省的意见拟设立“引江济汉工程管理局”，直属湖北省领导。

根据引江济汉工程的特点，拟采用“条条”管理为主，即由“湖北省引江济汉工程管理局”直接管理至各管理点。由于此项目与当地行政和群众关系密切，故还需与沿线的县、市搞好各方面的协调工作。

(2) 管理机构设置

引江济汉工程线路长，横跨三市、三河、二湖，管理工作十分复杂。因此，其管理机构拟按三级设置，即省、地（市）、县（处）设置。省设“管理局”，地（市）设“分局”，县（或重要枢纽建筑）设“管理处”。若“管理处”管理的建筑物较多、渠段较长，根据需要，在管理处下可设管理段。

按照以上原则，引江济汉项目管理机构共分三级，第一级（省）管理机构一个；第二级（地市）3 个；第三级（县处）7 个。采用管理局——管理分局——管理处“一条龙”的直接管理。

(3) 岗位设置和人员编制

“引江济汉工程管理局”的岗位设置及人员编制，按照国家即将颁发执行的《水利工程管理单位岗位设置标准（水库、水闸、河道堤防）》（以下简称《岗位标准》）的规定计算确定。本阶段暂按送审稿计算，待标准正式颁布后再作修改。

按照《岗位标准》计算引江济汉工程管理局人员编制总人数 660 人。其中河道及河堤管理岗位定员 345 人（其中管理岗位 44 人，生产运行岗位 278 人，辅助岗位 23 人）；需单独计算的较大水闸、船闸和泵站等岗位定员 315 人（其中龙洲垸进水闸 30 人、高石碑出水闸 30 人、荆江大堤节制闸 30 人、港总渠泄洪闸 17 人、拾桥河平交枢纽 58 人、西荆河立交工程 28 人、海子湖泄洪闸 22 人、后港长湖泄水闸 30 人、龙洲垸泵站 70 人）。

3.2.1 工程管理范围

根据工程管理的需要，参考《堤防工程管理设计规范》(SL/T 171—2020) 和《水闸工程管理设计规范》(SL 170—96)，规划确定工程管理范围。管理范围是管理单位直接管理和使用的范围，包括渠道、各建筑物上下游防护工程（不包括河道整治工程）、建筑物各组成部分（不包括倒虹吸管身段顶部区域）及下游消能防冲工程和两岸连接建筑物的覆盖范围，以及附属工程设施（含观测、交通、通信设施，观测控制标点，界碑里程碑及其他维护管理设施），综合开发经营基地，管理单位生产，生活区。

具体规定如下：

（1）渠道工程

根据本工程事实情况，渠道工程以渠道两侧排水沟开口线以内（包含排水沟和4m宽的防护林带）划定管理线，管理线以内为渠道工程管理范围。

（2）河渠交叉建筑物

1）河道倒虹吸。

上游为防冲槽外轮廓线，下游为海漫（防冲槽）外轮廓线，两侧外建筑物轮廓线外50m，但应与当地堤防管理范围，渠道管理范围统筹确定。

2）渠道倒虹吸。

进口为进口渐变段外轮廓线，出口为出口渐变段外轮廓线，进出口建筑物两侧为建筑物轮廓线外50m；埋于地下的管身段以河道防护工程的覆盖范围为界。

（3）公路桥

公路桥两头为建筑物外轮廓线，两侧为建筑物轮廓线外30m，但应与引江济汉干渠管理范围统筹确定。

（4）水闸、船闸

两侧为建筑物轮廓线外50m，建筑物渠末端消能工及海漫外轮廓线，但应与引江济汉干渠管理范围统筹确定。

（5）其他构筑物

泵站、变电站、管涵分水检修闸（阀）井、气孔等构筑物，根据情况，以构造物的外边线以外2～5m为界。

管理单位的生产、生活区，多种经营生产区及职工文化、生活设施等建设占地划为管理范围。

工程管理范围作为永久占地征用，在工程建设前期，通过必要的审批手续和法律程序，实行划界确权，明确管理单位的土地使用权。

3.2.2 工程管理设施

3.2.2.1 观测设施

工程观测是以监测工程安全状况、检验工程设计和积累科技资料为目的。根据有效、可靠、牢固、方便及经验合理的原则，结合工程地形地质条件、水文气象特征及管理运用要求，拟配置必要的观测仪器和设备，本工程观测设备配置见水工建筑物的观测设计章节。

3.2.2.2 交通设施

引江济汉工程建成后，为了满足工程管理的需要，必须建立良好的交通系统，特别是引江济汉干渠与拾桥河、长湖、西荆河等采用平交或平立交结合的交通，汛期这些交叉建筑物的抗洪抢险，都必须有良好的交通条件。

（1）对外交通

对外交通是联系工程区与区域性公路、铁路、港口等之间的通道，担负外来物资和人员的运输任务。

引江济汉工程西起荆州龙洲垸，东止潜江市高石碑，它们分别位于长江和汉江边，直接与长江、汉江连接。同时，工程沿线分别与拾桥河、长湖、西荆河等水道平交或立交连接，与汉宜高速公路、荆襄高速公路、襄沙铁路立交穿过。这些交叉点都是工程区与外部水陆交通干线上好的连接条件。

（2）内部交通

内部交通是连接工程全线、各管理机构、各对外码头、车站等的交通系统。

引江济汉干渠沿线分别布设4个管理所，东荆河堤边布设东荆河节制工程管理所，内部交通利用引江济汉渠顶路面（或东荆河堤顶路），作为防洪抢险和日常管理维护必需的交通设施。但需修建管理所上、下渠堤的交通路。

荆州管理所拟设在荆江大堤闸内侧，紧邻荆江大堤和引江济汉渠堤，荆州管理所需修上下荆江大堤和引江济汉渠顶的道路各200m。拾桥河管理所位于拾桥河枢纽西侧，引江济汉干渠北边，需修100m上、下干渠的路面。荆门管理所位于西荆河枢纽西侧，引江济汉干渠北边，需修100m上、下干渠的路面。潜江管理所位于高石碑闸内侧，紧邻内侧汉江干堤和引江济汉渠堤，管理所需修上、下汉江干堤和引江济汉渠顶的道路各100m。东荆河管理所需修上下东荆河堤顶的道路50m。5个管理所共需新建4.5m宽沥青混凝土内部交通路面850m。

（3）交通设备

为了满足管理机构进行管理维护工作的需要，须根据各管理单位的级别、管理任务大小，配置必需的交通工具。参照有关规范，拟本项目交通工具配置。

引江济汉管理处：越野车2辆，轿车2辆，面包车1辆，大客车1辆。各管理所：荆州管理所越野车2辆，面包车2辆，载重车2辆，船2艘（用于渠道清淤疏挖）；拾桥河枢纽管理所越野车1辆，面包车1辆，载重车1辆，船1艘（用于渠道清淤疏挖）；荆门管理所越野车2辆，面包车1辆，载重车1辆，船2艘（用于渠道清淤疏挖）；潜江管理所越野车1辆，载重车1辆，船1艘（用于渠道清淤疏挖）；东荆河节制工程管理所越野车1辆，载重车1辆。以上各项合计29辆（艘）。

3.2.2.3 通信设施

因为引江济汉工程设置了完善的计算机综合局域网，所以其通信设施可适当简化。专门设置的通信系统，主要作用有：

1）由于已经设置了完备的计算机自动化监控系统，因此通信系统对于工程调度运用只起辅助和备用的作用；

2）满足各级管理单位之间，管理单位与地方行政单位、商业网点之间的通信联系要求。

因此引江济汉工程的通信设施拟配置有线与无线通信两种方式，互为备用。即对各级管理单位和各管理点配置程控电话，通过自建光纤传输网、充分利用公网与当地邮电网连接。同时，根据各管理单位的级别、编制和重要性配置一定数量的移动电话。此外各管理单位，还需配置一定数量的传真机。

3.2.2.4 其他管护设施

引江济汉工程除了上述管护设施外还需配置以下其他管护设施：

1）沿渠堤背水坡及临水坡未采用混凝土护砌部分铺设草皮护坡。为了安全需要，渠顶设置栏杆；渠脚有排水沟的设置防护网。

2）沿引江济汉工程全程，从进口到出口依次进行计程编码，在两岸渠堤上埋设永久性里程碑，里程碑间埋设计程百米桩。共计里程碑 134 个，百米桩 1206 个。

3）沿引江济汉渠道全程，两个不同行政区管辖范围交界处，需统一设置界牌。共计需设界牌 6 个。

4）在观测设施和观测断面，在交叉建筑物处，拟设置标志牌。初步统计需设置各类标志牌 30 个，宣传牌 8 个。

3.2.3 工程运行调度及自动控制

引江济汉作为现代化的水利工程，应对影响工程安全的参数进行充分监测，以保证工程安全。因此，拟建立计算机自动化监控系统，进行工程的运行调度和安全监测。

引江济汉工程自动化监控系统应按照沿途所有水闸、泵站等建筑物“无人值班、少人值守”的原则设计。调度中心设在武汉市（或荆州市）由“湖北省引江济汉工程管理局”进行统一调度。沿途所有建筑物既可在站内进行控制，又可在调度中心内进行远程控制和管理。

整个自动化监控系统由全工程所有闸站组成的计算机局域网和各站的计算机工业控制网组成。同时，还充分考虑和利用现有公用网的通信设施，以组建专网。

3.2.4 管理单位的生产、生活设施

（1）前方生产、生活设施

为了使工程建成交付管理后，管理单位具有良好的生产、生活条件，能够即时地全力

投入管理维护工作，要求在工程建设期间，在靠近工程管理区附近，为各级管理机构建设好前方生产、生活设施。

前方生产、生活设施主要包括：

1）行政、技术管理的公用设施，如行政办公室、调度室、档案室、通信室和公安派出所等。

2）生产及辅助生产设施，如设备库、材料库、车库、码头等。

按照《堤防工程管理设计规范》管理单位以上两项生产及办公用房面积按定编人数 9～12m^2/人，本项目规模大且分散，故采用 12m^2/人，共计 7920m^2。

3）职工的生活、文化福利设施：含前方的职工住宅、集体宿舍、公共食堂、供电、供水设施等。根据现行《水利工程设计概（估）算编制规定》按主体建筑工程投资的 7% 计算，共计 13695 万元。

4）室外工程投资按房屋建筑工程投资的 12.5%计算，共计 2890 万元。

（2）后方生活基地建设

为了稳定管理单位的职工队伍，解决好其生病就医、子女上学、家属就业等问题，拟在就近的城镇（市、县）建立后方生活基地。

本项目地跨荆州、荆门、潜江 3 市，拟将该市所属的二、三级管理单位，在此 3 个市内建设 4 个生活基地。根据管理单位的级别、人员编制确定其建筑面积。初拟后方生活基地房屋总面积 18000m^2。

后方生活基地建设资金，原则上采取国家扶持、集体统筹的原则。办公室、招待所、通信设施及职工文化福利设施等的建设资金由项目基建投资支付；职工家属住宅建设资金，原则上由单位统筹建设，按照国家政策，采用货币分房原则，逐年收回。

3.2.5 项目区的环境治理及绿化、美化

在设计报告中，环境影响评价和水土保持有关章节，已详细分析了工程建设对环境和水土保持可能造成的负面影响，并提出了对环境和水土保持的保护及治理的措施。同时，还计列了环境保护和治理费等 4525.9 万元，水土保持补偿费 4064.6 万元。各级管理机构生产、生活区的绿化、美化标准如人均绿化面积等，将按当地市政部门的要求实施，其经费计入管理机构基建费用。

3.2.6 项目年运行费测算

为了搞好工程的维护管理，必须要有稳定的经费作保证。应按照工程的特点和可能的经费来源，根据国家的有关规定，测算工程的年运行费，为有关主管部门筹集维护管理资金提供依据。

引江济汉工程的年运行费，主要包括工资及福利费、材料费、燃料及动力费、工程维

护费、其他费用、管理费、抽水电费和清淤费等。各方案年运行费比较见表 3-4（未计入通航部分）。据分析，龙高Ⅰ线年运行费 7166 万元/年（不含通航部分运行费）。

表 3-4　各方案年运行费

方案	龙高Ⅰ线	龙高Ⅱ线	高Ⅱ线	盐高线
年运行费（万元）	7166	10455	7525	7375

由于引江济汉工程是南水北调中线工程的一项重要的补偿工程，其自身没有收入，属公益性项目，根据湖北省办公厅给水利部报告的精神，“建议引江济汉工程年运行费计入中线工程供水成本及水价中”。

3.3　渠道主体工程施工

引江济汉工程主要包含渠道及相应配套的建筑物，渠道主要穿越农田、耕地、河流、湖泊等地形，施工工序主要有土方开挖、填筑、湖底清淤、混凝土浇筑、浆砌石及粉喷桩等，其主要的施工方法简述如下。

3.3.1　土石方开挖

土方开挖主要采用 1～2m^3 的反铲挖掘机，配 10～20t 的自卸汽车运输；能利用的土方可运到填筑渠段直接填筑或在附近堆存，不予利用的土方直接运到弃渣场。石方开挖需先采用手风钻钻孔、爆破，出渣方式同土方。

3.3.2　出露粉细砂层施工方法

在渠道开挖过程中，有局部渠段底部高程挖到了粉细砂层（如高Ⅱ线渠道桩号 0＋000～19＋700 与 71＋700～72＋700、龙高Ⅰ线渠道桩号 3＋500～10＋500 与 59＋790～60＋790 等段），在地下水的作用下，有可能发生翻砂、鼓水，甚至流沙现象，需要采取措施才能保证开挖及混凝土护面浇筑的顺利进行，初步分析可采取深降水沟结合砂石料反滤层回填、井点降水措施或在渠道边坡打截渗墙截止地下水流（基坑内配集水沟）等措施。由于砂基段长达十余千米，在施工过程中有必要分段实施，同时为了防止边坡在地下水的挤压作用下产生流沙，需要放缓开挖边坡（1∶4）。

方案一：在开挖过程中，首先以逐层领先的方式在开挖边坡四周下挖排水沟，之后再分层开挖。当粉细砂层出露后，先从渠道中部开挖，后向两边扩挖，将断面扩挖到位。在扩挖过程中，一边在距渠底两边坡脚 5m 处沿渠道纵轴线方向下挖宽 1m、深 3m 的降水沟，一边在施工过程中沟内回填 1m 厚的砂石反滤料。在降水沟内每隔 30m 设一集水井布置 1 台水泵，待渠道混凝土护面完成后，再将降水沟回填与渠底平，后在其上铺混凝土盖板。降水沟采用下沉法施工，由预制的钢筋混凝土箱型模板（1.2m×1m×2m（宽×高×

长），厚 10cm）固壁。

方案二：采用井点降水结合明沟排水，根据国内工程经验，像这种地下水丰富且土层属中等强度透水性的基坑，开挖高度又较深，约 13m，可采用深井点或多层轻型井点降水。初步计算，当采用深井点时，若每 500m 作为一个施工段，需要布置深井 34 口，则每千米需要布置 68 口；当采用轻型井点时，考虑在开挖基坑边坡的半腰、近边坡底部及沿渠道纵轴线各布置一层轻型井点系统，均为双阀自冲式，滤管直径 7.5cm，其中井管直径 5cm，长 8m，第一层间距 1.5m，第二层及中间层间距 1.0m，井管连接主管，由真空泵抽排地下水。每千米需要井管 38140m，主管 5500m。

方案三：沿渠道纵轴线方向在其两岸边坡各布置一排截渗墙，既可阻截边坡渗水流向基坑，同时又可抵挡土的侧向挤压作用。

综上分析可知：方案一，在施工过程中处理起来比较简单，由于降水沟需要适当超前下挖，增加了局部施工的难度；方案二，由于增加了井点设备，将会对开挖及混凝土护面作业产生相当大的干扰，也耗费管材，虽然井点降低了地下水位，土内的孔隙水压力降低，土体固结，土坡的稳定性也相应得到提高，开挖边坡可保持设计边坡不变，但是由于井点设施使用时间不长，而投资较大，费效比不太划算。同时由于渠道较宽，井点降水影响范围有限，很难保证渠道基坑全部处于干燥状态；方案三，采用截渗墙，由于基坑开挖深，地下水位高且丰富，水头差较大，考虑到在施工过程中有可能产生流沙现象。

因此，采用截渗墙的工程措施，一方面可以阻止岸坡高地下水直接流向基坑，减少了基坑中渗水量，另一方面也可以防止大量的边坡渗水带走粉砂（增加了渗径，降低了水的渗透压力），即防止了边坡流沙现象的发生。分析 3 种施工方法，各有优缺点，如果考虑到工程完工多年后的维修，方案一中渠底留有降水沟，有利于以后的检修——同样可起降水作用；而方案二中使用的井点设备在其使用价值完成后需要拆除，以后如果渠道需要检修，将存在同样的问题；方案三中截渗墙属于悬挂式（粉沙层下是强透水的砂卵石层），虽然有些效果，但是由于渠道底部较宽，效果仍然不太明显，主要的原因是截渗墙只能阻挡边坡地下水直接渗向基坑，而大量的基坑底部地下水却没有办法拦截，因此其效果有限，而投资却很大，不是理想的方案。

经过多方面的综合比较后，本阶段暂推荐方案一，每千米砂基渠道，降水沟土方开挖 10800m^3，预制混凝土箱型模板 2700m^3，钢筋 31.87t，砂石反滤料 8100m^3。其他渠段的开挖，一般只需采用明沟排水的措施即可。

3.3.3 土方填筑

根据土方平衡规划，回填土料基本利用开挖弃土（除局部渠段及穿长湖段外），因此，土方的填筑可结合开挖部位的距离，选用不同的运输机械。大面积较远距离的土方回填可采用 5～10t 的自卸汽车运输入仓、近距离的填筑也可采用大中型推土机、铲运机入仓，由推土机平土，可采用轮胎碾、振动碾等大中型机械碾压；小面积的土方回填，与建筑物

周围的填土，可根据实际情况选用蛙式夯、人工夯等小型机械施工。

由于填筑土方基本利用渠道的开挖方，在局部零星开辟料场，因此在填筑时应注意利用方的土质应以黏土、壤土等为主。

3.3.4 渠道穿湖段施工方法

考虑到长湖的运行、防洪及降低填筑的施工难度，穿湖段的施工时间宜选在每年 10 月底至次年 4 月初，在此期间长湖水位可降至 28m 高程以下（黄海系统，下同），在汛期来临之前，要求渠堤填筑及外坡防护高程不低于 31m。

在两条线路方案中，设计渠道都需要穿越长湖（穿湖段长均为 3.89km），其土方回填可考虑以下两种施工方法：

1）在湖底清淤之后，由自卸汽车自岸边沿渠轴线向湖中填土（坡比按 1∶5 计），直至填到 29m 高程（顶面高出水面 1～1.5m），再由碾压机具进行压实（其实在自卸汽车入仓卸土的同时，亦即进行了碾压），待密实度达到设计要求之后，再将两土堤间的湖水抽干，将水面以上渠堤（坡比 1∶3）及渠道底部土方填至设计高程（即不需围堰直接填筑法）。

2）当围堰处湖底清淤之后，在渠道外边填筑两道围堰（土石围堰，内外边坡均为1∶5 或钢板桩格型围堰），同时边将渠道底部淤泥清至围堰外侧，之后抽干围堰内湖水，在干基坑中可顺利地填筑渠堤，填筑质量及混凝土浇筑质量均可得到保证（即围堰填筑法）。

如果采用钢板桩围堰，其施工程序一般是：船舶及机械设备就位—安装样架—拼装板桩—打桩—回填填料—拆除样架等，依次循环，直至围堰形成。主要机械设备有：打桩机、胶带输送机、运输船等；主要耗材为钢板桩。由于穿湖段长达 3.89km，且需要双向围堰，平均堰高按 5m 计，单根钢板桩长 9m，因此需要消耗大量的钢材，且施工速度慢。如果采用一般性土石围堰，则可直接利用开挖过程中的部分弃土，施工方便造价低，并且此围堰可作为渠堤的护脚加以保留。在具体实施过程中，可根据穿湖每段长度，决定一期施工或是分期施工。当穿湖段长不足 1km 时，可从两端进占一期施工（不需纵向围堰），大于 1km 时可分三段二期施工（需要纵向围堰）。

穿湖渠道土方的填筑方法，也可考虑在回填土方之前，渠底不清淤而直接填筑，但采用粉喷桩对土堤及其基础加固处理。具体施工方法是：由自卸汽车自岸边沿渠轴线方向朝湖中填土筑堰，直至填出水面一定高程（如 29m 高程），后将基坑中湖水抽干，直接在淤泥上填筑渠道到 28m 高程并碾压，同时将围堰加高到 31m 高程，再在堤顶上采用机械设备对堤身及其淤泥质的基础进行粉喷桩加固处理，之后继续将渠堤及渠道底部土方填至设计高程。粉喷桩间排距 1m，梅花形布置。本方案的主要优点是减少清淤，由于渠道直接在淤泥上填筑，质量得不到保证，虽然基础部位采用了粉喷桩加固处理，但是粉喷桩施工由大型成套机械设备组成，由搅拌机械和配套设备两部分组成（搅拌机械包括潜水电机、行星齿轮减速器、搅拌轴和搅拌头、输浆管及单向球阀，配套设备包括灰浆搅拌机、集料斗、灰浆泵、电气控制柜），施工量非常大，速度慢，造价高，对环境会造成轻度污染；

另一个缺点是，由于粉喷桩施工需要花费大量的时间，占用了直线工期，因此围堰必须加高，才能保证渠道施工的正常进行。

经过对填筑质量、工期、度汛及造价等多方面因素综合比较后，穿湖段填筑决定采用湖底清淤配土石围堰方案较为合理。两条渠道线路方案穿湖位置相同、长度一样，其穿湖段临时工程量见表 3-5。

表 3-5　主要线路生产、生活福利设施及其他临时工程量表

工程项目		单位	龙高Ⅰ线		高Ⅱ线	
			不通航	通航	不通航	通航
渠道长		km	67.10		79.60	
工棚	建筑面积	万 m^2	6.25	6.875	6.38	6.38
	占地	万 m^2	21.88	24.06	22.33	22.33
仓库	建筑面积	万 m^2	1.25	1.375	1.392	3.48
	占地	万 m^2	3.125	3.438	1.392	3.48
租房		万 m^2	0.625	0.688	0.696	0.696
施工道路		km	84	84	98	98
穿湖段围堰清基		万 m^3	94.21		94.21	
穿湖段围堰填筑		万 m^3	84.911		84.911	
穿湖段围堰拆除		万 m^3	9.61		9.61	
穿湖段抛石		万 m^3	11.91		11.91	
穿湖段干砌石		万 m^3	5.04		5.04	
基坑抽水		万 m^3	248.5		248.5	
占湖面积		亩	2331		2331	
渣场料场占地		亩	23348	22155	22446	23787

3.3.5 粉喷桩

粉喷桩施工：在渠道穿湖段及局部开挖淤泥部位等处，设计采用粉喷桩对基础加固处理。深层搅拌粉体喷射法（即粉喷桩）是一种用于加固软土地基的技术，该技术是利用水泥、石膏等材料作为固化剂的主剂，通过深层搅拌机械在加固深度内就地将软土和固化剂强制拌和，使软土硬结成具有整体性、水稳定性和足够强度的一种地基处理方法。粉喷桩施工工艺流程：机械定位—预搅下沉—制备水泥浆—提升喷浆搅拌—重复上下搅拌—清洗移位。

3.3.6 湖底清淤

渠道穿越长湖填筑方案，需对湖底进行清淤处理，选用整体式绞吸式挖泥船从湖底挖除淤泥，作业方法宜采用锚缆横挖法。绞吸式挖泥船适用于内河、湖泊的清淤、疏浚作

业，对松散细砂、黏土、淤泥的施工效果较好。由于西荆河、四湖总干渠在枯水期河水位较低，可能引起行船困难，同时考虑到工期的要求，因此，最好在河渠中水位较高时将挖泥船开进长湖。

考虑到从长江或汉江进入长湖的航道水深、船闸的宽度等具体因素，因此选用 $200m^3/h$ 整体式绞吸式挖泥船，该船的型式尺寸及主要技术性能如下：船体总长度 39.5m，宽度 7.2m，船体型深 2.1m，平均吃水深度 1.4m。吸排泥管直径（吸泥管/排泥管）400mm/400mm，最大挖泥深度 10m，设计生产能力 $200m^3/h$。动力装置为柴油液压型，1 台 550kW 的主机，2 台 139.6kW 的辅机及 1 台 29.4kW 的停泊发电机。

3.3.7 浆砌石砌筑

块石料可采用船运至附近的码头，然后采用汽车从码头运至施工现场，再采用胶轮斗车或人工运块石至砌筑面，由人工砌筑，浆砌块石砂浆采用人工拌和。砌筑前，应将石料在砌体外刷洗干净，并保持湿润；块石间用砂浆充填饱满。

3.3.8 混凝土浇筑

根据各部位混凝土方量的多少及施工条件，在现场布置相应容积的混凝土拌和机，拌制混凝土。渠道护面及各主要建筑物混凝土运输方式可采用自卸汽车运输配泵送入仓浇筑；小体积的混凝土也可采用机动翻斗车或人力斗车通过脚手架直接运输混凝土入仓浇筑；部分不能直接入仓的部位也可铺溜槽入仓浇筑。

3.3.9 砂石垫层

垫层料全部外购。填筑方式采用自卸汽车配人工斗车上料，由人工按设计坡度和厚度自下而上铺筑，不得从高处顺坡倾倒，垫层料应进行必要的压实，已铺筑好的垫层料，应及时进行上层护坡铺筑施工，严禁人车通行。

3.3.10 抛石

渠线穿长湖时，设计采用抛石固脚，以稳定渠堤的基础。应选用质地坚硬、新鲜、无裂缝的石料。抛石料形状以块石为准，石料粒径以 30～50cm 为宜，块石重在 30～150kg；所用石料主要采用船从马良石料场运输，根据抛投范围灵活运用水上驳船定位分层平抛或直接从渠边抛投。应遵循先深后浅、逐层抛护的顺序实施，船只定位要准确，抛护均匀，严防在抛投范围内出现空白或薄弱地段。

3.4 交叉建筑的施工

引江济汉工程沿线共有大小建筑物几十座，其中以穿越长江干堤上的龙洲垸进水闸

（大埠街进水闸）、荆江大堤节制闸及汉江干堤上的高石碑闸等几座闸规模最大，其他是一些规模相对较小的涵闸及倒虹吸管等。

3.4.1 施工方法

交叉建筑物工程主要施工项目有：土方开挖与回填、粉喷桩、混凝土浇筑及浆砌石等。

施工上按常规方法进行即可，没有特殊的技术要求和难度。施工方法简述：如果各建筑物坐落在粉砂或细砂基础上，地下水比较丰富，在施工过程中考虑采用井点降水措施（根据对地质资料的分析，提出对大埠街闸、荆江大堤闸及沮漳河交叉建筑物等采用井点降水措施，具体见表3-9、表3-10）；如果基础为黏土或壤土层，则可只采用明沟排除基坑中集水；土方开挖采用0.5～1m^3的挖掘机开挖，配5～10t的自卸汽车运输；土方回填可采用5～10t的自卸汽车运输入仓或铲运机运土入仓，由于回填面积较小，可采用人工夯或小型机械夯夯实，在施工中应注意与建筑物结合部位的回填，必须边刷浓泥浆、边填土、边夯实；混凝土浇筑，可在建筑物附近布置相应容量的拌和机拌制混凝土，采用中小型混凝土泵浇筑，配机动翻斗车和人工斗车。

当渠道穿越长湖时，在长湖中渠道上设计有船闸、泄水闸或平通管。其施工方法是：在湖底清淤之后，由自卸汽车自岸边沿渠线向湖中填土，在填至建筑物基础部位时，向渠轴线外适当外沿填筑，以充当临时围堰，直至填出水面一定高程，再由碾压机具进行压实，要求碾压后的围堰高程29.0m（高出水面约1m），然后再将基坑中湖水抽干，将建筑物基础挖至设计高程，之后在基坑中进行闸体施工，待涵闸具备过水条件后，再拆除进出口部位的围堰。跨湖建筑物的施工，应结合长湖中渠道的填筑综合考虑，可节约填筑工程量。

3.4.2 施工导流

3.4.2.1 导流标准及施工时段

引江济汉工程共有涵闸、虹吸管等建筑物几十座，在渠道的首尾长江干堤和汉江干堤上，分别建有龙洲垸进水闸（大埠街进水闸）、荆江大堤节制闸和高石碑闸；渠道共穿越拾桥河、西荆河等多条河流，设计上采用了不同的穿河方案，与拾桥河建平交工程，与其他的河渠采用立交型式；还与其他的多条灌溉渠交叉，建有多座倒虹吸管。这些建筑物的兴建，都存在导流度汛问题。

引江济汉为Ⅰ等工程，渠道及渠上建筑物为Ⅰ级，虹吸管为Ⅲ、Ⅳ级，根据《水利水电工程施工组织设计规范》（SDJ 338—89）中表2.2.1至表2.2.2的规定，相应的临时导流建筑物可分别选定为Ⅳ、Ⅴ级，当采用土石围堰时，洪水标准分别为20～10年、10～5

年一遇。考虑到在平原地区施工，两岸平坦，河床宽阔，其洪水过程线多为矮胖型，现结合本工程的实际情况，选用开挖土筑堰或袋装土围堰，由于水文系列较长，洪水标准分别选定为10年、5年一遇。

但是，如果汛期在长江干堤或汉江干堤施工，那么围堰度汛必须与所在堤防同标准（填筑质量、堰顶高程及宽度等）。

根据各河流的水文特性，6—9月为洪水期，4、5月为汛前过渡期，10月为汛后期，11月至次年3月为枯水期。因此，确定主要施工期为枯水期，但亦可根据各建筑物自身特点延长施工期。

拾桥河、西荆河、殷家河、东荆河等几条主要河流，施工期设计洪水（$P=10\%$）见表3-6。

表3-6　主要河流分期流量水位表

分期 河流	10月至次年4月		10月至次年4月		11月至次年3月	
	Q（m^3/s）	H（m）	Q（m^3/s）	H（m）	Q（m^3/s）	H（m）
拾桥河	165.1	30.37	155.2	30.07	44.4	29.83
西荆河	77.4	30.80	72.8	30.50	20.8	30.13
殷家河	42.8	30.71	40.3	30.40	11.5	30.13
东荆河（马口坝）					200.0	24.00

注：1. 本表为龙高Ⅰ线与各河流交叉处水文成果；
2. 文中高程采用黄海高程系统，吴淞−1.87m＝黄海高程0m。

3.4.2.2　导流方式

施工导流方式的确定，需要根据建筑物的布置形式（跨堤、跨河）及规模，分别采用一期施工或分二期导流，二期施工，每期施工在汛前完成相应的在围堰保护下的施工项目，汛期河床过水。

（1）大型涵闸导流方式

对于龙洲垸（大埠街）闸、高石碑闸两座涵闸，由于采用堤后式布置方案，在基坑开挖过程中，不危及长江干堤的安全，基本上可全年施工，但考虑到长江（汉江）干堤的重要性，仍计划分期施工，主要利用两个枯水期，先施工闸室部分，在汛前将基坑回填度汛（高水头、砂基础，以防发生管涌），第二个枯水期再施工闸室后的箱涵部分，在汛期不影响度汛安全的前提下，可施工闸室上部结构；荆江大堤节制闸布置在荆江大堤上，在一个枯水期内不可能建成挡水度汛，根据对其结构的分析，将其分成闸室及拱涵两部分分别在两个枯水期内施工是不现实的，因此只能考虑采用全年施工，但是在施工进度安排上，必须做到在汛前将闸室及拱涵混凝土浇出地面以上，并至少将闸体两侧土方回填与地面平齐，以防砂基发生管涌。由于本围堰在施工期不仅保护着涵闸的施工，更主要的是作为长江（汉江）干堤的一部分，起着十分重要的防洪作用，因此，围堰的设计与施工应遵循同级江堤的标准实施。堰顶宽 5m，内外边坡 1∶3，堰顶与现有堤防等高程。

(2) 内河交叉建筑物导流方式

在拾桥河、西荆河上建有节制闸、泄水闸及船闸等建筑物。堤上节制闸因其规模相对较小，采用一期导流，在外滩上填筑围堰抵挡施工洪水，在一个枯水施工期内完成闸体施工；对于跨河床的船闸、泄水闸，则需要采用分期导流、分期施工的方式。在东荆河上建有 3 座橡胶坝，根据其规模及所在河床地形条件不同，导流方式亦有所差别：马口坝采用分二期导流、二期施工，施工工期两个枯水期；黄家口坝及冯家口坝各采用一期导流、一期施工，分别在一个枯水期内完成坝体施工。

(3) 倒虹吸管导流方式

与一般灌溉渠道交叉的倒虹吸管，施工导流比较简单，在枯水期施工时，渠道中基本上没有水流，只存在静水，因此，其导流只需在渠道静水中填筑围堰即可，不需开挖导流明渠，单座倒虹吸管可在一个枯水期（11 月至次年 3 月）内完成；在河流上修建的倒虹吸管，在枯水期施工时，施工导流可根据工程布置及河流地形条件，采用填筑围堰拦截河流，同时开挖明渠导流（即一期明渠导流方式），或是采用分期导流方式。

当建筑物位于渠道上，没有与其他水系连通时，可先施工建筑物后开挖相邻渠道，此时不需围堰的保护。

每年在 9—10 月进行施工前期准备，在 10 月开始填筑围堰，11 月初围堰合龙，施工围堰主要采用开挖土料（或袋装土）填筑，围堰顶宽 5（3）m，内外边坡 1∶2（1∶1）。当围堰基础是砂卵石透水性强时，采用高压摆喷灌浆防渗；若是黏土或其他透水性很小的土层，可不进行处理，只在基坑中四周挖排水沟即可。

所有在河流及灌溉渠上填筑的围堰，在其使用价值完成后均需要拆除；导流明渠在其导流完成后需要回填；在长湖等湖泊上修建的建筑物围堰，在导流任务完成后，可只拆除进出口部位的围堰。

不同的线路方案，交叉建筑物的布置形式不同，依据典型建筑物专题施工组织设计，结合其他各建筑物的布置形式、水工结构、工程量及地形条件等因素综合分析比较后，提出各建筑物相应的施工导流方案、各交叉建筑物土方平衡、交叉建筑物施工临时设施、临时工程量等分别见表 3-7 至表 3-12。

表 3-7　　各线路主要交叉建筑物施工导流特性表

线路	项目名称	所在河流	设计频率	导流时段	设计流量（m^3/s）	导流方式	挡水建筑物	设计洪水位（m）	堰顶高程（m）	土围堰填筑（m^3）	袋装土围堰（m^3）	明渠开挖（m^3）
龙高Ⅰ线	龙洲垸闸	长江		全年		二期导流	一期长江干堤挡水					
			$P=10\%$	11月至次年3月			二期围堰挡水			20500	1030	
	荆江大堤闸	长江		全年		一期导流	围堰			52500		
	港总渠倒虹吸	港总渠	$P=10\%$	10月至次年4月		明渠导流	围堰			13820	780	13200
	港总渠泄洪闸											
	海子湖泄洪闸	海子湖	多年平均	10月至次年4月			围堰	30.63	31.1	45912	9900	
	海子湖平通管									91823	19200	
	太湖港节制闸	太湖港	$P=10\%$	11月至次年3月		明渠导流	围堰			15300	780	8820
	拾桥河节制闸	拾桥河	$P=10\%$	10月至次年4月	165.1	一期导流	围堰	30.37	30.87		5220	
	拾桥河船闸			11月至次年3月	44.4	二期导流		31.2（31.7）	31.7（32.2）		35580	
	拾桥河拦河闸											
	后港长湖平通管	长湖	多年平均	全年			预留土坎＋围堰				2650	
	后港长湖船闸										2650	
	殷家河倒虹吸	殷家河			42.8	明渠导流	围堰			12000	650	17880
	西荆河船闸	西荆河	$P=10\%$	10月至次年4月	77.4	二期导流	围堰	31	31.5		31780	
	西荆河倒虹吸管							31.3	31.8			
	兴隆河虹吸管	兴隆渠		11月至次年3月		一期导流	围堰			15000	750	
	高石碑出水闸	汉江		全年		一期导流	围堰			10200		
	冯家口橡胶坝	东荆河	$P=10\%$	11月至次年3月	100	一期导流	围堰	22.7	23.2		8860	
	黄家口橡胶坝							22.7	23.2		8600	
	马口橡胶坝				200	二期导流		24	24.5		24250	
	合计									277055	152680	39900

续表

线路	项目名称	所在河流	设计频率	导流时段	设计流量（m^3/s）	导流方式	挡水建筑物	设计洪水位（m）	堰顶高程（m）	土围堰填筑（m^3）	袋装土围堰（m^3）	明渠开挖（m^3）
高Ⅱ线	大布街闸	长江		全年		二期导流	一期长江干堤挡水		46.2			
			$P=10\%$	11月至次年3月			二期围堰挡水		30.5	20580	1030	
	沮漳河船闸	沮漳河	$P=10\%$	11月至次年3月	335.2	明渠导流	围堰	37.51	38.01	58945	3008	57600
	沮漳河排水闸											
	荆江大堤节制闸	长江		全年		一期导流	围堰		47.01	52500		
	港北渠倒虹吸	港北渠	$P=10\%$	10月至次年4月	21.2	明渠导流	围堰	32.5	33	8150	450	11550
	港北渠泄洪闸											
	太湖港节制闸	太湖港	$P=10\%$	11月至次年3月		明渠导流	围堰			15300	780	8820
	海子湖泄洪闸	海子湖	多年平均	全年			围堰	30.63	31.1	45912	9900	
	海子湖平通管									91823	19200	
	拾桥河节制闸	拾桥河	$P=10\%$	10月至次年4月	165.1	一期导流	围堰	30.37	30.87		5220	
	拾桥河船闸			11月至次年3月	44.4	二期导流		31.2（31.7）	31.7（32.2）		35580	
	拾桥河拦河闸											
	殷家河虹吸管	殷家河			42.8	明渠导流	围堰			12000	650	17880
	西荆河船闸	西荆河	$P=10\%$	10月至次年4月	77.4	二期导流	围堰	31	31.5		31780	
	西荆河倒虹吸管							31.3	31.8			
	兴隆河虹吸管	兴隆灌渠	多年平均	枯水期		一期导流	围堰			15000	750	
	后港长湖平通管	长湖	多年平均	全年			预留土坎＋围堰挡水				2650	
	后港长湖船闸										2650	
	高石碑闸	汉江		全年		一期导流	汉江干堤挡水			10200		
	冯家口橡胶坝	东荆河	$P=10\%$	11月至次年3月	100	一期导流	围堰	24.7	25.2		8860	
	黄家口橡胶坝							24.7	25.2		8600	
	马口橡胶坝				200	二期导流		24	24.5		24250	
	合计									330410	155358	95850

表 3-8　　引江济汉工程交叉建筑物施工临时设施一览表

线路	建筑物名称	工棚（m²）		仓库（m²）		施工道路（km）	土围堰（m³）	袋装土围堰（m³）	土方开挖（m³）	围堰拆除（m³）	明渠回填（m³）	弃渣占地（m²）	渣场清理（m³）	备注
		建筑面积	占地面积	建筑面积	占地面积									
龙高Ⅰ线	龙洲垸进水闸	2850	16200	350	1050	1.5	20500	1030		21530		97232	48616	
	龙洲垸节制闸	1800	8600	350	1050	1.5						365471	182736	
	龙洲垸泵站	1650	8500	250	800	1.5						37059	18529.5	
	荆江大堤闸	2550	13500	300	950	1.5	52500			52500		29299	14649.5	20 口深井点降水
	港南渠倒虹吸	180	860	80	200	1	1580	110	2460	1690	2460	702	351	
	港南渠泄洪闸	400	2200	100	300	1	3180	130	5580	3310	5580	552	276	
	港总渠泄洪闸	1800	10500	250	750	1.5	10200	510	9840	10710	9840	1717	858.5	
	港总渠倒虹吸	400	2200	100	300	1	3620	180	3360	3800	3360	2807	1403.5	
	太湖港节制闸	1050	4650	120	350	1.5	15300	780	8820	16080	8820	1722	861.0	
	纪南渠倒虹吸	200	1050	80	220	1	4500	230		4730		702	351	
	庙湖倒虹吸	250	1050	80	220	1.5	21600	4400		12000		452	226.0	
	庙湖泄洪闸	1800	10600	200	650	2	45912	9900		35100		461	230.5	
	海子湖倒虹吸	1200	7500	150	500	2	91823	19200		31500		7256	3628	
	桥河右岸节制闸	1800	8500	300	1050	2		5220		5220		13650	6825.0	
	拾桥河泄水闸	2000	11600	350	1150	2		29700		29700		15689	7844.5	
	拾桥河船闸	1500	5500	250	550	1		5880		5880		7573	3786.5	
	曾家湾倒虹吸	150	850	50	120	1.5	3020	150		3170		1472	736	
	黄场倒虹吸	250	1150	100	200	1	4500	230		4730		2545	1272.5	
	后港引水闸	400	2200	100	250	2	4500	360		4860		4440	2220	

续表

线路	建筑物名称	工棚（m^2）		仓库（m^2）		施工道路（km）	土围堰（m^3）	袋装土围堰（m^3）	土方开挖（m^3）	围堰拆除（m^3）	明渠回填（m^3）	弃渣占地（m^2）	渣场清理（m^3）	备注
		建筑面积	占地面积	建筑面积	占地面积									
龙高Ⅰ线	后港长湖倒虹吸	1500	8500	200	650	1.5	115000	34500		52900		1248	624.0	
	骆家村倒虹吸	400	2200	100	300	1	7550	360		7910		2843	1421.5	
	广平港虹吸管	2000	10500	300	950	2	8100	400		8500		2880	1440	
	殷家河虹吸管	1200	7500	150	500	1.5	12000	650	17880	12650	17880	6108	3054	
	西荆河船闸	2400	11500	200	600	2		31780		31780		4800	2400	
	东干渠虹吸管	400	2200	100	300	1	7600	380		7980		2344	1172	
	永长渠虹吸管	400	2200	100	300	1	7500	360		7860		2344	1172	
	兴隆河虹吸管	950	4860	150	450	1.5	15000	750		15750		4490	2245	
	冯家口橡胶坝	1400	7200	150	500	1.5		13860		13860		2853	1426.5	料场取土面积 14150m^2，运距 1km
	黄家口橡胶坝	1400	7200	150	550	1.5		12600		12600		7107	3553.5	
	马口橡胶坝	1700	9500	200	600	1.5		15250		15250		7743	3871.5	
	新建冯家口闸	900	4500	150	400	1		2600		2600		1323	661.5	料场取土面积 2380m^2，运距 1km
	扩建冯家口闸	600	3200	100	250	1		1600		1600		1275	637.5	料场取土面积 1940m^2，运距 1km
	修建渠道	1800	8500			2						7468	3734.0	料场取土面积 46180m^2，运距 1km
	合计	43680	230070	6170	18810	51.5	465685	193100	47940	477950	47940	709466	354733	

表 3-9

引江济汉工程交叉建筑物施工临时设施一览表

线路	建筑物名称	工棚（m^2）		仓库（m^2）		施工道路（km）	土围堰（m^3）	袋装土围堰（m^3）	土方开挖（m^3）	围堰拆除（m^3）	明渠回填（m^3）	弃渣占地（m^2）	渣场清理（m^3）	备注
		建筑面积	占地面积	建筑面积	占地面积									
高Ⅱ线	大布街闸	2850	16200	350	1050	1.5	20500	1030		21530		144265	72132.5	25 口深井点降水
	大布街泵站节制闸	1800	8600	350	1050	1.5						320118	160059.0	16 口深井点降水
	大布街泵站	1650	8500	250	800	1.5						55306	27653.0	16 口深井点降水
	沮漳河节制闸	1350	6900	250	700	1.5	39297	2008	38400	41305	38400	39644	19822	轻型井点降水
	沮漳河船闸	1150	5800	200	560	1.5	19648	1000	19200	20648	19200	15623	7812	轻型井点降水
	荆江大堤闸	2550	13500	300	950	1.5	52500			52500		33365	16683	20 口深井点降水
	红卫渠倒虹吸	200	1050	80	220	1	3250	160		3410		712	356	轻型井点降水
	港南渠泄洪闸	400	2200	100	300	1	3180	130	5580	3310	5580	552	276	轻型井点降水
	港南渠倒虹吸	180	860	80	200	1	1580	110	2460	1690	2460	809	405	轻型井点降水
	港中渠泄洪闸	800	4500	200	560	1.5	5860	250	8800	6110	8800	582	291	轻型井点降水
	港北渠倒虹吸	400	2200	100	300	1	2400	120	3850	2520	3850	3748	1874.0	
	港北渠泄洪闸	1300	7500	150	500	1.5	5750	230	7700	5980	7700	1451	725.5	
	金秘渠倒虹吸	180	1050	80	220	1	3050	160		3210		598	299	轻型井点降水
	后湖水库倒虹吸	150	500	50	100	1	2650	150		2800		223	112	
	太湖港节制闸	1050	4650	120	350	1.5	15300	780	8820	16080	8820	1722	861.0	
	联合水库倒虹吸	150	500	50	100	1	2650	150		2800		201	100.5	
	纪南渠倒虹吸	200	1050	80	220	1	4500	230		4730		712	356.0	
	庙湖泄洪闸	1800	10600	200	650	2	45912	9900		35100		461	230.5	
	庙湖倒虹吸	250	1050	80	220	1.5	21600	4400		12000		292	146	
	海子湖倒虹吸	1200	7500	150	500	2	91823	19200		61500		7256	3628	
	拾桥河右岸节制闸	1800	8500	300	1050	2		5220		5220		12105	6052.5	
	拾桥河泄水闸	2000	11600	350	1150	2		29700		29700		13925	6962.5	
	拾桥河船闸	1500	5500	250	550	1		5880		5880		7573	3786.5	

续表

线路	建筑物名称	工棚（m^2）		仓库（m^2）		施工道路（km）	土围堰（m^3）	袋装土围堰（m^3）	土方开挖（m^3）	围堰拆除（m^3）	明渠回填（m^3）	弃渣占地（m^2）	渣场清理（m^3）	备注
		建筑面积	占地面积	建筑面积	占地面积									
龙高Ⅱ线	曾家湾倒虹吸	150	850	50	120	1.5	3020	150		3170		1472	736	
	黄场倒虹吸	250	1150	100	200	1	4500	230		4730		2545	1272.5	
	后港长湖倒虹吸	1500	8500	200	650	1.5	115000	34500		52900		1248	624	
	后港引水闸	400	2200	100	250	2	4500	360		4860		4440	2220	
	骆家村倒虹吸	400	2200	100	300	1	7550	360		7910		2843	1421.5	
	广平港虹吸管	2000	10500	300	950	2	8100	400		8500		2880	1440	
	殷家河虹吸管	1200	7500	150	500	1.5	12000	650	17880	12650	17880	7592	3796	
	西荆河虹吸管	2000	10500	300	950	2						34391	17195.5	
	西荆河船闸	2400	11500	200	600	2		31780		31780		4800	2400	
	沙洋东干渠虹吸管	400	2200	100	300	1	7600	380		7980		2766	1383	
	永长渠虹吸管	400	2200	100	300	1	7500	360		7860		2763	1381.5	轻型井点降水
	兴隆河虹吸管	950	4860	150	450	1.5	15000	750		15750		5175	2587.5	
	高石碑闸	2400	12800	260	850	1.5	10200			10200		29448	14724	
	冯家口橡胶坝	1300	6800	150	500	1.5		8860		8860		2853	1426.5	料场取土面积 14150m^2，运距 1km
	黄家口橡胶坝	1400	7200	150	550	1.5		8600		8600		7107	3553.5	
	马口橡胶坝	1800	10500	200	600	1.5		24250		24250		7743	3871.5	
	新建冯家口闸	900	4500	150	400	1		2600		2600		1323	661.5	料场取土面积 2380m^2，运距 1km
	扩建冯家口闸	600	3200	100	250	1		1600		1600		1275	637.5	料场取土面积 1940m^2，运距 1km
	修建渠道	1800	8500			2						7468	3734.0	
	合计	47160	247970	6980	21020	60	536420	196638	112690	552223	112690	791375	395688	料场取土面积 46180m^2，运距 1km

表 3-10　　引江济汉工程交叉建筑物土方平衡表

线路	建筑物	土方开挖（m^3）	土方回填（m^3）	利用本闸开挖方（m^3）	利用渠道挖方（m^3）	料场取土			弃土方（m^3）	弃土占地（m^2）	渣场清理及复耕（m^3）	备注
						方量（m^3）	面积（m^2）	运距（km）				
龙高Ⅰ线	龙洲垸进水闸	652400	287156	337831					314569	94371	47185	
	龙洲垸节制闸	160072	27483	32333					127739	38322	19161	
	龙洲垸泵站	1256000	32100	37765					1218235	365471	182735	
	荆江大堤闸	487500	300500	353529					133971	40191	20096	
	港南渠倒虹吸	19993	58043	13657	54629				6336	1901	950	
	港南渠泄洪闸	2870	1460	1031	687				1839	552	276	
	港总渠泄洪闸	10100	6200	4376	2918				5724	1717	859	
	港总渠倒虹吸	31243	70652	24936	58184				6307	1892	946	
	太湖港节制闸	9200	4900	3459	2306				5741	1722	861	
	纪南渠倒虹吸	19977	57554	13542	54168				6435	1930	965	
	庙湖倒虹吸	3292	3246	764		3055	2037	1	2528	758	379	
	庙湖泄洪闸	2100	1200	565		847	565	1	1535	461	230	
	海子湖倒虹吸	35788	14572	10286		6857	4572	1	25502	7651	3825	
	拾桥河右岸节制闸	50500	20700	24353					26147	7844	3922	
	拾桥河泄水闸	57000	38500	31706	13588				25294	7588	3794	
	拾桥河船闸	34500	11200	13176					21324	6397	3199	
	曾家湾倒虹吸	10250	28899	5100	28899				5150	1545	773	
	黄场倒虹吸	18543	57009	10060	57009				8483	2545	1272	
	后港引水闸	72600	69600	29040	44916				43560	13068	6534	
	后港长湖倒虹吸	43912	10101	11884					32028	9609	4804	

续表

线路	建筑物	土方开挖（m^3）	土方回填（m^3）	利用本闸开挖方（m^3）	利用渠道挖方（m^3）	料场取土			弃土方（m^3）	弃土占地（m^2）	渣场清理及复耕（m^3）	备注
						方量（m^3）	面积（m^2）	运距（km）				
龙高Ⅰ线	骆家村排渠倒虹吸	28319	65225	23021	53715				5298	1590	795	
	广平港倒虹吸	45360	71403	35281	48722				10079	3024	1512	
	殷家河倒虹吸	46435	74526	35071	52607				11364	3409	1705	
	西荆河倒虹吸	206495	132008	155304					51191	15357	7679	
	西荆河船闸	36160	178585	21010	189090				15150	4545	2272.5	
	东干渠倒虹吸	30412	66555	19575	58725				10837	3251	1626	
	永长渠倒虹吸	30412	66555	19575	58725				10837	3251	1626	
	兴隆河倒虹吸	47289	74454	30658	56935				16631	4989	2495	
	高石碑出水闸	179300	79500	93529					85771	25731	12866	
	冯家口橡胶坝	23655	30060	14146		21219	14146	1	9509	2853	1426	
	黄家口坝	29279	4750	5588					23691	7107	3554	
	马口坝	34404	7304	8593					25811	7743	3872	
	新建冯家口闸	9760	7580	5351		3567	2378	1	4409	1323	661	
	扩建冯家口闸	8620	6190	4369		2913	1942	1	4251	1275	638	
	修建渠道	128800	147200	103906		69271	46180	1	24894	7468	3734	
	合计	3862540	2112970	1534369	835823	104674	69783		2328171	698451	349226	

注：1. 开挖土方、弃土方量及利用方均按自然方计，回填方按压实方计。换算关系：压实方＝自然方×0.85。

2. 本闸利用方运距按200m计，渠道利用方运距按500m计，弃土平均运距按500m计。

3. 无特别注明时，“利用其他开挖方”均指渠道开挖方。

表 3-11　　引江济汉工程交叉建筑物土方平衡表

线路	建筑物	土方开挖（m^3）	土方回填（m^3）	利用本闸开挖方（m^3）	利用渠道挖方（m^3）	料场取土			弃土方（m^3）	弃土占地（m^3）	渣场清理及复耕（m^3）	备注
						方量（m^3）	面积（m^3）	运距（km）				
高Ⅱ线	大布街进水闸	777000	251700	296118					480882	144265	72132	
	大布街泵站节制闸	1100000	28000	32941					1067059	320118	160059	
	大布街泵站	208000	20100	23647					184353	55306	27653	
	沮漳河节制闸	200900	97400	114588					86312	25894	12947	
	沮漳河船闸	89700	53300	62706					26994	8098	4049	
	荆江大堤闸	337100	192000	225882					111218	33365	16683	
	红卫渠倒虹吸	18929	54813	12897	51589				6032	1810	905	
	港南渠泄洪闸	2870	1460	1031	687				1839	552	276	
	港南渠倒虹吸	19041	55279	13007	52027				6034	1810	905	
	港中渠泄洪闸	3000	1500	1059	706				1941	582	291	
	港北渠倒虹吸	36466	74198	26188	61104				10278	3084	1542	
	港北渠泄洪闸	6600	2500	1765	1176				4835	1451	725	
	金密渠倒虹吸	17660	54295	12775	51101				4885	1465	733	
	后湖水库倒虹吸	1340	1140	671	671				669	201	100	
	太湖港节制闸	9200	4900	3459	2306				5741	1722	861	
	联合水库倒虹吸	1490	1270	747	747				743	223	111	
	纪南渠倒虹吸	19062	54813	13007	51479				6055	1817	908	
	庙湖泄洪闸	2100	1200	565		847	565	1	1535	461	230	
	庙湖倒虹吸	3135	3091	727		2909	1939	1	2408	722	361	
	海子湖倒虹吸	34084	13878	9796		6531	4354	1	24288	7286	3643	
	拾桥河右岸节制闸	50500	20700	24353					26147	7844	3922	
	拾桥河泄水闸	57000	38500	31706	13588				25294	7588	3794	

续表

线路	建筑物	土方开挖（m^3）	土方回填（m^3）	利用本闸开挖方（m^3）	利用渠道挖方（m^3）	料场取土			弃土方（m^3）	弃土占地（m^3）	渣场清理及复耕（m^3）	备注
						方量（m^3）	面积（m^3）	运距（km）				
高Ⅱ线	拾桥河船闸	34500	11200	13176					21324	6397	3199	
	曾家湾	9762	27523	4857	27523				4905	1472	736	
	黄场倒虹吸	18543	57009	10060	57009				8483	2545	1272	
	后港长湖倒虹吸	41481	9620	11318					30163	9049	4525	
	后港引水闸	72600	69600	29040	44916				43560	13068	6534	
	骆家村排渠倒虹吸	26970	62119	21924	51157				5046	1514	757	
	广平港倒虹吸	43200	68003	33601	46402				9599	2880	1440	
	殷家河倒虹吸	44224	70977	41751	41751				2473	742	371	
	西荆河倒虹吸	196667	125722	147908					48759	14628	7314	
	西荆河船闸	36160	178585	21010	189090				15150	4545	2273	
	沙洋东干渠倒虹吸	28964	63386	22857	51715				6107	1832		
	永长渠倒虹吸	29516	63386	22857	51715				6659	1998	999	
	兴隆河倒虹吸	45038	70909	29198	54225				15840	4752	2376	
	高石碑闸	231200	127000	149412					81788	24536	12268	
	冯家口橡胶坝	23655	30060	14146		21219	14146	1	9509	2853	1426	
	黄家口坝	29279	4750	5588					23691	7107	3554	
	马口坝	34404	7304	8593					25811	7743	3872	
	新建冯家口闸	9760	7580	5351		3567	2378	1	4409	1323	661	
	扩建冯家口闸	8620	6190	4369		2913	1942	1	4251	1275	638	
	修建渠道	128800	147200	103906		69271	46180	1	24894	7468	3734	
	合计	4088520	2234160	1610556	902685	107256	71504		2477964	743389	370778	

表 3-12　　　　主要线路生产、生活福利设施及其他临时工程量表

工程项目		单位	龙高Ⅰ线		高Ⅱ线	
			不通航	通航	不通航	通航
渠道长		km	67.10		79.60	
工棚	建筑面积	万 m^2	6.25	6.875	6.38	6.38
	占地	万 m^2	21.88	24.06	22.33	22.33
仓库	建筑面积	万 m^2	1.25	1.375	1.392	3.48
	占地	万 m^2	3.125	3.438	1.392	3.48
租房		万 m^2	0.625	0.688	0.696	0.696
施工道路		km	84	84	98	98
穿湖段围堰清基		万 m^3	94.21		94.21	
穿湖段围堰填筑		万 m^3	84.911		84.911	
穿湖段围堰拆除		万 m^3	9.61		9.61	
穿湖段抛石		万 m^3	11.91		11.91	
穿湖段干砌石		万 m^3	5.04		5.04	
基坑抽水		万 m^3	248.5		248.5	
占湖面积		亩	2331		2331	
渣场料场占地		亩	23348	22155	22446	23787

鉴于引江济汉工程的重要性，在施工过程中，必须实行项目法人制、招投标制和建设监理制，以保证施工质量达到设计要求与有关规程规范的标准。在实施过程中，应统一管理，有计划地分段招标、分段实施。

引江济汉工程以机械化施工为主，主要施工机械设备见表 3-13。

表 3-13　　　　主要施工机械设备一览表

设备名称	规格	数量	单位	备注
反铲挖掘机	0.5～2（m^3）	45	台	
正铲挖掘机	1～2（m^3）	20	台	
反铲挖掘机	WLY25	6	台	
铲运机	2.5～8（m^3）	60	台	
履带式推土机		45	台	
履带式拖拉机	75～100（马力）	40	台	
汽车吊	10～40（t）	20	台	
夯土机	H8—60 型，H8—20A 型	35	台	
驳船	100（m^3）	2	艘	
混凝土拌和机	强制式 HL—25	15	座	
混凝土拌和机	0.8（m^3）	20	座	
混凝土拌和机	自落式 JF1500	25	座	

续表

设备名称	规格	数量	单位	备注
抽水泵	10～20（m）扬程	26	台	
振捣器		120	个	
混凝土泵	15～60（m^3/h）	35	台	
氧焊设备		12	套	
机动翻斗车		50	辆	
自卸汽车	5～20（t）	300	辆	
拖拉机		30	台	
挖泥船	200（m^3/h）	4	艘	
粉喷桩设备		5	套	

3.5 工程供电方案及施工

3.5.1 设计原则

电气专业提供龙高Ⅰ线、龙高Ⅱ线、高Ⅱ线、盐高线的4条线路的设备投资供整个工程进行方案比选，以下为推荐（龙高Ⅰ线）方案的电气设计。

本工程按现代水利资源管理的理念和要求建设，采用计算机及其网络技术，采集沿途河流和水闸等的流量、水位、泥沙、闸门开度、水工建筑物观测数据等，做到在充分数据的基础上，工程安全有效地运行，并结合沿途水系的水雨情测报系统，做到与沿途各水系联合调度，整体调节，优化运行。

本工程将纳入南水北调和数字汉江统一管理，前方控制中心设在荆州市，后期要在武汉南水北调管理局控制。

引江济汉工程沿途所有水闸、泵站按“无人值班”（少人值守），实现在荆州引江济汉管理局和湖北省南水北调管理局（武汉）对所有水闸、泵站进行控制，每个闸站既可在站内进行控制，又可远程控制和管理。

3.5.2 引江济汉工程供电方案

引江济汉工程地处荆州地区，属湖北省工农业比较发达的地区，电力线路和变电站等基础建设较好，10～110kV电源点分布比较均匀，在工程的周围有许多可供选择的电源点，引接距离一般在5～10km之内，对引江济汉工程供电是没有问题的。具体供电方案为：在龙高Ⅰ线上共设二座专用变电站，其中110kV变电站一座进线二回，35kV变电站一座进线一回，10kV出线给全线所有泵站、船闸、水闸供电。

3.5.3 工程配电

（1）调度中心

调度中心是引江济汉工程的控制中枢，设置一台 SCB9-630/10 630kVA 干式变压器作为调度、办公、监控、通信及其他设施用电，并承担工程运行人员生活生产用电，为了保证调度中心的安全可靠，另配有专用 40kW 柴油发电机作为保安电源。

（2）泵站

龙洲垸泵站主变压器容量考虑二期装机容量，一期装机总容量为（6×2000kW）。降压站为 2 个电压等级，分别是 110kV、10kV，电源由附近 110kV 变电站引入，经 2 台 SF9-25000/110，25000kVA 双圈变压器，其 10V 侧分别给二段母线上的 6×2000kW 机组供电，另设一台 S9-1000/10、10/10kV 隔离变压器 10kV 出线一回，与西荆河变电站 10kV 出线形成双电源，给工程沿线的水闸、船闸、倒吸虹工程供电。泵站内另设 2 台 SCB9-800/10、10/0.4kV 厂用变压器，高压侧接在二段 10kV 母线上，供非抽水时泵站用电。

（3）橡胶坝、船闸及倒虹吸工程配电

各建筑物设有专用变压器供电，另配有 5kVA 单相变压器作为各闸的控制电源，以上各闸的电源通过沿线的专用 10kV 线路引入。

第二篇

水土保持生态篇

第4章　水土保持顶层设计与创新

4.1　水利工程水土保持面临的挑战

4.1.1　未能长期坚持生态修复工作

我国在实际的生态修复工作中，出现一个非常明显的问题就是没有将生态修复工作坚持到底，往往是“三天打鱼、两天晒网”的工作状态，任何事情都是只有长期坚持才能发挥充分的效果，若不能坚持只会让原本已经发挥功效的生态修复工作前功尽弃，付之东流，最终功亏一篑，达不到理想的修复效果。未能将生态修复工作坚持到底，有以下几个方面的原因：

1）水土保持生态修复的理念提出时间较短，从而人们没有认识到生态修复的重要性，就造成了在人们的思想意识当中这是一项无须长期坚持的工作，更没有意识到这项工作的展开是十分有难度的。人们认为不需要制订长远的计划来对生态进行有效的修复。只是面前的一些表面问题解决就可以了，并不需要消耗大量的人力、物力和时间在这件事情上，大多数人认为这件事情是无关紧要的。如此就导致了未能长期坚持和合理投入的工作状态。

2）资金缺乏。要想从本质上对生态系统展开有效科学的修复，必然要投入大量的资金，没充足的资金来支持这项工作，就会导致整个工作计划因为缺乏资金而被迫选择中断。

当下，大部分地区是依托生态修复项目来开展生态修复工作，在项目完成后，后续的工作中没有适时补充足够的资金，使整个生态修复工程无法继续进行下去，虽说前序工作已经初见成效，但是也只能被动停止一切的后续工作，导致最终生态修复系统没能圆满完成。

4.1.2　缺乏科学的技术支持

在国民经济快速发展的新时代，自然也就诞生了人们对于水土生态修复的需求。目前生态修复对于大多数人来说依然是新鲜事物。我国目前对水土保持生态修复工作没有进行大量的研究。但是这项工程并非简单的问题，其中包含了大量的科学问题急需专业人士对其采取合理有效的解决办法，如生态系统健康诊断问题、生态修复技术、生态修复效益研究等。此外，在实际的水土保持生态修复工作过程中，我国目前还没有研发出相关的生态修复监测系统。如此一来，就导致了无法科学有效地对生态环境进行及时有效的实时监控，从而在展开生态修复工作和对其进行科学研究时得不到相关有效的数据信息来支撑研究。另外，在开展实际的水土保持生态修复工作中，即使建立合理科学的技术服务体系也存在着问题。因此，在相关工作人员展开工作时，就没有相应的技术来支持他们的具体工作。然而，各个区域的生态修复工作都没有进行深入研究，导致在进行实际的水土保持生态修复工作时出现很多无法预知的难题。从而让生态修复工作的效益受到严重的制约与影响。

4.1.3 工作模式单一

我国水土保持生态修复工作的主要方式就是对其进行封禁，目前全国各地普遍都在实施这种方法，这种修复方式让很多人认为生态修复工作是一项十分简单的工程，无须投入大量的时间和精力。只需要采取封禁就万事大吉了，没有采取任何其他的形式来进行辅助。如此一来就导致生态修复工作产生不了实际效果，最终不了了之。另外，在水土保持生态修复管理中，封禁看护的主要方式就是拉铁丝网对其进行封禁，没有采取任何措施予以巩固，顶多也是临时派人员看守，如此敷衍了事，自然导致生态修复工作难以取得成效。

4.2 生态优先设计理念

顶层设计时全面贯彻落实习近平总书记生态文明思想和“十六字”治水思路。水是生命之源、生产之要、生态之基，河湖水系作为水资源的重要载体，也是水资源、水环境、水生态问题表现最为集中的区域。

我国作为全球人均水资源最缺乏的国家之一，地理气候条件特殊、人多水少、水资源时空分布不均严重影响着经济社会的可持续发展。当前，我国新老水问题交织，水资源供需矛盾仍然存在。水资源短缺、水生态损害、水环境污染问题十分突出，水旱灾害多发频发，水资源、水生态、水环境等各类问题已经影响到人民生命财产安全，也影响到粮食安全、经济安全、社会安全、生态安全及国家安全，迫切需要在把水资源节约和生态环境保护放在首位，以生态优先、绿色发展的理念引领人们的生产生活方式，在河湖生态治理中，打造自然、幸福、健康的美丽水系，建设人与自然和谐共生的现代化国家。

4.2.1 坚持生态优先、绿色发展理念

人与自然是一个生命共同体。自古以来，“天人合一”“道法自然”等观念，深刻地影

响着中华民族的思维认知和行动方式。治水要统筹自然生态的各要素，系统治理、综合施策，以绿色生态为引领，尊重自然、顺应自然、保护自然。因此设计中要坚持生态优先、绿色发展理念，以水为核心，打造水生态、水环境、水安全、水景观等多要素的流域、区域系统治理特色模式。

一要坚持生态优先、自然恢复为主。

实施山水林田湖草沙生态保护和修复工程，全面提升自然生态系统稳定性和生态服务功能，筑牢生态安全屏障。

二要从根本上解决生态环境问题，贯彻绿色发展理念，坚决摒弃损害甚至破坏生态环境的增长模式。

加快形成节约资源和保护环境的空间格局、产业结构、生产方式、生活方式，充分考虑经济活动和人的行为对资源和环境的承载能力，保障自然生态系统良性循环及可持续发展。

三要积极探索经济发展和生态环境保护的关系，创新实现发展和保护协同共生的新路径。

依托国家战略方针及水生态文明建设的大背景，水生态顶层规划设计应立足国家重要江河湖库治理、中小河流治理、水系连通及水美乡村建设、流域综合治理、数字孪生及智慧水利管理等主要方向，积极探索经济发展和生态环境保护的关系，创新实现发展和保护协同共生的新路径。

4.2.2 水生态顶层规划设计思路

生态文明建设是关系中华民族永续发展的根本大计，随着我国经济社会发展不断深入，生态文明建设的地位和作用日益凸显。

在水生态顶层规划设计中要坚决贯彻、落实习近平总书记生态文明思想和“十六字”治水思路，结合国家生态文明建设相关要求，落实水污染防治行动计划、黑臭水体治理、河长制、海绵城市建设等政策规定，在设计的每一个环节体现尊重自然、顺应自然、保护自然的理念。按照生态优先顶层规划设计思路，在设计中充分体现生态优先、绿色发展理念。

4.3 科学的管理模式

以治理项目和生态管理为设计理念，实现综合治理规划、计划及实施方案等项目档案资料的管理和施工进度的监管，为开展规划设计复核和检查验收等日常管理工作提供数据支撑；同时，以设计图斑为单元，辅助无人机、移动终端等信息化技术，对设计复核、在建核查、竣工验收等多维度以“精细化”的方式进行监管，提升水土流失综合治理工程的管理水平和效率。

4.3.1 信息化监管

基于高分遥感影像，形成治理措施空间位置和范围数据。实现在初步设计阶段，将治理项目区初步设计图以“图斑”为最小单位上图定位管理，支持“图斑”与同期遥感影像定性对比分析，协助设计方案审查工作；实现在项目实施过程中，按阶段以“图斑”为最小单位显示上图项目实施进度图，支持项目实施进度图与项目初步设计图定量对比分析，支持项目实施进度图与同期遥感影像定量对比分析，协助项目实施过程进度和质量监管；实现在项目验收阶段，利用同期遥感影像，定性对比初步设计阶段影像，定量对比分析初步设计图，协助项目验收工作。最终实现治理工程以“图斑—小流域—项目区—县—市—省”为主线的项目全周期精细化管理。

4.3.2 移动终端采集处理系统

可针对本项目开发 3 个移动终端，分别为水土保持监测评价、水土流失预防监督和水土流失综合治理。为了方便统一管理，针对以上 3 个移动平台，开发统一集成平台，根据权限控制为不同类型用户提供支持。移动终端采集系统实现了水土保持管理业务的在线同步监控和离线数据处理、信息采集。

4.3.3 基础信息管理系统

该系统主要实现小流域信息的查询管理，包括多区域、多时相的土地利用、植被类型、土壤类型、社会经济、区划规划、坡度坡长等，实现以小流域为单元统一对自然条件、社会经济、基础地理和遥感影像数据进行空间化管理，实行行政与流域两种逻辑管理数据。

第5章　科学精准施工与水土保持管控

5.1　水土保持管理

5.1.1　规划原则

全面贯彻有关水土保持法律、法规。密切结合本项目建设特点，从实际出发，坚持工程措施和植物措施相结合，认真贯彻“预防为主，全面规划，综合防治，因地制宜，加强管理，注重效益”的水土保持工作方针。

结合工程施工进度，坚持水土保持设施建设与主体工程同时设计、同时施工、同时投入使用的“三同时”原则。坚持水土保持与环境绿化、美化相结合的原则。确保工程安全第一原则。

5.1.2　防治目标

水土保持方案总目标为：预防和控制项目建设新增的水土流失，并在工程顺利建设和安全的前提下，保护并合理利用水土资源，提高土地生产力，重建新的更好的生态环境。具体目标如下：

1）对因工程施工扰动、占压的土地分区合理安排水土流失防治措施及实施进度计划，扰动土地治理率达到95%以上；

2）在工程建设期，首先建设各渣场的工程防治措施，将工程开挖产生的弃渣集中堆放在规划的渣场内，发挥工程措施防治效益，拦渣率达到98%以上；

3）工程完工后，开发建设区水土保持方案措施全部到位，项目区内的水土流失得到有效治理，水土流失治理程度达到95%以上，水土流失量控制率达到85%以上，水土流失控制比达到1.2以下。

4）工程完工后，弃土场边坡、弃土填堤及平台、保留施工道路边坡等复垦为林草用地，其主体工程永久占地范围内非硬化区全部布置植物措施，项目建设区恢复植被指数达到98%以上，项目区林草覆盖率达到15%以上（本项目处于湖北省商品粮基地，结合当地需要，大部分施工临时占地在施工结束后覆土复耕，林草措施相对较少），通过绿化美化建设，使生态环境质量明显提高，为当地群众创造一个良好生产和工作环境。

5.1.3 防治责任范围

本项目防治责任范围分为项目建设区和直接影响区两个部分。项目建设区包括渠道占地、施工道路、弃土场、土料场及施工辅助企业，以施工用地范围为界，建设区防治责任范围计 3459.89hm^2；直接影响区为 108.24hm^2。则本项目水土流失防治责任范围总面积为 3568.13hm^2。

5.1.4 水土保持治理分区

根据建设活动类别、工程布局、防治责任范围、水土流失特点等，对防治责任范围划分为 7 个水土保持治理区：主体工程防治区（包括渠道防治区、涵闸及交叉建筑物防治区及管理区）、弃渣场防治区、土料场防治区、施工道路防治区、施工辅助企业（含施工营地）、地下文物发掘防治区和移民安置区。

5.1.5 防治措施

5.1.5.1 主体工程防治区

（1）渠道防治区

渠道断面以全开挖为主，采用全断面衬砌，部分填方断面外坡植草皮防护，弃土集中运至规划的弃渣场堆放。渠道开挖时，应将表层耕植土先集中剥离厚 50cm，就近运至弃渣场的表土临时堆放场集中堆放。

主体工程设计有植草皮护坡，浆砌石防护，渠道采用全断面混凝土衬砌。这些工程措施及植物措施在保护工程安全的同时，有效地保护了建筑物土质裸露面，防止新的水土流失发生。

（2）涵闸及交叉建筑物防治区

涵闸及交叉建筑物按照相应的设计标准，其本身采取的工程措施安全性较高，其开挖部分回填后植草皮，有效地保护了开挖面，防止产生新的水土流失。配套的管理区在建设的同时搞好环境绿化美化，创造人与自然和谐的生活环境。

（3）管理区

根据本阶段初步拟定的工程管理站的用地及房屋建筑面积，对管理站园林绿化从水土保持角度提出要求，并初步估算投资。

5.1.5.2 弃土场防治

本项目位于江汉平原，项目产生的弃渣以弃土为主，经土方平衡利用后，最终产生弃土 4525.78 万 m^3，弃土场规划在工程沿线，并结合地方利用。经测算，弃土场占地 1600.93hm^2。

渠道沿线穿过荆江大堤、拾桥河堤、西荆河堤、汉江干堤等堤防。渠道穿越堤防时，开挖的弃方直接填筑于所在堤防内外平台。在填筑前，将堤防草皮铲除集中堆放保护好，待弃方完工后，裸露面铺草皮。

弃土场平均堆高约 3.0m，堆放边坡按 1∶3 控制。在弃土前，将表层耕植土厚约 50cm 进行剥离，暂时存放在弃土场一侧，表面夯实并播撒苜蓿草籽。在各弃土场征地界限周边填筑一条土埂，防止松散土体的流失，土埂为梯形断面，顶宽 1m，堤坡坡比为 1∶3，堤高 2.5m，非拦土侧堤坡播撒狗牙根草籽。根据主体施工进度，土堤分层填筑并碾压，分期填筑到设计高度。

经计算，填筑土埂 194.09 万 m^3，表土临时种草 359.57hm^2。

5.1.5.3 土料场防治区

本方案部分渠段需借方，取土场位于长湖南侧，目前为旱地或水田。在开采前，沿征地界限填筑土埂，土埂采用梯形断面，顶宽 30cm，高 30cm，边坡比 1∶1，排水与附近已有沟渠连通。将表土剥离约 66.19 万 m^3，暂时堆放在土料场一角，边坡控制在 1∶2，表面夯实，播撒苜蓿草籽加以保护。土料场开挖边坡控制在 1∶2，挖深控制在 2.0m，取土完工后，对土料场进行土地整治，将表土均匀返还，恢复耕种。

经计算，填筑土埂 0.18 万 m^3，表土剥离 66.19 万 m^3，表土返还 66.19 万 m^3，播撒苜蓿草籽 33.10hm^2。

5.1.5.4 施工道路防治区

根据施工组织设计可知，在利用现有交通道路的基础上，结合永久交通需在渠道沿线两岸及交叉建筑物附近布置临时施工道路，路面宽 7.5m，泥结石路面。

作为平原湖区，施工便道挖填土方相对较小，在施工便道修筑的同时，在便道两边沿征地界线开挖界沟，一则可排泄路面雨水，二则起到田路分家的作用，防止施工期间施工车辆越界破坏耕地。龙高Ⅰ线渠道永久工程施工需修便道 84km，临时工程施工需修便道 59km。

对渠道两侧的施工便道，在施工结束后，作为工程管理道路将永久保留使用，在路两侧边坡 1.5m 的范围内播撒苜蓿草籽，防护路基。

对临时工程布置的临时便道，在施工结束后，将恢复耕地。因此，在施工期间，仅在路两侧边坡 1.5m 的范围内播撒苜蓿草籽，防护路基。施工结束后，拟清除表层泥结石路面，清除厚度按 20cm 计，清除的泥结石用于附近的渠道便道路面的平整。

通过水保措施的实施，达到控制水土流失，保护施工道路、改善环境条件和安全运输的目的。

经计算，路边临时种草 42.90hm^2，复耕 44.25hm^2。

5.1.5.5 施工辅助企业防治区

本项目战线长，工期长，施工项目多，工程量大，需要的施工人员、施工设备多，施工辅助企业临时占地面积大。

施工期间，由于人为因素，使得临时占地地表遭到不同程度的破坏，为防止产生新的水土流失，在各施工场地周边设排水沟，将征地范围内的表层耕植土进行剥离，临时存放在场地内一角，表面夯实并播撒草籽进行保护。施工设备安放在规定的场地内，不得随意侵占范围以外的场地。

施工结束后，对剩余砂石料应集中清运，对地面硬化层进行清除，拟清除厚度 20cm，清除的废渣就近平整渠道两岸的便道。对临时占地将剥离的耕植土返还复耕；对管理区用地，结合管理区设计进行绿化，选择适宜当地生长，观赏性较强树种草种。经计算，表土剥离 18.72 万 m^3，硬化层清除 2.89 万 m^3，表土临时种草 6.24hm^2。

5.1.5.6 地下文物发掘防治区

根据湖北省文物局南水北调办公室编制的《引江济汉工程文物保护规划报告》，龙高线地下文物有 37 处，埋藏面积 842.97 万 m^2，计划发掘面积 16.30 万 m^2，占总埋藏面积的 1.93%。

对沿线文物发掘点，开挖土方临时集中堆放在渠线已征土地范围内，平均堆高控制在 2m 左右，周边利用袋装土设临时拦挡，临时拦挡采用梯形断面，根据弃土量，拦挡高度 0.5～1m，顶宽 0.5m，边坡 1∶1。弃土表面夯实并播散红三叶草籽防护。发掘完工后，将弃土集中运至主体工程规划的弃土场堆放，拆除临时拦挡。

5.1.5.7 移民安置区

拆迁户分布在沿线各乡村，采取就地后靠安置。主要做好旧宅基地拆迁时弃渣处理工作，这些弃渣因分散量小，可就近回填于低洼处。移民生活区要做好绿化美化，发展庭院经济。

5.2 水土流失实时监管

5.2.1 监测地段

1）填筑面：主要指干渠填筑断面边坡。

2）开挖面：主要指干渠挖方断面边坡。

3）弃渣场：平地弃渣场。

4）施工便道。

5）施工辅助设施。

本工程较为独特的施工断面为堤内平地堆渣，对其流失形式、危害及本方案设计中采取的水土保持措施的防治效果进行监测，可以为同类工程和其他工程同类弃渣形式提供科学依据；另外湖北省水土保持监测工作处于初步开展阶段，对取土等典型断面进行监测，其成果对其他工程也有较好的指导意义。因此本工程的监测重点为弃渣场、土料场。

5.2.2 监测方法

以人工定点监测为主，辅以类比调查和流域水文泥沙观测、相关资料分析等。具体监测方法如下：

5.2.2.1 实地调查法

实地调查法主要用于本项目建设期和生产运行期的水土流失量和水土流失危害监测。

实地调查法的方法是：在施工期每年的汛前、汛期、汛后，对土料场、两岸过水土坝段的水土流失量和危害进行实地调查，以确定水土流失的强度和危害；在植被恢复期每年的汛前、汛期、汛后，对弃渣场的水土流失量和防治效果进行实地调查。

5.2.2.2 现场巡查法

本项目建设过程中表土临时堆放、临时堆渣地、砂石料临时堆放场时空变化复杂，定位观测比较困难，因此对这些地方采取巡查以监测其水土流失发生、发展情况；巡查可以结合水土保持监理进行，由监测单位编制表格委托水土保持监理工程师随时填写，特别是降雨后；监测单位结合定点监测进行现场巡查，每年巡查次数不低于4次。

5.2.2.3 定点监测法

降雨因子的监测可利用项目沿线的雨量站，通过各雨量站实测的降水量结合水土流失实地调查法所调查的成果分析降雨对水土流失的影响程度。

为体现水土保持监测的全面性、典型性和代表性，本工程拟在主体工程区、弃渣场、料场、施工便道布设地面观测点。

（1）主体工程区

在选定的监测点内布置简易土壤侵蚀观测场，在引水渠线渠堤定点布置，在观测场布设钢针，纵横间距3m，钢针由直径10mm的钢筋裁剪成长50cm制成，表面刻有标记。

（2）料场

根据料场开挖特点，选择东荆河节制闸土料场作为监测点，布设简易土壤侵蚀观测场，在选定的监测点内布置简易土壤侵蚀观测场，采用平行布置，开挖边坡监测点布设2个测区，在观测场布设钢针，纵横间距3m，钢针由直径10mm的钢筋裁剪成长50cm制成，表面刻有标记。

（3）弃渣场

由于弃渣场堆高不大且渣体施工期间较为松散，坡面不宜布设简易土壤侵蚀观测场，对渣场的监测采取沉砂池法进行观测。本工程选择荆江大堤堤内平台弃土场、漳湖院弃土场进行监测。

（4）施工便道

在选定的施工便道监测点坡面布置简易土壤侵蚀观测场，在观测场布设钢针，纵横间距 3m，钢针由直径 10mm 的钢筋裁剪成长 50cm 制成，表面刻有标记。

5.2.2.4 综合分析法

通过对本项目生产运行期水土保持设施效益的监测，在对各项水土保持监测成果的基础上，综合分析评定各类防治措施的效果、控制水土流失、改善生态环境的作用。

5.2.3 监测设施

监测仪器主要由有监测资质的单位提供，主要监测仪器设备见表 5-1。

5.2.4 监测时段与频率

本项目水土保持监测时段共 5 年。

工程动工前监测一次，建设期每年汛前、汛后及冬季各监测一次，在汛期当降雨强度大于 50mm/h 或一次降雨大于 80mm 时，降雨结束后监测一次；运行初年，汛前、汛后及冬季各监测一次。水土保持监测内容、方法、时间见表 5-2。

表 5-1　水土保持监测仪器设备一览表

序号	设备名称	单位	数量	备注
1	全站仪	套	1	
2	手持式 GPS	套	4	
3	数码相机	台	4	
4	数码摄像机	台	2	
5	烘箱	台	2	
6	机械天平	台	2	
7	皮尺	个	6	
8	泥沙取样器	个	20	
9	量筒（1000ml）	个	12	
10	量杯（1000ml）	个	12	
11	取样瓶（1000ml）	个	30	

表 5-2　　　　水土保持监测内容、方法、时间一览表

监测区域	监测内容	监测方法	频次	监测点位
弃土场	水土流失量变化情况	定位观测	每年汛前、汛后及冬季各一次，当降雨强度大于 50mm/h	荆江大堤堤内平台弃土场、漳湖院弃土场
	水土流失程度变化情况	定位观测		
	弃土、弃石、弃渣数量	实地调查	每年汛前、汛后及冬季各一次，在汛期大于 50mm/h 或一次降雨大于 80mm 时	
	水土流失面积变化情况	实地调查		
	对周边地区造成的危害	实地调查		
	防治措施的数量和质量	实地调查		
	植物措施的成活率、保存率、生长情况及覆盖度	实地调查		
	防护工程的稳定性、完好程度	实地调查		
	拦渣效果	实地调查		
主体边坡	水土流失量变化情况	定位观测	每年汛前、汛后及冬季各一次，当降雨强度大于 50mm/h	引水渠线渠堤
	水土流失程度变化情况	定位观测		
	水土流失面积变化情况	实地调查	每年汛前、汛后及冬季各一次，在汛期降雨大于 50mm/h 或一次降雨大于 80mm 时	
	对周边地区造成的危害	实地调查		
	植物措施的成活率、保存率、生长情况及覆盖度	实地调查		
	防护工程的稳定性、完好程度	实地调查		
其他	表土临时堆放场	现场巡查	一年不少于 4 次	
	砂石料临时堆放场	现场巡查		
	土方临时转运场	现场巡查		

第6章 弃渣场生态管控

6.1 弃渣场综合利用模式

本次勘察在部分渠线两侧低洼地带圈定了若干个弃渣场，弃渣应以施工方便为原则，结合所在渠段的地形条件，有选择性地就近堆放。

6.1.1 综合利用模式

（1）发挥现地运行管理职能并开源节流

对可复垦地实行资产化管理弃渣场、永久征地的水土流失主要发生在坡面上，所以应采取阶梯缓坡、植物防护及拦渣防护等水土保持措施进行治理。各渠线挖方弃土弃渣除部分弃土作为土料外，剩下弃土可就近堆放在渠堤两岸20～50m的带状范围内。在沿河流渠段，可将部分弃土用于填筑两岸的堤防，加高加宽河堤及内平台。设置弃渣场排水系统、拦渣墙；堆渣后回填表土，平整表面，人工夯实；坡面植物防护，恢复植被；防治弃渣下泄，稳定边坡，恢复和改善土地生产力。在地形坡度较大的弃土场，应修筑拦土坎或拦渣坝，以防止弃土场底部水土流失。对弃土场形成的不稳定边坡可采用工程防护，也可采用砌片石护坡。弃土场还需要考虑排水问题，应保证弃土场排水通畅，可有效地防止水土流失，避免塌方、滑坡等地质灾害。为防止雨水直接冲刷弃土坡面，弃土堆方应根据地形、地貌情况沿坡面方向设一定坡度进行放坡导流。如弃渣场、永久征地原是耕地部分，积极对耕地进行平整、复耕。复垦土地单元的形成，除受区域气候、地貌、土壤、水文、地质等自然成土因素的影响外，更重要的是受人为因素的影响，如土地破坏类型、破坏程度、重塑地貌形态和利用方式等，故其质量状况是各种因素综合作用的结果。充分考虑该区环境改善，减少自然灾害的发生和促进社会进步的生态效益和社会效益。分别根据所评价土地的区域性和差异性等具体条件确定其复垦利用方向，不能强求一致，在可能的情况下，一般原有农业用地仍应优先考虑复垦为农业用地，以贯彻保护农田的基本国策。

（2）坚持统筹兼顾、严格保护，确保水质安全的原则

引江济汉工程大部分处于江汉平原，水土资源丰富，可以结合区域环境建设生态隔离保护带，充分考虑工程沿线水土资源的综合开发利用和管理。以水为主线，综合考虑沿线

水土资源的开发管理，并与沿线生态环境建设、人文景观建设有机结合，在保证安全供水的同时，建立以水养水、滚动发展的良性运作机制。选择具有经济价值、生态价值的适生树种，发展经济林、景观林，努力建设“绿色通道”，形成环境优美、内涵丰富、现代气息浓厚的绿色生态输水线。在人烟稀少，非明渠段，工程管理范围两侧各50m以内的区域，饮用水水源一级保护区两侧各150m以内的区域即饮用水水源二级保护区；在地下水位低于渠底的明渠段，工程管理范围两侧各50m以内的区域和饮用水水源一级保护区两侧各1000m以内的区域，选择抗病虫害能力较强、耐寒性好，没有季节性落叶，叶青而绿，花季长，根系发达，尤其是抗暴雨冲刷能力较强的植物物种；在地下水位高于渠底的明渠段，工程管理范围两侧各100～200m以内的区域，饮用水水源一级保护区两侧各1500～3000m以内的区域，可以考虑走生态景观路线，在景观绿化植物选择时，兼顾美学美化因地制宜效果，选择种草和种植林木间隔。尽可能地考虑植被全部覆盖，特别考虑选择具有较强的固土能力、根系不会对渠道、建筑物等造成破坏的植物物种。达到既能满足该段区域景观美化、绿化工程建设的实际要求，也能与当地自然风土、历史文物相协调。

6.2 弃渣场安全监测

6.2.1 监测方法

弃渣场系大型人工堆积体，岩土体结构松散，变形破坏机制复杂。在弃渣场建成后，大多数弃渣场经固结沉降逐步稳定，但是部分弃渣场在受到降雨、地下水、机械振动等影响下，容易发生垮塌、滑坡或泥石流。不同于一般的公路边坡或滑坡监测，弃渣场安全稳定监测应通过多种监测手段进行。弃渣场的安全稳定监测，应基于宏观观察，从整体上把握弃渣场各区域的稳定性，再对比分析渣场表面以及岩土体内部位移变化趋势，结合降雨量、地下水动态变化等，最终综合判定弃渣场的安全稳定性。

（1）无人机倾斜摄影测量

无人机倾斜摄影测量技术近年来发展较快，在高陡危岩、泥石流、滑坡等地质灾害中得到广泛运用。无人机倾斜摄影测量成果用于真三维地形建模，可以展现弃渣场工程全局形态并保持局部细节，可以清楚反映弃渣场变形破坏的类型、规模、区域范围等。通过无人机倾斜摄影测量技术，可从宏观上把握弃渣场施工前后地形的变化，亦可为位移监测和人工巡查等提供数据支撑。因此，在进行位移监测之前先进行无人机倾斜摄影测量十分必要。

（2）GNSS地表相对位移监测

全球导航卫星系统（GNSS）能够全天候、高精度和自动化获取地表三维坐标，而且在实际监测时不受站点间通视条件限制，定位误差不随时间积累，在地质灾害监测中应用较为广泛。GNSS 监测系统由一个监测基站和多个监测站构成，在实际布设时，将监测基站布设在安全稳定的区域，监测站布设在弃渣场地面比较典型的区域。通过物联网技术，可将地表位移数据传至室内电脑、服务器或手机终端，供技术人员使用。GNSS 监测数据通常能做到半小时传递一次，数据连续性好。通过布设 GNSS 监测站，采集弃渣场地表相对位移，有助于掌握弃渣场整体变形趋势。

(3) 深部位移监测

根据无人机倾斜摄影成果，在弃渣场典型位置布设深部位移监测钻孔，安装深部位移测斜装置，可以获取弃渣场内部不同深度范围处的位移。根据位移时间变化曲线、深度位移曲线等数据处理手段，可以准确地获取潜在滑动面位置及变形趋势。

目前深部位移监测装置较为常用的有两种：①带滑轨的测斜管，通过人工监测，每次需将测斜探头沿滑轨由下向上滑动，经过简单的操作即可获得一期位移数据；②近年来用途较为广泛的是一种基于阵列式加速度传感器 MEMS 的新型柔性测斜装置，该装置放入钻孔中，设置好主要方向后即可实现高精度、大量程、自动化连续监测。

(4) 地下水动态变化监测

地下水对弃渣场的整体稳定性影响程度与弃渣场岩土体类型有关。例如灰岩类弃土含有大量红黏土，具有吸水膨胀的特点，在暴雨作用下，弃渣受到地下水影响，静水压力和动水压力急增，容易产生滑坡或形成较大规模的黏性泥石流。因此应根据弃渣场类型，在弃渣场合理位置布置地下水动态变化监测孔。

(5) 降雨量监测

降雨是造成弃渣场病害最为显著的因素，因此通过监测手段监测弃渣场区域降雨量，对分析弃渣场位移变化和安全稳定性预测预报均十分必要。降雨量监测可以采用翻斗式雨量计，设备成本较低。综上，在实际监测工程中，可先采用无人机倾斜摄影技术，在宏观上查明弃渣场详细情况及周边环境，根据该测量成果选取弃渣场较为敏感的位置（易发生变形的位置或一旦发生变形破坏危害较大的位置）布设 GNSS 地表位移监测站和深部位移监测装置，获取弃渣场变形监测数据。最后结合降雨量、地下水位情况、位移变化情况，辅助现场人工巡查，进行综合分析。由于监测数据源较多，应注意分析各数据之间的关联性。

第三篇

环境保护篇

第 7 章 陆生植物调查

7.1 陆生植物调查概述

7.1.1 陆生植物资源现状调查

7.1.1.1 植物区系

本工程评价区地处华中腹地，江汉平原东部，属长江中下游著名的江河湖泊区，区内河湖密布，地势低平，湿地植物种类繁多。根据《中国种子植物区系地理》（吴征镒等，2011 年），评价区属东亚植物区—中国—日本森林植物亚区—华东地区—江汉平原亚地区，见图 7-1。

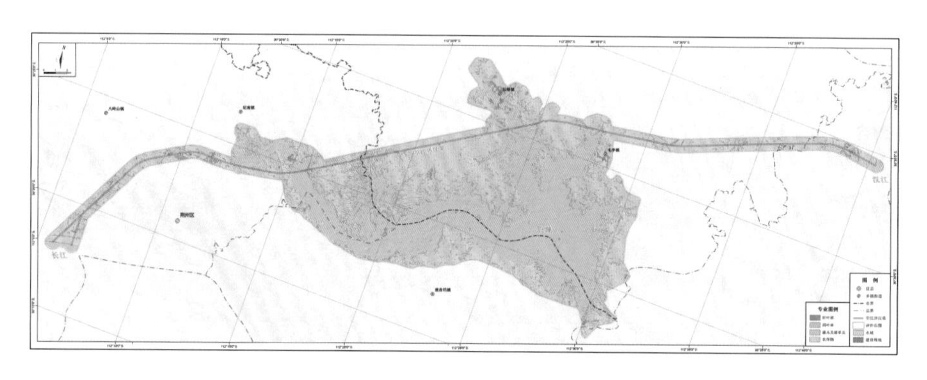

（a）建设前 2009 年

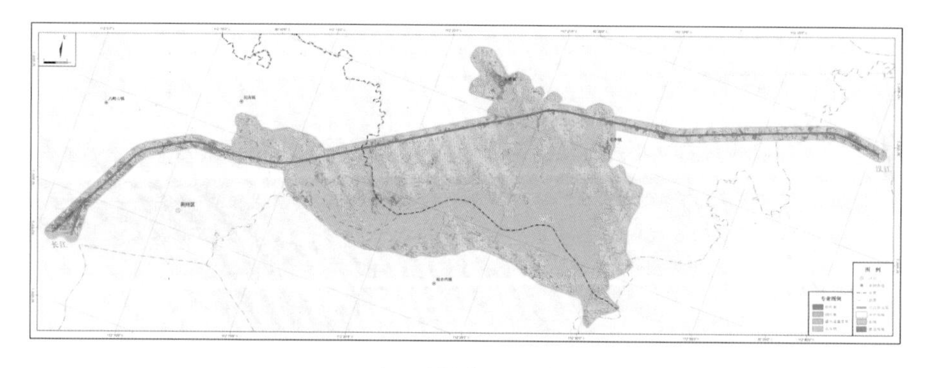

（b）建设中 2013 年

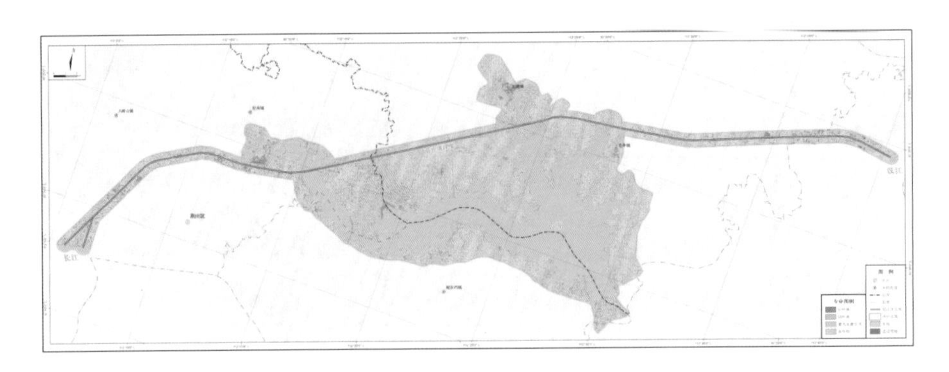

(c) 建设后2018年

图7-1 引江济汉主体工程评价区植被类型

(1) 植物区系组成成分

根据相关资料及实地调查，评价区维管束植物共有93科255属379种：蕨类植物6科6属7种；裸子植物6科9属9种；被子植物81科240属363种。其中，野生维管束植物有82科214属314种：蕨类植物6科6属7种；裸子植物1科1属1种；被子植物共75科207属306种，评价区野生维管束植物科属种数占湖北省野生维管束植物科属种数的33.47%、14.59%和5.08%，占全国维管束植物总科数的19.52%，总属数的6.21%，总种数的1.00%。具体见表7-1。

表7-1 评价区维管束植物统计表

项目	蕨类植物			裸子植物			被子植物			维管束植物		
	科	属	种	科	属	种	科	属	种	科	属	种
评价区	6	6	7	6	9	9	81	240	363	93	255	379
评价区野生	6	6	7	1	1	1	75	207	306	82	214	314
湖北省	45	112	533	9	31	100	191	1324	5550	245	1467	6183
全国	63	224	2600	11	36	190	346	3184	28500	420	3444	31290
野生占湖北省比例（%）	13.33	5.36	1.31	11.11	3.23	1.00	39.27	15.63	5.51	33.47	14.59	5.08
野生占全国比例（%）	9.52	2.68	0.27	9.09	2.78	0.53	21.68	6.50	1.07	19.52	6.21	1.00

注：1. 数据来源，中国蕨类植物（吴兆洪，1991年），中国种子植物（吴征镒，2011年）等；
2. 蕨类植物分类参照秦仁昌系统，裸子植物分类参照郑万钧系统，被子植物分类参照哈钦松系统。

由表7-1可知，评价区植物区系组成以被子植物为主，蕨类植物种类组成较少。根据现场调查，评价区自然分布的维管束植物以灌木、草本植物为主，乔木树种组成较简单。

常见的被子植物有意杨、枫杨、旱柳、构树、桑、女贞、枸杞、野蔷薇、白茅、狗牙根、狗尾草、救荒野豌豆、南苜蓿、芦苇、野艾蒿、白车轴草、水蓼、水烛等；裸子植物有银杏、池杉、水杉等，多为人工栽培。

（2）植物区系地理成分

属往往在植物区系研究中作为划分植物区系地区的标志或依据，评价区野生维管束植物 214 属可划分为 13 个分布区类型，具体见表 7-2。

表 7-2　评价区野生维管束植物属的分布区类型

分布区类型	属数	占非世界分布总属数（%）
1. 世界分布	56	—
2. 泛热带分布	50	31.65
3. 热带亚洲和热带美洲间断分布	4	2.53
4. 旧世界热带分布	6	3.80
5. 热带亚洲至热带大洋洲分布	4	2.53
6. 热带亚洲至热带非洲分布	5	3.16
7. 热带亚洲分布	6	3.80
第 2～7 类热带分布	75	47.47
8. 北温带分布	49	31.01
9. 东亚和北美洲间断分布	3	1.90
10. 旧世界温带分布	15	9.49
11. 温带亚洲分布	3	1.90
12. 地中海、西亚至中亚分布	3	1.90
13. 中亚分布	0	0.00
14. 东亚分布	10	6.33
第 8～14 类温带分布	83	52.53
15. 中国特有分布	0	0
总计（除世界分布）	158	100.00

评价区野生维管束植物的分布区类型归并为世界分布、热带分布（第 2～7 类）、温带分布（第 8～14 类）3 个大类。由统计结果可知，热带分布 75 属、温带分布 83 属，分别占非世界分布总属数的 47.47%、52.53%，其中又以泛热带分布属和北温带分布属最多。同时，评价区植物区系主要有以下特点：

1）植物种类相对贫乏。

评价区内农业开发历史悠久，天然植被已不复存在，农作物植被已成为区内植被主体。野生维管束植物科、属、种的数量占湖北省野生维管束植物的 33.47%、14.59%和 5.08%，表明评价区内野生维管束植物较为贫乏。

2）地理成分较为复杂。

从属的分布型来看，评价区内植物属分布区类型共有13个，其中世界分布属有56个类型、热带分布属有75个类型、温带分布属有83个类型。多种分布类型共存，显示了该植物区系地理成分较为复杂。

3）区系性质为亚热带向温带过渡性。

根据类型统计分析，热带分布属（75属）和温带分布属（83属）分别占非世界分布总属数的47.47%和52.53%，由此表明该区系温带成分和热带成分大体相当，植物区系具亚热带向温带过渡的特点，是亚热带和温带的地区植物区系的重要交汇地。

7.1.1.2 植被现状

根据现场调查及有关资料，评价区自然植被初步划分为3个植被型组、5个植被型、16个群系。具体见表7-3。

（1）主要植被类型

1）落叶阔叶林。

A. 意杨林（*Form. Populus canadensis*）

意杨适应性强，在评价区内村落周边，池塘、渠道、堤岸沿线等地分布较多，群落外貌绿色，林冠整齐，林下土壤为潮土，群落结构及种类组成较简单。

乔木层郁闭度0.65，层均高6.5m，层均高6.5m，优势种为意杨（*Populus canadensis*），高5～9m，胸径6～12cm，盖度50%，伴生种偶见有枫杨（*Pterocarya stenoptera*）、旱柳（*Salix matsudana*）等；灌木层盖度10%，无明显优势种，偶见构树（*Broussonetia papyrifera*）、野蔷薇（*Rosa multiflora*）等；草本层盖度35%，层均高0.4m，优势种为狗尾草，盖度20%，高0.3～0.5m，主要种类有龙葵（*Solanum nigrum*）、益母草（*Leonurus japonicus*）、蛇莓（*Duchesnea indica*）、苍耳（*Xanthium sibiricum*）等。

样方地点：进口泵站村落附近西侧（GPS点位：N30°19′13.05″，E112°6′10.30″，H：41m），冯家口橡胶坝附近，（GPS点位：N30°7′43.56″，E113°40′26.73″，H：24m）。

2）落叶阔叶灌丛。

A. 构树灌丛（*Form. Broussonetia papyrifera*）

构树为强阳性树种，生长快，萌芽力强，常为造林先锋树种，在评价区内分布广泛，群落外貌绿色，林下土壤为黄壤、潮土，群落结构及种类组成较简单。

灌木层盖度50%，层均高1.8m，优势种为构树，盖度45%，高2～2.5m，主要伴生种类有野蔷薇、枸杞（*Lycium chinense*）等；草本层盖度40%，层均高0.3m，优势种为狗牙根（*Cynodon dactylon*），盖度30%，高约0.2～0.5m，主要伴生种有阿拉伯婆婆纳（*Veronica persica*）、狗尾草（*Setaria viridis*）、猪殃殃（*Galium aparine var. tenerum*）、蒲公英（*Taraxacum mongolicum*）等。

表 7-3　评价区主要植被类型及分布

植被型组	植被型	群系	群系拉丁名	分布	备注
一、阔叶林	Ⅰ. 落叶阔叶林	1. 意杨林	*Form. Populus canadensis*	村落周边，池塘、渠道、堤岸沿线等分布较多	自然植被
二、灌丛和灌草丛	Ⅱ. 灌丛	2. 构树灌丛	*Form. Broussonetia papyrifera*	分布广泛	
		3. 野蔷薇灌丛	*Form. Rosa multiflora*	长江江滩、村落周边分布较多	
	Ⅲ. 灌草丛	4. 节节草灌草丛	*Form. Equisetum ramosissimum*	路旁、水田边等潮湿地分布较多	
		5. 南苜蓿灌草丛	*Form. Medicago polymorpha*	分布广泛	
		6. 野艾蒿灌草丛	*From. Artemisia lavandulaefolia*	分布广泛	
		7. 白车轴草灌草丛	*From. Trifolium repens*	分布广泛	
		8. 泽漆灌草丛	*From. Euphorbia helioscopia*	庙湖分水闸等地有分布	
		9. 救荒野豌豆灌草丛	*From. Vicia sativa*	长江江滩、汉江江滩、耕地附近等地分布较多	
		10. 紫云英灌草丛	*From. Astragalus sinicus*	广平港倒虹吸附近有分布	
		11. 白茅灌草丛	*Form. Imperata cylindrica*	分布于路旁、田埂	
		12. 狗牙根灌草丛	*Form. Cynodon dactylon*	分布广泛	
三、沼泽及水生植被	Ⅳ. 沼泽植被	13. 水烛群系	*Form. Typha angustifolia*	伍家坪、钱家湾堵汉工程等地池塘有分布	
		14. 芦苇群系	*Form. Phragmites australis*	长江江滩、汉江江滩、东荆河沿岸滩地等分布较多	
		15. 喜旱莲子草群系	*From. Alternanthera philoxeroides*	殷家河、广平港等渠道有分布	
	Ⅴ. 水生植被	16. 菹草群系	*Form. Potamogeton crispus*	沙洋长湖秦家湾附近池塘有分布	
人工林	防护林	意杨林、垂柳林等		渠道沿线等地	人工植被
	经济林	桃、李、梨、银杏、复羽叶栾树等		分布广泛	
农作物	粮食作物	水稻、小麦、玉米、红薯、豆类等		分布广泛	
	经济作物	花生、油菜、蔬菜、芝麻、棉花等		分布广泛	

样方地点：K0＋000右弃土场附近（GPS点位：N30°17′59.51″，E112°5′54.12″，H：41m）。

3）灌草丛。

A. 节节草灌草丛（*Form. Equisetum ramosissimum*）

节节草为多年生草本，它喜近水生，常生于湿地、溪边、湿砂地、路旁、果园、茶园等地。在评价区路旁、水田边等潮湿地分布较多。群落外貌绿色，群落下土壤为黄壤、潮土，群落结构及种类组成较简单。

草本层盖度55％，层均高0.4m，优势种为节节草（*Equisetum ramosissimum*），盖度45％，高0.3～0.6m，主要伴生种有阿拉伯婆婆纳、狗牙根、卷耳（*Cerastium arvense subsp. strictum*）、白车轴草（*Trifolium repens*）、翅果菊（*Pterocypsela indica*）等。

样方地点：K1＋700右弃土场附近（GPS点位：N30°18′39.43″，E112°6′19.32″，H：39m）。

B. 南苜蓿灌草丛（*Form. Medicago polymorpha*）

草本层盖度85％，层均高0.3m，优势种为南苜蓿（*Medicago polymorpha*），盖度75％，高0.2～0.3m，主要伴生种有野老鹳草（*Geranium carolinianum*）、救荒野豌豆、狗牙根、白茅（*Imperata cylindrica*）等。

样方地点：K1＋700右弃土场附近（GPS点位：N30°18′58.20″，E112°6′36.33″，H：38m），通顺河节制闸附近（GPS点位：N30°9′41.52″，E113°38′44.46″，H：26m）。

C. 野艾蒿灌草丛（*Form. Artemisia lavandulifolia*）

野艾蒿适应性强，在评价区内分布广泛，群落外貌绿色，群落下土壤为黄壤、潮土，群落结构及种类组成较简单。

草本层盖度65％，层均高0.4m，优势种为野艾蒿（*Artemisia lavandulifolia*），盖度50％，高0.2～0.5m，主要伴生种有狗牙根、救荒野豌豆（*Vicia sativa*）、附地菜（*Trigonotis peduncularis*）、花叶滇苦菜等。

样方地点：进水节制闸附近（GPS点位：N30°19′4.45″，E112°6′10.77″，H：40m）。

D. 白车轴草灌草丛（*From. Trifolium repens*）

白车轴草适应性强，在评价区内分布广泛，草本层盖度55％，层均高0.3m，优势种为白车轴草，盖度40％，高0.2～0.5m，主要伴生种有狗牙根、野老鹳草、猪殃殃、野胡萝卜（*Daucus carota*）等。

样方地点：K14＋300右弃土场附近（GPS点位：N30°23′58.35″，E112°10′28.47″，H：33m）。

E. 泽漆灌草丛（*From. Euphorbia helioscopia*）

草本层盖度65％，层均高0.3m，优势种为泽漆，盖度50％，高0.2～0.4m，主要伴生种有荠（*Capsella bursa-pastoris*）、野老鹳草、画眉草（*Eragrostis pilosa*）、野胡萝卜、花叶滇苦菜等。

样方地点：庙湖分水闸附近（GPS点位：N30°24′5.47″，E112°12′19.18″，H：31m）。

F. 救荒野豌豆灌草丛（*From. Vicia sativa*）

草本层盖度75%，层均高0.35m，优势种为救荒野豌豆，盖度55%，高0.2～0.5m，主要伴生种有野胡萝卜、泽漆（*Euphorbia helioscopia*）、狗牙根、野老鹳草、南苜蓿等。

样方地点：K19＋000左弃土场附近（GPS点位：N30°24′20.35″，E112°13′33.16″，H：30m）。

G. 紫云英灌草丛（*From. Astragalus sinicus*）

草本层盖度60%，层均高0.3m，优势种为紫云英（*Astragalus sinicus*），盖度40%，高0.2～0.4m，主要伴生种有狗牙根、南苜蓿、野胡萝卜、猫爪草（*Ranunculus ternatus*）、卷耳等。

样方地点：广平港倒虹吸附近（GPS点位：N30°31′25.60″，E112°27′7.81″，H：31m）。

H. 白茅灌草丛（*Form. Imperata cylindrica*）

白茅适应性强，抗逆性强，繁殖力强，具有强的竞争力，为评价区内最为常见的草本植物之一，分布较广泛，群落外貌枯黄色，群落下土壤为黄壤、潮土，群落结构及种类组成较简单。

草本层盖度65%，层均高0.5m，优势种为白茅，盖度45%，高0.3～0.6m，主要伴生种有刺儿菜（*Cirsium segetum*）、狗尾草、益母草、猪殃殃等。

样方地点：广平港倒虹吸附近（GPS点位：N30°31′27.90″，E112°27′1.35″，H：33m）。

I. 狗牙根灌草丛（*Form. Cynodon dactylon*）

狗牙根生命力强，繁殖迅速，抗逆性强，为评价区最为常见的草本植物之一，分布广泛，群落外貌绿色，群落下土壤为砂质壤土、潮土、水稻土，群落结构及种类组成较简单。

草本层盖度75%，层均高0.2m，优势种为狗牙根，盖度55%，高0.1～0.3m，主要伴生种有蒲公英、通泉草（*Mazus pumilus*）、卷耳、附地菜等。

样方地点：兴隆河倒虹吸附近（GPS点位：N30°34′43.59″，E112°38′39.63″，H：33m），新建冯家口闸附近（GPS点位：N30°7′43.23″，E113°39′12.37″，H：21m）。

4）沼泽。

A. 芦苇沼泽（*Form. Phragmites australis*）

芦苇适应性强，抗逆性强，繁殖力强，在评价区内长江江滩、汉江江滩等地分布较多，常见有片状或条带状分布，群落外貌绿色，群落下土壤为潮土、沼泽土，群落结构及种类组成相对简单。

草本层盖度70%，层均高1.5m，优势种为芦苇（*Phragmites australis*），盖度60%，

高 1～1.6m，主要伴生种有野艾蒿、益母草、狗牙根、南苜蓿等。

样方地点：K67＋700 左弃土场（GPS 点位：N30°34′35.34″，E112°40′5.34″，H：36m）。

B. 水烛沼泽（*Form. Typha angustifolia*）

水烛适应性强、抗逆性强、繁殖力强，在评价区伍家坪等地的池塘有分布，群落外貌绿色，群落下土壤为沼泽土、水稻土，群落结构及种类组成较简单。

草本层盖度 60%，层均高 0.8m，优势种为水烛（*Typha angustifolia*），盖度 40%，高 0.5～1.2m，主要伴生种有芦苇、双穗雀稗（*Paspalum paspaloides*）、水芹（*Oenanthe javanica*）、狗牙根、鳢肠（*Eclipta prostrata*）等。

样方地点：K28＋500 弃土场（GPS 点位：N30°34′35.34″，E112°40′5.34″，H：36m）。

5）水生植被。

A. 菹草群系（*Form. Myriophyllum spicatum*）

菹草适应性强，抗逆性强，分布广泛，常呈小片状分布于池塘、水沟、水稻田、灌渠及缓流河水中，在评价区沙洋长湖秦家湾附近等地的池塘有分布，群落外貌墨绿色，群落结构及种类组成较简单。

草本层盖度 40%，层均高 0.3m，优势种为菹草（*Potamogeton crispus*），盖度 35%，高 0.2～0.4m，伴生种较少，有水烛、黑藻（*Hydrilla verticillata*）等。

样方地点：沙洋长湖秦家湾附近（GPS 点位：N30°29′57.10″，E112°23′59.14″，H：29m）。

（2）植被分布特征

受人类生产活动影响，评价区内土地被开垦为耕地，植被以农业植被为主，自然植被仅零星分布。在村落、路旁、农田周边等地以灌丛、灌草丛为主，零星分布有阔叶林，常见群系有意杨林、构树灌丛、野蔷薇灌丛、白茅灌丛、南苜蓿灌草丛、野艾蒿灌草丛、狗牙根灌草丛、救荒野豌豆灌草丛等；在长江、汉江等河流滩地以水生及沼泽植被为主，常见群系有芦苇群系、水烛群系、菹草群系等。

（3）国家重点保护植物及古树名木

1）重点保护野生植物。

根据相关资料，评价区内可能分布有国家Ⅱ级重点保护野生植物 2 种，分别为野大豆、野菱。结合评价区内国家重点保护野生植物对生境的要求，根据访问调查及现场实地调查，在评价区内暂未发现国家重点保护野生植物分布。

2）古树名木。

根据区域本底调查等资料，同时对荆州、沙洋林业局及工程区附近村民进行访问调查及现场实地调查，在评价区内未调查到古树名木分布。

（4）外来入侵物种

根据现场实地调查，在评价区内发现有喜旱莲子草、野燕麦、一年蓬、小蓬草等外来入侵种分布，其中喜旱莲子草常呈片状分布于评价区广平港、殷家河等水域，野燕麦常呈片状分布于村落、道路附近，以及撂荒地区，一年蓬、小蓬草等其他外来入侵种多零星分布。

7.1.2 建设前后陆生植物资源对比

7.1.2.1 植物区系对比

环评报告书未对植物区系进行分析，仅列举了部分植物种类。本次调查统计，评价区内维管束植物有 93 科 255 属 379 种，其中蕨类植物 6 科 6 属 7 种；裸子植物 6 科 9 属 9 种；被子植物共 81 科 240 属 363 种。调查的陆生维管束植物（名录详见附录 1）囊括了环评报告书中列举的植物种类，工程建设未造成区域内植物种类的消失。同时，临时占地实施植被恢复，不断引入新的绿化植物，区域的物种多样性将会有所增加。

7.1.2.2 植被类型对比

根据引江济汉工程环境影响报告书，本工程渠道沿线开发利用程度较高，沿线区域已无原生植被，均以农作物、经济作物和人工林为主。本次调查的评价区内自然植被类型有阔叶林、灌丛、灌草丛、沼泽植被和水生植被，涵盖了环评报告书中的植被类型。

评价区内现有自然植被初步划分为 3 个植被型组、5 个植被型、16 个群系，包括意杨林、构树灌丛、野蔷薇灌丛、南苜蓿灌草丛、野艾蒿灌草丛、白茅灌草丛、狗牙根灌草丛、救荒野豌豆灌草丛、芦苇群系、水烛群系等，仍以农业植被为主。此外，还有桃林、银杏林、复羽叶栾树林等人工林，与环评报告书基本保持一致。初步判断，工程建设仅破坏了部分植物类型，未造成植被类型的消失，对评价区内植被类型及群系的影响较小。

7.1.2.3 植被类型面积变化

（1）干渠工程区

利用 GIS 软件及野外调查，解译了工程干渠工程区建设前、中、后不同时期评价区主要的植被类型，统计数据见表 7-4 和图 7-2。

表 7-4 干渠工程建设前、中、后植被类型面积统计

植被类型	建设前（2009 年）		建设中（2013 年）		建设后（2018 年）		建设前、中对比		建设中、后对比	
	面积（hm^2）	比例（%）	面积（hm^2）	比例（%）	面积（hm^2）	比例（%）	变化值（hm^2）	变化比例（%）	变化值（hm^2）	变化比例（%）
针叶林	260.03	0.74	262.70	0.74	276.57	0.78	2.67	1.03	13.87	5.28
阔叶林	322.47	0.91	338.13	0.96	438.38	1.24	15.66	4.86	100.25	29.65

续表

植被类型	建设前（2009年）		建设中（2013年）		建设后（2018年）		建设前、中对比		建设中、后对比	
	面积（hm^2）	比例（%）	面积（hm^2）	比例（%）	面积（hm^2）	比例（%）	变化值（hm^2）	变化比例（%）	变化值（hm^2）	变化比例（%）
灌丛及灌草丛	1010.97	2.86	846.03	2.40	1237.74	3.51	−164.94	−16.32	391.71	46.30
农业植被	16172.01	45.81	13583.07	38.48	14004.85	39.67	−2588.94	−16.01	421.78	3.11
水域	16201.80	45.90	16236.67	46.00	17053.13	48.31	34.87	0.22	816.46	5.03
建设用地	1333.44	3.78	4034.12	11.43	2290.05	6.49	2700.68	202.53	−1744.07	−43.23

图 7-2　干渠工程建设前、中、后植被类型面积统计（单位：hm^2）

由表 7-4 可知，干渠工程建设前、中、后评价区内植被均以水域和农业植被为主，其他植被类型面积相对较小。

2009—2013 年，评价区内灌丛和灌草丛、农业植被面积减少，主要是因干渠工程建设和移民安置等工程活动破坏了部分灌丛和灌草丛、农业植被；由于长湖湿地恢复等工程实施，针叶林、阔叶林、水域面积有所增加，但增加比例较小。

2013—2018 年，评价区内针叶林、阔叶林、灌丛及灌草丛、农业植被、水域面积均有增加，主要是干渠工程建设完成后，对弃渣场、堆土场等临时施工区进行植被恢复，此外“荆州环长湖湿地修复工程”“荆州市太湖港（引江济汉——海子湖）生态景观带”等规划实施，区域内针叶林、阔叶林、灌丛和灌草丛、农作物面积增加，干渠通水及长湖湿地退田还湖后水域面积有所增加。

（2）东荆河节制工程区

经野外调查及数据解译，东荆河节制工程区建设前、中、后不同时期评价区内主要的植被类型，统计数据见表 7-5 和图 7-3。

表 7-5　　东荆河节制工程建设前、中、后植被类型面积统计

植被类型	建设前（2009 年）		建设中（2014 年）		建设后（2018 年）		建设前、中对比		建设中、后对比	
	面积（hm^2）	比例（%）	面积（hm^2）	比例（%）	面积（hm^2）	比例（%）	变化值（hm^2）	变化比例（%）	变化值（hm^2）	变化比例（%）
针叶林	2.53	0.70	3.92	1.09	5.87	1.63	1.39	54.94	1.95	49.74
阔叶林	7.83	2.18	9.12	2.54	13.52	3.76	1.29	16.48	4.40	48.25
灌丛及灌草丛	15.48	4.31	11.14	3.10	8.91	2.48	−4.34	28.04	−2.23	−20.02
农业植被	242.74	67.51	230.53	64.12	206.65	57.47	−12.21	−5.03	−23.88	−10.36
水域	47.99	13.35	43.41	12.07	59.11	16.44	−4.58	−9.54	15.70	36.17
建设用地	42.98	11.95	61.43	17.09	65.49	18.21	18.45	42.93	4.06	6.61

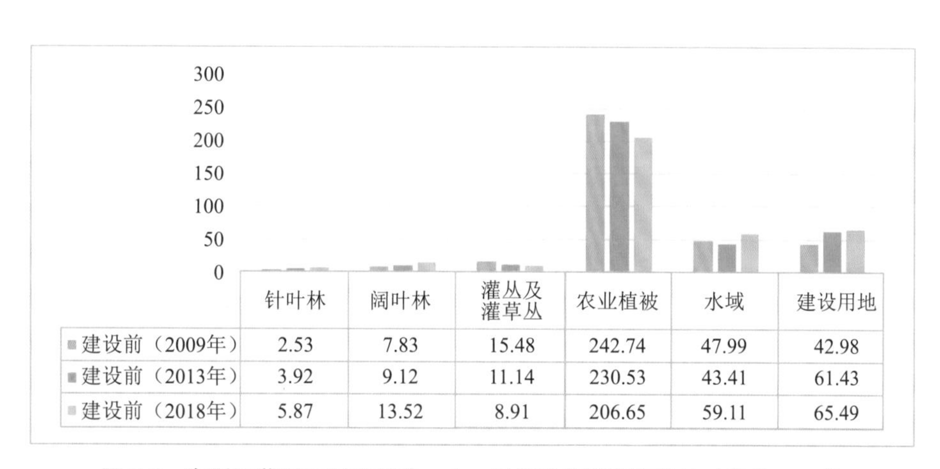

图 7-3　东荆河节制工程建设前、中、后植被类型面积统计（单位：hm^2）

由表 7-5 可知，东荆河节制工程建设前、中、后评价区植被均以农业植被为主，其次为水域，其他类型植被面积相对较少。2009—2018 年针叶林、阔叶林面积逐渐增加，主要是由于评价区东荆河沿岸防护林建设，使得针阔叶林面积增加；由于工程建设占地及防护林建设，灌丛及灌草丛面积逐渐减少；工程建设占地、城镇发展、退耕还林以及附近居民生产方式改变等因素，农业植被面积减少；水域面积先减少后增加，总体表现为增加。

7.1.2.4　生物量变化

（1）干渠工程区

根据现状调查和卫片解译的数据，以及近年平均粮食产量等参数，干渠工程评价区内

各主要植被类型的生物量详见表 7-6。

表 7-6　　干渠工程建设前、后主要植被类型生物量变化

植被类型	建设前（2009 年）		建设中（2013 年）		建设后（2018 年）		平均生物量（t/hm^2）	2009—2013 年生物量变化（t）	2013—2018 年生物量变化（t）
	面积（hm^2）	生物量（t）	面积（hm^2）	生物量（t）	面积（hm^2）	生物量（t）			
针叶林	260.03	6872.59	262.70	6943.16	276.57	7309.75	26.43	70.57	366.58
阔叶林	322.47	21192.73	338.13	22221.90	438.38	28810.33	65.72	1029.18	6588.43
灌丛及灌草丛	1010.97	19966.66	846.03	16709.09	1237.74	24445.37	19.75	−3257.57	7736.27
农业植被	16172.01	93635.94	13583.07	78645.98	14004.85	81088.08	5.79	−14989.96	2442.11
河流水域	16201.80	16687.85	16236.67	16723.77	17053.13	17564.72	1.03	35.92	840.95
合计	33967.28	158355.77	31266.60	141243.90	33010.67	159218.25	\	−17111.87	17974.35

注：1. 表中未包括建设用地面积。
2. 各植被类型平均生物量数据来源于：①《我国森林植被的生物量和净生产量》（方精云等，1996）；②《中国森林生态系统的生物量和生产力》（冯宗炜等，1999）；③《中国森林生物量与生产力的研究》（肖兴威，2005）；④《中国森林植被净生产量及平均生产力动态变化分析》（林业科学研究，2014）；⑤《中国不同植被类型净初级生产力变化特征》（陈雅敏等，2012）。

由表 7-6 可知，2009—2013 年，评价区内植被的总生物量减少了 17111.87t，主要是因为工程建设和移民安置等工程活动破坏了部分灌丛和灌草丛、农业植被，虽然城区长湖湿地恢复等工程实施，针叶林、阔叶林植被生物量有所增加，增加量较小，不能弥补生物量的减少量；2013—2018 年，评价区内植被的总生物量增加了 17974.35t，主要是工程建成后，对弃渣场、堆土场等临时施工区进行植被恢复，此外“荆州环长湖湿地修复工程”“荆州市太湖港（引江济汉——海子湖）生态景观带”等规划实施，区域针叶林、阔叶林、灌丛和灌草丛、农作物面积增加，其中灌丛及灌草丛的生物量增加最为明显。干渠通水后水域面积有所增加。

（2）东荆河节制工程区

东荆河节制工程评价区内各主要植被类型的生物量详见表 7-7。

表 7-7 东荆河节制工程建设前、后主要植被类型生物量变化

植被类型	建设前（2009 年）		建设中（2014 年）		建设后（2018 年）		平均生物量（t/hm²）	2009—2014 年生物量变化（t）	2014—2018 年生物量变化（t）
	面积（hm²）	生物量（t）	面积（hm²）	生物量（t）	面积（hm²）	生物量（t）			
针叶林	2.53	66.87	3.92	103.61	5.87	155.14	26.43	36.74	51.54
阔叶林	7.83	514.59	9.12	599.37	13.52	888.53	65.72	84.78	289.17
灌丛及灌草丛	15.48	305.73	11.14	220.02	8.91	175.97	19.75	−85.72	−44.04
农业植被	242.74	1405.46	230.53	1334.77	206.65	1196.50	5.79	−70.70	−138.27
河流水域	47.99	49.43	43.41	44.71	59.11	60.88	1.03	−4.72	16.17
合计	316.57	2342.08	298.12	2302.47	294.06	2477.04	\	−39.61	174.57

由表 7-7 可知，2009—2018 年，东荆河节制工程区植被总生物量先减少后增加，总体表现为增加，主要是评价区内东荆河沿岸防护林建设，使得针阔叶林面积增大，生物量增加，而工程建设占用部分灌丛和灌草丛、农业植被，其平均生物量相比针阔叶林小，总体表现为增加。

7.1.2.5 重点保护植物和古树名木的变化

环评阶段，评价区内未发现有重点保护植物及古树名木。根据 2019 年 12 月和 2020 年 3—4 月现场调查，评价区内暂未发现重点保护野生植物及古树名木，与环评阶段结果一致。

7.2 引江济汉工程对陆生植物影响调查

7.2.1 工程管理区

工程有荆州分局管理区、拾桥河枢纽管理所、西荆河枢纽管理所及潜江分局管理区，根据现场调查，各管理区均已施工完成投入使用，进行了水土流失治理，恢复了施工迹地，充分利用可绿化面积，种植了本地适生树种，主要以“乔—灌—草”相结合方式对管理区进行了植物绿化，植草种树，植被长势旺盛，绿化效果较好。

7.2.2 渠道沿线主体工程区

本工程主要有引水渠道、交叉建筑物、倒虹吸等工程。根据现场调查，主体工程区施

工完成，对干渠两侧坡面进行工程护坡处理，并进行植草护坡，在渠道两侧种植了防护林带。在交叉工程处，结合周边环境，进行了植被绿化；渡槽等坡面区域采取了合理的水土保持措施，并种植了草本植物；区域内植被恢复采用了“乔—灌—草”相结合方式，并进行了后期的管理和维护，植被生长良好；渠道草皮护坡和防护林带新增绿化面积，弥补了永久占地对评价区植物的影响。

7.2.3 东荆河节制工程区

东荆河节制工程主要有橡胶坝、冯家口新闸、通顺河节制工程等工程，根据现场调查，施工完成后，对施工迹地进行植被恢复，周边自然植被长势较好，植被覆盖率较高。

7.2.4 弃土场区

施工结束后，对弃土场采取了土地整治、覆土等措施，部分恢复为耕地，进行了农业生产，多种植农作物和经济果木林。对于不适宜复耕的弃土场，植被恢复采用了乔木、灌木、草本植被相结合的方式进行了植被绿化，植物生长状况较好。此外，部分弃土场属于自然恢复，植被多以适应性较强物种为主，长势较好。

7.2.5 施工道路区

通过现场调查发现，施工道路区植被多种植行道树，周边多为常见杂草，生命力旺盛，繁殖能力较强，生长状况较好，植被覆盖率较好。

第 8 章 陆生动物调查

8.1 陆生动物调查概述

8.1.1 陆生动物资源现状调查

根据 2019 年 12 月和 2020 年 3—4 月现场调查及相关资料，评价区内陆生脊椎动物有 4 纲 19 目 48 科 96 种，其中东洋种 32 种，古北种 11 种，广布种 53 种；国家Ⅱ级重点保护野生动物仅小鸦鹃 1 种，湖北省省级重点保护野生动物 41 种，分别是黑斑侧褶蛙、金线侧褶蛙（*Pelophylax plancyi*）、沼蛙（*Boulengerana guentheri*）、中华蟾蜍、泽陆蛙、饰纹姬蛙（*Microhyla fissipes*）、银环蛇、黑眉晨蛇、王锦蛇、乌梢蛇、环颈雉、绿头鸭、白秋沙鸭、普通秋沙鸭、凤头鸊鷉、珠颈斑鸠、大杜鹃、黑水鸡、红胸田鸡、水雉、凤头麦鸡、银鸥、普通燕鸥、大白鹭、白鹭、苍鹭、普通鸬鹚、戴胜、黑枕黄鹂、黑卷尾、红尾伯劳、喜鹊、灰喜鹊、大山雀、家燕、金腰燕、丝光椋鸟、八哥、乌鸫、猪獾和华南兔等。具体见表 8-1。

表 8-1　评价区陆生脊椎动物种类组成、区系和保护等级

种类组成				动物区系			保护动物			
纲	目	科	种	东洋种	古北种	广布种	国家Ⅰ级	国家Ⅱ级	湖北省级	三有
两栖纲	1	4	6	3	0	3	0	0	6	6
爬行纲	2	7	11	7	0	4	0	0	4	11
鸟纲	11	31	69	20	10	39	0	1	29	65
哺乳纲	5	6	10	2	1	7	0	0	2	4
合计	19	48	96	32	11	53	0	1	41	86

注：“三有”指国家保护有益的或有重要经济、科学研究价值的，以下简称“三有”。

8.1.1.1 两栖类

（1）种类、数量及分布

评价区内两栖动物有 1 目 4 科 6 种（名录详见附录 2）。其中蛙科种类最多，有 3 种，占两栖类种数的 50.00%。评价区内未发现国家级重点保护两栖类，两栖类均为湖北省省级重点保护动物。优势种有中华蟾蜍（*Bufo gargarizans*）、黑斑侧褶蛙、泽陆蛙（*Fejervarya multistriata*）等，它们适应能力强，在评价区内干渠、池塘等水域附近广泛分布。

（2）生态类型

根据生活习性的不同，6 种两栖类可分为以下 2 种生态类型。

静水型（在静水或缓流中觅食）：评价区内分布黑斑侧褶蛙、金线侧褶蛙（*Pelophylax plancyi*）、沼蛙（*Boulengerana guentheri*）3 种。主要在池塘或水田中生活，与人类活动关系较密切。

陆栖型（在陆地上活动觅食）：评价区内分布中华蟾蜍、泽陆蛙、饰纹姬蛙（Microhyla fissipes）3 种，主要分布在离水源不远处或较潮湿的陆地上活动。

（3）区系类型

按区系类型分，两栖类分为 2 种区系类型，其中东洋种 3 种，占 50.00%；广布种 3 种，占 50.00%。东洋种和广布种成分各占一半。

8.1.1.2 爬行类

（1）种类、数量及分布

评价区内爬行类共有 2 目 7 科 11 种（名录详见附录 3）。其中，游蛇科种类最多，有 5 种，占 45.45%。评价区内未发现国家重点保护物种，湖北省省级重点保护物种有 4 种，分别是银环蛇、黑眉晨蛇、王锦蛇、乌梢蛇。其中虎斑颈槽蛇、红纹滞卵蛇主要分布于水域附近，黑眉晨蛇等主要分布于两岸农田附近灌丛等地。

（2）生态类型

根据爬行类生活习性不同，可分为以下 4 种生态类型。

住宅型（在住宅区的建筑物中筑巢、繁殖、活动的爬行类）：评价区有多疣壁虎（*Gekko japonicus*）1 种，主要分布在居民区附近，与人类关系较为密切。

灌丛石隙型（经常活动在灌丛下面，路边石缝中的爬行类）：评价区分布有蓝尾石龙子、短尾蝮（*Gloydius brevicaudus*）2 种，主要分布在石下、田埂、农田附近灌草丛等处活动。

林栖傍水型（在山谷间有溪流的山坡上活动）：评价区内分布有银环蛇、黑眉晨蛇、王锦蛇、乌梢蛇、红纹滞卵蛇、虎斑颈槽蛇 6 种，主要在潮湿的林地内活动，其中红纹滞卵蛇分布在水域附近，黑眉晨蛇分布在农田附近灌丛。

水栖型（在水中生活、觅食的爬行类）：评价区有乌龟（*Mauremys reevesii*）和中华鳖（*Pelodiscus sinensis*）2 种，主要在河流中活动。

（3）区系类型

按区系类型分，爬行类分为 2 种区系类型，东洋种 7 种，占 63.64%；广布种 4 种，占 36.36%。爬行类东洋种较多，地理位置优势明显。

8.1.1.3 鸟类

(1) 种类、数量及分布

评价区内共有鸟类有69种，隶属于11目31科（名录详见附录4）。其中以雀形目鸟类最多，共23种，占33.33%；国家Ⅱ级重点保护野生鸟类1种，湖北省省级重点保护鸟类29种。现场调查见图8-1。

红脚田鸡 *Amaurornis akool*

冯锦2019年12月29日摄于朱李家台附近

八哥 *Acridotheres cristatellus*

冯锦2019年12月29日摄于泵站节制闸附近

大山雀 *Parus major*

冯锦2019年12月29日摄于黄家河附近

凤头麦鸡 *Vanellus vanellus*

冯锦2019年12月29日摄于朱李家台蔬菜大棚附近

灰喜鹊 *Cyanopica cyanus*

冯锦2019年12月29日摄于引江济汉渠首附近

树鹨 *Anthus hodgsoni*

冯锦2019年12月29日摄于引江济汉渠首岸边

田鹀 *Emberiza rustica*

冯锦 2019 年 12 月 29 日摄于朱李家台河边

喜鹊 *Pica pica*

冯锦 2019 年 12 月 29 日摄于沿江村附近库区

珠颈斑鸠 *Spilopelia chinensis*

冯锦 2019 年 12 月 29 日摄于引江济汉渠首树林附近

棕背伯劳 *Lanius schach*

冯锦 2019 年 12 月 29 日摄于高石碑出水闸岸边村庄

棕头鸦雀 *Paradoxornis webbianus*

冯锦 2019 年 12 月 29 日摄于黄家河附近农田

麻雀 *Passer montanus*

冯锦 2019 年 12 月 29 日摄于沿江村村庄

小䴙䴘 *Podiceps ruficollis*

冯锦 2019 年 12 月 29 日摄于汉江江滩渠尾

凤头䴙䴘 *Podiceps cristatus*

冯锦 2019 年 12 月 29 日摄于后港镇长湖段

白鹭 *Egretta garzetta*

冯锦 2019 年 12 月 29 日摄于东湖浪口池塘

苍鹭 *Ardeola bacchus*

冯锦 2019 年 12 月 29 日摄于东湖浪口池塘

图 8-1 鸟类现场调查

(2) 生态类型

按生活习性不同，评价区内鸟类分为以下 5 种生态类型。

游禽（脚向后伸，趾间有蹼，有扁阔的或尖嘴，善于游泳、潜水和在水中掏取食物）：包括雁形目鸭科的绿头鸭、绿翅鸭、罗纹鸭、赤膀鸭、赤颈鸭、红头潜鸭、青头潜鸭、凤头潜鸭、白秋沙鸭、普通秋沙鸭等，䴙䴘目䴙䴘科的小䴙䴘、凤头䴙䴘，鸻形目鸥科的海鸥、银鸥、红嘴鸥、须浮鸥、普通燕鸥等以及鹈形目鸬鹚科的普通鸬鹚，共 18 种，主要分布于长湖及引江济汉周边水库、池塘等水域。

涉禽（嘴，颈和脚都比较长，脚趾也很长，适于涉水行进，不会游泳，常用长嘴插入水底或地面取食）：包括鹳形目秧鸡科的黑水鸡、红胸田鸡、白骨顶等，鸻形目雉鸻科的水雉，鸻科的凤头麦鸡、环颈鸻等，鹬科的针尾沙锥、扇尾沙锥、矶鹬、黑腹滨鹬，反嘴鹬科的反嘴鹬等；鹈形目鹭科的大白鹭、白鹭、池鹭、夜鹭、牛背鹭、苍鹭、绿鹭、黄苇鳽、栗苇鳽、大麻鳽等，共计 21 种。现场调查的物种主要有凤头麦鸡、白鹭、苍鹭、牛背鹭等，主要分布于长湖及周边池塘、稻田等地。

陆禽（体格结实，嘴坚硬，脚强而有力，适于挖土，多在地面活动觅食）：包括鸡形

目和鸽形目所有种类，主要有环颈雉（*Phasianus colchicus*）和珠颈斑鸠（*Streptopelia chinensis*）2种。现场调查目击有环颈稚、珠颈斑鸠等，环颈雉等主要分布在引水渠道两岸人为干扰较小的林地、居民区和农田生境。

攀禽（嘴、脚和尾的构造都很特殊，善于在树上攀缘）：包括鹃形目杜鹃科的大杜鹃、小鸦鹃，犀鸟目戴胜科的戴胜，佛法僧目翠鸟科的普通翠鸟、斑鱼狗，共5种。在工程周边的林地、低矮的灌木林中活动，部分种类也偶尔到林缘、居民区及水域附近活动。

鸣禽（鸣管和鸣肌特别发达。一般体形较小，体态轻捷，活泼灵巧，善于鸣叫和歌唱，且巧于筑巢）：雀形目所有鸟类都为鸣禽，共23种，在评价区内广泛分布，主要生境为树林或灌丛，优势种主要有棕背伯劳、喜鹊、灰喜鹊、大山雀、家燕、八哥、麻雀等。

（3）区系类型

评价区内69种鸟类中，东洋种有20种，占31.90%；广布种有39种，占30.48%；古北种有10种，占31.62%。评价区处于东洋界，但距离古北界较近，鸟类具有很强的迁移能力，随着季节性迁徙的习性，鸟类中古北界向东洋界渗透的趋势较强。

（4）居留型

根据鸟类迁徙的行为，可分成以下4种居留型。

留鸟（长期栖居在生殖地域，不作周期性迁徙的鸟类）：共19种，占鸟类总种数的27.54%，所占比例最大。

冬候鸟（冬季在某个地区生活，春季飞到较远而且较冷的地区繁殖，秋季又飞回原地区的鸟）：共25种，占鸟类总种数的36.23%。

夏候鸟（夏候鸟是指春季或夏季在某个地区繁殖、秋季飞到较暖的地区去过冬、第二年春季再飞回原地区的鸟）：共22种，占鸟类总种数的31.88%。

旅鸟（指迁徙中途经某地区，而又不在该地区繁殖或越冬）：3种，占鸟类总种数的4.35%，种类最少。

在评价区内繁殖（包括留鸟和夏候鸟）的鸟类占比例较大（41种，占59.42%），表明大部分鸟类都在评价区繁殖，根据现场调查，其主要分布在长湖及周边繁衍生息。

8.1.1.4 兽类

（1）种类、数量及分布

评价区内兽类共有5目6科10种（名录详见附录5），以啮齿目最多，共5种，占50.00%；未发现国家重点保护兽类，湖北省省级重点保护兽类2种，为猪獾、华南兔。

图8-2为黄鼬。

图 8-2 黄鼬（冯锦 2019 年 12 月 29 日摄于天鹅村）

（2）生态类型

根据兽类生活习性的不同，可分为以下 3 种生态类型。

半地下生活型（穴居型，主要在地面活动觅食、栖息、避敌于洞穴中，有的也在地下寻找食物）：主要有东北刺猬（*Erinaceus amurensis*）、棕色田鼠（*Lasiopodomys mandarinus*）、褐家鼠（*Rattus novegicus*）、黄胸鼠（*Rattus tanezumi*）、小家鼠（*Mus musculus*）、黑线姬鼠（*Apodemus agrarius*）、华南兔（*Lepus sinensis*）、黄鼬（*Mustela sibirica*）、猪獾（*Arctonyx collaris*）9 种，主要分布在居民点附近和农田中，其中黑线姬鼠和褐家鼠等与人类关系密切。

岩洞栖息型（在岩洞中倒挂栖息的小型兽类）：有普通伏翼（*Pipistrellus pipistrellus*）1 种，主要分布在居民建筑物或干渠两岸的林地。

（3）区系类型

按区系类型划分，评价区内东洋种有 2 种，占 20.00%；广布种 7 种，占 70.00%；古北种 1 种，占 10.00%。评价区内广布种占比相对较大。

8.1.1.5 重点保护野生动物

（1）国家重点保护野生鸟类

现场调查，评价区内未发现国家Ⅰ级重点保护鸟类，国家Ⅱ级重点保护有夏候鸟小鸦鹃 1 种，主要在湖畔、湖汊芦苇和周边树林中繁殖和育雏。

（2）湖北省省级重点保护野生鸟类

评价区内湖北省省级重点保护野生动物有 41 种，分别是黑斑侧褶蛙、金线侧褶蛙、沼蛙、中华蟾蜍、泽陆蛙、饰纹姬蛙、银环蛇、黑眉晨蛇、王锦蛇、乌梢蛇、环颈雉、绿头鸭、白秋沙鸭、普通秋沙鸭、凤头鸊鷉、珠颈斑鸠、大杜鹃、黑水鸡、红胸田鸡、水雉、凤头麦鸡、银鸥、普通燕鸥、大白鹭、白鹭、苍鹭、普通鸬鹚、戴胜、黑枕黄鹂、黑卷尾、红尾伯劳、喜鹊、灰喜鹊、大山雀、家燕、金腰燕、丝光椋鸟、八哥、乌鸫、猪獾和华南兔等。

（3）国家保护有益的或有重要经济、科学研究价值的鸟类

评价区内“三有”动物共86种，分别是黑斑侧褶蛙、金线侧褶蛙、沼蛙、中华蟾蜍、泽陆蛙、饰纹姬蛙、乌龟、中华鳖、多疣壁虎、银环蛇、黑眉晨蛇、王锦蛇、乌梢蛇、红纹滞卵蛇、虎斑颈槽蛇、蓝尾石龙子、短尾蝮、环颈雉、绿头鸭、绿翅鸭、罗纹鸭、赤膀鸭、赤颈鸭、红头潜鸭、青头潜鸭、凤头潜鸭、白秋沙鸭、普通秋沙鸭、小鸊鷉、凤头鸊鷉、珠颈斑鸠、大杜鹃、黑水鸡、红胸田鸡、白骨顶、水雉、凤头麦鸡、环颈鸻、针尾沙锥、扇尾沙锥、矶鹬、黑腹滨鹬、反嘴鹬、海鸥、银鸥、红嘴鸥、须浮鸥、普通燕鸥、大白鹭、白鹭、池鹭、夜鹭、牛背鹭、苍鹭、绿鹭、黄苇鳽、栗苇鳽、大麻鳽、普通鸬鹚、戴胜、普通翠鸟、黑枕黄鹂、黑卷尾、棕背伯劳、红尾伯劳、喜鹊、灰喜鹊、大山雀、黄腹山雀、小云雀、家燕、崖沙燕、金腰燕、白头鹎、棕头鸦雀、丝光椋鸟、八哥、北红尾鸲、麻雀、白鹡鸰、树鹨、田鹀、东北刺猬、黄鼬、猪獾、华南兔等。

8.1.2 建设前后陆生动物资源对比

8.1.2.1 动物种类组成对比

（1）两栖和爬行类

环评报告书中介绍，评价区内两栖及爬行类种类较少，未见详细描述其种类及分布。

本次调查，调查到两栖类黑斑侧褶蛙、金线侧褶蛙、沼蛙、中华蟾蜍、泽陆蛙、饰纹姬蛙等湖北省省级重点保护动物及“三有”动物。爬行类皆为“三有”动物，其中乌龟、中华鳖主要分布在干渠或长湖及其周边的池塘；多疣壁虎分布居民区；其余银环蛇、黑眉晨蛇、王锦蛇、乌梢蛇、红纹滞卵蛇、虎斑颈槽蛇、蓝尾石龙子、短尾蝮分布在农田、灌丛等区域。

（2）鸟类

环评报告书中介绍，评价区内鸟类有11目27科61种。本次调查初步统计，评价区内有鸟类11目31科69种，相较于环评阶段2005年有所增加。其主要原因为：①本次调查范围增大，包括了工程两岸区域；②随着工程施工结束，鸟类种类逐渐得到恢复，部分与人类活动密切的陆禽、鸣禽有所增加；③长湖及周边水库、池塘等水域面积增多，部分水鸟有所增加。同时，评价区内有（荆州、沙洋）长湖湿地自然保护区，湖北环荆州古城国家湿地公园，随着科学考察及深入调查的次数增加，一些以前未被发现的物种新分布陆续被发现。近年来人们对环境保护的意识不断增强，当地政府有关部门也采取了有力的自然保护措施，使得野生动物数量逐年稳定上升，野外调查目击的概率更大，容易记录到更多的物种。

（3）兽类

环评报告书中叙述渠道沿线地区主要分布的兽类有鼬、獾、鼠等，物种多样性很低。

本次调查，现场调查到的种类包括环评阶段的种类，且在新关庙蔬菜大棚目击到黄鼬。另外，经访问和实地调查，在渠道两岸居民区及田野分布有棕色田鼠、小家鼠、黄胸鼠、褐家鼠等鼠类和黄鼬、猪獾、华南兔等动物。除啮齿类在居民区密度大以外，其他兽类的密度较小，这与环评阶段物种多样性低的结论一致。

综上所述，项目评价区内陆生动物种类未发生明显变化，干渠通水后，凤头䴙䴘、白鹭等水鸟多在长湖及附近池塘分布；麻雀、喜鹊、灰喜鹊、八哥等与人关系密切的种类密度变化不大，多在干渠两岸居民区附近活动；黄鼬、猪獾等部分种类在评价区内少见。

8.1.2.2 重点保护动物对比

环评报告书中介绍，长湖及周边有鼬、獾、鼠类等小型农田动物，国家二级保护鸟类1种，湖北省级重点保护鸟类26种。

本次调查，发现湖北省省级重点保护野生动物41种，其中重点保护鸟类29种，分别是环颈雉、绿头鸭、白秋沙鸭、普通秋沙鸭、凤头鸊鷉、珠颈斑鸠、大杜鹃、黑水鸡、红胸田鸡、水雉、凤头麦鸡、银鸥、普通燕鸥、大白鹭、白鹭、苍鹭、普通鸬鹚、戴胜、黑枕黄鹂、黑卷尾、红尾伯劳、喜鹊、灰喜鹊、大山雀、家燕、金腰燕、丝光椋鸟、八哥、乌鸫；其他种类12种，分别是黑斑侧褶蛙、金线侧褶蛙、沼蛙、中华蟾蜍、泽陆蛙、饰纹姬蛙、银环蛇、黑眉晨蛇、王锦蛇、乌梢蛇、猪獾和华南兔。

通过对比，重点保护鸟类增加了凤头鸊鷉、灰喜鹊、八哥等3种；“三有”动物增加了凤头鸊鷉、棕背伯劳、灰喜鹊、棕头鸦雀、八哥、北红尾鸲、白鹡鸰、树鹨和田鹨等9种。

结合有关资料，实地调查到凤头鸊鷉、棕背伯劳、灰喜鹊、棕头鸦雀、八哥、北红尾鸲、白鹡鸰、树鹨和田鹨等均在调查评价区内有分布，其中凤头鸊鷉发现主要分布在长湖及周边水库，其他鸣禽主要分布在渠道两岸居民区及农田、果林中。

8.2 引江济汉工程对陆生动物影响调查

8.2.1 对两栖、爬行和兽类野生动物的影响

工程施工期间，根据环评报告书中介绍，评价区内主要的两栖、爬行和兽类野生动物有鼬、獾、鼠类等小型农田动物。工程施工对这些动物的活动和栖息环境产生一定不利影响，但由于动物本身具有趋利避害性，能够远离施工区域，且评价区周边有类似生境的区域分布，工程建设未对这些动物的生存造成威胁。结合引江济汉工程施工特性，其不利影响主要表现为工程占地、施工噪声、灯光等对附近动物产生惊扰和栖息地缩小，导致附近

动物向周边区域迁移，远离原来的栖息地。随着施工结束，这些不利影响也随之消失。

工程施工结束后，施工影响区域生态环境逐步恢复，植被面积有所增加，水域面积增加，为动物提供了适宜的生态环境，其种群数量将有所增加。结合本次调查，两栖、爬行动物在评价区内遇见率较低，渠道两岸堤坝多为混凝土，无法为野生动物生提供生存生境，少数种类可能生活在干渠两岸农田和村庄。本次调查，未在渠内调查到两栖、爬行动物，仅目击到少数兽类（黄鼬）等野生动物；农田动物多在引江济汉渠首李家台和河渠两岸的农田生境分布。工程建设运行，该区域的野生动物多在干渠两岸的农田、村庄等区域活动，这与工程所在区域的生态环境背景相关联。

8.2.2 对鸟类的影响

环评报告书预测，该工程建设影响最为严重的首先是在生态上长期以长湖、湖汉、水渠、精养鱼池、池塘、周边草灌丛和树林摄食、夜宿、越冬和繁殖的湿地水禽。施工期间，工程共有4段穿过长湖湖汉，其施工噪声、工程占地等将不可避免地对附近鸟类产生惊扰、破坏生境等不利影响。随着施工强度越大、施工时间越长，这些不利影响就越明显。由于鸟类善于飞翔、生活型多样、物种多样性丰富和种群数量较多，施工活动产生的不利影响将迫使它们进行迁移和寻找新的栖息地，从而减少区域鸟类的数量与分布。

本次调查，评价区内水鸟多在引水渠道进、出口江水滩地、渠道两岸水塘及长湖周边等水域活动，工程通水后，水域面积扩大，为多种水禽和傍水禽类提供了适宜的栖息、繁殖的生境，从而增加了区域鸟类的数量与种类。

现场调查发现，小鸊鷉在引水渠道内出现频率较大；红嘴鸥、黑水鸡、凤头鸊鷉、小鸊鷉等水鸟主要栖息于长湖附近；鹭科鸟类多在河渠两岸及长湖附近的水塘活动，且密度相对较大；普通翠鸟、白鹡鸰等多种小型鸟类喜在评价区水域周边频繁活动。总体上来看，在落实有效管理和环保意识逐渐提高的前提下，长湖湿地区域的鸟类生物多样性未因工程建设及运行而有所下降。

第 9 章 水生生物调查

9.1 水生生物调查概述

南水北调中线工程实施调水后，汉江中下游来水量减少，工程运行对汉江中下游地区的生态环境的影响是客观存在的，其所带来的生态环境影响短期内尚难以准确预测。为了解南水北调中线工程这一跨流域调水工程对汉江中下游生态环境的影响，2012 年 10 月，湖北省南水北调管理局组织了多家研究机构，启动了湖北省汉江中下游流域生态环境基础信息调查与研究工作，开展了针对汉江中下游水生生物、鱼类资源与产卵场、水环境、水文情势、湿地等较为全面的为期 2 年的监测调查，旨在掌握调水前后汉江中下游生态环境本底基础数据的全面情况，未来与调水后的情况变化进行对照、分析和判断，将为分析南水北调中线工程调水对汉江中下游生态环境的影响、汉江中下游生态结构演变规律等方面奠定基础。

多家研究机构开展的专题研究成果，具体见表 9-1。

表 9-1 研究机构开展专题研究成果一览表

序号	名称	承担单位	委托单位	报告完成时间	调查时间
1	《南水北调中线工程对汉江中下游生态环境影响及生态补偿政策研究》	湖北省社会科学院、湖北省环境科学研究院、武汉理工大学	2009 年 7 月，湖北省财政厅、省南水北调办和省环保厅共同研究制定该课题	2010.10	2009 年 11 月，课题正式启动
2	《汉江中下游水生生物调查与水华机制的研究报告》	中国科学院水生生物研究所	湖北省南水北调管理局	2015.3.5	2012.10 至 2014.10
3	《汉江中下游水文特征与趋势变化分析专题报告》	水利部长江水利委员会水文局	湖北省南水北调管理局	2015.5	采用 1999—2013 年的水文、水质资料

续表

序号	名称	承担单位	委托单位	报告完成时间	调查时间
4	《汉江中下游鱼类资源与产卵场现状调查研究报告》	湖北省水产科学研究所	湖北省南水北调管理局	2015.6.12	2013—2014年，2年6批次
5	《汉江中下游生态环境基础数据调查与研究课题—水环境质量及污染专题报告》	湖北省环境科学研究院	湖北省南水北调管理局	2015.7	2005—2014年
6	《汉江中下游堤岸线内林业（湿地）植物多样性专题研究报告》	湖北省林业勘察设计院	湖北省南水北调工程管理局	2015.9	2013—2015年
7	《汉江中下游生态环境基础数据调查集成与研究报告》	/	/	2016	/
8	《汉江中下游水生生物及水华现状及趋势调查研究总结报告》	中国科学院水生生物研究所	湖北省南水北调管理局	2019.11	2017.11至2019.10
9	《2018年针对产漂流性卵鱼类自然繁殖的汉江中下游梯级联合生态调度水生生态监测研究报告》	水利部中国科学院水工程生态研究所	/	2018.7	2018年6月11—25日

同时，湖北省南水北调管理局委托中国科学院水生生物研究所开展了对汉江中下游水生生物和水华现状及趋势的调查研究（2017—2019年），编制了《汉江中下游水生生物及水华现状及趋势调查研究总结报告》。

调查组组织中国水产科学研究院长江水产研究所开展引江济汉工程水生生态监测及调查的工作。该单位编制了《南水北调中线一期引江济汉工程竣工环境保护验收水生生态监测与调查报告》，调查时间均为2019年8月至2020年5月，调查范围与引江济汉工程环评报告书评价范围基本一致，或略有增大。

本书相关章节内容将采用上述专题研究成果报告和现状调查报告进行分析评价。

9.1.1 环评阶段水生生物调查

长江水产研究所于2003年11月10日至2004年4月30日对引水口江段、长湖、汉江入水口河段等3个预选地进行了现场调查。具体调查结果如下。

9.1.1.1 取水口影响区

(1) 渔业资源

长江中游江段有鱼类 188 种，分隶于 27 科。其中鲤科鱼类最多，104 种，占总种数的 55.3%；其次为鳅科、鲿科、鮨科，分别为 18 种、12 种和 7 种。长江宜昌至沙市江段，分布有宜昌、宜都、枝江、江口、沙市等 5 个“四大家鱼”产卵场（表 9-2），原有的宜昌、虎牙滩两个相邻产卵场已经合并成一个产卵场，即宜昌产卵场。在引水口以上江段还分布有中华鲟、胭脂鱼等重要鱼类的产卵场，其分布见图 9-1。

表 9-2 长江干流宜昌至评价区江段“四大家鱼”产卵场分布

序号	名称	范围	延伸里程（km）
1	宜昌	十里红—古老背	24
2	宜都	云池—宜都	10
3	枝江	洋溪—枝江	29
4	江口	江口—宛市	25
5	沙市	虎渡河—沙市	12

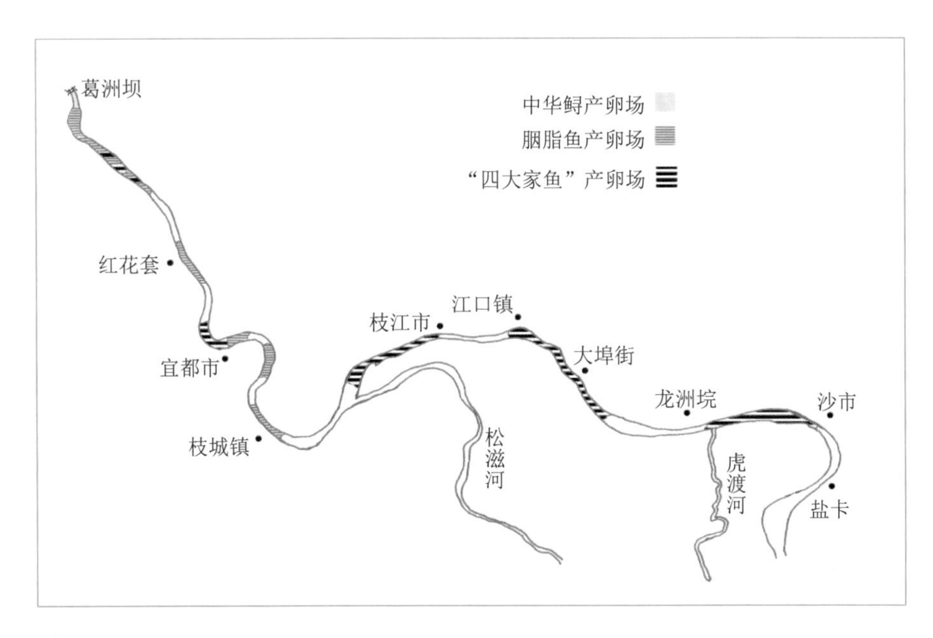

图 9-1 引水口至葛洲坝下主要鱼类产卵场分布示意图

(2) 浮游生物

该江段浮游植物共有 7 门 51 属，硅藻门占浮游植物总种（属）类的 35.1%，绿藻占 36.8%，蓝藻占 12.3%等，以直链藻、脆杆藻、舟形藻和小环藻等属的种类占优势。浮游植物年平均个体数量为 18.55×10⁴ind./L，变化范围为 9.53～26.30×10⁴ind./L，年平均生物量为 0.716mg/L，变化幅度为 0.187～1.253mg/L，数量高峰期为 4 月、6 月。

原生动物有 12 种、轮虫 11 种、枝角类 16 种和桡足类 9 种。浮游动物（不含原生动物）年均数量为 21.4ind./L，年变幅 0.07～28.6ind./L，在 4 月、6 月出现高峰期，达到 24.1～28.6ind./L。

（3）底栖动物

该江段由于水体流速快，水位变化幅度大以及透明度低，水生维管束植物缺乏等原因，底栖动物的种类相对贫乏、数量偏低。以蜻蜓目、襀翅目、摇蚊幼虫、寡毛类、端足类等最为常见。

9.1.1.2 长湖

（1）渔业资源

长湖现有围栏养鱼面积约 52km²，养殖鱼类为青、草、鲢、鳙、鳊、鲫、鲤等，套养少量乌鳢和黄颡鱼等。现有天然鱼类种类很少，以鳑鲏、鲫、鲤、黄颡鱼、乌鳢、鲌为常见种类，其中鲤科鱼类最多。

（2）浮游生物

长湖浮游植物平均数量为 10224.9ind./L，平均生物量为 22.1mg/L。原生动物有 10 科 12 属，轮虫 13 属，枝角类 3 科 3 属；桡足类 3 科 5 属。

（3）底栖动物

根据调查结果，长湖底栖动物共有 13 种，其中软体动物 9 种，寡毛类 2 种，水生昆虫 2 种。

（4）水生维管束植物

长湖以沉水植物为主，常见的种类有菹草、微齿眼子菜、金鱼藻、喜旱莲子草、竹叶眼子菜、小茨藻、黑藻、惠状狐尾草、亚洲苦草、菱、浮萍、莲等。海子湖近关沮段、庙湖水生植物稀少，后港湖汉和海子湖近庙湖段，水生维管束植物分布最为丰富。

9.1.1.3 高石碑入汉江口影响区

（1）渔业资源

汉江中下游现有鱼类 75 种，分别隶属 14 科 56 属，其中鲤科 48 种。绝大多数是广布性种类，如鲤、鲫、三角鲂、长春鳊、蒙古红鲌、翘嘴红鲌、青鱼、草鱼、鲢、鳙、鳜等。

丹江口建坝后的调查结果表明，汉江沙洋下游干流产漂流性鱼类产卵场有 1 处，位于潜江市泽口江段（月亮台—泽口）。

(2) 浮游植物

根据资料进行同期比较，汉江中下游浮游植物数量在逐年增加，说明汉江的水质状况在逐渐劣变，主要表现在水体有机污染加重，有机污染的指示藻类比例在增加。在不同季节藻类的组成比例也会发生变化，近年来特别是高温季节，绿藻、蓝藻的比例增加，部分江段蓝藻和绿藻已成为优势种。

(3) 浮游生物

汉江中下游采集到原生动物有 7 科、8 属，轮虫 8 科、15 属、19 种，枝角类 5 科、7 属。不同江段主要浮游动物数量与生物量有所不同，钟祥至仙桃江段的浮游动物生物数量和生物量最高，主要体现在轮虫数量的剧增。

(4) 底栖动物

汉江中下游共采集到底栖动物 24 种，其中软体动物 20 种，寡毛类 3 种，水生昆虫 1 种。

沙洋下游的泽口、岳口、仙桃、蔡甸、宗关采样点的生物量分别为：$118.48mg/m^2$、$80.0mg/m^2$、$2.4mg/m^2$、$16.0mg/m^2$、$3.6mg/m^2$。沙洋至仙桃江段的耐污种类水丝蚓、苏氏尾鳃蚓等寡毛类和蚌类数量增加，为优势种类。淡水壳菜在泽口到仙桃的江段中分布密度最大，每平方米最多可达数十万个，生物量也极大。

(5) 水生维管束植物

汉江中下游河段水生维管束植物共计 34 种，其中挺水植物 13 种、浮叶植物 2 种、沉水植物 13 种、漂浮植物 6 种。潜江至蔡甸江段，由于人口密集，开发强度大，河床变深，水质污染较上游、中游严重，不利于水生植物生长，生物量和生物多样性较低，以挺水植物群落为主。常见种类有香蒲、芦苇、喜旱莲子草，沉水植物有金鱼藻、狐尾藻、竹叶眼子菜等，群落生物量在 $57.5 \sim 425g/m^2$。

9.1.2 工程通水前水生生物调查

根据《汉江中下游水生生物调查与水华预警机制的研究报告》，该研究报告对汉江中下游干流设置了光化大桥下（老河口市）、余家湖上（襄阳市）、转斗（钟祥市）、罗汉闸（天门市）、王场镇（潜江市）、石刭（仙桃市）、新沟（武汉市）和宗关（武汉市）8 个调查断面。调查时间与频次为 2012 年 11 月（秋季）至 2014 年 8 月（夏季），按季度采集（即每 3 个月一次）调查水生生物的周年变化及状态。在每个断面的 1/3 处和 2/3 处采集 4 次样品。

从位置关系来看，8 个调查断面中，光化大桥下（老河口市）、余家湖上（襄阳市）、转斗（钟祥市）、罗汉闸（天门市）共 4 个断面在引水渠道出水口以上，王场镇（潜江市）、石刭（仙桃市）、新沟（武汉市）和宗关（武汉市）共 4 个断面在出水口以下；从通水时间来看，兴隆枢纽于2013年3月开始蓄水，与引江济汉工程于2014年9月同期开始转入运行。

9.1.2.1 《汉江中下游水生生物调查与水华预警机制的研究报告》调查成果

(1) 浮游植物调查

1）浮游植物结构及组成变化。

根据调查成果，共检出浮游植物8门79属（表9-3）。其中蓝藻门15属，硅藻门18属，绿藻门36属，隐藻门3属，甲藻门4属，裸藻门3属，金藻门5属和黄藻门1属。汉江中下游水域浮游植物以绿藻、硅藻和蓝藻为主。从物种多样性来看，绿藻和硅藻占据主要地位。

从空间地域差异来看，浮游植物群落结构也出现不同程度的差异，由2013年调查成果可知，汉江中游水体主要以蓝藻为优势种群，下游主要以硅藻和蓝藻共同作为优势种群；2014年自沙洋往老河口各调查点中硅藻逐渐占据主要优势，蓝藻比例出现降低，同时隐藻数量出现增加，下游群落结构未出现显著差异。

总体上，潜江及其上游各调查点出现较大比例的蓝藻，而下游各调查点以硅藻为优势种。在秋季，汉江中下游各调查点均出现大量蓝藻，其平均比例达到80.4%。

表9-3　　汉江中下游调查河段浮游植物名录（2012.11至2014.8）

门、属	拉丁文名	门、属	拉丁文名
一、蓝藻门	*Cyanophyta*	空球藻	*Eudorina sp.*
微囊藻	*Microcystis sp.*	微芒藻	*Micractinium fresenius sp.*
蓝纤维藻	*Dactylococcopsis sp.*	纤维藻	*Ankistrodesmus sp.*
伪鱼腥藻	*Pseudanabaena sp.*	空星藻	*Coelastrum sp.*
平裂藻	*Merismopedia sp.*	弓形藻	*Schroederia sp.*
颤藻	*Osicillatoriaceae sp.*	四鞭藻	*Carteria sp.*
螺旋藻	*Spirulina sp.*	卵囊藻	*Oocystis sp.*
浮鞘丝藻	*Planktothrix sp.*	四角藻	*Tetraedrom sp.*
鞘丝藻	*Lngbya sp.*	十字藻	*Crucigenia sp.*
尖头藻	*Raphidiopsis sp.*	盘星藻	*Pediastrum sp.*
鱼腥藻	*Anabeana sp.*	新月藻	*Closterium sp.*
拟拄孢藻	*Cylindrospermopsis sp.*	月牙藻	*Selenastrum sp.*
束丝藻	*Aphanizomenon sp.*	鼓藻	*Cosmarium sp.*
二、硅藻门	*Bacillariophyta*	蹄形藻	*kirchneriella sp.*
直链藻	*Melosira sp.*	多芒藻	*Golenkinia sp.*
针杆藻	*Synedra sp.*	四星藻	*Tetrastrum sp.*

续表

门、属	拉丁文名	门、属	拉丁文名
小环藻	*cyclotella sp.*	集星藻	*Actinastrum sp.*
异极藻	*Gomphonema sp.*	拟配藻	*Spermatozopsis sp.*
桥弯藻	*Cymbella sp.*	并联藻	*Quadrigula sp.*
卵形藻	*Cocconeis sp.*	粗刺藻	*Acanthosphaera sp.*
舟形藻	*Navicula sp.*	四、隐藻门	*Cryptophyta*
曲壳藻	*Achnanthaceae sp.*	隐藻	*Cryptomonas sp.*
等片藻	*Diatoma sp.*	斜结隐藻	*Plagioselmis sp.*
脆杆藻	*Fragilaria sp.*	五、甲藻门	*Pyrrophyta*
布纹藻	*Cyrosigma sp.*	拟多甲藻	*Peridinium perardii*
菱形藻	*Nitzschia sp.*	多甲藻	*Peridinium sp.*
辐节藻	*Stauroneis sp.*	六、裸藻门	*Euglenophyta*
星杆藻	*Alexandrum sp.*	裸藻	*Euglena sp.*
波缘藻	*Cymatopleura sp.*	七、金藻门	*Chrysophyta*
四棘藻	*Atthetas sp.*	锥囊藻	*Dinobryon sp.*
三、绿藻门	*Chlorophyta*	鱼鳞藻	*Mallomonas sp.*
栅藻	*Scenedesmus sp.*	棕鞭金藻	*Ochromonas sp.*
衣藻	*Chlamydomonas sp.*	单鞭金藻	*Dicrateria sp.*
小球藻	*Chlorella sp.*	小金色藻	*Chrysochromulina sp.*
韦斯藻	*Westella botryoides sp.*	八、黄藻门	*Xanthophyceae*
顶棘藻	*Chodatella sp.*	黄群藻	*Synuraceae sp.*

2）浮游植物藻类丰度。

由浮游植物群落丰度可知，汉江中游细胞密度明显低于下游。2013 年汉江中游细胞密度均值为 1.7×10^6 cells/L，下游细胞密度均值为 7.0×10^6 cells/L；2014 年中游细胞密度均值为 1.2×10^6 cells/L，下游细胞密度均值为 7.8×10^6 cells/L。其中，2013 年下游浮游植物密度呈梯度降低，2014 年该降低梯度从潜江开始出现逆转，细胞密度从潜江逐渐开始递增，宗关达到最大。浮游植物在秋季丰度达到最大值，在冬季达到最低值。

3）浮游植物生物多样性。

利用 Shannon Wiener Index 多样性指数分析，汉江中游自下游浮游植物多样性指数呈逐步降低状态。秋季（11 月）、冬季（2 月）物种多样性最小、春季（5 月）略高于秋冬季，夏季（8 月）在 3 个季节中最高；这种明显的季节分布特性与水温具有直接关系。

比较各季节浮游植物群落结构变化，冬季、春季和夏季以硅藻为优势种，而秋季蓝藻比例明显增加。年际上，2014 年多样性指数显著小于 2013 年（$p<0.05$）。2013 年多样性

指数范围在 1.2～1.9，而 2014 年多样性指数范围在 1.1～1.6；就多样性指数平均值而言，2013 年多样性指数平均值为 1.55，2014 年多样性指数平均值为 1.38。

（2）浮游动物调查

1）浮游动物种类组成。

根据调查成果，共检出浮游动物 153 种（表 9-4）。其中原生动物 50 种，占总种类数的 32.68%；轮虫 56 种，占的 36.60%；枝角类 38 种，占总种类数的 24.84%；桡足类 9 种，占总种类数的 5.88%。浮游动物中以浮游性种类为多数，有少数底栖或着生种类，绝大部分属世界性广布种。

就不同季节而言，浮游动物的种类均以夏季出现的种类最多，春、秋季次之，冬季出现的种类数最少。

就不同监测位点而言，老河口光化大桥下、襄阳余家湖上及钟祥转斗监测位点浮游动物中王氏似铃壳虫、球形砂壳虫、针棘匣壳虫、弧形彩胃轮虫、唇形叶轮虫、短尾秀体溞和汤匙华哲水蚤等寡污性种类出现次数较多，而汉口宗关水厂、汉川新沟监测位点以钟形钟虫、螺形龟甲轮虫、角突臂尾轮虫、前节晶囊轮虫、真翅多肢轮虫、微型裸腹溞和近邻剑水蚤等耐污性种类出现次数较多，这说明汉江中下游江段沿着水流方向水体受污染的程度逐渐加剧。

表 9-4　　汉江中下游调查河段浮游动物名录（2012.11 至 2014.8）

浮游动物	拉丁文名	2012年秋	2012年冬	2013年春	2013年夏	2013年秋	2013年冬	2014年春	2014年夏
原生动物									
梨形四膜虫	*Tetrahymena pyriformis*	*						*	
四膜虫一种	*Tetrahymena sp*	*					*		*
尾草履虫	*Paramecium caudatum*	* *	*	*		*	*	*	
太阳虫	*Heliozoa*		*		*				*
绿刺日虫	*Raphidiophrys viridis*		*			*	*		
纤毛虫一种	*Ciliate*	*						*	
结节鳞壳虫	*Euglypha acanthophora*		*				*		*
短刺刺胞虫	*Acanthocystis brevicrrhis*	*							
针棘匣壳虫	*Centropyxis aculeata*	* * *		* *	*	* *			* *
圆口无棘匣壳虫	*Centropyxis acornis leidyi*							*	*
杂葫芦虫	*Cucurbitella mespiliformis*		*						
馍状圆壳虫	*Cyclopyxis deflandre*	*				*			
钟形钟虫	*Vorticella campanula*		* *				* *	*	*
钟虫一种	*Vorticella*		*				*		
蚤中缢虫	*Mesodinium pulex*				*				*
淡水筒壳虫	*Tintinnidium fluviatile*	* *		*	*	*		*	*

续表

浮游动物	拉丁文名	2012年秋	2012年冬	2013年春	2013年夏	2013年秋	2013年冬	2014年春	2014年夏
小筒壳虫	*Tintinnidium pusillum*			*	*		*		
旋回侠盗虫	*Strobilidium gyrans*	*		*	*			*	*
双叉尾毛虫	*Urotricha furcate*			*	*			*	*
小单环邝毛虫	*Didinum balbiani nanum*			*		*	*		*
瓜至膜袋虫	*Cyclidium citrullus*			*	*			*	
长圆膜袋虫	*Cyclidium oblongum*			*	*			*	
烦恼砂壳虫	*Difflugia difficilis*	*							*
橡子砂壳虫	*Difflugia glans*	*			*	*		*	
瘤棘砂壳虫	*Difflugia tuberspinifera*		*			*	*	*	*
瓶砂壳虫	*Difflugia urceolata*	* * *	*		*	* *			
长圆砂壳虫	*Difflugia oblonga*		* * *	*			* *		*
褐砂壳虫	*Difflugia avellana*		*			*	*	*	
琵琶砂壳虫	*Difflugia biwae*	*							
尖顶砂壳虫	*Difflugia acuminata*				*	*		*	
球形砂壳虫	*Difflugia globulosa*	* *	*	* *	* *	* *	*	* *	* *
圆钵砂壳虫	*Difflugia urceolata*			*					*
冠冕砂壳虫	*Difflugia corona*	*		*	*			*	
瑶颌砂壳虫	*Difflugia fallar*								*
囊多卓变虫	*Polychaosfasxixulatum*	*		*	*	*	*	*	*
点钟虫	*Vorticella picta*			*					*
王氏似铃壳虫	*Tintinnopsis wangi*	* * *	*	*	* *	* *	*	* *	*
管形似铃壳虫	*Tintinnopsis tutuformis*	*				*		*	
锥形似铃壳虫	*Tintinnopsis conicus*	*			*				*
普通表壳虫	*Arcella vulgaris*	* *			*	* *		*	*
砂表壳虫	*Arcella arenaria*		*				*		
弯凸表壳虫	*Arcella gibbosa*	*				*		*	
半圆表壳虫	*Arcella hemisphaerica*		*		*				*
大口表壳虫	*Arcella megastoma*		*			*	*		
表壳虫一种	*Arcella sp*.1	*			*	*			*
表壳虫一种	*Arcella sp*.2	*				*			
直半眉虫	*Hemiophrys procera*	*				*	*		
卑怯管叶虫	*Trachelophyllum pusillum*				*			*	
楯纤虫一种	*Aspidisca sp.*	*			*	*			*
累枝虫一种	*Epistylis sp.*				*				*
轮虫									
缘板龟甲轮虫	*Keratella ticinensis*			*	*			*	* *
螺形龟甲轮虫	*Keratella cochlearis*	* * *	* *	* *	* * *	* * *	* *	* *	* * *
矩形龟甲轮虫	*Keratella quadrala*			*	* *			*	
曲腿龟甲轮虫	*Keratella valga*			*	*	*			*

续表

浮游动物	拉丁文名	2012年秋	2012年冬	2013年春	2013年夏	2013年秋	2013年冬	2014年春	2014年夏
萼花臂尾轮虫	*Brachionus calyciflorus*	* *	*	* * *	* * *	* *	*	* * *	* * *
尾突臂尾轮虫	*Brachionus caudatus*			*	*			*	
角突臂尾轮虫	*Brachionus angularis*	* *	*	* * *	* *	*	*	* *	* *
花篋臂尾轮虫	*Brachionus capsuliflorus*	* *		* * *	* * *	* *		* *	* * *
剪形臂尾轮虫	*Brachionus forficula*	*		* * *	*	*		* * *	* *
裂足臂尾轮虫	*Schizocerca diversicornis*	*		* * *	* *			*	*
壶状臂尾轮虫	*Brachionus urceus*	* * *		* * *	* * *	* *	*	* * *	* *
圆形臂尾轮虫	*Brachionus rotundiformis*			*	*			*	*
蒲达臂尾轮虫	*Branchionus budapestiensis*			* *	*	*		*	*
矩形臂尾轮虫	*Branchionus leydign*			*	*			*	
裂痕龟纹轮虫	*Anuraeopsis fissa*			*	*		*		*
针簇多肢轮虫	*Polyarthra trigla*				*	*		*	
长三肢轮虫	*Filinia longisela*			*	*			*	*
纵长异尾轮虫	*richocerca elongata*	* *	*			* *	*	*	
颈环异尾轮虫	*Trichocerca collaris*	*							*
暗小异尾轮虫	*Trichocerca pusilla*			*	*				
长刺异尾轮虫	*Trichocerca longiseta*		* *		* * *		*	* *	* *
二突异尾轮虫	*Trichocerca bicristata*				*				*
腕状同尾轮虫	*Diurella brachyura*				*				
田奈同尾轮虫	*Diurella dixon —nuttalli*	*		*		*			*
尾棘巨头轮虫	*Cephalodella sterea*			*	*			*	*
前节晶囊轮虫	*Asplanchna priodonta*	* *	*	* * *	* * *	* *	* *	* * *	* * *
壮疆前翼轮虫	*Proles reinhardti*			*	*			*	*
简单前翼轮虫	*Proles simplex*	*		*	*	*			*
弧形彩胃轮虫	*Chromogaster testudo*			*	*			*	
截头柔轮虫	*Lindia truncata*			*	*			*	*
黑斑索轮虫	*Reticula melandocus*			*	*	*		*	*
鞋型腔轮虫	*Lecane creping*				*			*	*
尾片腔轮虫	*Lecane leontina*			*					
双尖钩状狭甲轮虫	*Colurella bicuspidal*	*			*	*	*	*	
月形单趾轮虫	*Monostyla lunaris*				*				*
精致单趾轮虫	*Moonosryla elachis*				*				*
囊形单趾轮虫	*Monostyla bulla*			*				*	
长圆疣毛轮虫	*Syncheata oblonga*			*	*			*	*
细长疣毛轮虫	*Synchaeta grandis*			*	*				*
巨胸轮虫一种	*Pedalian sp.*	*			*	*		*	
舞跃无柄轮虫	*Ascomorpha saltans*			*	*		*		*
圆盖柱头轸虫	*Eosphora thoa*				*				*
腹足腹尾轮虫	*Gastropus hypopus*			*					

续表

浮游动物	拉丁文名	2012年秋	2012年冬	2013年春	2013年夏	2013年秋	2013年冬	2014年春	2014年夏
郝氏皱甲轮虫	*Ploesoma hudsoni*			*				x	
红眼旋轮虫	*Philodina seal*				*				*
沟痕泡轮虫	*pompholyx sulcal*			* * *	* * *			* *	* *
粗壮侧盘轮虫	*Pleurotrocha robusta*				*				
唇形叶轮虫	*Notholca labis*			*				*	
钝角狭甲轮虫	*Columella obtusa*	* *	*		*	* *	*	*	*
盘状鞍甲轮虫	*Lepadella patella*		*		*				
鞍甲轮虫一种	*Lpatella sp.*		*				*	*	*
透明囊足轮虫	*Asplanchnopus hyalinus*	*			*				*
番犬锥轮虫	*Notommata cerberus*	*						*	
细异尾轮虫	*Trichocerca gracilis*		*				*		
真翅多肢轮虫	*Polyarthra euryptera*	* * *	* *	*	* * *	* *	*	* *	* * *
多肢轮虫一种	*Polyarthra sp.*		*		*	*			*
枝角类									
长额象鼻溞	*Bosmina longirostris*	* * *	* *	* *	* * *	*	* *	* *	* * *
柯氏象鼻溞	*Bosmina coregoni*			*					*
颈沟基合溞	*Bosminopsis deitersi*			*	*			*	
僧帽溞	*Daphnia cucullata*	*		* *	* * *	* *		* * *	* * *
矩形尖额溞	*Alona rectangula*	*		* *	*		*	*	* *
点滴尖额溞	*Alona guttata*			* *	*			* *	*
近亲尖额溞	*Alona affinis*			*	*			*	*
肋形尖额溞	*Alona costata*			*	*	*		*	*
方形尖额溞	*Alona quadrangularis*			*					*
锐额溞一种	*Alonella sp.*				*		*	*	
镰角锐额溞	*Alonella excisa*			*	*				*
吻状锐额溞	*Alonella rostrata*				*	*			*
卵形盘肠溞	*Chydorus ovalis*			*	*			*	
微型裸腹溞	*Moina micrura*	* *	* *	* *	* * *	* *	* *	* * *	* * *
短型裸腹溞	*Moina brachiata*			*	*			*	*
直额裸腹溞	*Moina rectirostris*	*		*	*			*	
多刺棵腹溞	*Moina macrocopa*							*	*
近亲裸度溞	*Moina affinis*			*					*
吻状弯额蛋溞	*Rhynchotalona rostrata*			*		*		*	
镰吻弯额溞	*Rhynchotalona falcata*			*	*				
平直溞一种	*Pleuroxus sp.*			*	*			*	*
三角平直溞	*Pleuroxus trigonellus*			*		*			
长肢秀体溞	*Diaphanosoma leuchtenbergianum*				* *		*	* *	* *
镰形顶冠溞	*Acroperus harpae*				*			*	*

续表

浮游动物	拉丁文名	2012年秋	2012年冬	2013年春	2013年夏	2013年秋	2013年冬	2014年春	2014年夏
宽角粗毛溞	*Macrothrix laticornis*				*	*			*
侧扁高壳溞	*Kurzia latissima*				*				
短尾秀体溞	*Diaphanosoma brachyurum*	* * *				* *		*	
透明溞	*Daphnia hyalina*	* * *	*	* *		* *	*	* *	*
平突船卵溞	*Scapholeberis mucronata*		*						
老年低额溞	*Simocephalus vetulu*	*			*				*
简弧象鼻溞	*Bosmina coregoni*	* *	* * *	*	* *	*	* *	* *	* *
颈沟基合溞	*Bosminopsis deiters*					*			
底栖泥溞	*Ilyocryptus sordidus*	*			*	*			*
活泼泥溞	*Ilyocryptus agili*		*		*			*	
直额弯尾溞	*Camptocercus rectirostris*		*			*	*		
吻状异尖额溞	*Disparalona rostrata rostrata*		*					*	
圆形盘肠溞	*Chydorus sphaericus*	* *		*	*	*			*
球形伪盘肠溞	*Pseudochydorus globos*	*				*			*
桡足类									
无节幼体	*nauplius*	* * *	*	* * *	* * *	* *	*	* * *	* * *
近邻剑水蚤	*Cyclops vicinus*	* *	* * *	* * *	* * *	* *	* *	* *	* * *
锯缘真剑水蚤	*Eucyclopserrulatus serrulatus*	* * *		*	* *	* *		*	*
透明温剑水蚤	*Thermocyclops hyalinus*		*		*			*	
汤匙华哲水蚤	*Sinocalanus dorrii*	* * *	* *	* * *	* * *	* * *	* *	* * *	* * *
猛水蚤一种	*Harpucticoida sp.*			*	* *		*	*	*
右突新镖水蚤	*Neodiaptomus schmackeri*	*			*				*
舌状叶镖水蚤	*Phyllodiaptomus tunguidus*	*		*		*		*	*
台湾温剑水蚤	*Thermocyclops taihokuensis*							*	*
总计		61	41	79	100	64	42	87	95

注：* 表示在 8 个样点中出现次数≤2 次，* * 表示在 8 个样点中出现次数 3 至 5 次，* * * 表示在 8 个样点中出现次数≥6 次。

2）浮游动物优势种。

调查的浮游动物种类组成中，原生动物的优势种类包括王氏似铃壳虫，球形砂壳虫，针棘匣壳虫。其中王氏似铃壳虫和球形砂壳虫在 4 个季节均有出现，数量上呈现季节变化，其数量特征均是夏季>春季>秋季>冬季。

轮虫的优势种包括螺形龟甲轮虫、萼花臂尾轮虫、角突臂尾轮虫、圆形臂尾轮虫、前节晶囊轮虫、真翅多肢轮虫等 6 种，均在 4 个季节出现，数量上总体表现为夏季>春季>秋季>冬季；夏、春季萼花臂尾轮虫和壶状臂尾轮虫数量占轮虫总数量比例最大。

小型甲壳类的优势种为长额象鼻溞、微型裸腹溞、简弧象鼻溞、近邻剑水蚤、汤匙华哲水蚤，其均在 4 个季节出现，且出现在大多数采样站点中，但数量占浮游动物总数量比例较低。

3）浮游动物密度和生物量。

调查监测期间浮游动物的平均密度为503.2ind./L，平均生物量为0.6159mg/L。其中，原生动物、轮虫、枝角类和桡足类的密度分别为314.2ind./L、181.3ind./L、3.46ind./L和3.69ind./L，分别占浮游动物总密度的62.44%、36.03%、0.69%和0.73%；四大类的生物量分别为0.0151mg/L、0.2258mg/L、0.1000mg/L和0.2606mg/L，分别占浮游动物总生物量的2.45%、36.66%、16.24%和42.31%。

原生动物、轮虫、枝角类和桡足类的密度和生物量呈现明显的季节差异。浮游动物四大类总密度表现为夏季>春季>秋季>冬季，汉江中下游浮游动物的总密度主要受原生动物和轮虫的调控。

浮游动物四大类的总生物量呈现和总密度具有相似的季节变化，即夏季>春季>秋季>冬季。因此，汉江中下游浮游动物的总生物量主要受轮虫和桡足类的变化影响。

浮游动物总密度和总生物量分别处于58～1378ind./L和0.0385～1.7877mg/L之间。浮游动物的总密度和总生物量在不同季节间呈现相似的变化趋势，即夏季>春季>秋季>冬季。温度是引起这种变化趋势的主要原因。

浮游动物的总密度和总生物量由于生境特征、水流以及营养盐特征等条件的不同而呈现较大差异。2013年浮游动物总密度和总生物量的变化幅度分别为14.3～819.3ind./L和0.1222～1.0719mg/L。襄阳古城码头、宗关水厂和老河口光化大桥采样站点浮游动物的密度最大，明显高于平均密度；钟祥市转斗的密度最小，明显小于平均密度水平。

引江济汉工程通水前后，除罗汉闸样点外，其他监测位点两年度间的浮游动物密度均没有显著性差异（AP>0.05），表明两年间水质理化环境特征没有显著变化。

4）浮游动物生物多样性指数。

基于不同监测位点各季节Shannon-Weaver生物多样性指数的水质评价结果表明，浮游动物生物多样性指数值处于1.515～2.814之间，水质状况变化范围为α-中污到β-中污型。整体上，越到下游位点生物多样性指数值越偏低。这种变化趋势主要与水体的营养盐含量紧密相关，水体流速可能也是影响生物多样性指数的一个重要因素。

就各监测位点不同季节差异而言，冬季的生物多样性指数低于其他3个季节，这可能与水温有关。2013年汉江8个监测位点在春、夏、秋、冬4个季节的平均水温分别为23.0℃、28.3℃、12.8℃、8.3℃。

（3）底栖动物调查

1）底栖动物物种组成。

根据调查成果，底栖动物隶属于4门8纲20科（表9-5）。其中，寡毛类2科11种（占总物种数的23.0%），摇蚊科幼虫18种（37.5%），软体动物9科10种（20.8%），其他动物

9种（包括水生昆虫4种、甲壳动物2种、线虫、水蜘蛛、水蛭各1种）。

在空间尺度上，各调查断面出现的底栖动物物种数在1～10之间。其中老河口光化大桥下、襄阳市余家湖上、天门市罗汉闸和新沟的物种数较高，而钟祥市转斗和红旗码头的较低。

在时间尺度上，2012年11月和2013年5月两个季度的物种数要高于其他季节。

表9-5　　汉江中下游调查河段底栖动物名录（2012.11至2014.8）

线虫动物门 *Nematoda*	多足摇蚊一种 *Polypedilum braseniae*
线虫一种 *Nematoda fan., gen. et. sp.*	拟踵突多足摇蚊 *Polypedilum paraviceps*
环节动物门 *Annelida*	摇蚊属 *Chironomus sp.*
寡毛纲 *Oligochaeta*	恩非摇蚊 *Einfeldia sp.*
普通仙女虫 *Nais communis*	伪摇蚊 *Pseudochironomus sp.*
仙女虫一种 *Nais sp.*	隐摇蚊一种 *Cryptochironomus sp.*
费氏拟仙女虫 *Paranais frici*	指突隐摇蚊 *Cryptochironomus digitatus*
霍甫水丝蚓 *Limnodrilus hoffmeisteri*	凹铗隐摇蚊 *Cryptochironomus defectus*
克拉伯水丝蚓 *Limnodril claparedianus*	隐摇蚊一种 *Cryptochironomus zabolotzkii*
巨毛水丝蚓 *Limnodrilus grandisetosus*	褐跗隐摇蚊 *Cryptochironomus fuscimahus*
水丝蚓一种 *Limnodrilus sp.*	凯氏摇蚊 *Kiefferulus sp.*
苏氏尾鳃蚓 *Branchiura sowerbyi*	二叉摇蚊 *Dicrotendipes sp.*
厚唇嫩丝蚓 *Teneridrilus mastix*	直突摇蚊 *Orthocladius sp.*
河蚓 *Rhyacodrilus brevidentatus*	直突摇蚊亚科一种 *Orthocladiinae spp.*
颤蚓科一种 *Tubificidae spp.*	摇蚊蛹 *Chironomidae pupa*
蛭纲 *Hirudinea*	库蠓 *Culicoides sp.*
水蛭 *Hirudinea fan., gen. et sp.*	软体动物门 *Mollusca*
节肢动物门 *Arthropoda*	腹足纲 *Gastropoda*
甲壳纲 *Crustacea*	钉螺 *Oncomelania hupensis*
跳虾 *Talitridae spp.*	赤豆螺 *Bithynia fuchsiana*
米虾 *Caridina sp.*	椭圆萝卜螺 *Radix swinhoei*
蛛形纲 *Arachnoidea*	短沟蜷 *Semisulcospira sp.*
水蜘蛛 *Argyroneta aquatica*	铜锈环棱螺 *Bellamya aeruginosa*
昆虫纲 *Insecta*	瓣鳃纲 *Lamellibranchia*
绿综蜷 *Megalestes sp.*	湖沼股蛤 *Limnoperna lacustris*
综蜷 *Chlorolestidae spp.*	河蚬 *Corbicula fluminea*
径石蛾 *Ecnomus sp.*	刻纹蚬 *Corbicula largillierti*
前突摇蚊 *Procladius sp.*	背角无齿蚌 *Anodonta woodiana*
齿斑摇蚊 *Stictochironomus sp.*	圆顶珠蚌 *Unio douglasiae*
梯形多足摇蚊 *Polypedilum scalaenum*	

2）大型底栖动物群落密度。

根据调查结果，底栖动物的平均密度 234.9ind./m^2（波动范围8.0～1344.0ind./m^2）。以软体动物（118.7ind./m^2，占总密度的 50.5%）、摇蚊幼虫（55.7ind./m^2，23.7%）和寡毛类（36.6ind./m^2，15.6%）为优势类群。其他动物合计 23.9ind./m^2（10.2%）。优势种为湖沼股蛤、河蚬、跳虾、齿斑摇蚊、霍甫水丝蚓和费氏拟仙女虫，密度分别为 65.4ind./m^2（占总密度的 27.9%）、50.2ind./m^2（21.4%）、18.9ind./m^2（8.1%）、17.3ind./m^2（7.4%）、13.4ind./m^2（5.7%）和 12.2ind./m^2（5.2%）。

不同的调查断面中，群落密度以老河口光化大桥下和新沟的较高，其他断面均较低；不同的季度中，2013 年 8 月群落密度较低，其他时间段差别不大。

3）大型底栖动物群落生物量。

底栖动物生物量均值为 44.09g/m^2，其中软体动物个体较大，其生物量达到 43.84g/m^2，占总生物量的 99.4%。不同的调查断面中，新沟和仙桃市石剅的生物量较高，襄阳余家湖上、钟祥市转斗和潜江红旗码头的生物量则低于其他断面；不同的调查季度中，2013 年 11 月底栖动物的生物量最高，2013 年 2 月、5 月的生物量较低。

9.1.3 工程试运行水生生物调查

《汉江中下游水生生物及水华现状及趋势调查研究总结报告》（2017 年秋至 2019 年秋）与《汉江中下游水生生物调查与水华机制的研究报告》（2013—2014 年）的调查断面设置一致，均为湖北省南水北调管理局委托中国科学院水生生物研究所开展的研究工作，是前期研究工作的延续。

同时，试运行期间，调查组组织中国水产科学研究院长江水产研究所开展了引江济汉工程水生生态监测与调查的工作。该单位编制了《南水北调中线一期引江济汉工程竣工环境保护验收水生生态监测与调查报告》（2019 年 8 月至 2020 年 5 月）。

综上所述，分析工程试运行期间对水生生物的影响如下。

9.1.3.1 《汉江中下游水生生物及水华现状及趋势调查研究总结报告》调查成果

（1）浮游植物调查

1）种类组成。

根据调查成果，共检出浮游植物 7 门 217 种（表 9-6）。其中硅藻门 95 种，占总种类数的 43.8%；绿藻门 72 种，占 33.2%；蓝藻门 26 种，占 12.0%；裸藻门 13 种，占 6.0%。汉江中下游浮游植物以硅藻、绿藻和蓝藻为主，三者的种类数占总种类数的 89%，具体见图 9-2。

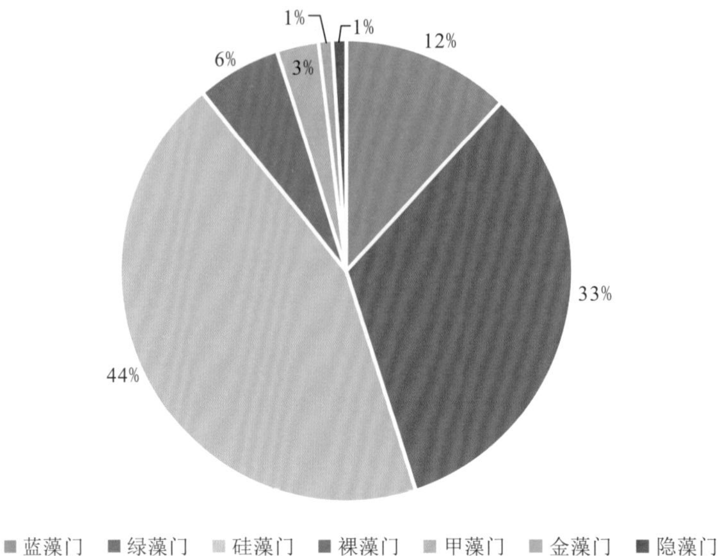

图 9-2　2017—2019 年汉江中下游浮游植物种类组成

从空间分布来看，老河口的浮游植物种类最多为 143 种，其次是新沟为 137 种；最少的为罗汉闸、宗关和石剅，物种数分别为 111 种、111 种和 112 种。在两个年度 8 次调查过程中，硅藻门的种类数在各个断面均最高，其中硅藻最多的断面为老河口断面，达 78 种，其次是襄阳断面为 77 种，硅藻种类最少的断面为罗汉闸断面，为 48 种。8 个监测断面中，均是硅藻＞绿藻＞蓝藻，具体见图 9-3。

从季节变化上看，8 个季度中，硅藻门都在种类数上占优势，其种类数均占总种类的 50％以上，其次是绿藻门种类较多，蓝藻相对硅藻和绿藻则占比较少。

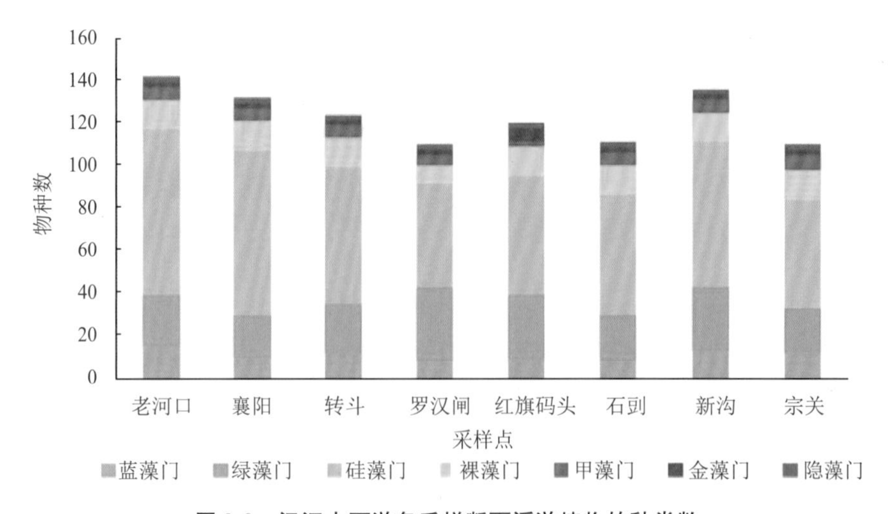

图 9-3　汉江中下游各采样断面浮游植物的种类数

表 9-6　　汉江中下游浮游植物名录（2017—2019 年）

门、属	拉丁文名	门、属	拉丁文名
一、蓝藻门	*Cyanophyta*	简单衣藻	*Coelastrum sphaericum*
阿氏颤藻	*Oscillatoria agardhii*	集星藻	*Chlamydomonas simplex*
类颤藻鱼腥藻	*Anabaena oscillarioides*	纤细桑葚藻	*Actinastrum hantzschii*
束缚色球藻	*Chroococcus tenax*	小球藻	*Pyrobotrys gracilis*
弯曲颤藻	*Oscillatoria curviceps*	实球藻	*Chlorella vulgaris*
颤藻一种	*Oscillatoria sp.*	三角四角藻	*Pandorina morum*
颤藻	*Oscillatoria sp.*	狭形小椿藻	*Tetraedron trigonum*
螺旋鱼腥藻	*Anabaena spiroides*	微芒藻	*Characium angustum*
鱼腥藻一种	*Anabeana sp.*	多芒藻	*Micractinium pusillum*
湖沼色球藻	*Chroococcus limneticus*	普通小球藻	*Golenkinia radiata*
两栖颤藻	*Oscillatoriaamphibian*	椭圆小球藻	*Chlorella vulgaris*
拟短型颤藻	*Oscillatoria subbrevis*	湖生卵囊藻	*Chlorella ellipsoidea*
巨颤藻	*Oscillatoria princeps*	椭圆卵囊藻	*Oocystis lacustis*
小颤藻	*Oscillatoria tenuis*	实球藻	*Oocystis elliptica*
针状蓝纤维藻	*Dactylococcopsis acicularis*	空球藻	*Pandorina morum*
小胶鞘藻	*Phormidiumtenue sp.*	拟菱形弓形藻	*Eudorina elegans*
弯形尖头藻	*Raphidiopsis curvata*	韦氏藻	*Tetrachlorella alternans*
中华尖头藻	*Raphidiopsis sinensia*	普通小球藻	*Weslella botryoides*
针状蓝纤维藻	*Dactylococcopsis acicularis*	单刺四星藻	*Chlorella vulgaris*
小形色球藻	*Chroococcus minor*	四尾栅藻	*Tetrastrum hastiferum*
中华尖头藻	*Raphidiopsis sinensia*	胶网藻	*Scenedesmus quadricauda*
伪鱼腥藻	*Pseudo anabaena sp.*	二形栅藻	*Dictyosphaerium chrenbergianum*
小形色球藻	*Chroococcus minor*	弓形藻	*Scenedesmus dimorphus*
优美平裂藻	*Merismopedia elegans*	齿牙栅藻	*Schroederia setigera*
点形平裂藻	*Merismopedia punctata*	斜生栅藻	*Scenedesmus denticulatus*
细小平裂藻	*Merismopedia minima*	弯曲栅藻	*Scenedesmus obliquus*
微小平裂藻	*Merismopedia tenuissima*	微小四角藻	*Scenedesmus arcuatus*
二、绿藻门	*Chlorophyta*	具尾四角藻	*Tetraedron minimum*
小球衣藻	*Chlorophyta sp.*	十字藻	*Tetraedron caudatum*
蹄形藻	*Chlamydomonas microsphaera*	四角十字藻	*Crucigenia apiculata*
空星藻	*Kirchneriella lunaris*	拟菱形弓形藻	*Crucigenia quadrata*
镰形纤维藻	*Schroederia nitzschioides*	多形丝藻	*Ulothrix flaccidum*
针形纤维藻	*Ankistrodesmus falcatus*	韦丝藻	*Ulothrix variabilis*
硬弓形藻	*Ankistrodesmus acicularis*	球囊藻	*Westella botryoides*
螺旋弓形藻	*Schroederia robusta*	小转板藻	*Sphaerocystis schroeteri*
双射盘星藻	*Schroederia spiralis*	三、硅藻门	*Bacillariophyta*
单角盘星藻具孔变种	*Pediastrum biradiatum*	美丽星杆藻	*Mougeotia parvula*

续表

门、属	拉丁文名	门、属	拉丁文名
单角盘星藻	*Pediastrum simplex var. duodenarium*	美丽双壁藻	*Bacillariophyta*
二角盘星藻	*Pediastrum simplex*	卵圆双眉藻	*Asterionella formosa*
项圈新月藻	*Pediastrum duplex*	具星小环藻	*Diploneis puella*
二角盘星藻纤细变种	*Closterium moniliferum*	梅尼小环藻	*Amphora ovalis*
反曲新月藻	*Pediastrum duplex var. gracillimum*	小环藻	*Cyclotella stelligera*
四角十字藻	*Closterium sigmoideum*	扭曲小环藻	*Cyclotella meneghiniana*
四足十字藻	*Crucigenia quadrata*	科曼小环藻	*Cyclotella sp.*
十字藻	*Crucigenia tetrapedia*	细布纹藻	*Cyclotella comta*
普通水绵	*Crucigenia apiculata*	尖布纹藻	*Cyclotella comensis*
四刺顶棘藻	*Spirogyra commonis*	颗粒直链藻	*Gyrosigma kÜtzingii*
膨胀水绵	*Chodatella quadriseta*	变异直链藻	*Melosira granulata*
小新月藻	*Spirogyra inflata*	翼状茧形藻	*Melosira granulata*
披针新月藻	*Closterium venus*	棒杆藻	*Melosira varians*
细新月藻	*Closterium lanceolatum*	尖针杆藻	*Amphiprora alata*
纤细新月藻	*Closterium macilentum*	肘状针杆藻	*Rhopalodia gibba*
具齿角星鼓藻	*Closterium gracile*	放射针杆藻	*Synedra acus*
杂球藻	*Staurastrum indentatum*	偏凸针杆藻	*Synedra ulna*
螺旋纤维藻	*Pleodorinacalifornica*	双尖菱板藻	*Synedra actinastroides*
水绵	*Ankistrodesmus spiralis*	针杆藻一种	*Hantzschiaamphioxys*
弯曲栅藻	*Spirogyra sp.*	双头针杆藻	*Hantzschiaamphioxys f. capitata*
尖细栅藻	*Scenedesmus arcualus*	脆杆藻	*Synedra sp.*
十字柱形鼓藻	*Scenedesmus acuminatus*	脆杆藻一种	*Synedra amphicephal*
四尾栅藻	*Penium cruciferum*	卵圆双壁藻	*Fragilaria sp.*
近缘角星鼓藻	*Scenedesmus quadricauda*	克洛脆杆藻	*Fragilaria arcus*
弯曲角星鼓藻	*Staurastrum connatum*	羽纹脆杆藻	*Diploneis ovalis*
四角角星鼓藻	*Staurastrum inflexum*	钝脆杆藻	*Fragilaria crotomensis*
成对角星鼓藻	*Staurastrum tetracerum*	中型脆杆藻	*Fragilaria pinnata*
链丝藻	*Staurastrum gemelliparum*	连接脆杆藻	*Fragilaria capucina*
颗粒直链藻最窄变种	*Gyrosigma acuminatum*	双头辐节藻	*Achnanthes sp.*
螺旋颗粒直链藻	*Melosira granulata*	草鞋形波缘藻	*Achnanthes sp.*
双尖菱板藻小头变种	*Synedra vaucheriae*	链状曲壳藻	*Navicula dicephala*

续表

门、属	拉丁文名	门、属	拉丁文名
帽形菱形藻	*Fragilaria intermedia*	普通等片藻	*Cymatopleura solea*
粗壮双菱藻	*Fragilaria construens*	扁圆卵形藻	*Diatoma vulgare var. ovalis*
双菱藻一种	*Nitzschia palea*	等片藻一种	*Diatoma vulgare*
线形双菱藻缢缩变种	*Surirella robusta*	透明卵形藻	*Diatoma sp.*
线型菱形藻	*Surirella sp.*	长等片藻	*Cocooneis pellucida*
近线型菱形藻	*Surirella linearis var. constricta*	极小桥弯藻	*Eucocconeis flexella*
端毛双菱藻	*Nitzschia linearis*	细小桥弯藻	*Diatoma elongatam*
端毛双菱藻	*Nitzschia sublinearis*	桥弯藻一种	*Cymbella perpusilla*
螺旋双菱藻	*Surirella caoronii*	小桥弯藻	*Cymbella pusilla*
双头菱形藻	*Surirella caoronii*	优美桥弯藻	*Cymbella sp.*
针状菱形藻	*Surirella spiralis*	胡斯特桥弯藻	*Cymbella lalaevis*
双菱藻一种	*Nitzschia amphibia*	膨胀桥弯藻	*Cymbella delicatula*
菱形藻一种	*Nitzschia acicularis*	椭圆波缘藻	*Cymbella hustedlii*
小头舟形藻	*Surirella sp.*	偏肿桥弯藻	*Cymbella lumida*
尖头舟形藻	*Nitzschia flexa*	微细异极藻	*Cymatopleura selliptica*
长圆舟形藻	*Navicula capitata*	橄榄形异极藻	*Cymbella laevis*
短小舟形藻	*Navicula cuspidata*	中间异极藻	*Gomphonema parvulum*
瞳孔舟形藻	*Navicula oblonga*	月形短缝藻	*Gomphonema livaceum*
最小舟形藻	*Navicula exigua*	异极藻一种	*Gomphonema intricalum*
嗜盐舟形藻	*Navicula pupula*	斑纹窗纹藻	*Epithemia zebra*
放射舟形藻	*Navicula minima*	尖异极藻	*Gomphonema sp.*
舟形藻一种	*Navicula halophila*	缢缩异极藻	*Gomphonema constrictum*
双结舟形藻	*Navicula radiosa*	端毛双菱藻	*Gomphonema constrictum*
杆状舟形藻	*Navicula sp.*	螺旋双菱藻	*Surirella capronii*
双头舟形藻	*Navicula binodis*	多形裸藻	*Trachelomonas sp.*
椭圆舟形藻	*Navicula bacillum*	宽扁裸藻	*Euglena tristella*
普通等片藻卵圆变种	*Stauroneis anceps*	矩圆囊裸藻	*Euglena pisciformis*
优美曲壳藻	*Navicula schonfeldii*	尖尾扁裸藻	*Euglena sp.*
线形曲壳藻	*Achnanthes catenatum*	尾裸藻	*Euglena polymorpha*
曲壳藻一种	*Achnanthes delicatula*	裸藻	*Phacus pleuronestes*
曲壳藻	*Achnanthes linearis*	五、金藻门	*Chrysophyta*
弯曲真卵形藻	*Cocooneis placentula var. euglypla*	分歧锥囊藻	*Ddivergens sp.*
扁圆卵形藻多孔变种	*Cocooneis placentula*	卵形单鞭金藻	*Phacus acaminatas*
缢缩异极藻头状变种	*Gomphonema acuminalum*	六、甲藻门	*Pyrrophyta*

续表

门、属	拉丁文名	门、属	拉丁文名
椭圆波缘藻缢缩变种	*Gomphonema constrictum*	角甲藻	*Euglena caudata*
粗壮双菱藻纤细变种	*Cymatopleura selliptica*	多甲藻一种	*Euglena sp.*
四、裸藻门	*Euglenophyta*	薄甲藻	*Chrysophyta*
梨形扁裸藻	*Phacus pyrum*	挨尔多甲藻	*Peridinium elpatiewskyi*
梭形裸藻	*Surirella robusta var. splendida*	多甲藻	*Chromulina ovalis*
纤细裸藻	*Surirella spiralis*	二角多甲藻	*Pyrrophyta sp.*
囊裸藻	*Euglenophyta sp.*	七、隐藻门	*Cryptophyta*
三星裸藻	*E. tristella sp.*	卵形隐藻	*Ceratium hirundinella*
鱼形裸藻	*Euglena acus*	啮蚀隐藻	*Peridinium sp.*
裸藻一种	*Euglena gracilis*	尖尾蓝隐藻	*Glenodinium pulvisculus*

2）密度和生物量。

2017—2019 年不同季节汉江中下游各监测断面浮游植物的密度见图 9-4 和图 9-5。浮游植物密度变化处于 $0.58\times10^4\sim6.12\times10^6$ cells/L 之间。从不同季节来看（图 9-6），所有季节中均是硅藻门占比最高，其中 2018 年 2 月最高，占比达 92%，2018 年 8 月占比最低，为 42.83%；除 2018 年 8 月外，其余各月份硅藻占比均在 50%以上。除硅藻外，绿藻和蓝藻占比次之。从不同断面来看（图 9-7），各断面同样是硅藻百分比最高，其次是绿藻和蓝藻。其中宗关断面硅藻占比最高，其次为石刭和红旗码头；而转斗硅藻占比最少，且基本与绿藻占比持平。另外，除宗关和襄阳古城断面蓝藻占比高于绿藻外，其余各断面均是绿藻高于蓝藻，且硅藻>绿藻>蓝藻。

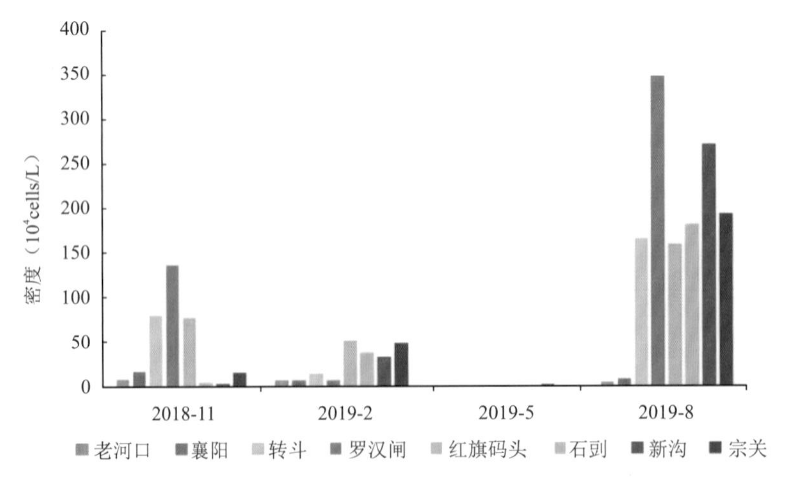

图 9-4　2017.11 至 2018.8 各断面浮游植物密度

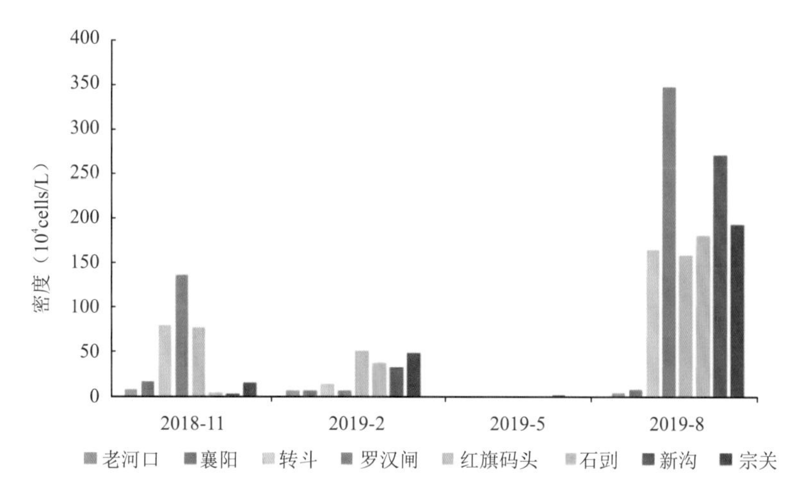

图 9-5 2018. 11 至 2019. 8 各断面浮游植物密度

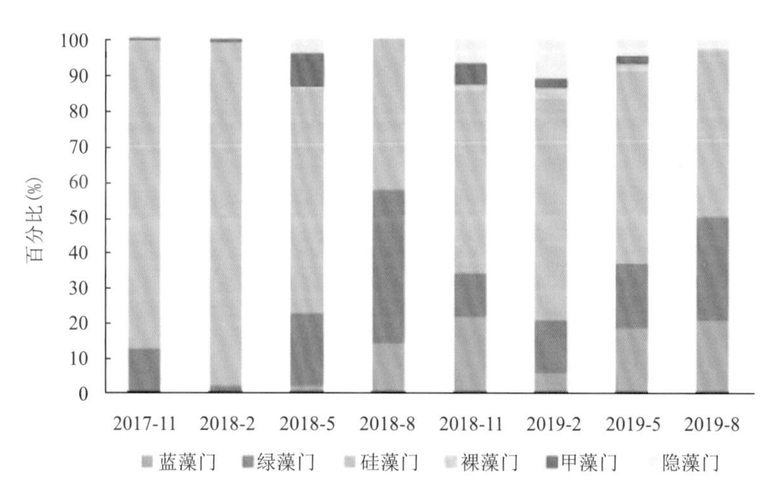

图 9-6 不同季节浮游植物各门类密度百分比

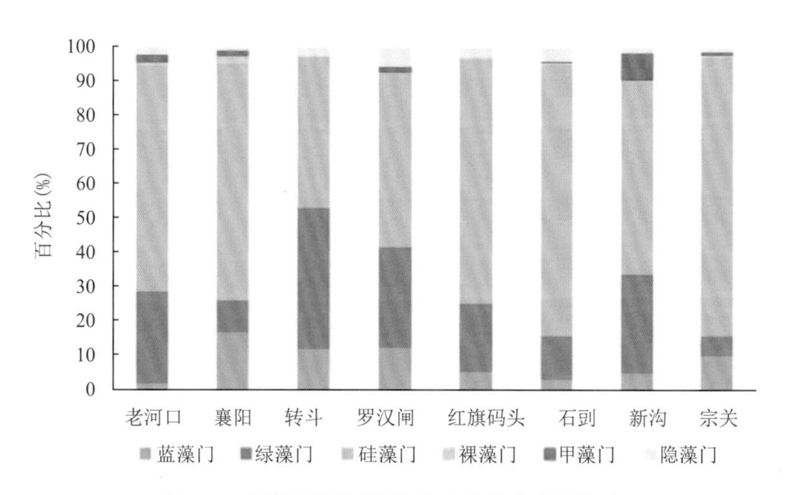

图 9-7 不同断面浮游植物各门类密度百分比

不同季节各监测断面浮游植物的生物量见图9-8和图9-9。浮游植物的生物量变化处于0.0174～53.93mg/L之间。2018年8月的罗汉闸断面生物量最高，2017年11月的襄阳断面和2019年5月转斗断面最低。

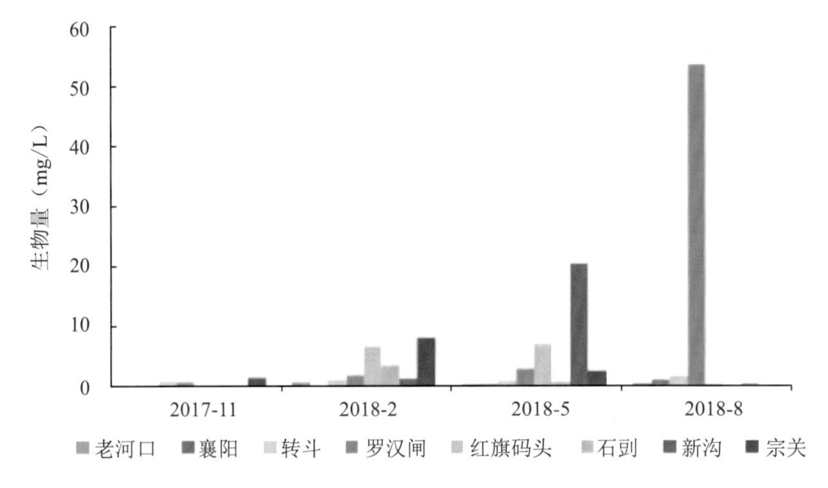

图9-8　2017—2018年不同季节各断面浮游植物生物量

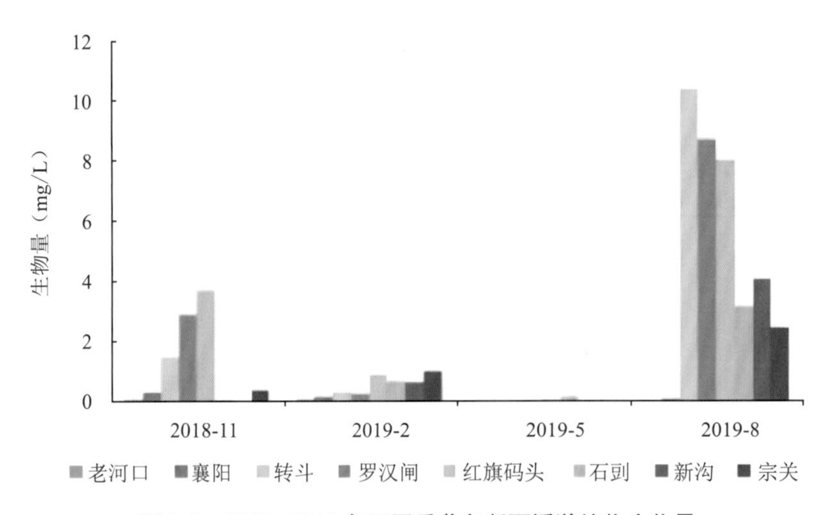

图9-9　2018—2019年不同季节各断面浮游植物生物量

不同断面浮游植物的总密度和总生物量由于生境特征、水流以及营养盐特征等条件的不同而呈现较大差异，变化幅度分别为0.58×10^4～6.12×10^6 cells/L和0.0174～53.93mg/L。具体见图9-10和图9-11。

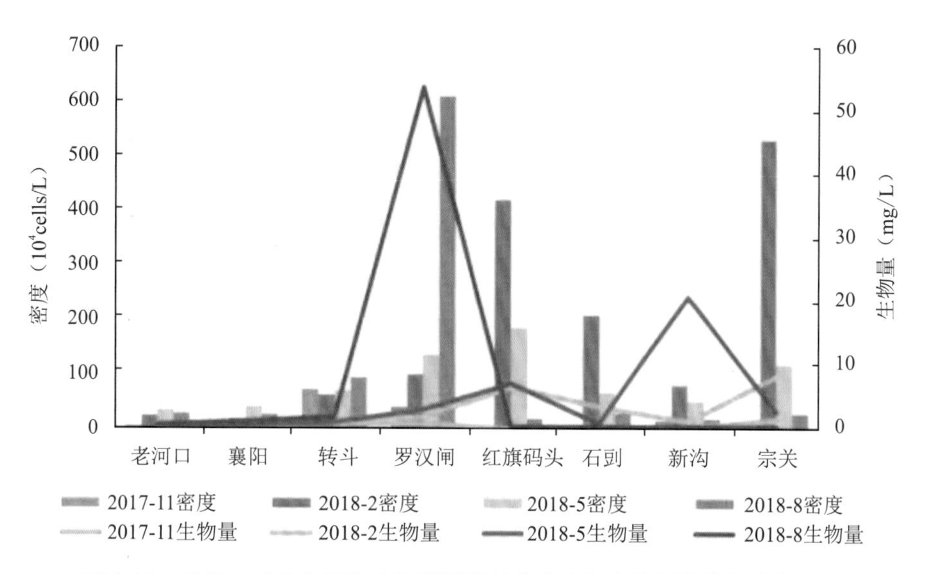

图 9-10　2017—2018 年汉江中下游浮游植物密度和生物量的空间分布特征

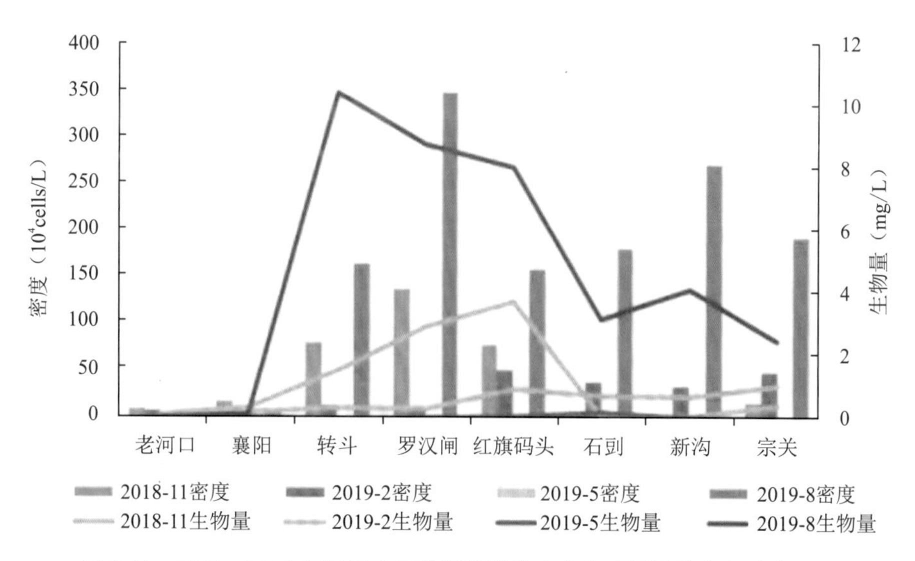

图 9-11　2018—2019 年汉江中下游浮游植物密度和生物量的空间分布特征

3）优势种。

以相对密度大于 5%的物种定义为优势种。经过统计，8 个季度中共同优势种为颗粒直链藻最窄变种 *Melosira granulata var. ngustissima*、变异直链藻 *Melosira varians*、颗粒直链藻 *Melosira granulata*、梅尼小环藻 *Cyclotella meneghiniana*。且 8 个季度中优势种基本为硅藻门种类，其余个别为绿藻门和蓝藻门种类。

4）丰富度指数。

依据 Margalef 物种丰富度指数（表 9-7），现阶段汉江中下游整体水质为 β—中污型。

从空间变化上看，老河口、襄阳、转斗、罗汉闸 4 个断面的 Margalef 丰富度指数平均

值较高，石刭和宗关两个断面丰富度指数平均值较低。老河口、襄阳、转斗、罗汉闸的 Margalef 丰富度指数高于红旗、码头、石刭，说明老河口、襄阳、转斗的水质总体好于罗汉闸、红旗码头、石刭。新沟的 Margalef 丰富度指数较于红旗码头、石刭升高，这主要是新沟断面的浮游藻类种类数明显较多相关，但此断面耐污型的浮游藻类种类明显增多。

从时间变化来看，第一年度（2017 年 11 月至 2018 年 8 月）8 个断面中，除了新沟和宗关外，老河口、襄阳、转斗、罗汉闸、红旗码头、石刭等断面的 Margalef 丰富度指数都是春季＞夏季＞冬季，即群落的稳定性也是春季＞夏季＞冬季；第二年度（2018 年 11 月至 2019 年 8 月）除老河口外，其余个断面均是秋冬季以及夏季 Margalef 丰富度指数较高，春季 Margalef 丰富度指数较低。

表 9-7　汉江中下游浮游植物各样点的 Margalef 丰富度指数

	老河口	襄阳	转斗	罗汉闸	红旗码头	豆刭	新沟	宗关	平均
2017.11	1.74	1.56	1.33	1.62	1.43	1.20	1.34	2.93	1.65
2018.2	1.77	2.14	1.35	1.30	1.31	1.51	3.75	2.71	1.98
2018.5	3.76	3.25	2.38	2.69	2.49	1.79	2.40	1.50	2.53
2018.8	2.39	2.24	1.96	1.92	2.06	1.27	0.82	0.63	1.66
2018.11	0.92	2.78	3.26	3.09	2.96	2.00	1.01	1.43	2.18
2019.2	2.97	2.88	2.85	3.04	2.16	2.75	3.24	2.32	2.78
2019.5	2.35	1.70	1.63	1.63	1.39	1.79	1.36	1.21	1.63
2019.8	2.31	1.84	2.25	2.94	2.96	2.23	3.37	2.38	2.53
平均	2.27	2.30	2.13	2.28	2.10	1.82	2.16	1.89	

5）多样性指数。

依据 Shannon-Weaver 生物多样性指数（表 9-8 和图 9-12），生物多样性指数 H' 处于 1.23～3.80 之间，水质状况变化范围为 α－中污到轻污或清洁。H' 在不同断面和不同季节具有明显差异，空间上越到下游断面 H' 值越偏低。

（2）浮游动物调查

1）物种组成。

根据调查成果，共检出浮游动物 90 种属（表 9-9）。其中原生动物 34 种属，占总种类数的 37.78%；轮虫 37 种，占 41.11%；枝角类 14 种，占 15.56%；桡足类 5 种属，占 5.56%。浮游动物中以浮游性种类为多数，有少数底栖或着生种类，绝大部分属世界性广布种。

表 9-8　汉江中下游各监测位点浮游植物生物多样性指数（H'）

	2017.11	2018.2	2018.5	2018.8	2018.11	2019.2	2019.5	2019.8	平均
老河口	2.15	3.29	1.90	2.83	2.09	2.19	2.95	1.61	2.38
襄阳	1.99	3.01	1.75	2.98	2.07	2.23	2.48	1.86	2.30
转斗	1.59	2.95	1.68	2.37	2.49	2.05	2.60	2.24	2.25
罗汉闸	2.19	2.82	2.01	2.52	2.68	2.68	2.25	2.77	2.49
红旗码头	2.05	2.95	2.08	2.23	1.84	2.73	2.06	2.66	2.33
豆刭	2.37	2.11	1.42	2.80	1.23	2.50	2.66	2.22	2.16
新沟	1.96	3.13	2.56	3.11	1.87	2.77	2.38	2.50	2.53
宗关	2.22	3.80	2.09	2.58	2.17	2.62	2.38	1.87	2.47
平均	2.07	3.01	1.94	2.68	2.06	2.47	2.47	2.22	

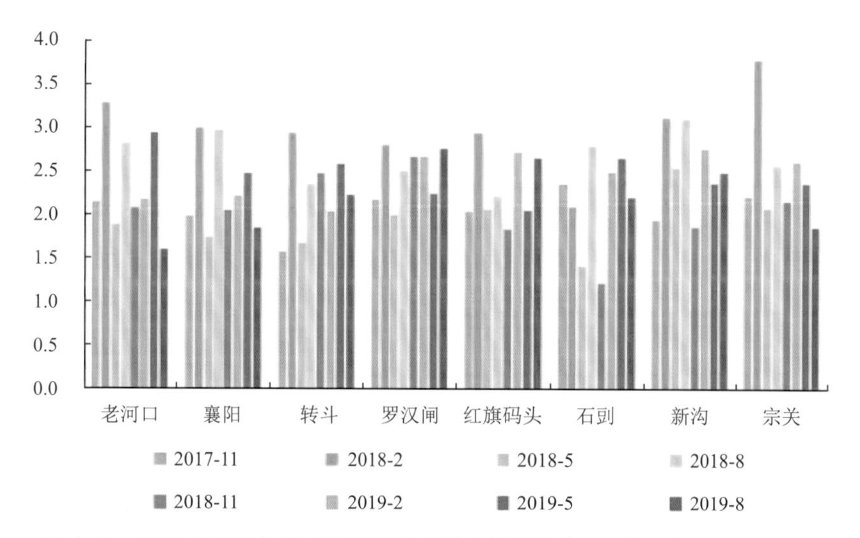

图 9-12　汉江中下游各断面浮游植物生物多样性指数（H'）的季节变化特征

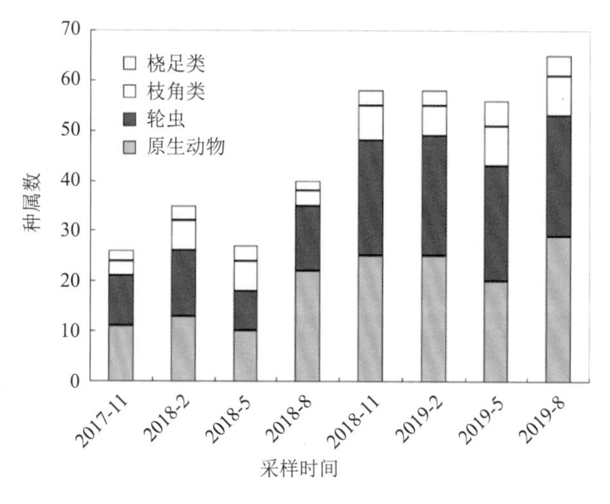

图 9-13　不同季节汉江中下游浮游动物种类组成变化

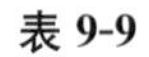

表 9-9　汉江中下游浮游动物名录（2017—2019 年）

中文名	拉丁名	中文名	拉丁名
一、原生动物	*Protozoa*	萼花臂尾轮虫	*B. calyciflorus*
小毛板壳虫	*Colepshirtus minor*	蒲达臂尾轮虫	*B. budapestiensis*
普通表壳虫	*Arcella vulgaris*	剪形臂尾轮虫	*B. forficula*
半圆表壳虫	*Arcella hemisphaerica*	花箧臂尾轮虫	*B. capsuliflorus*
弯凸表壳虫	*Arcella gibbosa*	角突臂尾轮虫	*B. angularis*
切割咽壳虫	*P. incise*	矩形臂尾轮虫	*B. leydigi*
王氏拟铃虫	*T. wangi*	裂足臂尾轮虫	*B. diversicornis*
钟虫	*Vorticella sp*	壶状臂尾轮虫	*B. urceus*
回缩瓶口虫	*L. retractilis*	矩形龟甲轮虫	*K. quadrata*
针棘匣壳虫	*C. aculeata*	曲腿龟甲轮虫	*K. valga*
旋匣壳虫	*C. aerophila*	缘板龟甲轮虫	*K. ticinensis*
美拟砂壳虫	*Pseudodifflugia gracilis*	螺形龟甲轮虫	*K. cochlearis*
球形砂壳虫	*D. globulosa*	长圆疣毛轮虫	*Synchaeta oblonga*
叉口砂壳虫	*D. gramen*	尖尾疣毛轮虫	*S. stylata*
瓶砂壳虫	*D. urceolata*	针簇多肢轮虫	*P. trigla*
褐砂壳虫	*D. avellana*	较大多肢轮虫	*P. major*
尖顶砂壳虫	*D. acuminata*	前节晶囊轮虫	*A. priodonta*
钝漫游虫	*Litonotus obtusus*	盖氏晶囊轮虫	*A. girodi*
绿急游虫	*Strombidium viride*	圆筒异尾轮虫	*T. cylindrica*
旋回侠盗虫	*Strobilidium gyrans*	暗小异尾轮虫	*Trichocerca pusilla*
陀螺侠盗虫	*S. velox*	长刺异尾轮虫	*T. longiseta*
瓶累枝虫	*Epistylis urceolata*	细异尾轮虫	*Diurella gracilis*
梨形四膜虫	*T. priformis*	对棘同尾轮虫	*Diurella stylata*
表壳圆壳虫	*Cyclopyxis arcelloides Penard*	韦氏同尾轮虫	*D. weberi*
双叉尾毛虫	*U. furcata*	田奈同尾轮虫	*D. dixonnuttalis*
武装尾毛虫	*U. armata*	精致单趾轮虫	*M. elachis*
直罗氏虫	*R. ithacus*	尖角单趾轮虫	*M. hamata*
辐射变形虫	*Amoeba radiosa*	月形单趾轮虫	*M. lunaris*
条纹条变形虫	*S. striata*	囊形单趾轮虫	*M. bulla*
放射太阳虫	*A. sol*	文饰单趾轮虫	*M. ornata*
杂葫芦虫	*C. mespiliformis*	史氏单趾轮虫	*M. stenroosi*
腔裸口虫	*H. atra*	四角平甲轮虫	*P. quadricornis*
小茄壳虫	*H. minuta*	较大三肢轮虫	*F. major*
多变斜板虫	*P. mutabilis*	独角聚花轮虫	*Conochilus unicornis*
简简变虫	*V. vahtkampfia*	转轮虫	*Rotaria rotatoria*

续表

中文名	拉丁名	中文名	拉丁名
二、轮虫	*Rotifer*		
镰状臂尾轮虫	*B. falcatus*		
三、枝角类	*Cladocera*	平突船卵溞	*S. Mucronata*
微型裸腹溞	*Moina micrura*	老年低额溞	*S. vetulus*
长肢秀体溞	*D. leuchtenbergianum*	蚤状溞	*D. pulex*
僧帽溞	*D. cucullata*	大型溞	*Daphnia magna*
长额象鼻溞	*Bosmina longirostris*	四、桡足类	*Copepods*
颈沟基合溞	*Bosminopsis deitersi*	无节幼体	*Nauplius*
小型锐额溞	*Alonella exigua*	剑水蚤	*Cyclopidae sp.*
简弧象鼻溞	*Bosmina coregoni*	哲水蚤	*Calanidae sp*
矩形尖额溞	*Alona rectangula*	猛水蚤	*Harpacticoida sp.*
美丽尖额溞	*Alona pulchella*	指状许水蚤	*S. inopinus*
晶莹仙达溞	*S. crystalline*		

不同采样年份浮游动物种类组成变化明显。采样的第二年（2018 年 11 月至 2019 年 8 月）较第一年（2017 年 11 月至 2018 年 8 月）浮游动物种类数量明显增多，主要表现在原生动物和轮虫有明显增多；不同季节浮游动物的种类数及组成存在较大差异，具体表现为夏季出现的种类最多，春季出现的种类数最少。具体见图 9-13。

不同监测位点浮游动物组成也存在一定差异。老河口光化大桥、襄阳古城码头监测断面浮游动物中王氏似铃壳虫（*Tintinnopsis wangi*）、球形砂壳虫（*Difflugia globulosa*）、针棘匣壳虫（*Centropyxis aculeata*）等寡污性种类出现次数较多，而沙洋罗汉闸、汉口宗关水厂、汉川新沟监测断面以钟虫（*Vorticella sp.*）、螺形龟甲轮虫（*Keratella cochlearis*）、角突臂尾轮虫（*Brachionus angularis*）、前节晶囊轮虫（*Asplanchna priodonta*）、微型裸腹溞（*Moina micrura*）和剑水蚤（*Cyclopidae sp.*）等耐污性种类出现次数较多，这说明汉江中下游江段沿着水流方向水体受污染的程度逐渐加剧。

2）密度和生物量。

调查监测期间，浮游动物的平均密度为 100.40ind./L，平均生物量为 0.1662mg/L。其中，原生动物、轮虫、枝角类和桡足类的密度分别为 89.89ind./L、4.30ind./L、2.58ind./L 和 3.63ind./L，分别占浮游动物总密度的 89.53%、4.28%、2.57% 和 3.62%；四大类的生物量分别为 0.0045mg/L、0.0052mg/L、0.0774mg/L 和 0.0791mg/L，分别占浮游动物总生物量的 2.71%、3.13%、46.57%和 47.59%。

浮游动物的总密度和总生物量呈现明显季节差异，具体见图 9-14。两个调查年度，每个年度的浮游动物密度均呈现先上升后下降的趋势，每年 2 月浮游动物密度最高，夏季最低。第二调查年度（2018 年 11 月至 2019 年 8 月）的浮游动物密度较第一年度（2017 年

11 月至 2018 年 8 月）明显降低。浮游动物生物量在两个调查年度内也呈现先上升后下降的趋势，每年 5 月达到最大值，且第二调查年度的浮游动物生物量较第一年度明显降低。

原生动物是浮游动物总密度组成的主要贡献者，且呈现和总密度相似的季节变化，见图 9-15。因此可以认为汉江中下游浮游动物的总密度主要受原生动物和轮虫的调控。

枝角类和桡足类是浮游动物总生物量组成的主要贡献者，且呈现和总生物量相似的季节变化，见图 9-16。因此可以认为汉江中下游浮游动物的总生物量主要受轮虫和桡足类的影响。

不同季节各监测位点浮游动物的密度和生物量变化见图 9-17。结果显示 2017 年 11 月至 2019 年 8 月监测期间浮游动物总密度在 14.45～744.43 ind./L 之间变动，最小值出现于 2019 年 5 月的潜江红旗码头断面，最高值出现于 2018 年 2 月的汉口宗关水厂断面；总生物量在 0.0012～1.5731mg/L 之间变动，最小值出现于 2018 年 11 月的仙桃石刭断面，最高值出现于 2018 年 5 月的潜江红旗码头断面。

3）优势种。

调查的浮游动物种类组成中，原生动物的优势种类包括针棘匣壳虫、美拟砂壳虫、球形砂壳虫、褐砂壳虫、尖顶砂壳虫；轮虫优势种包括萼花臂尾轮虫、曲腿龟甲轮虫、缘板龟甲轮虫等 3 种；小型甲壳类浮游动物优势种为微型裸腹溞、无节幼体和剑水蚤。这些种类在 8 次采样中均出现，且出现在半数以上的采样断面。不同季节优势种也呈现较为明显的差异。

4）多样性指数。

采用 Shannon-Weaver 多样性指数进行计算，不同监测点位生物多样性指数值处于 1.21～3.06 之间，水质状况变化范围为 α-中污到清洁。

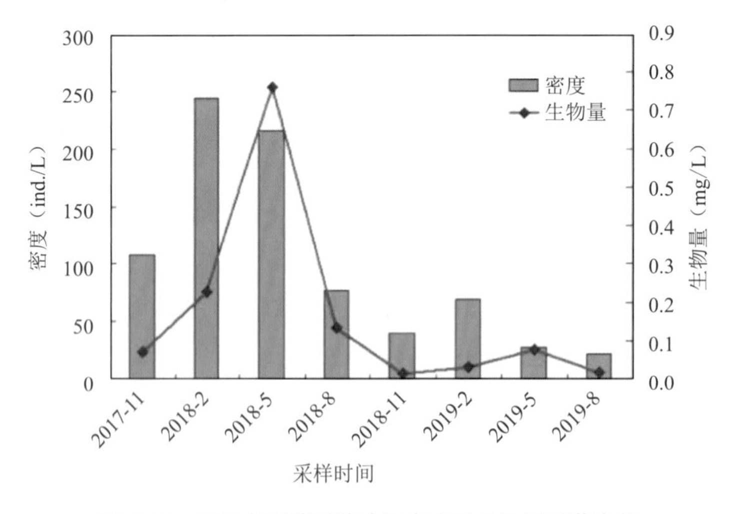

图 9-14　汉江中下游浮游动物密度和生物量季节变化

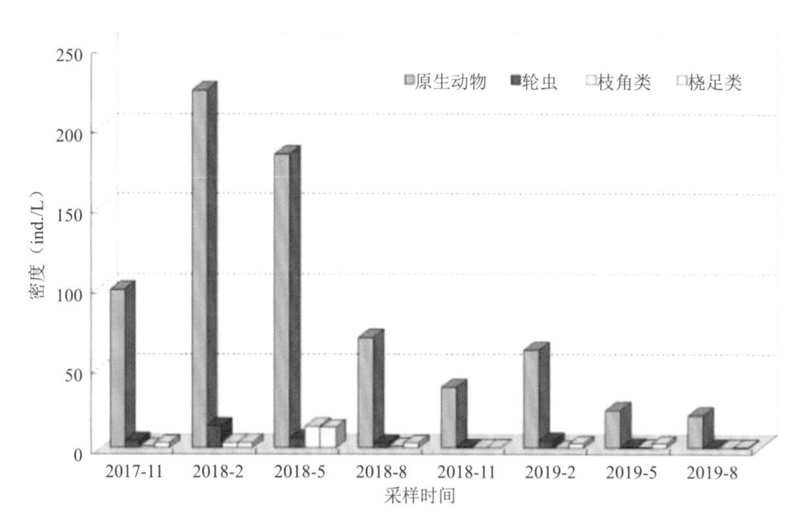

图 9-15　汉江中下游浮游动物密度的季节变化特征

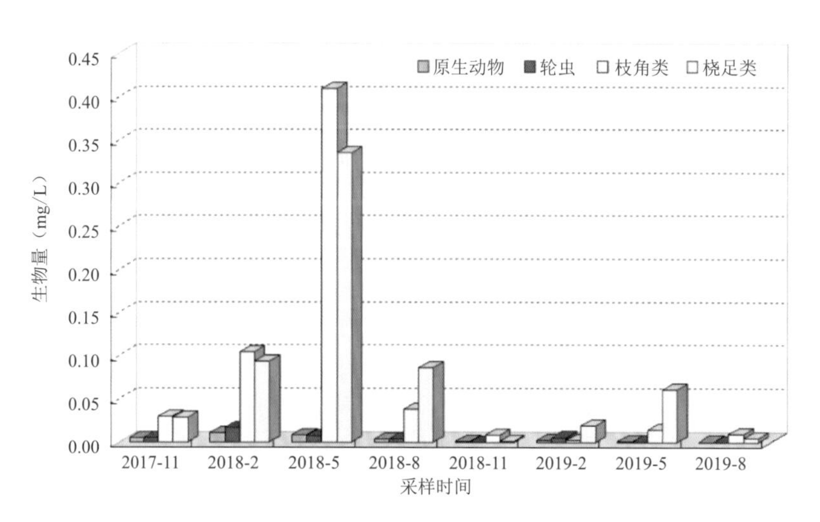

图 9-16　汉江中下游浮游动物生物量的季节变化特征

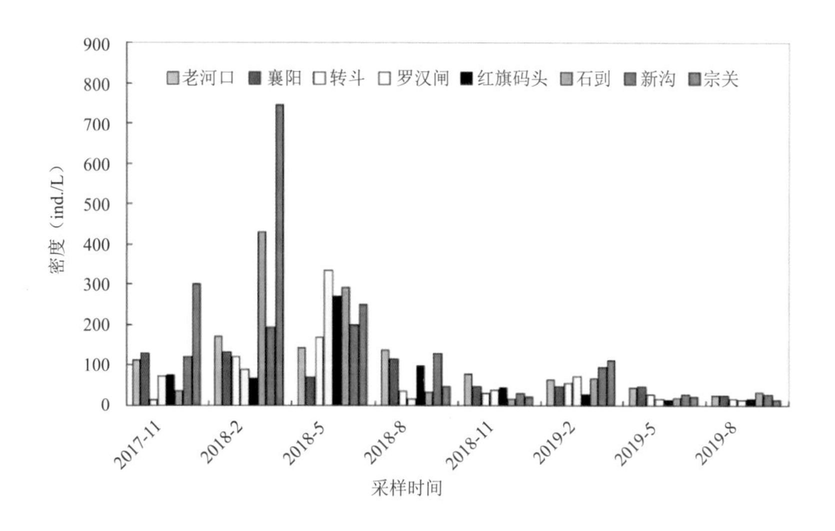

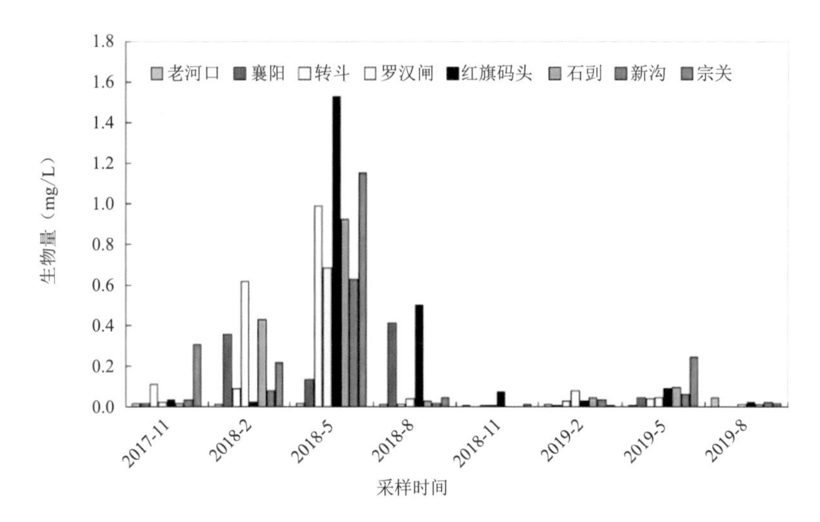

图 9-17 汉江中下游浮游动物密度和生物量的空间分布特征

（3）底栖动物调查

1）物种组成。

根据调查成果，底栖动物 49 个分类单元，隶属于 3 门 6 纲 15 科（表 9-10）。其中昆虫纲所鉴定的种类最多为 28 种，占总物种数的 57.1%；其次为寡毛纲 10 种，占 20.4%；腹足纲为 5 种，占 10.2%；其他动物 6 种（包括蛭纲、双壳纲和甲壳纲分别为 3 种、2 种和 1 种），占总物种数的 12.3%，具体见图 9-18。

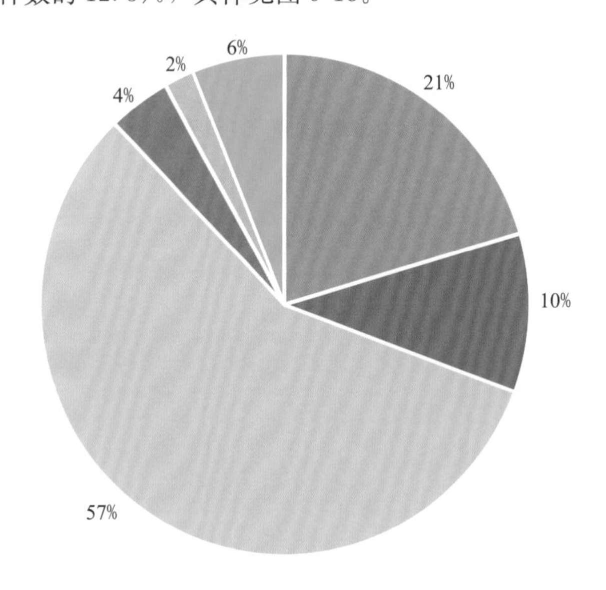

图 9-18 汉江中下游大型底栖动物种类组成

表 9-10 汉江中下游大型底栖动物名录

种类	拉丁名	种类	拉丁名
环节动物门	*Annelida*	昆虫纲	*Insecta*
寡毛纲	*Oligochaeta*	春蜓科	*Gomphidae*
仙女虫科	*Naiddae*	长腹春蜓属	*Gastrogomphus sp.*
仙女虫属	*Nais sp.*	蜻蜓科	*Libellulidae*
颤蚓科	*Tubificidae*	锥腹蜻属	*Acisoma sp.*
河蚓	*Rhyacodrilus brevidentatus*	螟蛾科	*Lepidoptera*
水丝蚓属	*Limnodrilus sp.*	筒水螟属	*Parapoynx sp.*
克拉泊水丝蚓	*Limnodrilus claparedeianus*	摇蚊科	*Chironomidae*
苏氏尾鳃蚓	*Branchiura sowerbyi*	环足摇蚊属	*Cricotopus sp.*
多毛管水蚓	*Aulodrilus pluriseta*	恩非摇蚊属	*Einfeldia sp.*
巨毛水丝蚓	*Limnodrilus grandisetosus*	齿斑摇蚊属	*Stictochironomus sp.*
正颤蚓	*Tubifex tubifex*	隐摇蚊属	*Cryptochironomus sp.*
霍甫水丝蚓	*Limnodrilus hoffmeisteri*	拟隐摇蚊属	*Demicryptochironomus sp.*
维窦夫盘丝蚓	*Bothrioneurum vejdovskyanum*	多足摇蚊属	*Polypedilum sp.*
软体动物门	*Mollusca*	前突摇蚊	*Procladius sp.*
腹足纲	*Gastropoda*	直突摇蚊属	*Orthocladius sp.*
肋蜷科	*Pleuroseridae*	裸须摇蚊属	*Propsilocerus sp.*
方格短沟蜷	*Semisulcospira cancellata*	拟中足摇蚊属	*Parametriocnemus sp.*
田螺科	*Viviparidae*	长足摇蚊属	*Tanypus sp.*
环棱螺属	*Bellamya sp.*	摇蚊属	*Chironomus sp.*
狭口螺科	*Stenothyridae*	长跗摇蚊属	*Tanytarsus sp.*
光滑狭口螺	*Stenothyra glabra*	拟枝角摇蚊	*Paracladopelma sp.*
豆螺科	*Bithyniidae*	红裸须摇蚊	*Propsilocerus akamusi*
大沼螺	*Parafossarulus eximius*	白角多足摇蚊	*Polypedilum albicorne*
赤豆螺	*Bithynia fuchsiana*	梯形多足摇蚊	*Polypedilum scalaenum*
双壳纲	*Bivalvia*	倒毛摇蚊	*Microtendipes sp.*
贻贝科	*Mytilidae*	摇蚊成虫	*Chironomidae* +
淡水壳菜	*Limnopera lacustris*	哈摇蚊属	*Chironomus sp.*
蚬科	*Corbiculidae*	白间摇蚊	*Paratendipes albimannus*
河蚬	*Corbicula fluminea*	红腹拟三突摇蚊	*Paratrichocladius rufiventris*
节肢动物门	*Arthropoda*	拟开氏摇蚊	*Parakiefferiella sp.*
蛭纲	*Hirudinea*	凯氏摇蚊	*Kiefferulus sp.*
舌蛭科	*Glossiphoniidae*	浪突摇蚊	*Zalutschia sp.*
舌蛭属	*Glossiphonia sp.*	甲壳纲	*Crustacea*
泽蛭属	*Helobdella sp.*	钩虾科	*Gammaridae*
石蛭科	*Erpobdellidae*	钩虾属	*Gammarus sp.*
石蛭属	*Erpobdella sp.*		

在空间尺度上，各调查断面出现的底栖动物物种数介于 3～28 之间。其中老河口、襄阳、转斗、罗汉闸和石剅的物种数较高，分别为 23 种、25 种、28 种和 28 种，而下游区域物种数较低，其中宗关最低，为 3 种。具体见图 9-19。

在时间尺度上，2019 年 2 月所鉴定的物种数（19 种）高于其余 7 个季度，2018 年 5 月所鉴定的物种数最低（9 种），其余月份均大于 10 种。具体见图 9-20。

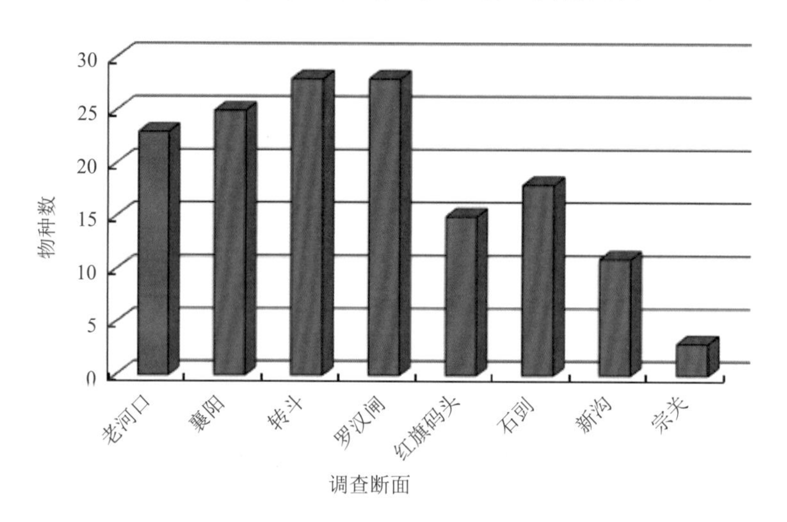

图 9-19　汉江中下游底栖动物在空间尺度上的分布

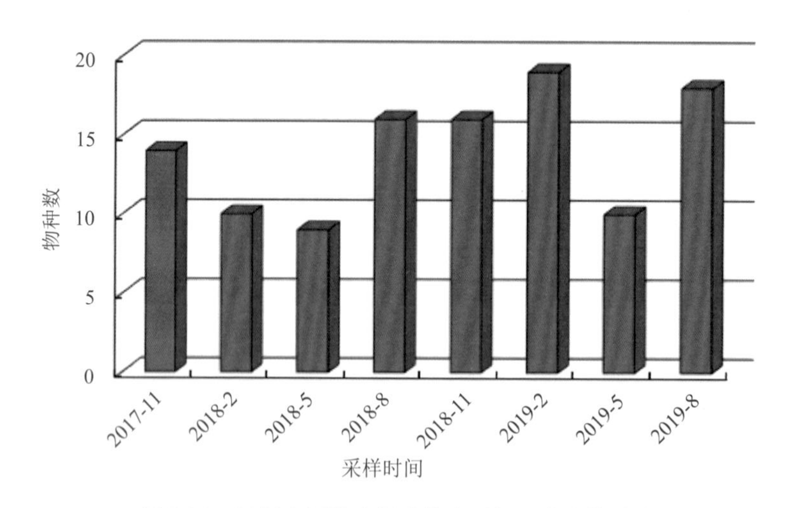

图 9-20　汉江中下游底栖动物在时间尺度上的分布

2）密度和生物量。

从时间尺度上看，根据调查结果（图 9-21），底栖动物的密度变动在 77.3～162.7ind./m^2。其中，2017 年 11 月（平水期）、2018 年 11 月（平水期）和 2019 年 8 月（丰水期）密度最高，2019 年 5 月（枯水期）和 2019 年 2 月（枯水期）密度最低。

底栖动物的生物量变化幅度较大，变动于 0.17～67.8g/m^2。其中 2018 年 11 月（平水期）的生物量最大，2018 年 2 月（枯水期）、2018 年 5 月（枯水期）和 2019 年 5 月（枯水期）底栖动物生物量最小。

综上所述，汉江中下游 2018—2019 年平水期和丰水期时底栖动物密度及生物量要高于枯水期。

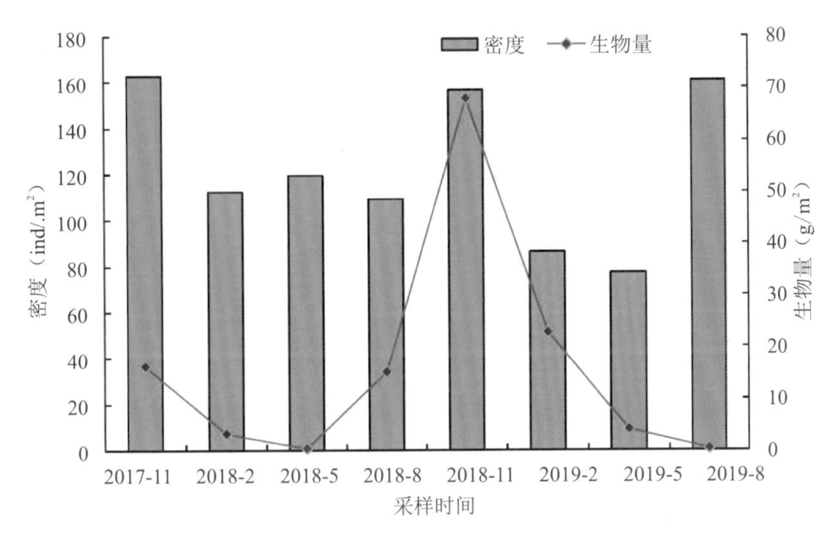

图 9-21 汉江中下游底栖动物密度和生物量在时间尺度上的分布

从空间尺度上看，根据调查结果（图 9-22），底栖动物生物量与密度分布存在较大差异。其中密度变动在 4.0～270.7ind./m^2，变化幅度较大，平均密度为 123.1ind./m^2。综合分析，8 个断面中底栖动物密度以转斗和襄阳较高，分别为 270.7ind./m^2 和 173.3ind./m^2，下游新沟和宗关 2 个断面密度较低，分别为 46ind./m^2 和 4ind./m^2。

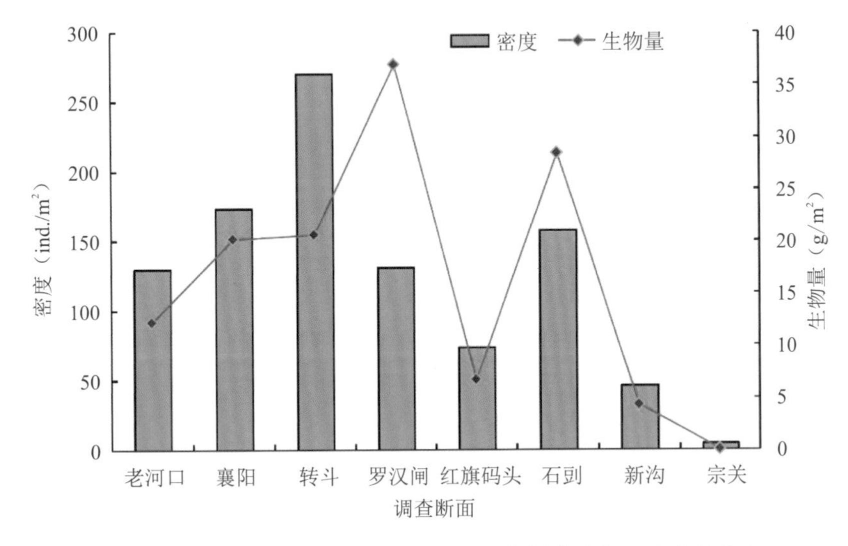

图 9-22 汉江中下游底栖动物密度及生物量在空间尺度上的分布

底栖动物的生物量变动于0.004～36.9 g/m²，平均生物量为16.1 g/m²。8个断面中，罗汉闸和石剅生物量较高，分别为36.9 g/m²和28.4 g/m²，密度最高的转斗断面生物量仅为20.6 g/m²，红旗码头、新沟和宗关的生物量则明显低于其他断面。

3）优势种。

以相对密度≥5%作为优势度标准，调查到汉江中下游底栖动物优势种为淡水壳菜、多足摇蚊属、摇蚊属、拟开氏摇蚊和环足摇蚊属，它们的密度分别为34.75ind./m²、32.88ind./m²、23.38ind./m²、14.50ind./m²和12.50ind./m²，分别占总密度的18.98%、17.95%、12.76%、7.92%和6.83%。

4）多样性指数。

汉江中下游底栖动物各多样性指数具体数值见表9-11。在时间尺度上，2019年的底栖动物群落多样性要高于2018年同期，其中2019年2月的多样性指数 H_N、物种丰富度 D 和均匀度指数 J 最高，而2018年5月的多样性指数最低；在空间尺度上，前4个断面（老河口、襄阳、石剅和罗汉闸）底栖动物群落多样性要高于后4个断面，其中罗汉闸江段的多样性指数 H_N 和物种丰富度 D 最高，分别为2.61和5.12，而宗关江段最低，分别为1.01和1.12。整体而言汉江中下游区域底栖动物群落多样性从中游往下整体降低。

表9-11　汉江中下游底栖动物各多样性指数

季度/点位	H_N 多样性指数	D 丰富度指数	J 均匀度指数	λ 优势度指数
2017.11	1.19	2.00	0.48	0.54
2018.2	1.11	1.75	0.48	0.50
2018.5	0.70	1.75	0.30	0.73
2018.8	1.67	2.82	0.60	0.32
2018.11	1.74	2.75	0.63	0.28
2019.2	2.27	3.19	0.77	0.17
2019.5	1.27	2.26	0.51	0.50
2019.8	1.96	3.25	0.67	0.25
老河口	1.90	3.42	0.65	0.24
襄阳	2.28	3.98	0.73	0.15
转斗	1.87	4.50	0.56	0.35
罗汉闸	2.61	5.12	0.78	0.12
红旗码头	1.85	2.55	0.72	0.24
石剅	1.97	3.11	0.68	0.21
新沟	1.67	2.36	0.70	0.25
宗关	1.01	1.12	0.92	0.39

9.1.3.2 《南水北调中线一期引江济汉工程竣工环境保护验收水生生态监测与调查报告》调查成果

（1）调查时间及范围

1）长江古老背中华鲟等鱼类的洄游。

利用已有历史监测资料，同时采用水声学等方法于2015—2019年的每年11月至次年1月对现场开展监测，分析工程实施前（2010年以前）与运行期（2015—2019年）中华鲟繁殖、洄游变化情况，分析工程实施是否对中华鲟洄游产生影响。具体见图9-23。

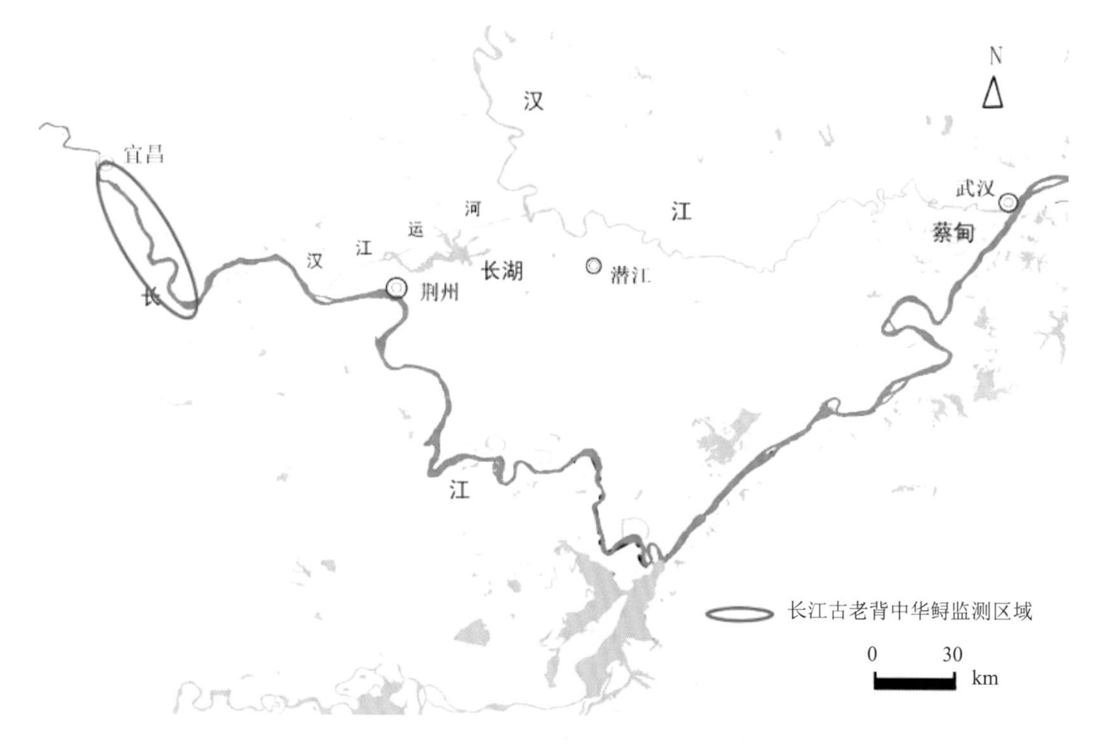

图9-23 长江古老背中华鲟监测区域

2）长江龙洲垸引水口鱼卵、鱼苗的发生。

利用已有历史监测资料，同时于2015年5—7月对现场开展监测，分析工程实施前（2010年以前）与运行期（2015—2019年）长江龙洲垸段鱼卵、鱼苗发生变化情况。具体见图9-24。

3）长湖水生生物。

利用长湖渔业观测站等已有历史监测资料，同时于2019年8月、12月对长湖（庙湖、海子湖、后港）水生生物开展监测，分析工程实施前（2010年以前）与运行期（2015—2019年）长湖水生生物变化情况。具体见图9-25。

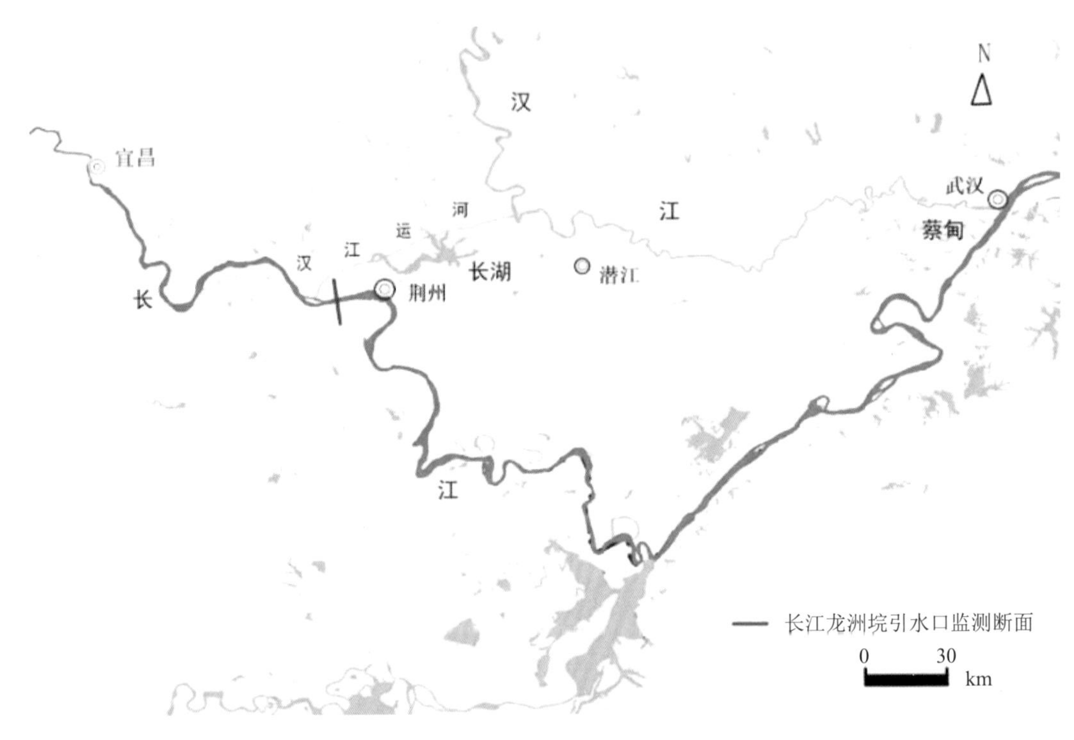

图 9-24　长江龙洲垸引水口监测断面

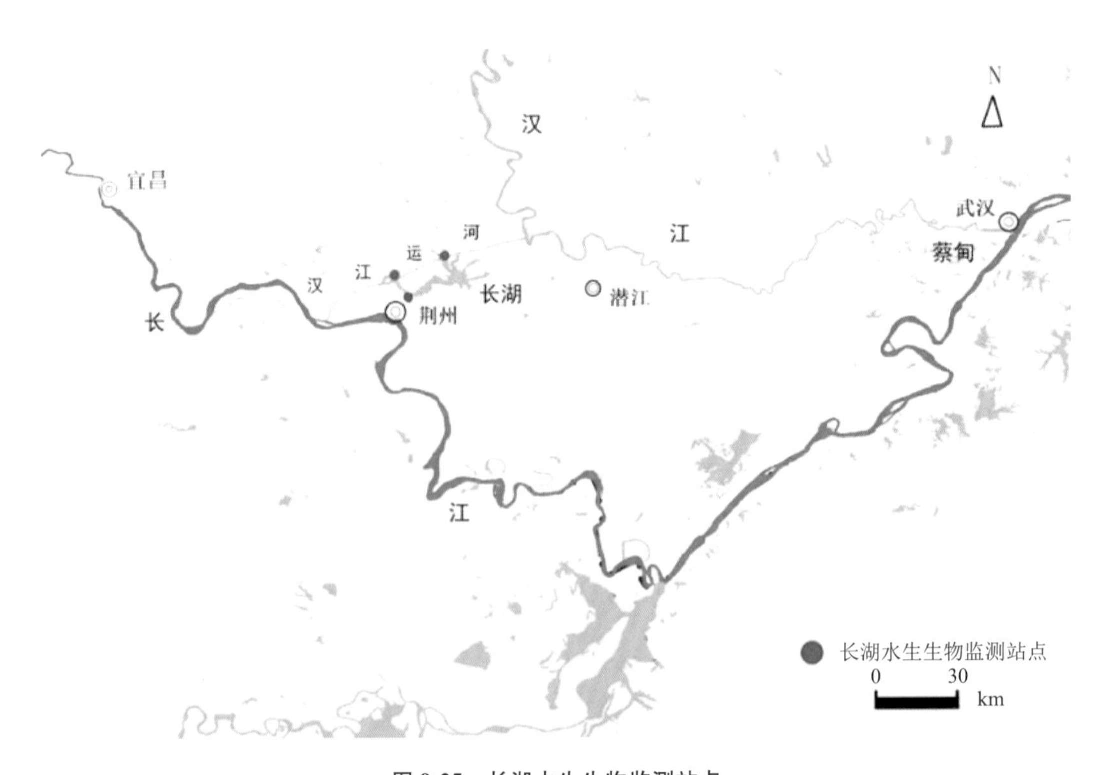

图 9-25　长湖水生生物监测站点

4）汉江泽口鱼类产卵场和水生生物。

利用汉江已有历史监测资料，同时于2019年8月、12月对引水汉江入口、汉江泽口的水生生物开展了监测；并于2018年5—7月对汉江泽口鱼类产卵场开展了监测，分析工程实施前（2010年以前）、运行期（2015—2019年）汉江兴隆至泽口段鱼类产卵场、鱼类资源、水生生物变化情况。具体见图9-26。

5）汉江蔡甸鱼类资源和水生生物。

利用汉江已有历史监测资料，同时于2019年8月、12月对汉江蔡甸鱼类资源和水生生物开展了监测，分析工程实施前（2010年以前）、运行期（2015—2019年）汉江蔡甸鱼类资源、水生生物变化情况。具体见图9-27。

（2）浮游植物现状与评价

1）浮游植物现状。

A. 长湖

长湖共采集到浮游植物7门77种，其中绿藻门46种，硅藻门12种，蓝藻门11种，其他门共8种。监测期间浮游植物的生物量的平均值为17.18mg/L，密度为97.41×10^6ind./L。主要优势种类为绿藻门的纤维藻属，鞘藻属和小球藻等，均为富营养化水体的常见种。长湖主要浮游植物名录见表9-12。

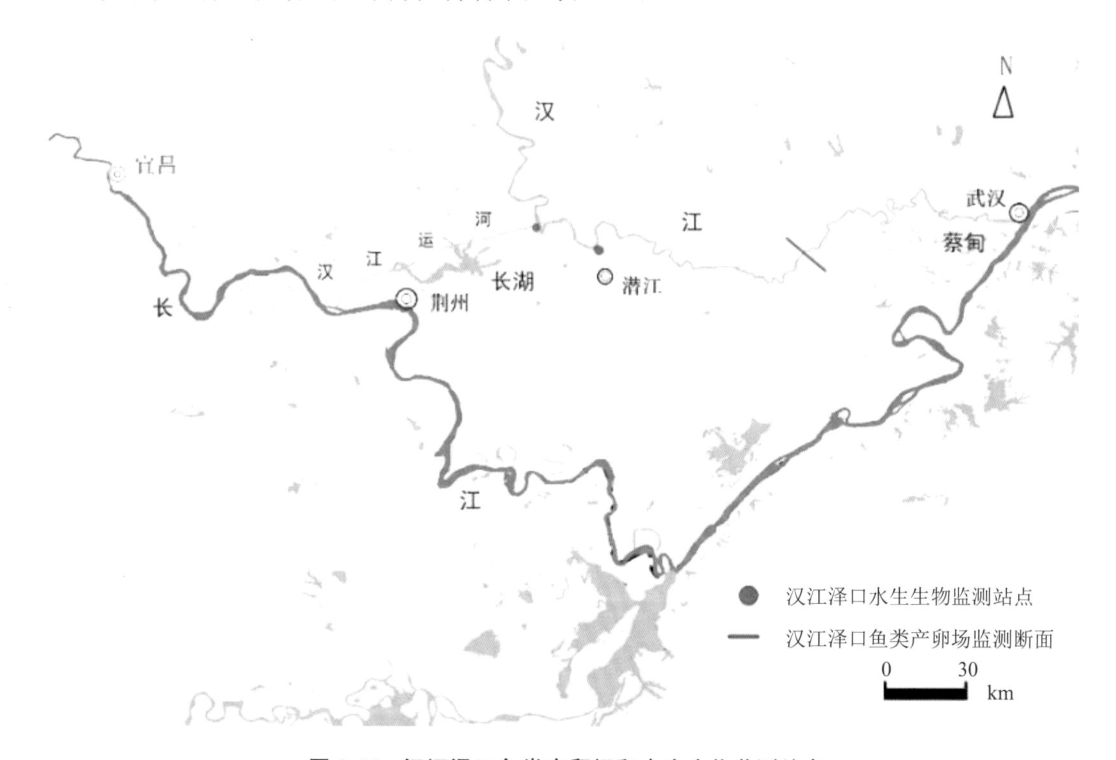

图9-26 汉江泽口鱼类产卵场和水生生物监测站点

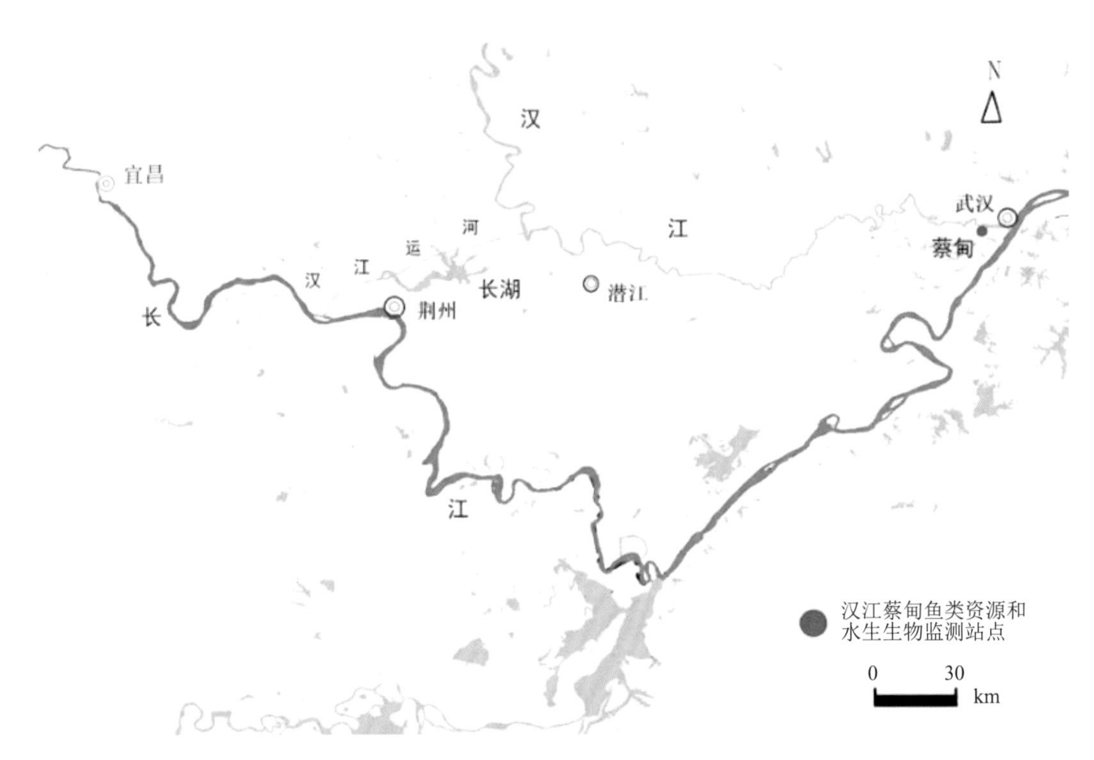

图 9-27　汉江蔡甸鱼类资源和水生生物监测站点

表 9-12　长湖主要浮游植物名录

种类	拉丁名	种类	拉丁名
硅藻门	*Bacillariophyta*	集星藻	*Actinastrum hantzschii*
扭曲小环藻	*Cyclotella comta*	尖细栅藻	*Scenedesmus acuminatus*
线性菱形藻	*Nitzschia linearis W. Smith*	二形栅藻	*Scenedesmus dimorphus*
肘状针杆藻	*Synedra ulna*	粗刺四棘藻	*Treubaria crssispinaa*
窗格平板藻	*Tabellaria fenestrata*	短刺四星藻	*Tenadeam staurogeniaefome*
普通等片藻	*Diatoma vnlagare*	三角四角藻	*Tetraedron trigonum*
颗粒直链藻	*Melosira. granulata*	空星藻	*Coelastrum sphaericum*
尖异极藻	*Gomphonema acuminatum*	双列栅藻	*Scenedesmus bijuga*
近缘桥弯藻	*Gomphonema affinis*	四刺顶棘藻	*Chodatella quadriseta*
扁圆舟形藻	*Navicula placentula*	粗刺四棘藻	*Treubaria crssispinaa*
缢缩异极藻	*Gomphonema constrictum*	四角盘星藻	*Pediastrum tetras*
细布纹藻	*Gyrosigma kutzingli*	四角十字藻	*Crucigenia quadrata*
绿藻门	*Chlorophyta*	三叶四角藻	*Tetraedron trilobulatum*
二角盘星藻	*Pediastrum duplex*	四尾栅藻	*Scenedesmus quadricauda*
被甲栅藻	*Scenedesmus armatus*	四足十字藻	*Crucigenia tetrapedia*
月牙藻	*Selenastrum bibraianum*	弯曲栅藻	*Scenedesmus arcuatus*
椭圆卵囊藻	*Oocystis elliptica*	斜生栅藻	*Scenedesmus obliquu*
蹄形藻	*Kirchneriella lunaris*	细丝藻	*Ulothrix tenerrima*

续表

种类	拉丁名	种类	拉丁名
分歧锥囊藻	*Dinobryon divergens*	美丽鼓藻	*Cosmarium formosulum*
空球藻	*Eudorina elegans*	纤细角星鼓藻	*Staurastrum gracile*
实球藻	*Pandorina morum*	梅尼鼓藻	*Cosmarium meneghinii*
中华双星藻	*Zygnema sinense*	反曲新月藻	*Closterium sigmoideum*
华丽四星藻	*Tetrastrum elegans*	镰形纤维藻	*Ankistrodesmus falcatus*
螺旋纤维藻	*Ankistrodesmus spiralis*	溪生隐球藻	*Aphanocapsa rivularis*
卷曲纤维藻	*Ankistrodesmus convolutes*	微小平裂藻	*Merismopedia tenuissima*
镰形纤维藻奇异变种	*Ankistrodesmus falcatus var mirabilis*	水华微囊藻	*Microcystis flosaquae*
鞘藻	*Oedogonium*	铜绿微囊藻	*Microcystis aeruginosa*
狭形纤维藻	*Ankistrodesmus angustus*	两栖颤藻	*Oscillatoria amphibia*
纤维藻	*Ankistrodesmus*	鞘丝藻	*Lyugba contarata*
小球藻	*Chlorella vulgaris*	螺旋藻	*Spirulina. major*
针形纤维藻	*Ankistrodesmus acicularis*	中华小尖头藻	*Raphidiopsis sinensia*
简单衣藻	*Chlamydomonas simplex*	甲藻门	*Pyrrophyta*
小球衣藻	*Chlamydomonas microsphaera*	裸甲藻	*Gymnodinium aeruginosum*
弓形藻	*Schroederia setigera*	裸藻门	*Euglenophyta*
蓝藻门	*Cyanophyta*	细粒囊裸藻	*Trachelomonas granulota*
螺旋鱼腥藻	*Anabaena spiroides*	黄藻门	*Xanthophyta*
湖泊伪鱼腥藻	*Pseudanabaena limnetica*	拟丝状黄丝藻	*Tribonema ulothrichoides*
类颤鱼腥藻	*Anabaena oscillarioide*		

B. 汉江泽口段

共采集到浮游植物 71 种。其中硅藻门 43 种，占总种数的 60.56%；绿藻门 14 种、占 19.72%；蓝藻门 9 种，金藻门、红藻门各 2 种，甲藻门 1 种。监测期间浮游植物生物量的平均值为 1.312mg/L，密度为 1.14×10^{6} ind./L。调查区域浮游植物组成以硅藻门为主，其次为绿藻门，再次为蓝藻门，其他门种类偶见。常见种类有美丽星杆藻、钝脆杆藻、克洛脆杆藻、双头针杆藻、偏肿桥弯藻、双头辐节藻等。浮游植物名录见表 9-13。

表 9-13　　汉江泽口段主要浮游植物名录

种类	拉丁名	种类	拉丁名
硅藻门	*Bacillariophyta*	窄异极藻	*G. angustatum*
美丽星杆藻	*Asterionella formosa*	纤细异极藻	*G. gracile*
钝脆杆藻	*Fragilaria capucina*	偏凸针杆藻	*Synedra vaucheriae*
克洛脆杆藻	*Fragilaria Crowecrispbar*	谷皮菱形藻	*Nitzschia palea*
双头针杆藻	*Synedra amphicephala*	小环藻	*Cyclotella meneghiniana*
偏肿桥弯藻	*Cymbella naviculiformis*	双头辅节藻	*Stauroneis anceps*
双头辐节藻	*Stauroneis smithii*	隐头舟形藻	*Navicula cryptocephala*

续表

种类	拉丁名	种类	拉丁名
短小曲壳藻	*A. exigua*	扁圆舟形藻	*N. sclonfellii*
埃伦桥弯藻	*Cymbella lanceolata*	针形纤维藻	*Ankistrodesmus acicularis*
细布纹藻	*Cymbella lunata*	短楔形藻	*Licmophora abbreviata*
双头菱形藻	*Nitzschiaamphibia amphbia*	四尾栅藻	*Scenedesmus quadricauda*
绿藻门	*Chlorophyta*	环丝藻	*Ulothrix zonata*
二角盘星藻	*Pediastrum duplex*	纤细新月藻	*Closterium gracile*
小球藻	*Chlorella valgaris*	鼓藻	*Mesotaenium*
四角十字藻	*Crucigenia quadrata*	柱形鼓藻	*Penium sinense*
四足十字藻	*C. tetrapedia*	蓝藻门	*Cyanophyta*
卵形衣藻	*Chlamydomonas ovalis*	小颤藻	*Oscillatoria tenuis*
小球衣藻	*C. microsphaella*	小席藻	*Phormidium tenus*
集星藻	*Actinastrum hantzschii*	捏团粘球藻	*Gloeocapsa magma*

C. 汉江蔡甸段

监测共采集到浮游植物 6 门 41 属 74 种，其中硅藻门 44 种，占总种数的 59.46%；绿藻门 15 种，占 20.27%；蓝藻门 9 种，甲藻门、金藻门、红藻门各 2 种。监测期间浮游植物的生物量平均值为 0.1718mg/L，密度为 25.42×10^{4}ind./L。调查区域浮游植物组成以硅藻门为主，其次为绿藻门，再次为蓝藻门，其他门种类偶见。常见种类有美丽星杆藻、钝脆杆藻、克洛脆杆藻、双头针杆藻、偏肿桥弯藻、双头辐节藻等。浮游植物名录见表 9-14。

表 9-14　　汉江蔡甸段主要浮游植物名录

种类	拉丁名	种类	拉丁名
硅藻门	*Bacillariophyta*	意大利直链藻	*Melosira italica*
美丽星杆藻	*Asterionella formosa*	偏凸针杆藻	*Synedra vaucheriae*
钝脆杆藻	*Fragilaria capucina*	海生胸隔藻	*Mastogloia smithii*
克洛脆杆藻	*Fragilaria Crowecrispbar*	海生胸隔藻双头变种	*M. smithii var. amphicephala*
双头针杆藻	*Synedra amphicephala*	谷皮菱形藻	*Nitzschia palea*
偏肿桥弯藻	*Cymbella naviculiformis*	小环藻	*Cyclotella meneghiniana*
双头辐节藻	*Stauroneis smithii*	双头辅节藻	*Stauroneis anceps*
短小曲壳藻	*Achnanthes exigua*	隐头舟形藻	*Navicula cryptocephala*
微细异极藻椭圆变种	*Gomphonema parrulum*	扁圆舟形藻	*N. sclonfellii*
窄异极藻	*G. angustatum*	变异脆杆中狭变种	*Fragilaria virrscens*
纤细异极藻	*G. gracile*	埃伦桥弯藻	*Cymbella lanceolata*

续表

种类	拉丁名	种类	拉丁名
细布纹藻	*Cymbella lunata*	针形纤维藻	*Ankistrodesmus acicularis*
线形双菱藻缢缩变种	*Surirella linearis var. constricta*	镰状纤维藻奇异变种	*A. falcatus*
双头菱形藻	*Nitzschiaamphibia amphbia*	短楔形藻	*Licmophora abbreviata*
同族羽纹藻	*Pinnularia gentilis*	四尾栅藻	*Scenedesmus quadricauda*
歧纹羽纹藻	*P. divergentissima*	环丝藻	*Ulothrix zonata*
绿藻门	*Chlorophyta*	纤细新月藻	*Closterium gracile*
二角盘星藻	*Pediastrum duplex*	鼓藻	*Mesotaenium*
小球藻	*Chlorella valgaris*	柱形鼓藻	*Penium sinense*
四角十字藻	*Crucigenia quadrata*	蓝藻门	*Cyanophyta*
四足十字藻	*C. tetrapedia*	小颤藻	*Oscillatoria tenuis*
卵形衣藻	*Chlamydomonas ovalis*	小席藻	*Phormidium tenus*
小球衣藻	*C. microsphaella*	小形色球藻	*Chroococcus minor*
集星藻	*Actinastrum hantzschii*	捏团粘球藻	*Gloeocapsa magma*

2）浮游植物综合评价。

A. 长湖

根据环评报告书，工程实施前长湖藻类 6 门 29 属，优势种为纤维藻属、小球藻等，浮游植物平均生物量为 22.1mg/L。

工程运行期浮游植物优势种为纤维藻属、鞘藻属和小球藻等，与工程实施前基本一致；目前浮游植物生物量的平均值为 17.18mg/L，较工程实施前有所降低，其原因是调查季节不同而造成的。历史资料显示，长湖水质较差，富营养化严重，而本次调查的浮游植物密度有所降低，表明工程运行后长湖浮游植物富营养化程度有所降低。因此，对长湖水体而言，工程运行期水质状况有所改善。

B. 汉江泽口段

根据环评报告书，工程实施前 1998 年，泽口江段浮游植物密度 17.46×10^6 ind./L。本次调查浮游植物密度为 1.14×10^6 ind./L，较环评阶段有所减少，表明工程运行后泽口江段浮游植物富营养化程度有所降低。因此，工程实施后运行期间汉江泽口江段的水质状况有所改善。

C. 汉江蔡甸段

根据环评报告书及文献资料，工程实施前蔡甸浮游植物密度 35.59×10^6 ind./L。本次调查浮游植物的密度和生物量分别为 0.2542×10^6 ind./L 和 0.1718mg/L，较环评阶段有所减少，表明工程运行后蔡甸江段浮游植物富营养化程度有所降低。因此，工程实施后运行期间汉江蔡甸江段的水质状况有所改善。

(3) 浮游动物现状与评价

1) 浮游动物现状。

A. 长湖

共采集到浮游动物 67 种，其中原生动物 5 种，轮虫 37 种，枝角类 16 种，桡足类 9 种。监测期间生物量的平均值为 1.81mg/L，密度为 1867.0ind./L。

长湖浮游动物群落组成中，轮虫在种类数、丰度方面均占据较大优势，萼花臂尾轮虫、针簇多肢轮虫是出现的优势种，大型浮游动物桡足类、枝角类等未形成优势种。具体名录见表 9-15。

表 9-15　　长湖主要优势种浮游动物名录

种类	拉丁名	种类	拉丁名
原生动物	*Prtotozoa*	弧形彩胃轮虫	*Chromogaster testudo Lauterborn*
盘状表壳虫	*Arcella discoides*	卵形鞍甲轮虫	*Lepadella ovalis Muller*
半圆表壳虫	*Arcella hemisphaerica*	枝角类	*Cladocera*
冠砂壳虫	*Difflugia corona*	秀体溞	*Diaphanosoma sp.*
拱砂壳虫	*Difflugia amphora*	长肢秀体溞	*Diaphanosoma Leuchtenbergianum*
尖顶砂壳虫	*Difflugia acuminata*	简弧象鼻溞	*Bosminopsis coregoni*
轮虫	*Rotifera*	长额象鼻溞	*Bosminopsis longirostris*
萼花臂尾轮虫	*Brachiouns calyciflorus Pallas*	脆弱象鼻溞	*Bosminopsis fatalis*
前节晶囊轮虫	*Asplanchna priodonta Gosse*	透明溞	*Daphnia hyalina*
卜氏晶囊轮虫	*Asplanchna brightwelli Gosse*	长刺溞	*Daphnia longispina*
盖氏晶囊轮虫	*Asplanchna girodi de Guerne*	裸腹溞	*Moinidae spp.*
迈氏三肢轮虫	*Filinia major*	桡足类	*Copepoda*
针簇多肢轮虫	*Polyarthra trigla Ehrenberg*	球状许水蚤	*Schmackeria forbesi*
龟甲轮虫	*Brachionus calyciflours Pallas*	舌状叶镖水蚤	*Phyllodiaptomus tunguidus*
竖琴影足轮虫	*Euchlanis lyra Hudson*	英勇剑水蚤	*Cyclops strenuus*
长足轮虫	*Rotaria neptunia*	跨立小剑水蚤	*Microcyclops varicans*
尖削叶轮虫	*Notholca acuminata*	小剑水蚤	*Microcyclops sp.*
鳞状叶轮虫	*Notholca squamula*	广布中剑水蚤	*Mesocyclops leuckarti*
眼睛柱头轮虫	*Eosphora najas Ehrenberg*	北培中剑水蚤	*Mesocyclops pehpeiensis*
广布多肢轮虫	*Polyarthra vulgaris*	猛水蚤	*Harpacticoida*
长刺盖氏轮虫	*Kellicottia longispina Kellicott*		

B. 汉江泽口段

监测期间共鉴定出浮游动物 37 属 63 种，其中原生动物 13 属 21 种，轮虫 12 属 26 种，枝角类 7 属 11 种，桡足类 5 属 5 种。监测期间浮游动物生物量的平均值为 0.1299mg/L，密度为 927.88ind./L。具体名录见表 9-16。

表 9-16 汉江泽口段主要浮游动物种类名录

种类	拉丁名	种类	拉丁名
原生动物	*Prtotozoa*	螺形龟甲轮虫	*Keratella cochlearis*
盘状表壳虫	*Arcella discoides*	曲腿龟甲轮虫	*Keratella valga*
半圆表壳虫	*Arcella hemisphaerica*	广生多肢轮虫	*Polyarthra vulgaris*
长圆砂壳虫	*Difflugia oblonga*	暗小异尾轮虫	*Trichocerca pusilla*
暧昧砂壳虫	*Difflugia fallax*	等刺异尾轮虫	*Trichocerca similes*
湖沼砂壳虫	*Difflugia limnetica*	枝角类	*Cladocera*
瓶砂壳虫	*Difflugia urceolata*	秀体溞	*Diaphanosoma sp.*
冠砂壳虫	*Difflugia corona*	长肢秀体溞	*Diaphanosoma Leuchtenbergianum*
拱砂壳虫	*Difflugia amphora*	简弧象鼻溞	*Bosminopsis coregoni*
尖顶砂壳虫	*Difflugia acuminata*	长额象鼻溞	*Bosminopsis longirostris*
球形砂壳虫	*Difflugia globulosa*	脆弱象鼻溞	*Bosminopsis fatalis*
褐砂壳虫	*Difflugia avellana*	透明溞	*Daphnia hyalina*
粗匣壳虫	*Centropyxis hirsuta*	长刺溞	*Daphnia longispina*
网匣壳虫	*Centropyxis cassis*	裸腹溞	*Moinidae spp.*
压缩匣壳虫	*Centropyxis constricta*	桡足类	*Copepoda*
轮虫	*Rotifera*	跨立小剑水蚤	*Microcyclops varicans*
裂痕龟纹轮虫	*Anuraeopsis fissa*	小剑水蚤	*Microcyclops sp.*
卵形无柄轮虫	*Ascomorpha ovalis*	广布中剑水蚤	*Mesocyclops leuckarti*
角突臂尾轮虫	*Brachionus angularis*	北培中剑水蚤	*Mesocyclops pehpeiensis*
萼花臂尾轮虫	*Brachionus calyciflorus*	猛水蚤	*Harpacticoida*

C. 汉江蔡甸段

监测期间共鉴定出浮游动物 37 属 61 种，其中原生动物 13 属 20 种，轮虫 12 属 24 种，枝角类 7 属 12 种，桡足类 5 属 5 种。监测期间生物量的平均值为 0.1064mg/L，密度为 884.12ind./L。具体名录见表 9-17。

表 9-17 汉江蔡甸段主要浮游动物种类名录

种类	拉丁名	种类	拉丁名
原生动物	*Prtotozoa*	曲腿龟甲轮虫	*Keratella valga*
冠砂壳虫	*Difflugia corona*	广生多肢轮虫	*Polyarthra vulgaris*
拱砂壳虫	*Difflugia amphora*	暗小异尾轮虫	*Trichocerca pusilla*
尖顶砂壳虫	*Difflugia acuminata*	等刺异尾轮虫	*Trichocerca similes*
球形砂壳虫	*Difflugia globulosa*	枝角类	*Cladocera*
褐砂壳虫	*Difflugia avellana*	秀体溞	*Diaphanosoma sp.*
粗匣壳虫	*Centropyxis hirsuta*	长肢秀体溞	*Diaphanosoma Leuchtenbergianum*
网匣壳虫	*Centropyxis cassis*	简弧象鼻溞	*Bosminopsis coregoni*

续表

种类	拉丁名	种类	拉丁名
压缩匣壳虫	*Centropyxis constricta*	长额象鼻溞	*Bosminopsis longirostris*
片口匣壳虫	*Centropyxis platystoma*	脆弱象鼻溞	*Bosminopsis fatalis*
圆匣壳虫	*Centropyxis orbicularis*	透明溞	*Daphnia hyalina*
宽口圆壳虫	*Centropyxis eurystoma*	长刺溞	*Daphnia longispina*
巢居法冒虫	*Phryganella nidulus*	裸腹溞	*Moinidae spp.*
太阳球吸管虫	*Sphaerophrya soliformis*	桡足类	*Copepoda*
轮虫	*Rotifera*	英勇剑水蚤	*Cyclops strenuus*
裂痕龟纹轮虫	*Anuraeopsis fissa*	跨立小剑水蚤	*Microcyclops varicans*
卵形无柄轮虫	*Ascomorpha ovalis*	小剑水蚤	*Microcyclops sp.*
角突臂尾轮虫	*Brachionus angularis*	广布中剑水蚤	*Mesocyclops leuckarti*
萼花臂尾轮虫	*Brachionus calyciflorus*	北培中剑水蚤	*Mesocyclops pehpeiensis*
螺形龟甲轮虫	*Keratella cochlearis*		

2）浮游动物综合评价。

A. 长湖

根据环评报告书及文献资料显示，工程实施前长湖原生动物有12属，主要的属类有沙壳虫、表壳虫等；轮虫13属，29种，优势种有龟甲轮虫、臂尾轮虫、晶囊轮虫、异尾轮虫、叶轮虫、多肢轮虫、镜轮虫、单趾轮虫、大肚须足轮虫、竖琴影足轮虫、长足轮虫、尖削叶轮虫、鳞状叶轮虫、眼睛柱头轮虫、刺盖异尾轮虫、巨头轮虫、广布多肢轮虫等；枝角类3科3属，桡足类3科5属，优势种为大剑水蚤、圆盘肠蚤、哲水蚤、猛水蚤、象鼻溞、船卵蚤、裸腹蚤。浮游动物平均生物量为0.071mg/L。

工程运行期浮游动物67种，优势种主要有萼花臂尾轮虫、针簇多肢轮虫等，生物量的平均值为1.81mg/L。浮游动物种类与生物量较工程实施前有所增加，但优势种类没有明显变化。其原因为本次调查为夏季，是湖泊水体中浮游动物在一年中最多的季节，今后需进一步加强调查监测。同时，这表明工程运行后对浮游动物可能造成一定影响。

B. 汉江泽口段

根据环评报告书，工程实施前汉江中下游采集到原生动物有7科、8属，主要属类有：砂壳虫、表壳虫、草履虫、三线虫、铃壳虫、钟形虫等。采集到轮虫8科、15属、19种，主要属类有龟甲轮虫、臂尾轮虫、晶囊轮虫、无柄轮虫等。采集到浮游枝角类5科、7属；桡足类3科、7属。主要属类有大剑水蚤、许水蚤、秀体溞、猛水蚤、象鼻溞、裸腹溞等，生物量为0.115mg/L。

本次调查，该江段监测到浮游动物63种，生物量为0.1299mg/L，密度为927.88ind./L，较工程实施前有所增加，但生物量差别不大。这表明工程运行期对汉江下游浮游动物生物量影响不大。

C. 汉江蔡甸段

根据环评报告书，工程实施前汉江中下游采集到原生动物有 7 科、8 属，轮虫 8 科、15 属、19 种，枝角类 5 科、7 属，桡足类 3 科、7 属。蔡甸段浮游动物生物量为 0.115mg/L。

本次调查，该江段监测到浮游动物 61 种，生物量为 0.1064mg/L，密度为 884.12ind./L，较工程实施前有所增加，但生物量差别不大。这表明工程运行期对汉江下游浮游动物生物量影响不大。

（4）底栖动物现状与评价

1）底栖动物现状。

A. 长湖

共采集到底栖动物 14 种，隶属于 3 门 14 科属。其中节肢动物 7 种，寡毛类 3 种，软体动物 4 种。监测期间底栖动物的生物量的平均值为 126.7g/m^2。具体名录见表 9-18。

B. 汉江泽口段

监测期间调查到底栖动物 30 种。其中寡毛类 14 种，节肢动物 5 种，软体动物 6 种，水生昆虫及其他动物 5 种。主要种类为寡毛类的仙女虫和尾鳃蚓等，底栖动物生物量的平均值为 15.33g/m^2。部分名录见表 9-19。

C. 汉江蔡甸段

监测底栖生物经分类鉴定，底栖动物 32 种。其中寡毛类 14 种，节肢动物 6 种，软体动物 7 种，水生昆虫及其他动物 5 种。主要种类为寡毛类的仙女虫和尾鳃蚓等。监测期间底栖动物生物量的平均值为 17.28g/m^2。主要名录见表 9-20。

表 9-18　　长湖主要底栖动物名录

种类	拉丁名	种类	拉丁名
环节动物门	*Annelida*	节肢动物门	*Arthropoda*
霍甫水丝蚓	*Limnodrilus hoffmeisteri*	龙虱	*Cybister trpuatus*
苏式尾鳃蚓	*Branchiura sowerbyi*	纹石蚕	*Hydropsyche*
正颤蚓	*Tubifex tubifex*	长跗摇蚊	*Tanytarsus sp.*
软体动物门	*Mollusca*	前突摇蚊	*Procladius sp.*
中华圆田螺	*Cipungopaluina chinensis*	粗腹摇蚊	*Pelopia sp.*
扁旋螺	*Graulus compressus*	多足摇蚊	*Polypedilum sp.*
小土蜗	*Galba pervia*	大蚊	*Tiplua*
截口土蜗	*Galba truncatula*		

表 9-19　　汉江泽口段部分底栖动物名录

种类	拉丁名	种类	拉丁名
环节动物门	*Annelida*	河蚬	*Corbicula fluminea*
霍甫水丝蚓	*Limnodrilus hoffmeisteri*	扁旋螺	*Graulus compressus*
苏式尾鳃蚓	*Branchiura sowerbyi*	长角涵螺	*Alocinma longicornis*
正颤蚓	*Tubifex tubifex*	节肢动物门	*Arthropoda*
前节管水蚓	*Aulodrilus prothecatus*	长跗摇蚊属 1 种	*Tanytarsus sp.*
夹杂带丝蚓	*Lumbriculus vriegatum*	水摇蚊属 1 种	*Hydrobaenus sp.*
印西头鳃虫	*Branchiodrilus hortensis*	前突摇蚊	*Procladius sp.*
软体动物门	*Mollusca*	粗腹摇蚊	*Pelopia sp.*
中华圆田螺	*Cipungopaluina chinensis*	大蚊	*Tiplua*
淡水壳菜	*Limnoperna fortunei*		

表 9-20　　汉江蔡甸段主要底栖动物名录

种类	拉丁名	种类	拉丁名
环节动物门	*Annelida*	河蚬	*Corbicula fluminea*
水丝蚓	*Limnodrilus hoffmeisteri*	长角涵螺	*Alocinma longicornis*
正颤蚓	*Tubifex tubifex*	纹沼螺	*Parafossarulus striatulus*
苏式尾鳃蚓	*Branchiura sowerbyi*	方格短沟蜷	*Semisulcospir caucellata*
前节管水蚓	*Aulodrilus prothecatus*	节肢动物门	*Arthropoda*
夹杂带丝蚓	*Lumbriculus vriegatum*	小摇蚊属 1 种	*Microchironomus sp.*
印西头鳃虫	*Branchiodrilus hortensis*	内摇蚊属 1 种	*Endochironomus sp.*
普通仙女虫	*Nais communis*	羽摇蚊属 1 种	*Chironomus sp.*
软体动物门	*Mollusca*	粗腹摇蚊	*Pelopia sp.*
中华圆田螺	*Cipungopaluina chinensis*	大蚊	*Tiplua*
淡水壳菜	*Limnoperna fortunei*		

2）底栖动物综合评价。

A. 长湖

根据环评报告书和文献资料显示，工程实施前长湖底栖动物共有 13 种，其中软体动物 9 种，寡毛类 2 种，水生昆虫 2 种。底栖动物的平均生物量为 136g/m^2。

本次调查，监测到长湖底栖动物为 14 种，生物量为 126.7g/m^2，与环评阶段相比，未出现较大差异。说明工程施工对底栖动物造成的影响在运行期已经得到恢复。

B. 汉江泽口段

根据环评报告书，工程实施前汉江中下游河段底栖动物共有 24 种，其中软体动物 20 种，寡毛类 3 种，水生昆虫 1 种，泽口底栖动物的生物量为 118.48mg/m^2。

工程运行期监测数据较工程实施前底栖动物种类数、生物量等有所增加，表明工程施工对底栖动物造成的影响在运行期已经得到恢复。

C. 汉江蔡甸段

根据环评报告书，工程实施前汉江中下游河段底栖动物共有24种，其中软体动物20种，寡毛类3种，水生昆虫1种，蔡甸底栖动物的生物量为16.0mg/m^2。

工程运行期监测数据较工程实施前底栖动物种类数、生物量等有所增加，表明工程施工对底栖动物造成的影响在运行期已经得到恢复，工程运行有利于提高底栖动物的多样性。

（5）水生维管束植物现状与评价

1）水生维管束植物现状。

A. 长湖

监测鉴定出长湖水生维管束植物51种（属），优势种主要包括绵毛酸模叶蓼、芦苇、菱、水蓼、菰、狭叶香蒲、喜旱莲子草、浮萍、槐叶萍、菱、满江红、水鳖、喜旱莲子草、水蓼和莲等。主要名录见表9-21。

B. 汉江泽口段

监测鉴定出汉江泽口水生维管束植物36种（属），优势种主要包括喜旱莲子草、芦苇、水毛花、水龙、竹叶眼子菜、蓼子草、双穗雀稗 、牡蒿和狗牙根等。主要名录见表9-22。

表9-21 长湖主要水生维管束植物名录

种类	拉丁名	种类	拉丁名
绵毛酸模叶蓼	*Polygonum lapathifolium*	芦苇	*Phragmites australis*
金鱼藻	*Ceratophyllum demersum*	槐叶萍	*Salvinia natans*
菱	*Trapa bispinosa*	穗花狐尾藻	*Myriophyllum spicatum L.*
水蓼	*Polygonum hydropiper*	满江红	*Azolla imbricata*
菰	*Zizania latifolia*	水鳖	*Hydro-charis dubia*
狭叶香蒲	*Typha angustifolia*	喜旱莲子草	*Alternanthera philoxeroides*
凤眼莲	*Eichhornia crassipes*	莲	*Nelumbo nucifera*
浮萍	*Lemna minorL.*		

表9-22 汉江泽口段主要水生维管束植物名录

种类	拉丁名	种类	拉丁名
双穗雀稗	*Paspalum paspaloides*	竹叶眼子菜	*Potamogeton malaianus*
芦苇	*Phragmites australis*	蓼子草	*Polygonum criopolitanum*
水毛花	*Scirpus triangulatus*	牡蒿	*Artemisia japonica*
水龙	*Jussiaea repens*	狗牙根	*Cynodon dactylon*

C. 汉江蔡甸段

监测鉴定出水生维管束植物共有 39 种（属），优势种主要包括空心莲子草、喜旱莲子草、芦苇、芦蒿、具芒碎米莎草、蒌蒿、双穗雀稗、苘麻、金鱼藻、狐尾藻、野青茅等。主要名录见表 9-23。

表 9-23　　汉江蔡甸段主要水生维管束植物名录

种类	拉丁名	种类	拉丁名
芦苇	*Phragmites australis*	蒌蒿	*Artemisia selengensis*
芦蒿	*Artemisia selengensis*	具芒碎米莎草	*Cyperus microiria*
金鱼藻	*Ceratophyllum demersum*	苘麻	*Abutilon theophrasti*
狐尾藻	*Myriophyllum verticillatum*	野青茅	*Deyeuxia arundinacea*
喜旱莲子草	*Alternanthera philoxeroides*	打碗花	*Calystegia hederacea*
空心莲子草	*Alternanthera philoxeroides*		

2）水生维管束植物综合评价。

A. 长湖

根据环评报告书，工程建设前长湖水生维管束植物主要有菹草、微齿眼子菜、金鱼藻、喜旱莲子草、竹叶眼子菜、小茨藻、黑藻、惠状狐尾草、亚洲苦草、菱、浮萍、莲等。

工程运行期监测数据较工程实施前，水生维管束植物优势种类未出现明显变化，表明工程运行未对水生维管束植物造成明显影响。

B. 汉江泽口段

根据环评报告书，工程实施前汉江中下游河段水生维管束植物优势种为芦苇、香蒲、竹叶眼子菜、狐尾藻等。

工程运行期监测数据较工程实施前水生维管束植物优势种没有明显变化，表明工程实施未对水生维管束植物产生明显影响。

C. 汉江蔡甸段

根据环评报告书及文献资料，工程实施前汉江中下游河段水生维管束植物共计 34 种，优势种有喜旱莲子草、金鱼藻、狐尾藻等。

工程运行期监测数据较工程实施前水生维管束植物种类数有所增加，优势种基本一致。说明工程运行期未对水生维管束植物产生明显影响。

9.1.3.3　工程试运行汉江中下游水生生物影响调查

依据《汉江中下游水生生物调查与水华机制的研究报告》（2012 年 11 月至 2014 年 8 月）和《汉江中下游水生生物及水华现状及趋势调查研究总结报告》（2017 年秋至 2019 年

秋）对汉江中下游水生生物系统性、专业性的调查研究，对比、分析上述两个时间段汉江中下游水生生物的变化情况，了解引江济汉工程试运行期间对水生生物的变化影响。

（1）汉江中下游浮游植物群落结构变化

2012 年 11 月到 2014 年 8 月两年期间，调查结果共检出浮游植物 8 门 85 属种。调查期间汉江水域浮游植物以绿藻、硅藻和蓝藻为主，其中绿藻门 36 属，硅藻门 18 属，蓝藻门 15 属，隐藻门 3 属，甲藻门 4 属，裸藻门 3 属，金藻门 5 属，黄藻门 1 属。绿藻、硅藻和蓝藻为汉江中下游主要藻类。

2017 年 11 月到 2019 年 8 月调查期间，共检出浮游植物 7 门 217 属种。调查期间汉江中下游浮游植物以硅藻、绿藻和蓝藻为主，三者的种类数占总种类数的 89%。其中硅藻门 95 种，绿藻门 72 种，蓝藻门 26 种，裸藻门包括 13 种，甲藻门 6 种，隐藻门 3 种，金藻门 2 种。

由两个阶段的调查结果可知，2017—2019 年汉江中下游浮游植物总种类较先前有所增加，其中绿藻和硅藻的种类增加较多。2012—2014 年浮游植物种类组成中绿藻门种类数最高，而现阶段调查硅藻门种类最多，且黄藻门没有出现。就种类百分比而言，硅藻明显增多，裸藻也有所增加，但蓝藻和绿藻占比相对减少。具体见图 9-28 和图 9-29。

就优势种而言，2012 年 11 月和 2013 年 11 月蓝藻为绝对优势种群，2017 年 11 月和 2018 年 11 月硅藻为优势种群。2012—2014 年优势种群的优势度为绿藻＞硅藻＞蓝藻，蓝藻门和硅藻门种类百分比相近；而 2017—2019 年优势种群的优势度为硅藻＞绿藻＞蓝藻，各个门类间相差较为明显。与 2012—2014 年相比，调水后硅藻占比进一步上升，成为绝对优势种，而绿藻们和蓝藻门占比则下降明显。

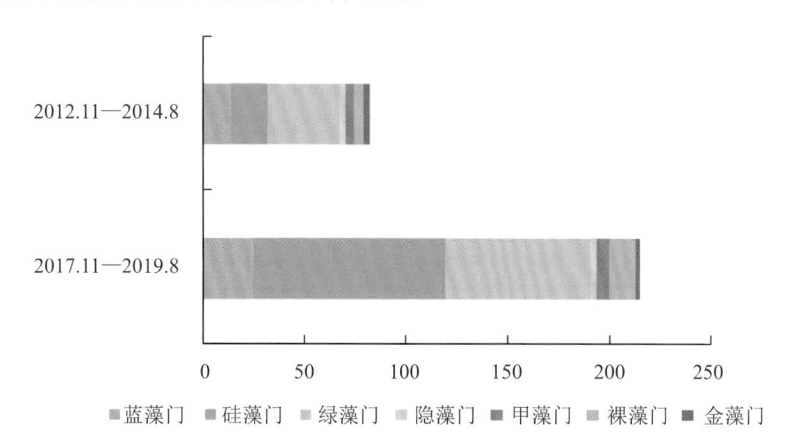

图 9-28　2012—2014 年与 2017—2019 年浮游植物组成比较（物种数）

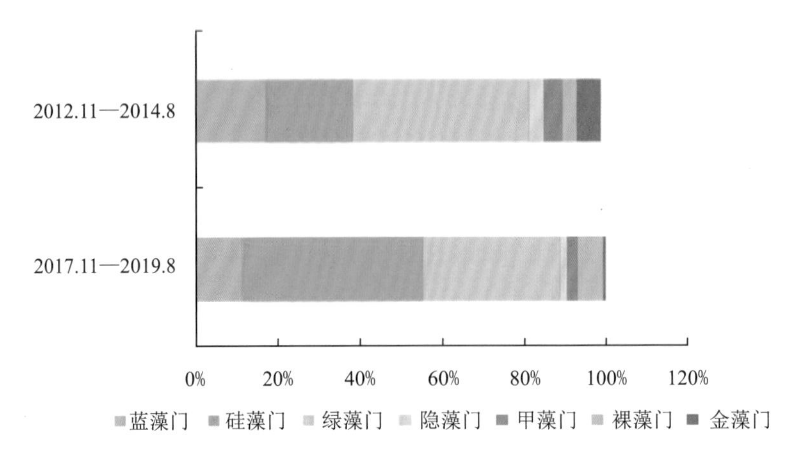

图 9-29　2012—2014 年与 2017—2019 年浮游植物组成比较（百分比）

由两个阶段相同季节游浮游植物的密度和生物量可知（图 9-30），2017—2019 年浮游植物密度较 2012—2014 年下降明显，但生物量并没有呈现明显下降的趋势。这表明浮游植物的群落结构发生了较大变化，即单个质量相对较轻的蓝绿藻占比有所降低，而单个质量相对较重的硅藻占比明显升高。

（2）汉江中下游浮游动物结构变化

2012—2014 年，调查结果共检出浮游动物 153 种，其中原生动物 50 种，占全部浮游动物种类数的 32.68%；轮虫 56 种，占总种类数的 36.60%；枝角类 38 种，占总种类数的 24.84%；桡足类 9 种，占总种类数的 5.88%。

2017—2019 年，调查结果共检出浮游动物 90 种，其中原生动物 34 种属，占全部浮游动物种类数的 37.78%；轮虫 37 种，占总种类数的 41.11%；枝角类 14 种，占总种类数的 15.56%；桡足类 5 种属，占总种类数的 5.56%。

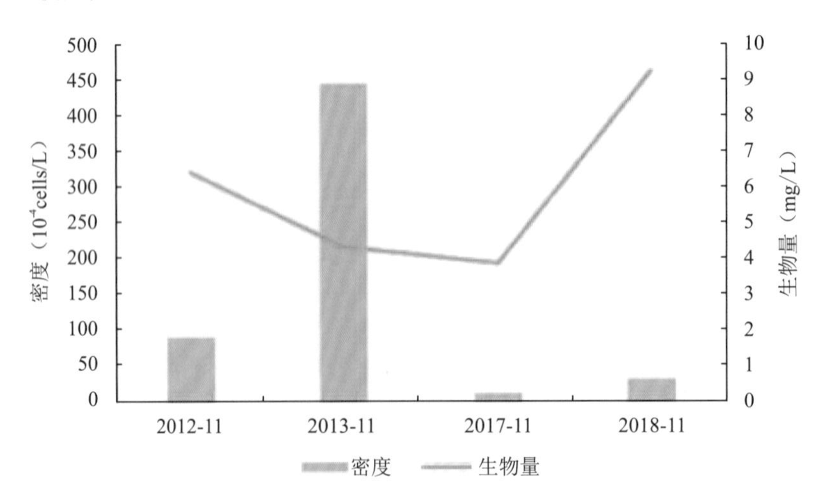

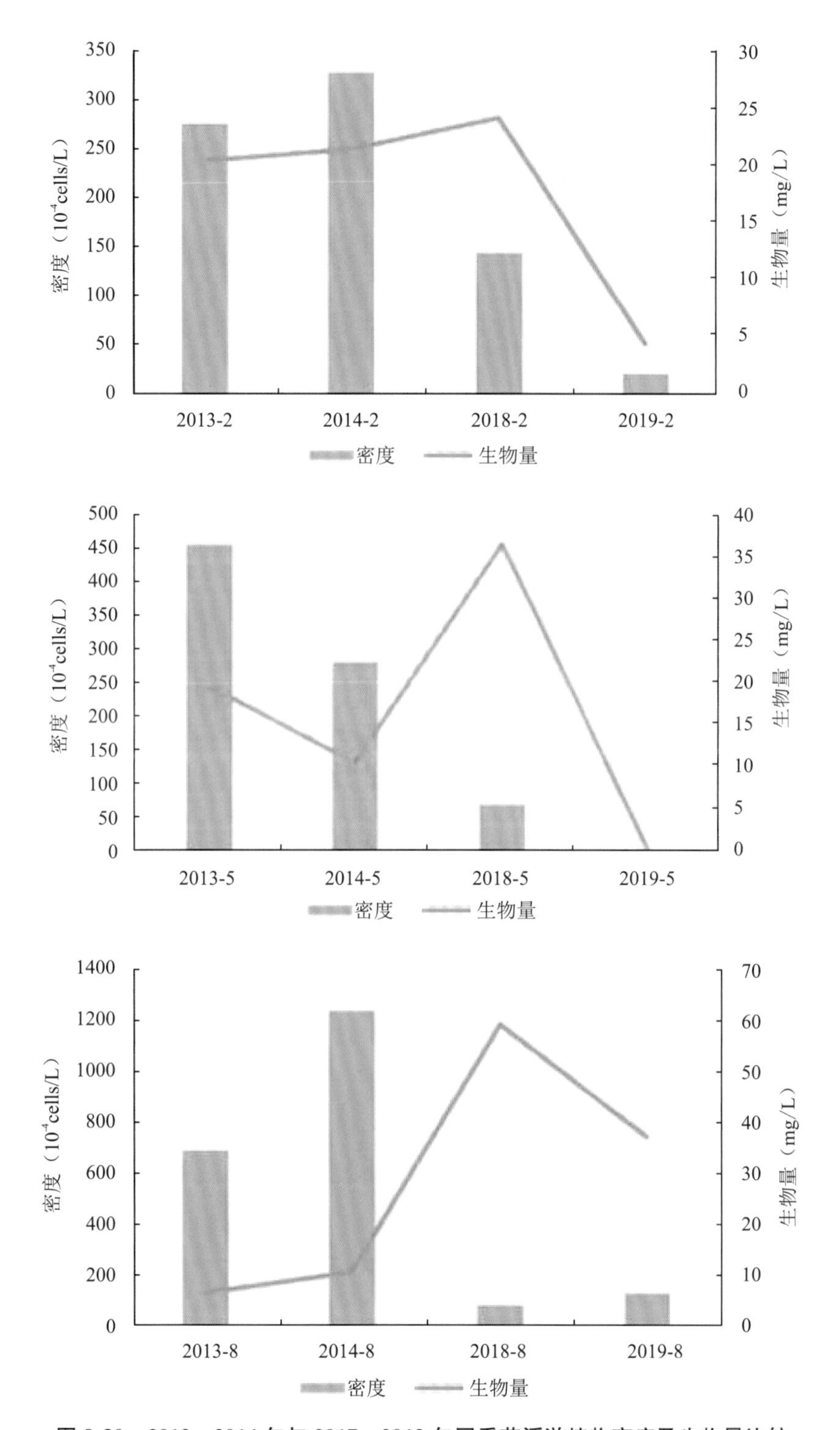

图 9-30　2012—2014 年与 2017—2019 年同季节浮游植物密度及生物量比较

从总物种数来看，近五年浮游动物种类明显减少；从浮游动物的四大类物种组成看，原生动物和轮虫比例相对升高，枝角类比例相对减少。

2017年和2018年秋季浮游动物的密度和生物量较2012年和2013年秋季均出现降低，究其原因，2017年和2018年在连续的高压环保态势下，汉江中下游流域的点源污染源得到了较好控制，水质环境得到了较好改善，TN、TP和高锰酸盐指数较2012年和2013年呈现下降趋势。同时，鱼类禁捕工作也在汉江有序实施。因此，可以认为营养盐和有机质含量的下降、其饵料生物藻类丰度的降低以及被捕食风险的加强是导致浮游动物密度和生物量降低的主要因素。

（3）汉江中下游浮游甲壳动物群落结构变化

2012—2014年调查结果，共检出浮游甲壳动物47种，其中枝角类38种，桡足类9种。2017—2019年调查结果，共检出浮游甲壳动物19种，其中枝角类14种，桡足类5种。和2012—2014年相比，2017—2019年浮游甲壳动物的种类有所减少，但耐污性种类所占的百分比略有减少，这在一定程度上表明汉江中下游水质较2012—2014年略有好转。

（4）汉江中下游底栖动物结构变化

2012—2013年调查结果，共发现底栖动物57种，隶属于4门7纲15目31科。常见种为钩虾、长臂虾、匙指虾、苏氏尾鳃蚓、方格短沟蜷、铜锈环棱螺、椭圆萝卜螺等。群落平均密度在丰水期168.45ind./m^2，平水期160.71ind./m^2，枯水期199.71ind./m^2。

2013—2014年调查结果，共发现底栖动物48种，隶属于4门8纲20科，优势种是湖沼股蛤、河蚬、跳虾、齿斑摇蚊、霍甫水丝蚓和费氏拟仙女虫。底栖动物的平均密度234.9ind./m^2。

2017—2019年调查结果，共鉴定底栖动物49个分类单元，其中昆虫纲所鉴定的种类最多为28种，占总物种数的57.1%，平均密度123.1ind./m^2，平均生物量为16.1g/m^2。优势种为淡水壳菜、多足摇蚊属、摇蚊属、拟开氏摇蚊和环足摇蚊属。

总体来看，2018—2019年汉江中下游流域底栖动物群落物种数目变化不大，但优势种进一步转变为耐污种寡毛类和摇蚊类。与近十年来的3次调查相比，大型底栖动物的群落组成基本相似，优势类群均为寡毛类、软体动物以及摇蚊科，但耐污种如水丝蚓、苏氏尾鳃蚓和多足摇蚊等所占比例有进一步增大的趋势；钩虾、毛翅目、蜉蝣目等喜流水的清洁种类基本绝迹。

9.1.4 鱼类调查

9.1.4.1 工程通水前鱼类调查

在南水北调中线工程实施调水前，湖北省南水北调管理局委托湖北省水产科学研究所开展了针对汉江中下游鱼类资源与产卵场的实地调查研究，编制了《汉江中下游鱼类资源与产卵场现状调查研究报告》，该报告对汉江中下游干流设置了23个鱼类资源调查点。具体点位分布见图 9-31 表 9-24。此次调查时间为 2013—2014 年，其中鱼类资源量调查共分 6 批次（2013 年 1 月底第 1 次、2013 年 5 月初第 2 次、2013 年 7 月底第 3 次、2013 年 11 月底第 4 次、2014 年 2 月中旬第 5 次、2014 年 7 月上旬第 6 次）；鱼类产卵场现状调查共分 2 批次，历时 6 个月。

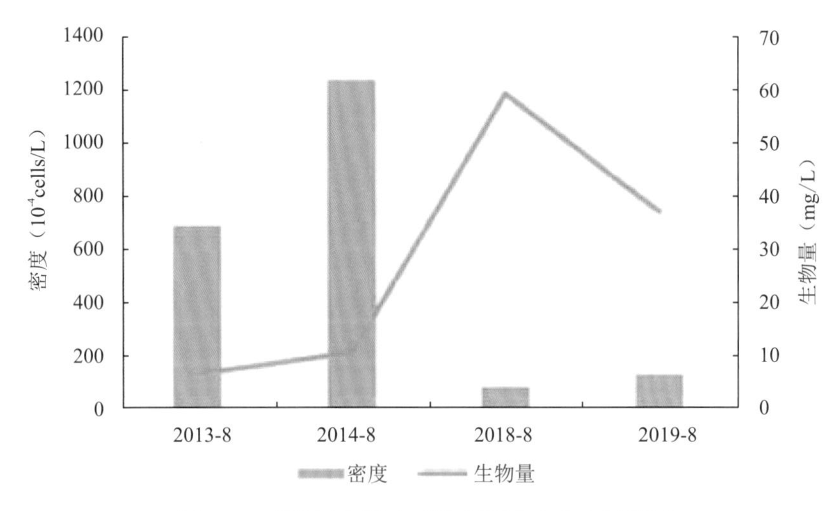

图 9-31 汉江中下游鱼类资源调查点分布示意图

（1）鱼类区系组成及特点

1）2013—2014 年调查结果。

在汉江中下游捕捞的渔获物中，采集到鱼类 79 种，隶属 8 目 20 科 63 属。其中鲤科鱼类 47 种，占 60.3%；鲿科 8 种，占 10.3%；鳅科 4 种，占 5.1%；脂科 3 种，占 3.8%；塘鳢科 2 种，占 2.6%；鮡科、银鱼种、鳗鲡科、平鳍鳅科、鲴科、鲶科、钝头鮠科、鲱科、鱵鱼科、合鳃鱼科、鰕虎鱼科、鳢科、斗鱼科、刺鳅科各 1 种，共占 17.9%。

表 9-24 鱼类资源调查点布设一览表

调查点	行政管辖地	调查水域范围	备注
1 号点	丹江口市	丹江口水利枢纽大坝下冲水约 5km 范围水域	为丹江口大坝流水冲击深水区
2 号点	老河口市	王甫洲大坝上莲花湖水域	
3 号点	老河口与谷城	王甫洲大坝下老河口与谷城交界约 10km 江段水域	
4 号点	襄阳市	茨河至高速公路大桥 20km 江段水域	
5 号点	襄阳市	襄阳一桥上下 10km 江段水域	
6 号点	襄阳市	崔家营大坝上游约 10km 江段宽敞水域	

续表

调查点	行政管辖地	调查水域范围	备注
7号点	襄阳市、宜城	襄阳与宜昌交界江段约20km，产漂流性卵的鱼类产卵场范围	
8号点	宜城市	宜城约25km江段水域	
9号点	宜城市	宜城流水镇约15km江段水域	
10号点	钟祥市	磷矿镇碾盘山江段约20km，产漂流性卵的鱼类产卵场范围内	
11号点	钟祥市	郝集镇江段水域约15km	
12号点	钟祥市	鳡、鳤、鯮鱼种植资源保护区范围内	汉江钟祥段鳡鳤鯮鱼国家级水产种质资源保护区
13号点	沙洋县	马良江段产漂流性卵鱼类产卵场范围内，长吻鮠、黄颡鱼等种植资源保护区	汉江沙洋段长吻鮠瓦氏黄颡鱼国家级水产种质资源保护区的江段（马良）
14号点	沙洋县、天门市	沙洋与天门交界江段约15km水域	
15号点	潜江市	荷花月堤江段10km水域	
16号点	潜江市	泽口码头上下江段约12km水域	
17号点	天门市	岳口码头上下江段约10km水域	
18号点	仙桃市	城关外汉江江段约25km水域	
19号点	仙桃市、汉川市	分水镇两市交界处约20km水域	为引江济汉入汉江下游江段
20号点	汉川市	马口镇江段约10km水域	
21号点	汉川市	汉川城关外江段约12km水域	
22号点	武汉市蔡甸区	城外江段约15km水域	
23号点	东西湖区	黄金口江段约10km水域	

2）历史调查结果。

1974年汉江中下游调查收集到鱼类种群92种，隶属8目20科58属，其中鲤科鱼类49种，占53.26%；鲿科9种，占9.78%；鳅科9种，占9.78%；脂科3种，占3.265；鳀科、塘鳢科、鲇科、斗鱼科、鰕虎鱼科各2种，分别占2.17%；银鱼科、平鳍鳅科、针鱼科、鲱鱼科、钝头鮠科、鮡科、鱵鱼科、合鳃鱼科、鳢科、刺鳅科、鳗鲡科、鮰科等12科各1种，共占13.04%。

2003—2004年，汉江中游江段渔获物中共采集到鱼类78种，隶属8目20科63属。其中鲤科鱼类47种，占60.26%；鲿科8种，占10.26%；鳅科4种，占5.13%；脂科3种，占3.85%；塘鳢科、银鱼科各2种，分别占2.56%；平鳍鳅科、鲇科、钝头鮠科、鮡科、鱵鱼科、合鳃鱼科、鰕虎鱼科、斗鱼料、鳢科、刺鳅科、鳀科和鳗鲡科12科各1

种，共占15.38%。

由1974年、2003—2004年以及2013—2014年3次鱼类资源调查可知，1974年调查到的鱼类种群最多为92种，隶属8目20科58属；2003—2004年与2013—2014年调查到的鱼类种群基本没有差异，分别为78种和79种，均隶属8目20科63属。3次鱼类资源调查种类组成见表9-25，部分鱼类图片见图9-32。

表9-25　三次鱼类资源调查种类组成一览表

鱼名	1974年	2004年	2013年
Ⅰ. 鲱形目 *CLUPEIFORMES*			
一、鳀科 *Engraulidae*			
（一）鲚属 *Coilia*			
1. 长颌鲚 *Coilia ectenes J. et S.*	+		+
2. 短颌鲚 *Coilia brachygnathus K. et P.*	+	+	+
Ⅱ. 鲑形目 *SALMONIFOEMES*			
二、银鱼科 *Salangidae*			
（二）大银鱼属 *Protosalanx*			
3. 大银鱼 *Protosalanx chinensis*（*Abbott*）	+	+	+
（三）新银鱼属 *Neosalanx*			
4. 太湖新银鱼 *Neosalanx taihuensis Chen*		+	
Ⅲ. 鳗形鱼目 *ANGUILIFORMES*			
三、鳗形科 *Anguillidae*			
（四）鳗形属 *Anguila*			
5. 鳗鲡 *Anguila japonicae T. et. S*	+	+	+
Ⅳ. 鲤形目 *CYPRINIFOEMES*			
四、鳅科 *Cobitidae*			
沙鳅亚科 *Botiinae*			
（五）沙鳅属 *Botia Gray*			
6. 中华沙鳅 *Botia superciliaris Günther*	+	+	+
（六）副沙鳅属 *Parabotia*			
7. 花斑副沙鳅 *Parabotia fasciata D. et T.*	+	+	+
8. 点面副沙鳅 *Parabotia maculosus*（*Wu*）	+		
9. 武昌副沙鳅 *Parabotia banarescui*（*Nalbant*）	+	+	+
（七）薄鳅属 *Leptobotia*			
10. 紫薄鳅 *Leptobotia taeniaps*（*Sauvage*）	+	+	+
花鳅亚科 *Cobitinae*			
（八）花鳅属 *Cobitis*			
11. 中华花鳅 *Cobitis sinensis S. et D.*	+		+

续表

鱼名	1974年	2004年	2013年
（九）泥鳅属 Misgurnus			
12. 泥鳅 Misgurnus anguillicaudatus (Cantor)	+	+	+
五、鲤科 Cyprinidae			
亚科 Danioninae			
（十）鱲属 Zacco			
13. 宽鳍鱲 Zacco platypus (Schlegel)	+	+	+
（十一）马口鱼属 Opsariichthys			
14. 马口鱼 Opsariichthys bidens Gunther	+	+	+
（十二）细鲫属 Aphyocypris			
15. 中华细鲫 Aphyocypris chinensis Günther	+	+	+
雅罗鱼亚科 Leuciscinae			
（十三）青鱼属 Mylopharyngodon			
16. 青鱼 Mylopharyngodon piceus (Rich)	+	+	+
（十四）草鱼属 Ctenopharyngodon			
17. 草鱼 Ctenopharyngodon idellus (C. et V.)	+	+	+
（十五）赤眼鳟属 Squaliobarbus			
18. 赤眼鳟 Squaliobarbus curriculus (Rich)	+	+	+
（十六）鯮属 Luciobrama			
19. 鯮 Luciobrama macrocephalus (Lacep)	+		
（十七）鳡属 Elopichthys			
20. 鳡 Elopichthys bambusa (Rich)	+	+	+
（十八）鳍属 Ochetobius Günther			
21. 鳍 Ochetobibus elongatus (Kner)	+		
鲴亚科 Xenocyprininae			
（十九）鲴属 Xenocyprinae			
22. 银鲴 Xenocypris argentea Günther	+	+	+
23. 黄尾鲴 Xenocypris davidi Bleeker	+	+	+
24. 细鳞鲴 Xenocypris microlepis (Bleeker)	+	+	+
（二十）圆吻鲴属 Distoechodon			
25. 圆吻鲴 Distoechodon tumirostris Peters	+	+	+
（二十一）似鳊属 Pseudobrama			
26. 似鳊 Pseudobrama simony (Bleeker)	+	+	+
鲢亚科 Hypophthalmichthyinae			
（二十二）鳙属 Aristichthys			
27. 鳙 Aristichthys nobilis (C. et V.)	+	+	+
（二十三）鲢属 Hypophthalmichthys			
28. 鲢 Hypophthalmichthys molitrix (Rich)	+	+	+

续表

鱼 名	1974 年	2004 年	2013 年
鳑鲏亚科 Achellognathinae			
（二十四）鳑鲏属 Rhodeus			
29. 中华鳑鲏 Rhodeus sinensis Gunther	+	+	+
（二十五）鱊属 Acheilognathus			
30. 无须鱊 Acheilognathus gracilis Nichols	+		
31. 大鳍鱊 Acheilognathus macropterus (Bleeker)		+	+
32 越南鱊 Acheilognathus tonkinensis Vaillant	+		
鲌亚科 Cultrinae			
（二十六）餐属 Hemiculter			
33. 餐条 Hemiculter leucisculus (basil)	+	+	+
34. 油餐 Hemiculter bleekere bleeker warp	+	+	+
（二十七）似鲚属 Toxabramis			
35. 似鲚 Toxabramis swinhonis (Günther)	+	+	+
（二十八）原鲌属 Cultrichthys			
36. 红鳍原鲌 Cultrichthys erythropterus Basil	+	+	+
（二十九）鲌属 Culter			
37. 翘嘴鲌 Culter alburnus Basilewsky	+	+	+
38. 蒙古鲌 Culter mongolicus Basil	+	+	+
39. 青梢鲌 Culter dabryi (Bleeker)	+	+	+
40. 尖头鲌 Culter oxycephalyus (Bleeker)	+	+	+
41. 拟尖头鲌 Culter oxycephaloides (K. et P.)	+	+	+
（三十）鳊属 Parabramis			
42. 长春鳊 Parabramis pekinensis (Basilewsky)	+	+	+
43. 三角鲂 Megalobrama terminalis (Richardson)	+	+	+
（三十一）华鳊属 Sinibrama			
44. 华鳊 Sinibrama wui typus (Rendahl)	+	+	+
45. 银飘鱼 Pseudolaubuca sinensis Bleeker	+	+	+
46. 寡鳞银飘 Pseudolaubuca engraulis (Nichols)	+	+	+
鮈亚科 Gobioninae			
（三十二）䱻属 Hemibarbus			
47. 唇䱻 Hemibarbus labeo (Pallas)	+	+	+
48. 花䱻 Hemibarbus maculatus Bleeker	+	+	+
（三十三）麦穗鱼属 Pseudorasbora			
49. 麦穗鱼 Pseudorasbora parva (T. et S.)	+	+	+
（三十四）鳈属 Sarcocheilichthys			
50. 华鳈 Sarcocheilichthys sinensis Bleeker	+	+	+
51. 黑鳍鳈 Sarcocheilichthys nigripinnis (Gunther)	+	+	+
（三十五）银鮈属 Squalidus			
52. 银色颌吻鮈 Squalidus argentatus (S. et d.)	+		

续表

鱼 名	1974 年	2004 年	2013 年
（三十六）铜鱼属 Coreius			
53. 铜鱼 Brass gudgeon (Bleeker)	+	+	+
54. 圆口铜鱼 Coreius guichenoti (S. et D.)	+		
（三十七）吻鮈属 Rhinogobio			
55. 吻鮈 Rhinogobio typus Bleeker	+	+	+
56 湖南吻鮈 Rhinogobio hunanensis (J. H. Tang)	+		
57. 圆筒吻鮈 Rhinogobio cylindricus Gunther	+	+	+
58. 长鳍吻鮈 Rhinogobio ventralis Savage et Dabry	+		
（三十八）似鮈属 Pseudogobio			
59 似鮈 Pseudogobio vaillanti (Sauvage)	+	+	+
（三十九）棒花鱼属 Abbottina			
60. 棒花鱼 Abbottina rivularis (Basil)	+	+	+
61. 乐山棒花鱼 Abbottina kiatingensis (Wu)	+		
（四十）蛇鮈属 Saurogobio			
62. 长蛇鮈 Saurogobio dumerili Bleeker	+	+	
63. 蛇鮈 Saurogobio dabryi Bleeker	+	+	+
64. 细尾蛇鮈 Saurogobio gracilicaudatus (Yao et Yang)	+	+	+
鳅鮀亚科 Gobiobotia			
（四十一）鳅鮀属 Gobiobotia			
65. 长须鳅鮀 Gobiobotia longibarba Fang et Wang	+		+
66. 宜昌鳅鮀 Gobiobotia filifer Garman	+		
鲤亚科 Cypriniae			
（四十二）鲤属 Cyprinus			
67. 鲤 Cyprinus carpio T. et D.	+	+	+
（四十三）鲫属 Carassius			
68. 鲫 Carassius auratus (Linnaeus)	+	+	+
鲃亚科 Barbinae			
（四十四）白甲鱼属 Onychostoma			
69. 多鳞白甲鱼 Onychostoma macrolepis (Bleeker)	+	+	+
六、平鳍鳅科 Balitoridae			
（四十五）犁头鳅属 Lepturichthys			
70. 犁头鳅 Lepturichthys fimbriata (Günther)	+	+	+
Ⅴ. 鲇形目 SILURIFOEMES			
七、鲇科 Siluridae			
（四十六）鲇属 Silurus			
71. 南方鲶 Silurus soldatovi meridionalis Chen	+		
72. 鲶 Silurus asotus (Linn.)	+	+	+

续表

鱼 名	1974 年	2004 年	2013 年
八、鲿科 Bagridae			
(四十七) 黄颡鱼属 Pelteobagrus			
73. 黄颡鱼 Pelteobagrus fulvidraco (Rich)	+	+	+
74. 长须黄颡鱼 Pelteobagrus eupogon (Boulenger)	+		
75. 瓦氏黄颡鱼 Pelteobagrus vachelli (Rich)	+	+	+
76. 光泽黄颡鱼 Pelteobagrus nitidus (S. et D.)	+	+	+
(四十八) 鮠属 Leiocassis			
77. 长吻鮠 Leiocassis longirostris Gunther	+	+	
78. 粗唇鮠 Leiocassis crassilabris Gunther	+	+	+
(四十九) 拟鲿属 Pseudobagrus			
79. 切尾拟鲿 Pseudobagrus truncatus (Regan)		+	+
80. 圆尾拟鲿 Pseudobagrus tenuis (Günther)		+	+
(五十) 鳠属 Mystus			
81. 大鳍鳠 Mystus macropterus Bleeker	+	+	+
九、钝头鮰科 Amblycipitida			
(五十一) 鱼央属 Liobagrus			
82. 白缘鱼央 Liobagrus marginatus (Günther)		+	+
十、叉尾鮰科 Ietalulridae			
(五十二) 叉尾鮰属 Ietalurus			
83. 斑点叉尾鮰 Ietalurus Punetaus La Rivers			+
十一、鲱科 Sisoridae			
(五十三) 纹胸鲱属 Glyptothorax			
84. 中华纹胸鲱 Glyptothorax sinensis (Regan)	+	+	+
Ⅵ. 颌针鱼目 BELONIFOEMES			
十二、青鳉科 Oryziatidae			
(五十四) 青鳉属 Oryzias			
85. 青鳉 Oryzias latipes (Schlegel)	+		
十三、鱵鱼科 Hemiramphidae			
(五十五) 鱵属 Hemiramphus			
86 鱵 Hemiramphus Kurumeus J. et S.	+	+	+
Ⅶ. 合鳃鱼目 SYNBGRANCHIFOEMES			
十四、合鳃鱼科 Synbranchidae			
(五十六) 黄鳝属 Monopterus			
87. 黄鳝 Monopterus albus (Zuiew)	+	+	+
Ⅷ. 鲈形目 PERCIFOEMES			
十五、鮨科 Serranidae			
(五十七) 鳜属 Siniperca			
88. 斑鳜 Siniperca scherzeri Steindachner	+	+	+
89. 大眼鳜 Siniperca kneri Garman	+	+	+

续表

鱼名	1974年	2004年	2013年
90. 鳜 Siniperca chuatsi (Basilewsky)	+	+	+
十六、塘鳢科 Eleotridae			
（五十八）沙塘鳢属 Odontobutis			
91. 河川沙塘鳢 Odontobutis potamophila（T. et S.）	+	+	+
（五十九）小黄黝鱼属 Micropercops			
92. 黄黝 Micropercops swinhonis（Gunther）	+	+	+
十七、鰕虎鱼科 Gobiidae			
（六十）栉鰕虎鱼属 Ctenogobius			
93. 栉鰕虎 Ctenogobius giurinus（Rutter）	+	+	+
94. 洞庭栉鰕虎 Ctenogobius Cliffordpopei（Nichols）	+		
十八、斗鱼科 Belontiidae			
（六十一）斗鱼属 Macropodus			
95. 圆尾斗鱼 Macropodus ocellatus（Bloch）	+	+	+
96. 叉尾斗鱼 Macropodus opercularis（Linn）	+		
十九、鳢科 Channidae			
（六十二）鳢属 Channa			
97. 乌鳢 OPhicephalus argus（Cantor）	+	+	+
二十、刺鳅科 Mastacembelidae			
（六十三）刺鳅属 Mastacembelus			
98. 刺鳅 Mastacembelus armatus（Basilewsky）	+	+	+
小计	92	78	79

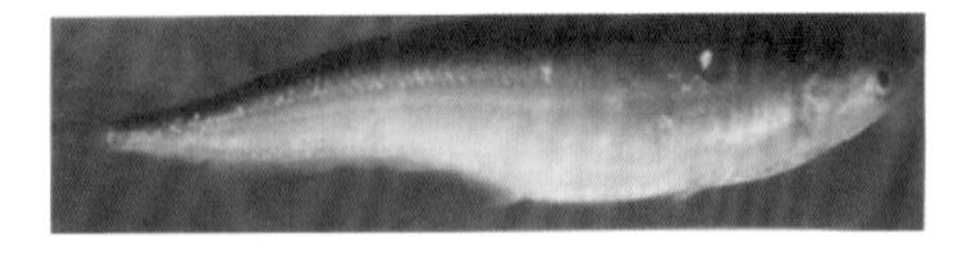

短颌鲚

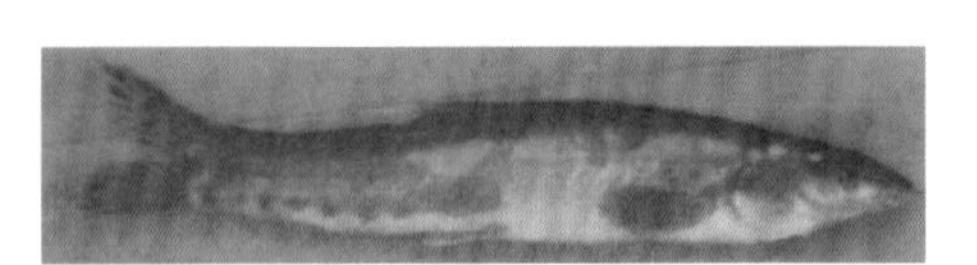

中华沙鳅

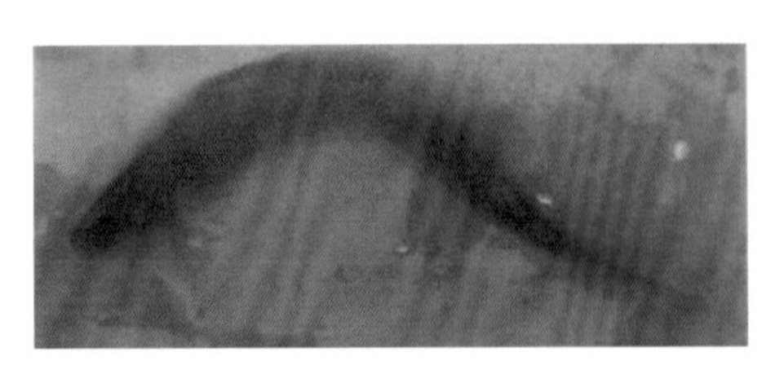

泥鳅

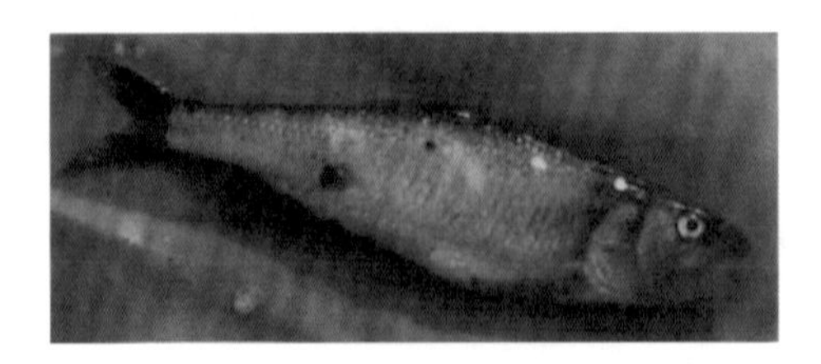

马口鱼

宽鳍鱲　中华细鲫

青鱼　草鱼

赤眼鳟　鳡鱼

湖北圆鲴　细鳞斜颌鲴

银鲴　逆鱼

白鲢　花鲢

中华鳑鲏　无须鱊

餐条

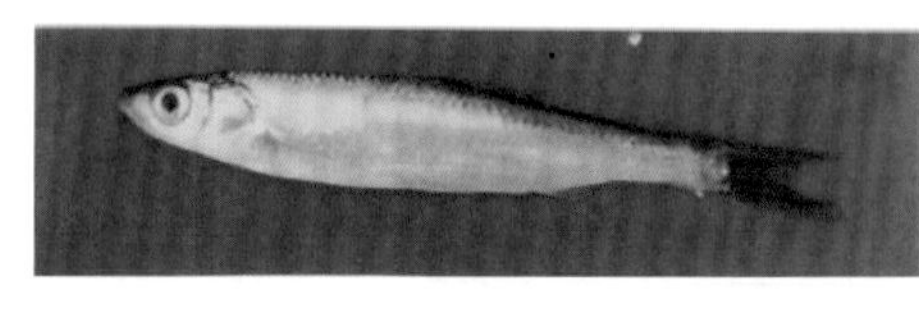

油餐

长春鳊

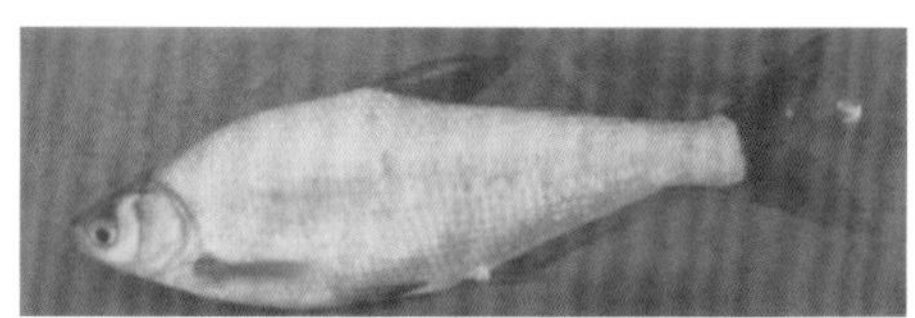

长体鳊

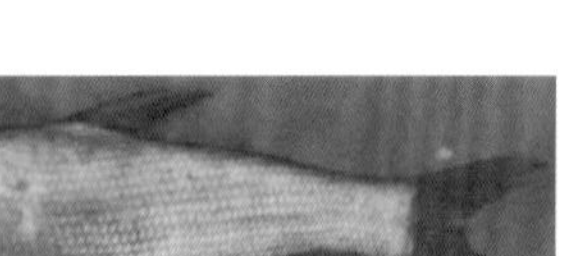

蒙古鲌

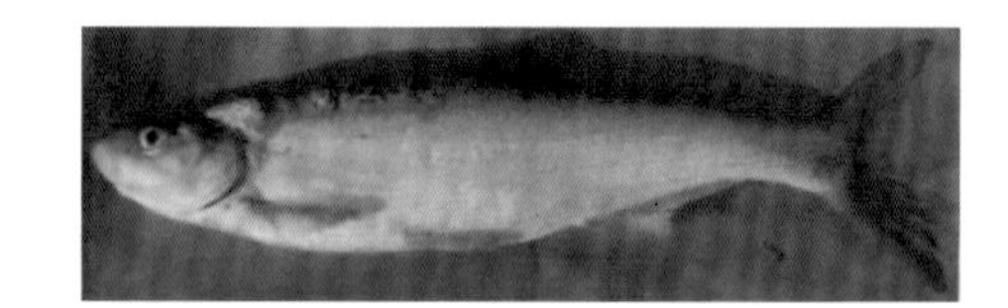

翘嘴鲌

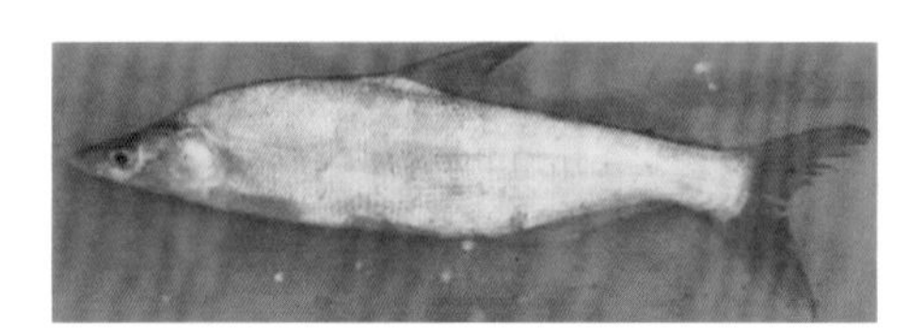

拟尖头鲌

花䱻

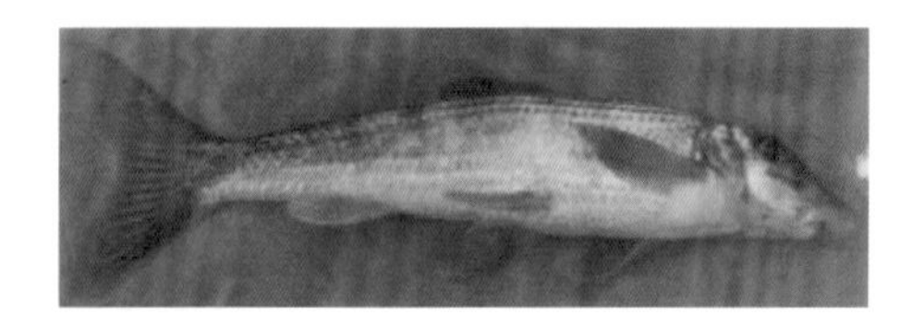

吻鮈

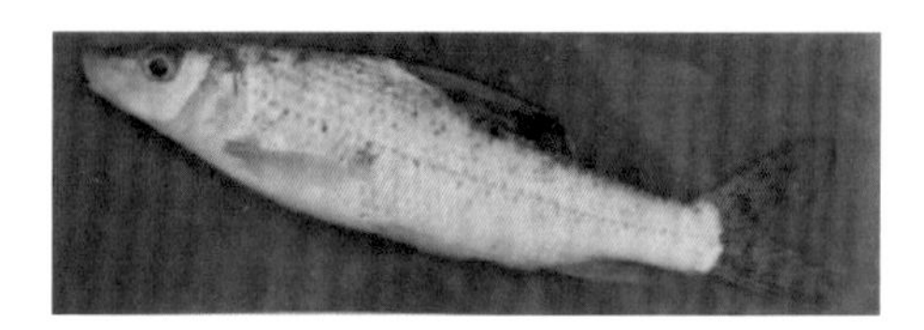

唇䱻

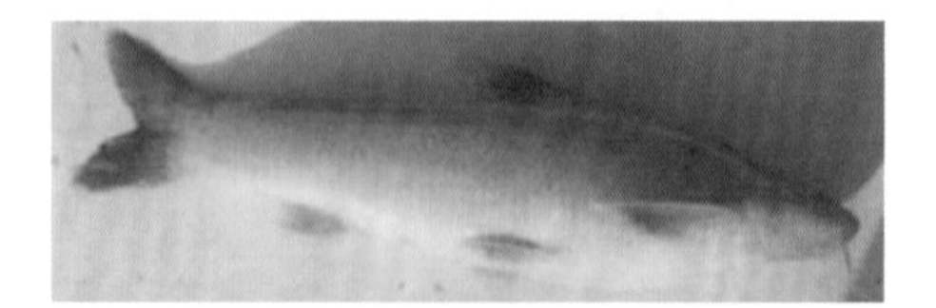

铜鱼

蛇鮈

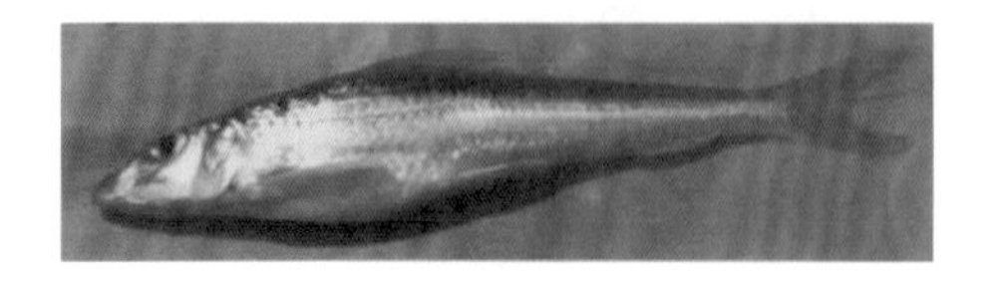

圆筒吻鮈

鲤鱼

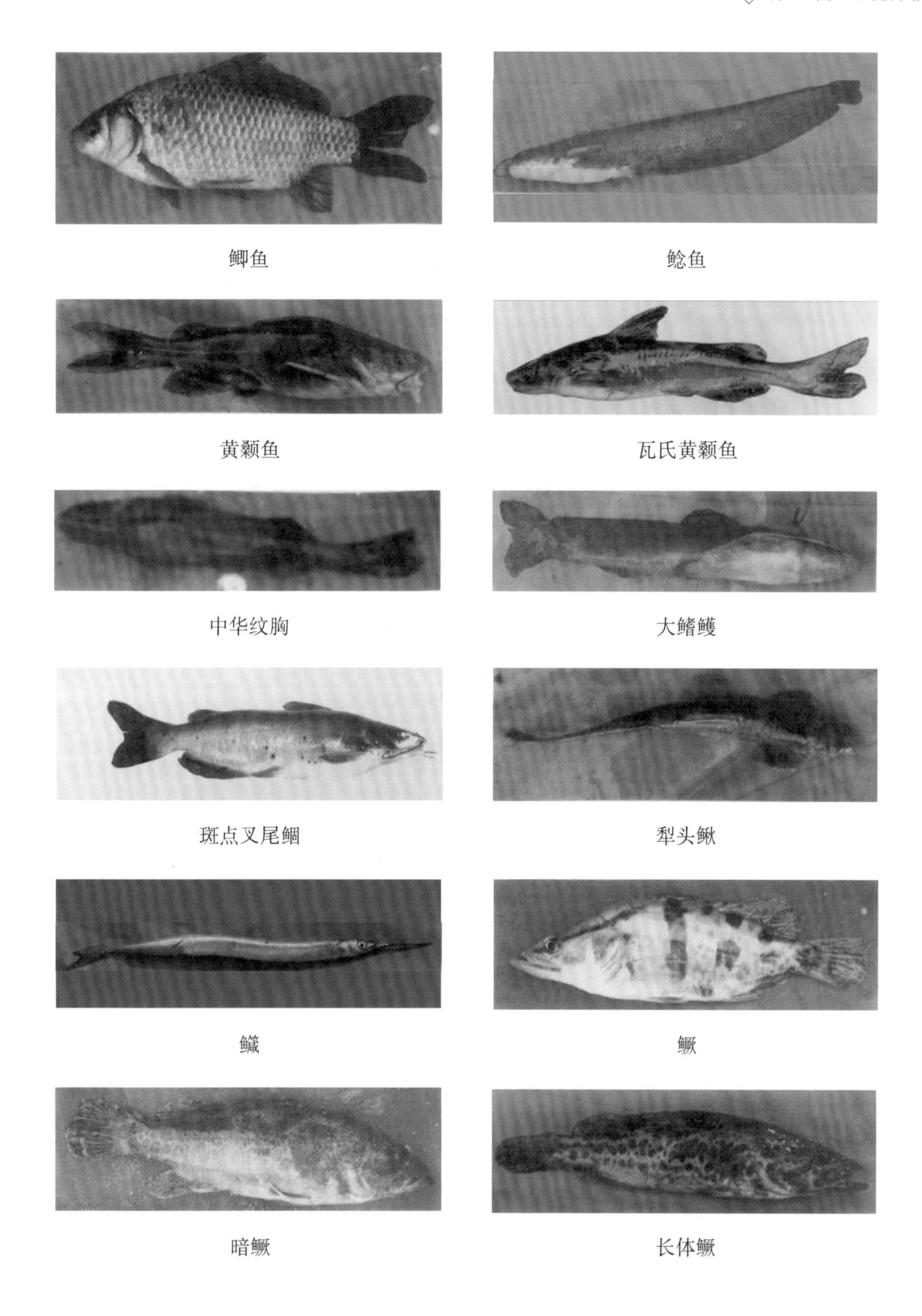

鲫鱼

鲶鱼

黄颡鱼

瓦氏黄颡鱼

中华纹胸

大鳍鳠

斑点叉尾鮰

犁头鳅

鱵

鳜

暗鳜

长体鳜

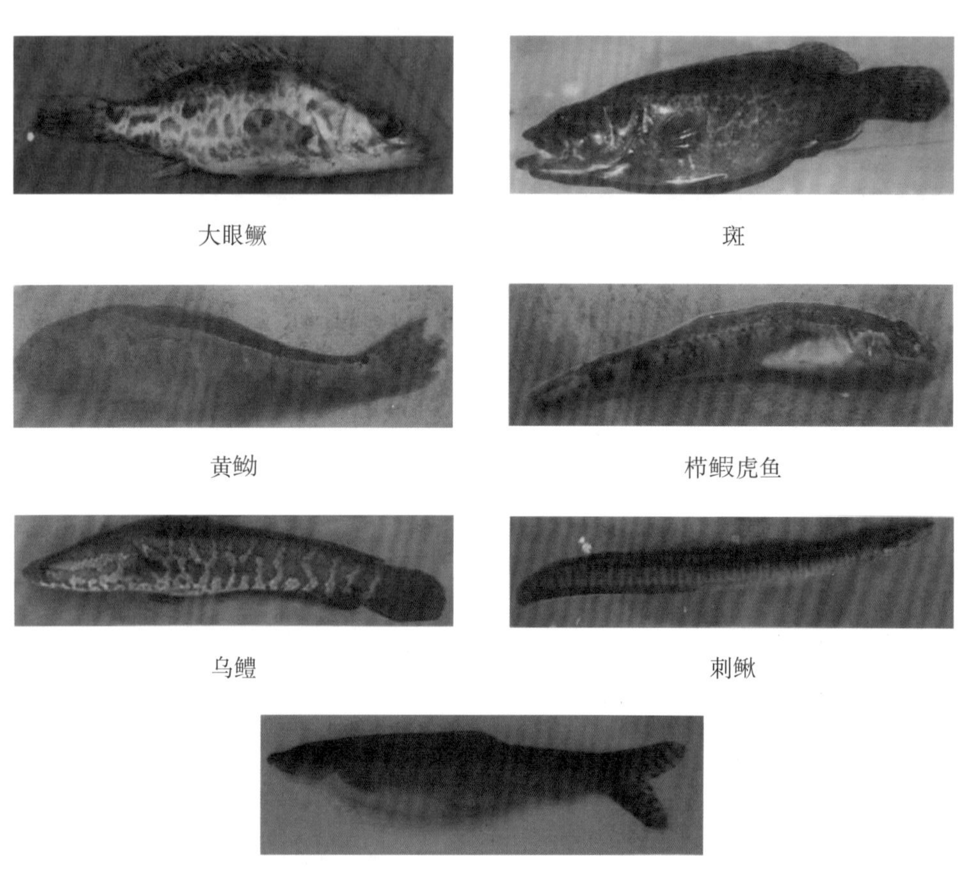

大眼鳜　斑

黄鲂　栉鰕虎鱼

乌鳢　刺鳅

花斑副沙鳅

图 9-32　鱼类资源调查现场部分鱼类图片

（2）不同江段鱼类种群数变化分析

汉江中下游水域不同江段鱼类种类分布情况，在 2013—2014 年汉江鱼类资源现场调查过程中，由于王甫洲大坝、崔家营大坝、兴隆大坝将汉江中下游分割成 4 个江段水域，对洄游与半洄性鱼类产生阻隔因而导致鱼类种群数量发生变化。丹江口大坝至王甫洲大坝以上江段为 66 种；王甫洲大坝以下至崔家营大坝以上江段为 69 种；崔家营大坝以下至兴隆大坝以上为 69 种；兴隆枢纽以下至武汉汇入长江口为 79 种。

汉江中游鱼类减少的主要原因：其一是洄游性鱼类因大坝受阻隔，根据 1974 年、2004 年汉江中游调查结果 92 种与 78 种鱼类比较，崔家营大坝修建后中游江段的鱼类分别减少 26 种与 12 种，减少的鱼类品种大多数为鲤科鱼类，占 65%、鳅科与鲿科鱼类占 35%；其二是中游江段较底部较平坦，可以用各种网眼较小的电拖网、地笼等网具过度捕捞，减少的鱼类种类多鲤科、鳅科、鲿科鱼类。不同江段水域鱼类种群组成见表 9-26。

表 9-26 不同江段鱼类种群组成表

序号	鱼类	丹江口大坝下至王甫洲大坝	王甫洲大坝下至崔家营大坝	崔家营大坝下至兴隆大坝	兴隆大坝下至武汉长江入口
1	短颌鲚				+
2	大银鱼	+			
3	鳗鲡	+	+	+	+
4	中华沙鳅	+	+	+	+
5	紫薄鳅	+	+	+	+
6	花斑副沙鳅	+	+	+	+
7	泥鳅	+	+	+	+
8	犁头鳅	+	+	+	+
9	马口鱼	+	+	+	+
10	宽鳍鱲	+	+	+	+
11	中华细鲫	+	+	+	+
12	青鱼	+	+	+	+
13	草鱼	+	+	+	+
14	赤眼鳟	+	+	+	+
15	鳡		+	+	+
16	黄尾鲴		+	+	+
17	细鳞斜颌鲴	+	+	+	+
18	银鲴	+	+	+	+
19	圆吻鲴	+	+	+	+
20	似鳊	+	+	+	+
21	鳙	+	+	+	+
22	鲢	+	+	+	+
23	中华鳑鲏	+	+	+	+
24	彩石鲋	+	+	+	+
25	大鳍刺鳑鲏	+	+	+	+
26	䱗	+	+	+	+
27	油䱗		+	+	+
28	似鲚	+	+	+	+
29	长春鳊	+	+	+	+
30	鲂	+	+	+	+
31	团头鲂	+	+	+	+
32	蒙古红鲌	+	+	+	+
33	翘嘴红鲌		+	+	+
34	青梢红鲌	+	+	+	+
35	红鳍鲌	+	+	+	+

续表

序号	鱼类	丹江口大坝下至王甫洲大坝	王甫洲大坝下至崔家营大坝	崔家营大坝下至兴隆大坝	兴隆大坝下至武汉长江入口
36	拟尖头红鲌	+	+	+	+
37	银飘鱼	+	+	+	+
38	寡鳞飘鱼	+	+	+	+
39	唇䱻	+	+	+	+
40	花䱻	+	+	+	+
41	似䱻	+	+	+	+
42	华鳈	+	+	+	+
43	黑鳍鳈	+	+	+	+
44	吻鮈	+	+	+	+
45	圆筒吻鮈	+	+	+	+
46	棒花鱼	+	+	+	+
47	似鮈	+	+	+	+
48	蛇鮈	+	+	+	+
49	银鮈	+	+	+	+
50	细尾蛇鮈		+	+	+
51	铜鱼				+
52	麦穗鱼				+
53	宜昌鳅鮀	+	+	+	+
54	多鳞铲颌鱼	+	+	+	+
55	鲤	+	+	+	+
56	鲫	+	+	+	+
57	鲶	+	+	+	+
58	黄颡鱼	+	+	+	+
59	瓦氏黄颡鱼	+	+	+	+
60	光泽黄颡鱼	+	+	+	+
61	粗唇鮠				+
62	切尾鮠	+	+	+	+
63	钝尾	+	+	+	+
64	大鳍鳠	+	+	+	+
65	白缘鱼央				+
66	斑点叉尾鮰				+
67	中化纹胸鮡				+
68	鳡	+	+	+	+
69	黄鳝		+	+	+
70	鳜	+	+	+	+

续表

序号	鱼类	丹江口大坝 下至王甫洲大坝	王甫洲大坝 下至崔家营大坝	崔家营大坝 下至兴隆大坝	兴隆大坝下至 武汉长江入口
71	大眼鳜				+
72	斑鳜	+	+	+	+
73	沙塘鳢	+	+	+	+
74	黄蚴	+	+	+	+
75	子陵栉鰕虎	+	+	+	+
76	圆尾斗鱼		+	+	+
77	乌鳢	+	+	+	+
78	刺鳅	+	+	+	+

注：上表中“+”表示有，空白表示没有。

根据1974年汉江中下游鱼类资源调查结果，鱼类种群数量为92种，2003—2004年调查鱼类种群数量为78种，2013—2014年调查鱼类种群数量为79种，与1974年调查的鱼类种群数量减少的鱼类品种为鯮鱼、鳤鱼、长吻鮠、圆口铜鱼、无须鱊、银色颌吻鮈、长鳍吻鮈、花斑副沙鳅、湖南吻鮈、裸背栉鰕虎、长须黄颡鱼、宜昌鳅鮀、乐山棒花鱼、长蛇鮈等14种鱼类，增加1个外来物种斑点叉尾鮰。造成鱼类种群数量减少的主要原因是汉江中下游梯级建设改变汉江中下游水域生态环境条件，汉江中下游鱼类产卵场的变迁、缩小、消失，鱼类洄游通道受阻等。

（3）鱼类产卵场

根据1976年周春生的调查结果，汉江中游有王甫洲、茨河、襄樊、宜城、钟祥、马良以及支流唐河、白河的郭滩和埠口等8处产卵场；1999年王甫洲水利枢纽大坝建成后，李修峰在2004年的调查显示汉江中游干流王甫洲产卵场淹没消失，只保留了茨河、襄樊、宜城、关家山、钟祥、马良、陈家口等6个鱼类产卵场；2009年在崔家营水利枢纽大坝建成蓄水发电前，万力的调查显示汉江中下游干流区监测到产漂流性卵的仅有宜城、钟祥、马良3个鱼类产卵场。根据2013—2014年《汉江中下游鱼类资源与产卵场现状调查研究报告》，汉江中下游鱼类产卵场仅有宜城、钟祥、马良3个。

根据2013年5月调查结果，在马良江段（30°53′14.33″N、112°33′20.02″E～30°50′50.24″N、112°37′119.56″E）有少部分其他产漂流性卵经济鱼类的产卵场，产卵场范围约18km，无“四大家鱼”产卵场分布。产漂流性卵的鱼类有草鱼、青鱼、白鲢、花鲢、长春鳊、赤眼鳟、吻鮈、蒙古红鲌、翘嘴红鲌等9种。

2014年再次调查，前述马良鱼类产卵场收集到其他经济鱼类的卵，在兴隆水利枢纽大坝前10km，鱼卵处于刚出膜状态，存活统计率约20%左右。2014年产漂流性卵的鱼类有长春鳊、赤眼鳟、吻鮈、蒙古红鲌、翘嘴红鲌等6种与其他小型经济鱼类。

(4) 鱼类影响分析

由历年调查数据可知，各水利枢纽的建设阻隔了鱼类洄游与半洄游通道，在汉江中下游仅存3个产卵场，并且根据2013—2014年调查渔获物可知，汉江中下游鱼类以定居性、产黏性卵一级小型鱼虾组成，汉江中下游干流上各水利枢纽的建设对鱼类资源和产卵场均造成了影响，部分鱼类产卵场淹没，鱼类生境发生变化。

9.1.4.2 工程试运行鱼类调查

(1)《南水北调中线一期引江济汉工程竣工环境保护验收水生生态监测与调查报告》调查成果

1）珍稀濒危鱼类调查与评价。

A. 中华鲟繁殖与洄游

监测表明，2015—2019年葛洲坝坝下中华鲟繁殖群体数量分别为45尾、46尾、27尾、20尾和16尾，具体见图9.33至图9.34。仅2016年在该江段监测到了中华鲟的自然繁殖活动（2016年采集到了中华鲟卵），其他年份未监测到中华鲟的产卵活动。

B. 中华鲟综合评价

根据环评报告及有关资料，1981—1990年期间，中华鲟繁殖群体年补充量为822～1650尾；1998年在中华鲟自然繁殖前，采用水声学方法估计在长江葛洲坝下至古老背约20km江段中，中华鲟亲体资源量在1028尾。2005—2007年工程实施前，每年洄游至葛洲坝下的中华鲟繁殖群体数量分别为235尾、217尾和203尾。

目前，该江段中华鲟繁殖群体数量已经降低至50尾以下。相关研究表明，其数量下降的主要原因，首先是葛洲坝阻断中华鲟生殖洄游通道，致使产卵场江段大幅缩减。历史上，中华鲟产卵场分布在金沙江下游至长江上游合江县，产卵场江段长达800km；葛洲坝截流后，中华鲟群繁殖群体被阻隔在坝下，产卵场江段缩短至仅5km，严重影响其繁殖，导致其数量大幅下降。其次，三峡大坝改变了坝下中华鲟产卵场的水温、水文环境，严重影响其自然繁殖活动。此外，三峡水库蓄水后，10—11月水温下降速度减缓，总体较正常年份同期偏高1℃左右，大坝的滞温效应，导致中华鲟繁殖时间大幅推迟，这也是导致近年来中华鲟自然繁殖中断的重要原因。

由此可知，影响中华鲟繁殖和洄游的主要因素是底质、水温、流速和流量等条件，工程取水口距离中华鲟繁殖场大约130km，位于取水口附近的沙市水文站数据显示，长江枯水期，即每年11月至次年1月为中华鲟繁殖季节，日径流量在7000～10000m^3/s之间。引江济汉工程调水设计流量为350m^3/s，最大流量为500m^3/s，工程调取水量占长江流量不足5%。这一比例小于长江日径流量的变化幅度，对130km处的中华鲟繁殖场所在位置的水文条件未造成影响。

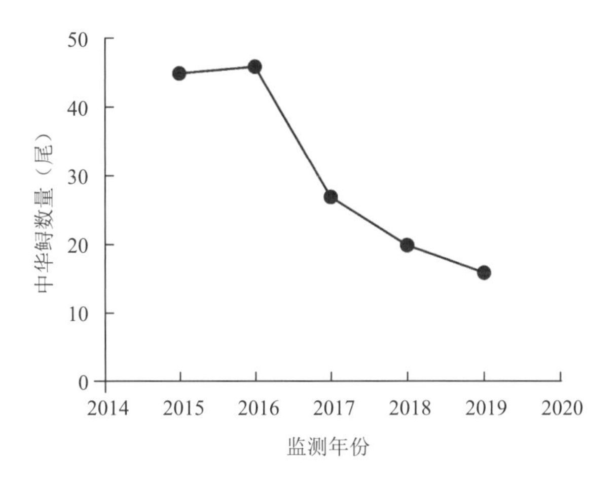

图 9-33 葛洲坝坝下中华鲟繁殖群体数量（2015—2019 年）

（a）水声学监测

（b）中华鲟鱼卵采集

图 9-34 长江宜昌段中华鲟监测与采集

监测资料显示，中华鲟亲本和幼鱼洄游基本在长江干流中，极少出现在长江支流。引江济汉工程渠底宽仅 60m，沿线有多处节制闸等枢纽工程，中华鲟亲本和幼鱼洄游误入渠道的可能性极小。综上，结合工程运行期监测结果表明，该工程运行对未对中华鲟繁殖和洄游造成明显影响。

2）渔业资源调查与评价。

A. 鱼类区系组成

江段内鱼类区系大致可归为 3 类。

第 1 类：第三纪早期鱼类，是一些第三纪中新世及以前残留下来的种类，这些鱼的代表种数不多，但因适应性强，分布广，是一些常见的鱼类，包括有鲤、鲫、泥鳅、鲶、鳜等。它们的体色多数具有河道色或拟草色。

第 2 类：古北区鱼类，包含两个类群，一是中国江河平原区系类群，起源于我国东部，以老三纪的古北区原有的鱼类及其后裔为主，多数善泳、喜氧，适于开阔水域的中上层鱼类，包括有青、草、鲢、鳙、鳊属、鲌属、鲴属等，为保护区内优势种群，比例超过半数。二是北方山麓平原区系鱼类，形成于第世纪全新世冰川期，其主要生态特征是耐寒，喜清流水，喜高氧，体呈纺锤形，种类较少，只有花鳅属鱼类等。

第 3 类：中印区鱼类，是印度平原区系类群，即亚热带低地沼泽区系鱼类，大多是体形较小、不善游泳，具有适应高温、耐缺氧的特点，包括有鲶科的一些种类以及乌鳢、斗鱼、塘鳢、黄鳝、刺鳅等。

B. 鱼类生态特点

鱼类区系组成是以鲤科鱼类为主的江河平原类群，从食性、卵特征、生态习性方面来看（表 9-27），其生态特点如下。

Ⅰ. 食性

植食性鱼类：包括以浮游植物为食的鲢，以维管束植物为食的草鱼，以周从植物为食的鲴类等。

凶猛性鱼类：以鱼类为主要捕食对象，甲壳类及水生昆虫为辅，包括鲇、黄颡鱼等。

底栖动物食性鱼类：以底栖软体动物为食的类群。包括青鱼、虾虎鱼属鱼类等。

广食谱性鱼类：这类鱼类杂食性，食谱中包括小型动物、植物及其碎屑，其食性在不同环境水体和不同季节有明显变化。包括鲤、鲫、泥鳅等。

Ⅱ. 卵特征

根据卵的生态特点和比重，一般分有漂流性卵、浮性卵和沉（黏）性卵类型。

产浮性卵种类：此类种群主要生活在缓流水体中，繁殖季节在 5—7 月，产出的卵体积小，比重小于水。调查区域有乌鳢、鳜等。

产漂流性卵种类：此类主要是生活在江河水体中、上层的鱼类。繁殖季节在 4—5 月，产出的卵体积大，比重略大于水，卵顺流而下进行孵化。此繁殖类群对环境要求较高，必须满足一定的水温、水位、流速、流态、流程等水文条件才能完成繁殖和孵化。调查区域包括有青鱼、草鱼、鲢、鳙、吻鮈属、蛇鮈等。

产沉（黏）性卵种类：卵子比水重，产出后沉在水底或附着于水草、石块等产卵基质上。根据卵粒有无黏性，又分成无黏性卵，如鳅科鱼类等的卵，粒粒分离，无黏性。黏性卵，卵膜外层遇水后具黏性，或长有黏丝，产后附着于水草、石块等产卵基质上，如鲤、鲫、鳊等的卵子。其中，产弱黏性卵的种类通常生活于静水水域水草丰富的地方，卵黏附于水草上孵化，如鲤、鲫、鲴类等；产强黏性卵的种类通常生活于激流浅滩或流速较大的河槽，产出的卵牢固地黏附在石砾表面，激流中孵化，有蛇鮈、黄颡鱼、翘嘴鲌等。

Ⅲ. 生态习性

从生态习性来看，该区域鱼类可以划分为 3 种生态类型：

咸淡水洄游性鱼类，溯河洄游鱼类如银鱼等；

江湖洄游性鱼类，如鲢、鳙、草鱼、青鱼；

定居性鱼类，如鲤、鲫、黄颡鱼、团头鲂、乌鳢等。

表 9-27 **鱼类生态特点**

种类	学名	生活水域	食性	产卵类型
鲤形目	*Cypriniformes*			
鲤科	*Cyprinidae*			
大鳍鱊	*Acheilognathus macropterus*	流水及静水	杂食性	沉性卵
兴凯鱊	*Acheilognathus chankaensis*	静水	杂食性	沉性卵
鲫	*Carassius auratus*	流水及静水	杂食性	沉性卵，具黏性
鲤	*Cyprinus carpio*	流水及静水	杂食性	黏性卵
鲢	*Hypophthalmichthys molitrix*	静水及流水	植食性	漂流性卵
鳙	*Aristichthys nobilis*	静水及流水	杂食性	漂流性卵
圆筒吻鮈	*Rhinogobio cylindricus*	流水	杂食性	漂流性卵
银鮈	*Squalidus argentatus*	静水及微流水	杂食性	漂流性卵
蛇鮈	*Saurogobio dabryi*	流水	杂食性	漂流性卵
长蛇鮈	*Saurogobio dumerili*	流水	杂食性	漂流性卵
唇䱻	*Hemibarbus labeo*	流水	杂食性	漂流性卵
鳊	*Parabramis pekinensis*	流水及静水	植食性	漂流性卵
䱗	*Hemiculter leucisclus*	流水及静水	杂食性	沉性卵
贝氏䱗	*Hemiculter bleekeri lucidus*	流水及静水	杂食性	漂流性卵
银飘鱼	*Pseudolaubuca sinensis*	流水	杂食性	沉性卵
达氏鲌	*Culter dabryi*	流水及静水	肉食性	黏性卵
蒙古鲌	*Culter mongolicus*	流水及静水	肉食性	黏性卵
翘嘴鲌	*Culter ilishaeformis*	流水及静水	肉食性	黏性卵
红鳍原鲌	*Cultrichthys erythropterus*	流水及静水	肉食性	黏性卵
青鱼	*Mylopharyngodon piceus*	流水及静水	杂食性	漂流性卵
草鱼	*Ctenopharyngodon idellus*	静水及流水	植食性	漂流性卵
赤眼鳟	*Squaliobarbus curriculus*	静水	杂食性	附着产卵
银鲴	*Xenocypris argentea*	流水及静水	杂食性	漂浮性卵
圆吻鲴	*Distoechodon tumirostris*	流水	杂食性	黏性卵
似鳊	*Pseudobrama simoni*	流水及静水	杂食性	漂流性卵
团头鲂	*Megalobrama. Amblycephala*	流水	杂食性	漂流性卵
棒花鱼	*Abbottina rivularis*	流水及静水	杂食性	沉性卵
麦穗鱼	*Pseudorasbora parva*	静水	杂食性	黏性卵
花䱻	*Hemibarbus maculatus*	流水及静水肉食性	肉食性	黏性卵
华鳈	*Sarcocheilichthys sinensis*	流水及静水	杂食性	黏性卵
黑鳍鳈	*Sarcocheilichthys nigripinnis*	流水及静水	杂食性	漂流性卵
中华鳑鲏	*Rhodeus sinensis*	静水	杂食性	产卵蚌类鳃瓣中

续表

种类	学名	生活水域	食性	产卵类型
高体鳑鲏	*Rhodeus ocellatus*	静水	杂食性	产卵蚌类鳃瓣中
鳅科	*Cobitidac*			
花斑副沙鳅	*Parabotia fasciata*	流水	杂食性	漂流性卵
武昌副沙鳅	*Parabotia banarescui*	流水	杂食性	漂流性卵
泥鳅	*Misgurnus anguillicaudatus*	流水及静水	杂食性	沉性卵
鲇形目	*Siluri formes*			
鲇科	*Siluridae*			
鲇	*Silurus asotus*	流水及静水	肉食性	附着产卵
鲿科	*Bagridae*			
长吻鮠	*Leiocassis longirostris*	流水	肉食性	附着产卵
黄颡鱼	*Pelteobagrus fulvidraco*	静水或流水	肉食性	附着产卵
瓦氏黄颡鱼	*Pelteobagrus vachelli*	静水或流水	肉食性	附着产卵
光泽黄颡鱼	*Pelteobragrus nitidus*	静水或流水	肉食性	附着产卵
粗唇鮠	*Leiocassis crassilabris*	流水	肉食性	附着产卵
大鳍鳠	*Mystus macropterus*	流水	肉食性	附着产卵
鲈形目	*Perci forms*			
鮨科	*Serranidae*			
鳜	*Siniperca chuatsi*	流水及静水	肉食性	浮性卵
大眼鳜	*Siniperca kneri*	流水及静水	肉食性	浮性卵
鳢科	*Channidae*			
乌鳢	*Channa argus*	流水及静水	肉食性	浮性卵
刺鳅科	*Mastacembelidae*			
刺鳅	*Mastacembelus aculeatus*	流水及静水	肉食性	附着产卵
塘鳢科	*Eleotridae*			
沙塘鳢	*Odontobutis obscurus*	静水	肉食性	附着产卵
虾虎鱼科	*Gobiidae*			
子陵吻虾虎鱼	*Rhinogobius giurinus*	流水及静水	肉食性	沉性卵
攀鲈科	*Anabantidae*			
圆尾斗鱼	*Macropodus chinensis*	流水及静水	杂食性	浮性卵
鲑形目	*Salmoni forms*			
银鱼科	*Salangidae*			
短吻间银鱼	*Henisalanx brachyrostralis*	流水及静水	肉食性	沉性卵
鲱形目	*Clupei formes*			
鳀科	*Engraulidae*			
短颌鲚	*Coilia brachygnathus*	流水及静水	肉食性	浮性卵
颌针鱼目	*Beloni formes*			

续表

种类	学名	生活水域	食性	产卵类型
鱵科	*Hemirhamphidae*			
九州鱵	*Hemiramphus kurumeus*	流水及静水	杂食性	附着产卵
合鳃鱼目	*Synbgranchiformes*			
合鳃科	*Symbranchidae*			
黄鳝	*Monopterus albus*	静水	杂食性	吐泡沫护卵

C. 渔业资源现状

Ⅰ. 长湖

调查共采集鱼类 69 种（表 9-28），隶属于 7 目 15 科。其中鲤形目鱼类最多共 48 种，其次为鲈形目 12 种，鲶形目有 5 种，其他各目均只有 1 种；在科这一层级水平上，鲤科鱼类为最大类群，有 38 种，其他各科均少于 5 种。

表 9-28　长湖主要鱼类种类

目	科	属	种	拉丁学名
鲤形目	鲤科	麦穗鱼属	麦穗鱼	*Pseudorasbora parva*
		鲫属	鲫	*Carassius auratus*
		草鱼属	草鱼	*Ctenopharyngodon idellus*
		鲢属	鲢	*Hypophthalmichthys molitrix*
		鳙属	鳙	*Aristichthys nobilis*
		鲤属	鲤鱼	*Cyprinus carpio*
		青鱼属	青鱼	*Mylopharyngodon piceus*
		马口鱼属	马口鱼	*Opsariicjthys bidens*
		䱗属	䱗	*Hemiculter leucisculus*
			贝氏䱗	*Hemiculter bleekeri*
		飘鱼属	飘鱼	*Pseudolaubuca sinensis*
		原鲌属	红鳍原鲌	*Cultrichthys erythropterus*
		鲌属	翘嘴鲌	*Culter alburnus*
			达氏鲌	*Culter dabryi*
			蒙古鲌	*Culter mongolicus Hyobranchia*
		棒花鱼属	拟尖头鲌	*Culter oxycephaloides*
			棒花鱼	*Abbottina rivularis*
		蛇鮈属	蛇鮈	*Saurogobio dabryi*
		鲴属	银鲴	*Xenocypris argentea*
		圆吻鲴属	圆吻鲴	*Distoechodon hupeinensis*
			圆吻鲴	*Distoechodon tumirostris*
		鳊属	鳊	*Parabramis pekinensis*
		似鳊属	似鳊	*Pseudobrama simoni*

续表

目	科	属	种	拉丁学名
		似鲚属	似鲚	*Toxabramis swinhonis*
		鲂属	团头鲂	*Megalobrama amblycephala*
		鳈属	黑鳍鳈	*Sarcocheilichthys nigripinnis*
			华鳈	*Sarcocheilichthys sinensis*
		䱻属	花䱻	*Hemibarbus maculatus*
		似刺鳊鮈属	似刺鳊鮈	*Paracanthobrama guichenoti*
		鳡属	鳡	*Elopichthys bambusa*
		赤眼鳟属	赤眼鳟	*qualiobarbus curriculus*
		鱊属	大鳍鱊	*Acheilognathus macropterus*
			短须鱊	*Acheilognathus barbatulus*
			无须鱊	*Acheilognathus gracilis*
			兴凯鱊	*Acheilognathus chankaeusis*
		鳑鲏属	方氏鳑鲏	*Rhodeus fangi*
			高体鳑鲏	*Rhodeus ocellatus*
			彩石鳑鲏	*Rhodeus lighti*
	鳅科	泥鳅属	泥鳅	*Misgurnus anguillicaudatus*
		副沙鳅属	花斑副沙鳅	*Parabotia fasciata Dabry*
			武昌副沙鳅	*Parabotia banarescui*
	花鳅科	花鳅属	中华花鳅	*Cobitis sinensis*
鲈形目	鳢科	鳢属	乌鳢	*Channa argus*
			月鳢	*Channa asiatica*
	塘鳢科	沙塘鳢属	塘鳢	*Odontobutis obscurus*
		黄黝属	黄黝	*Micropercops swinhonis*
	刺鳅科	刺鳅属	刺鳅	*Mastacembelus aculeatus*
	鮨科	鳜属	鳜鱼	*Siniperca chuatsi*
			大眼鳜	*Siniperca kneri*
	虾虎鱼科	吻虾虎鱼属	子陵吻虾虎鱼	*Rhinogobius giurinus*
	攀鲈科	斗鱼属	圆尾斗鱼	*Macropodus chinensis*
			叉尾斗鱼	*Macropodusopercularis*
鲇形目	鲿科	黄颡鱼属	黄颡鱼	*Pelteobagrus fulvidraco*
			瓦氏黄颡鱼	*Pelteobagrus vachelli*
			长须黄颡鱼	*Pelteobagrus eupogon*
			光泽黄颡鱼	*Pelteobagrus nitidus*
	鲇科	鲇属	鲇	*Silurus asotus*
鲱形目	鳀科	鲚属	短颌鲚	*Coilia brachygnathus*
颌针鱼目	鱵科	鱵属	九州鱵	*Tylosurus melanotus*
合鳃目	合鳃科	黄鳝属	黄鳝	*Monopterus albus*
鲑形目	银鱼科	间银鱼属	短吻间银鱼	*Hemisalanx brachyrostralis*

长湖夏冬季的优势种组成有一定差异，夏季优势种为鲫、鲤、䱗、草鱼；冬季优势种为鲫、鲤、达氏鲌；其中鲫和鲤是夏冬季的共同优势种。

长湖鱼类优势种中，鲫的体长范围为41～202mm，均值为105mm，优势体长范围为62～103mm；体重范围为1.0～234.0g，均值为41.9g，优势体重范围为1.0～59.3g。其他优势种中，只有鲤、草鱼的平均体重大于100g，其他如麦穗鱼、红鳍原鲌、䱗的平均体重均小于100g。平均体长大于100mm的优势种是草鱼、鲤和红鳍原鲌，䱗、麦穗鱼平均体长小于100mm。

Ⅱ.汉江蔡甸段

监测期间共采集到鱼类49种，分别隶属于5目10科，以鲤科鱼类种类数最多，其次为鲿科、鳅科鱼类。见表9-29。

表9-29　汉江蔡甸段主要鱼类种类

目	科	属	种	拉丁学名
鲤形目	鲤科	马口鱼属	马口鱼	*Opsariichthys bidens*
		草鱼属	草鱼	*Ctenopharyndodon idellus*
		鲴属	银鲴	*Xenocypris argentea*
			细鳞鲴	*Xenocypris microlepis*
		似鳊属	似鳊	*Pseudobrama simoni*
		鲂属	团头鲂	*Megalobrama amblycephala*
		鲌属	翘嘴鲌	*Culter alburnus*
			蒙古鲌	*Culter mongolicus*
			拟尖头红鲌	*Erythroculter oxycephaloides*
		原鲌属	红鳍原鲌	*Cultrichthys erythropterus*
		䱗属	䱗	*Hemiculter leucisculus*
			贝氏䱗	*Hemiculter bleekeri*
		鳊属	鳊	*Parabramis pekinensis*
		鳑鲏属	中华鳑鲏	*Rhodeinae sinensis*
		鱊属	大鳍鱊	*Acheilognathus macropterus*
			兴凯鱊	*Acheilognathus chankaensis*
			越南鱊	*Acheilognathus tonkinensis*
		䱻属	花䱻	*Hemibarbus maculatus*
			唇䱻	*Hemibarbus labeo*
		麦穗鱼属	麦穗鱼	*Pseudorasbora parva*
		鳈属	华鳈	*Sarcocheilichthys sinensis*
			黑鳍鳈	*Sarcocheilichthys nigripinnis*
		蛇鮈属	蛇鮈	*Saurogobio dabryi*
			长蛇鮈	*Saurogobio dumerili*

续表

鲤形目	鲤科	鲤属	鲤	*Cyprinus carpio*
		鲢属	鲢	*Hypophthalmichthys molitrix*
		鳙属	鳙	*Aristichthys nobilis*
		银鮈属	银鮈	*Squalidus argentatus*
		吻鮈属	圆筒吻鮈	*Rhinogobio cylindricus*
		飘鱼属	飘鱼	*Pseudolaubuca sinensis*
		棒花属	棒花鱼	*Abbottina rivularis*
	鳅科	花鳅属	中华花鳅	*Cobitis sinensi*
		泥鳅属	泥鳅	*Misgurnus anguillicaudatus*
		副泥鳅属	大鳞副泥鳅	*Paramisgurnus dabryanus*
鲇形目	鲿科	黄颡鱼属	黄颡鱼	*Pelteobagrus fulvidraco*
			瓦氏黄颡鱼	*Pelteobagrus vachelli*
		鮠属	粗唇鮠	*Leiocassis crassilabris*
		拟鲿属	切尾拟鲿	*Pseudobagrus truncatus*
		鳠属	大鳍鳠	*Mystus macropterus*
	鲇科	鲇属	鲇	*Silurus asotus*
合鳃鱼目	合鳃科	黄鳝属	黄鳝	*Monopterus albus*
鲈形目	鮨科	鳜属	鳜	*Siniperca chuatsi*
	塘鳢科	沙塘鳢属	沙塘鳢	*Odontobutis obscurus*
		黄黝属	黄黝	*Hypseleotris Swinhonis*
	虾虎鱼科	吻虾虎鱼属	子陵吻虾虎鱼	*Rhinogobius giurinus*
			波氏吻虾虎鱼	*Rhinogobius cliffordpopei*
	鳢科	鳢属	乌鳢	*Channa argus*
鳉形目	胎鳉科	食蚊鱼属	食蚊鱼	*Gambusia affimis*

根据渔获物监测结果，主要渔获物有鲤、鲫、黄颡鱼、编、草鱼、赤眼鳟、鲢、马口鱼、吻鮈、翘嘴鲌、鲇等，见表 9-30。

表 9-30　　汉江蔡甸段主要渔获物组成

种类	重量比（%）	尾数比（%）	尾均重（g）
鲤	27.8	6.2	756
鲫	12.9	26.7	73
黄颡鱼	12.1	14	45
编	8.7	5.4	290
草鱼	8.5	0.9	1257
赤眼鳟	4.7	2.4	275

续表

种类	重量比（%）	尾数比（%）	尾均重（g）
鲢	4.2	2.3	511
马口鱼	1.6	8.3	26
吻鮈	1.4	0.6	167
鲇	1.2	0.5	231
翘嘴鲌	1.1	0.2	764
鳜	1.1	0.1	186
黄鳝	1.1	0.2	92

D. 渔业资源综合评价

Ⅰ. 长湖

根据环评报告书及文献资料显示，1986 年长湖有鱼类 77 种（亚种），以鲤科鱼类为主，天然常见种类有鲫、鲤、黄颡鱼、鳘、鲌类。

本次调查到鱼类 69 种，以鲫、鲤、鳘、翘嘴鲌、达氏鲌等为主，主要种类与环评报告书的主要种类一致；未发现的种类，如鳗鲡、鳡、白河鱎等，均为少见种，这些种类在长湖进行长期调查中发现，近期不仅长湖中未发现，在长江中游亦十分罕见。由于本次调查的范围较小、时间有限，存在一些稀少鱼类未被捕获。综上考虑，引江济汉工程运行至今，长湖主要鱼类没有发生明显变化，工程对长湖鱼类资源没有明显影响。

Ⅱ. 汉江蔡甸段

根据环评报告书，工程实施前汉江中下游鱼类 75 种，主要为鲤科鱼类渔，获物主要为鲤、鲫、鲂、鳊、黄颡鱼属、鲶、鳜等。

本次调查到鱼类 49 种，主要渔获物种类为鲤、鲫、黄颡鱼、鳊、鲇、鳜、翘嘴鲌、黄鳝等，与环评报告书中主要渔获物基本一致，中华倒刺鲃、白甲鱼、结鱼、多鳞铲颌鱼、圆吻鲴、华鳊、胭脂鱼等种类未发现。由于采样季节、网具和捕捞强度的差异，部分种类的渔获物比例存在差别，但主要种类的数量没有差异。表明工程对汉江中下游鱼类群落未造成明显影响。

3）鱼类早期资源、产卵场调查与评价。

A. 鱼类早期资源、产卵场现状

Ⅰ. 长江龙洲垸引水口

i. 鱼卵种类组成

2015 年 5—7 月在长江龙洲垸断面共采集鱼卵 13889 粒，共鉴定出鱼卵 21 种，隶属于 2 目 3 科。其中以银飘鱼数量最多，占总鉴定量的 31.3%，银鮈次之，占 24.8%，其他优势种类还贝氏鳘、草鱼、鳊犁头鳅和吻鮈。具体见图 9-35。

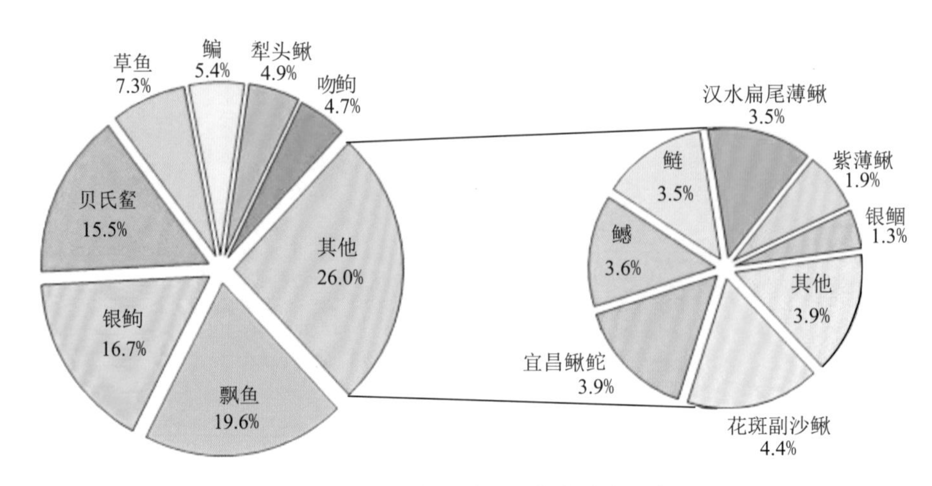

图 9-35　长江龙洲垸断面鱼卵种类组成

ⅱ. 产卵规模及产卵时间

2015 年监测期间，龙洲垸断面鱼卵径流量为 150.14 亿粒。共出现 3 次产卵高峰，分别是 5 月 29 日至 6 月 3 日、6 月 9—11 日和 6 月 26—27 日，产卵规模分别为 25.70 亿粒、25.56 亿粒和 18.45 亿粒（表 9-31），高峰期累计产卵量 69.71 亿粒，占总规模的 46.4%，平均卵密度 22.1ind./100m^3。鱼卵径流量日变化过程见图 9-36。

表 9-31　长江龙洲垸断面产卵高峰期及规模

日期	持续天数（d）	产卵规模（亿粒）
5 月 29 日至 6 月 3 日	6	25.70
6 月 9—11 日	3	25.56
6 月 26—27 日	2	18.45
合计	10	69.71

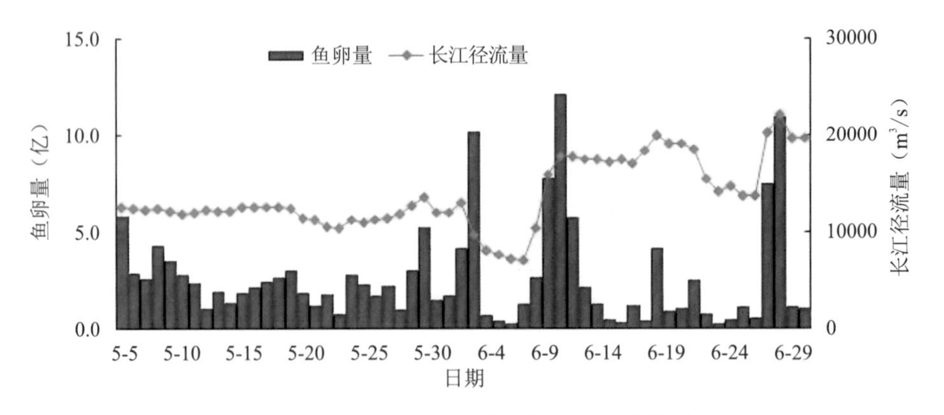

图 9-36　长江龙洲垸断面鱼卵径流量日变化过程

调查期间，“四大家鱼”卵径流量为1.75亿粒，出现5次产卵高峰。在5月29日、6月3日、6月9—10日、6月17—21日、6月27—28日，对应规模为0.32亿粒、0.31亿粒、0.16亿粒、0.47亿粒、0.25亿粒（表9-32），占产卵规模的77.1%。“四大家鱼”鱼卵径流量日变化过程见图9-37。

表9-32　　长江龙洲垸断面“四大家鱼”产卵高峰期及规模

日期	持续天数（d）	产卵规模（亿粒）
5月29日	1	0.32
6月3日	1	0.31
6月9—10日	1	0.16
6月17—21日	5	0.47
6月27—28日	2	0.25
合计	10	1.35

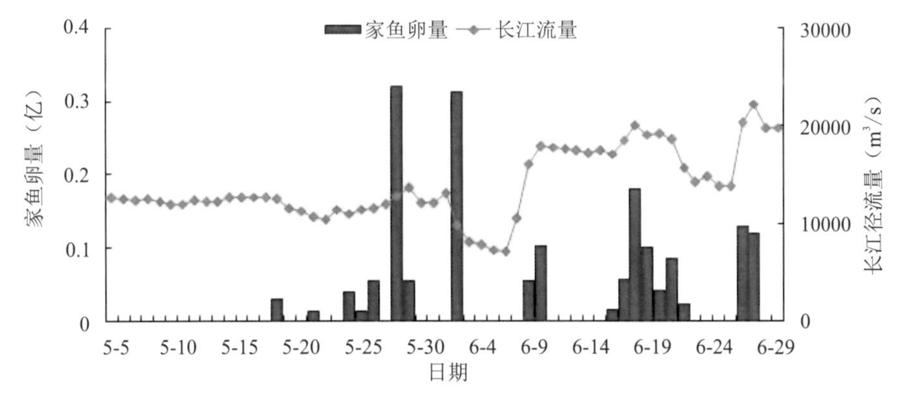

图9-37　长江龙洲垸断面“四大家鱼”鱼卵径流量日变化过程

Ⅱ. 汉江泽口段

ⅰ. 鱼卵种类组成

共采集到鱼苗93.8万尾，估算总鱼苗径流量为113.28亿尾。鉴定种类为31种（属），比例超过1%的只有7种（属），包括银鮈、贝氏䱗、鳑鲏、蛇鮈、虾虎鱼、鲤和黄颡鱼，其中以银鮈、贝氏䱗为主，径流量分别为60.0亿尾（53%）和42.3亿尾（37.3%）。监测期间，“四大家鱼”鱼苗径流量估算为0.18亿尾，占总鱼苗的0.2%，其中以鲢和草鱼为主，分别占56.1%和43.8%，鳙占0.1%，未监测到青鱼苗。种类组成见表9-33。

表 9-33　　2018 年汉江下游鱼苗种类组成

种类	规模（亿尾）	比例（%）
银鮈 *Squalidus argentatus*	60.0	53.0
贝氏䱗 *Hemiculter bleekeri*	42.3	37.3
鳑鲏 *Rhodeinae*	2.6	2.3
蛇鮈 *Saurogobio*	2.0	1.8
虾虎鱼 *Gobiidae*	1.7	1.5
鲤 *Cyprinus carpio*	1.6	1.4
黄颡鱼 *Pelteobagrus fulvidraco*	1.2	1.1
华鳈 *Sarcocheilichthys sinensis*	0.6	0.5
四大家鱼 *Four Chinese farmed carps*	0.2	0.2
其他种类 * *others*	1.1	0.9

注：* 包括马口鱼、瓦氏黄颡鱼、飘鱼、银鱼、间下鱵、鳜鱼、鳊、赤眼鳟、刺鳅、鱤、鲌属、鲇、沙鳅属、鲍属、青鳉、小黄蚴、麦穗鱼、花鳎等。

2018 年 6—7 月采集到漂流性鱼卵 1816 粒，鱼卵发育期从原肠早期至孵化前期都能够发现，其中以囊胚期至晶体出现期为主。估算鱼卵总径流量为 5.5 亿粒。对 281 粒卵径在 3.5mm 以上和 44 粒在 3.5mm 以下的共 325 粒鱼卵进行 DNA 分子鉴定，结果共发现 17 种鱼，其中银鮈最多，有 111 粒，占 34.2%，其次是鲢、鳊、草鱼等。具体见表 9-34。

表 9-34　　汉江汉川段漂流性鱼卵种类、卵径大小及发育期

种类	数量	比例（%）	卵径大小（mm）	发育期
银鮈 *S. argentatus*	111	34.2	3.0～5.5	囊胚早期—孵化前期
鲢 *Hypophthalmichthys molitrix*	49	15.1	3.5～6.0	胚孔封闭期—孵化前期
鳊 *Parabramis pekinensis*	38	11.7	2.2～5.8	囊胚早期—孵化前期
草鱼 *Ctenopharyngodon idellus*	29	8.9	4.0～5.2	囊胚早期—孵化前期
汉水扁尾薄鳅 *Leptobotia tientaiensis hansuiensis*	28	8.6	2.0～5.0	囊胚早期—孵化前期
贝氏䱗 *H. bleekeri*	23	7.1	2.0～4.5	囊胚早期—孵化前期
花斑副沙鳅 *Parabotia fasciata*	18	5.5	2.2～6.2	囊胚早期—孵化前期
紫薄鳅 *L. taeniaps*	8	2.5	4.0～5.0	胚孔封闭期—孵化前期
鳅鮀 *Gobiobotia. sp.*	5	1.5	3.5～4.5	胚孔封闭期—孵化前期
犁头鳅 *Lepturichthys fimbriata*	4	1.2	4.0～5.0	尾鳍出现期—耳石出现期
赤眼鳟 *Squaliobarbus curriculus*	2	0.6	3.0～4.2	心跳期
寡鳞飘鱼 *Pseudolaubuca engraulis*	2	0.6	4.0～5.0	嗅窝时期，孵化前期
华鳈 *S. sinensis*	2	0.6	4.8～5.0	囊胚中期，耳石出现期
飘鱼 *P. sinensis*	2	0.6	4.8～5.0	孵化前期

续表

种类	数量	比例（%）	卵径大小（mm）	发育期
银鲴 *Xenocypris argentea*	2	0.6	3.0～4.0	胚孔封闭期
青鱼 *Mylopharyngodon piceus*	1	0.3	5.0	孵化前期
似鳊 *Pseudobrama simoni*	1	0.3	2.8	囊胚早期

ⅱ．产卵场分布

采用DNA分子鉴定方法检测到79粒“四大家鱼”鱼卵（表9-35），有10天检测到“四大家鱼”鱼卵，估算“四大家鱼”鱼卵径流量为0.69亿粒。根据鱼卵发育期和江水流速推测，汉江下游共有泽口、张港、彭市、仙桃4个“四大家鱼”产卵场，产卵场总长度44km。其中彭市产卵场的规模最大，为0.33亿粒；其次是仙桃产卵场，为0.21亿粒（图9-38）。

表9-35　　2018年汉江下游“四大家鱼”产卵场分布及规模

序号	名称	范围	长度（km）	规模
1	泽口	泽口村附近	5	0.02
2	张港	张港镇下游	10	0.05
3	彭市	岳口镇下—彭市镇	15	0.33
4	仙桃	多祥镇—仙桃市	14	0.21
合计			44	0.61

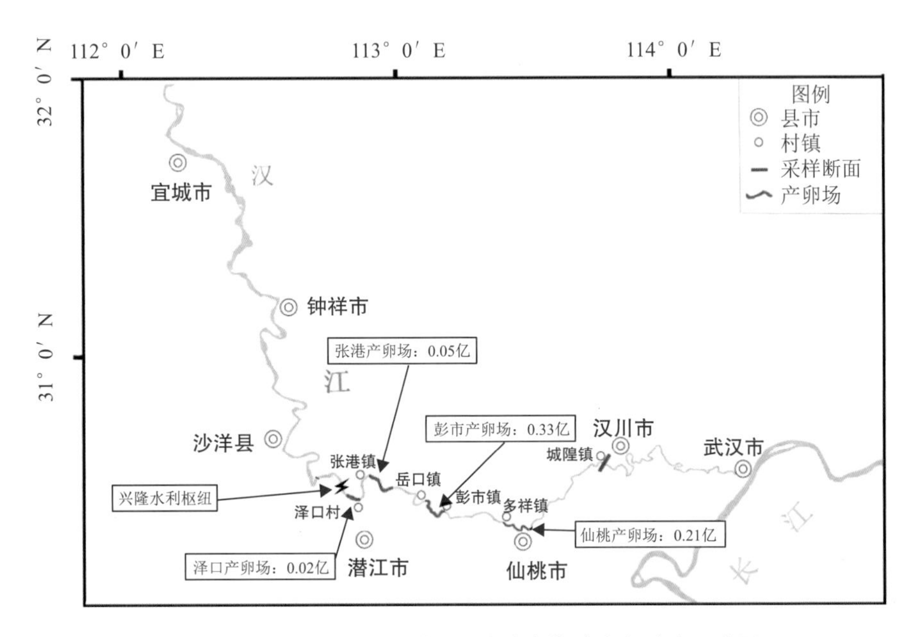

图9-38　2018年汉江下游“四大家鱼”产卵场分布示意图

B. 鱼类早期资源、产卵场综合评价

Ⅰ. 长江龙洲垸引水口

根据环评报告书以及文献资料显示，2012 年长江荆州龙洲垸江段卵苗径流量为 68.9 亿粒尾，对比 2015 年龙洲垸江段产卵总规模达 150 亿粒，长江龙洲垸引水口鱼卵苗发生量上升明显。卵苗组成方面，2012 年共采集鱼卵 19 种，优势种有鳘、银鮈、鲌类、吻鮈、草鱼、鳊等。2015 年采集鱼卵 21 种，优势种有银飘鱼、银鮈、贝氏鳘、草鱼、犁头鳅和吻鮈等。相较 2012 年，2015 年鱼卵种类数略有上升、优势种基本一致。

2005—2010 年长江宜都至龙洲垸江段“四大家鱼”年均产卵场规模约为 2 亿粒，对比 2015 年龙洲垸江段产卵总规模达 150 亿粒（其中“四大家鱼”卵径流量 1.75 亿粒）。

由此可见工程运行期较工程建设前，长江荆州龙洲垸段卵苗优势种没有发生明显变化，卵苗发生量明显上升，说明工程运行对长江龙洲垸江段卵苗的发生没有产生明显的影响。

Ⅱ. 汉江泽口段

根据文献资料，汉江中游 1976 年为 47 亿粒（泽口），2004 年为 163 亿粒（沙洋，距上游泽口 55km）、2006 年为 198 亿粒（沙洋）。

本次调查汉江下游产漂流性卵产卵规模 118.9 亿尾粒。目前分布有泽口、张港、彭市、仙桃 4 个“四大家鱼”产卵场。

与工程建设前相比，汉江中下游鱼类早期资源种类没有变化，产卵规模比较可观。“四大家鱼”泽口产卵场位置没有明显改变，并发现新产卵场，但总规模不大。说明工程运行后对汉江泽口鱼类产卵场未造成明显影响，若繁殖期加大引水量将改善汉江下游鱼类产量条件。

(2) 其他调查成果

兴隆水利枢纽工程竣工环保调查期间，2019 年 5 月对兴隆水利枢纽库区及坝址下游的河段进行了鱼类资源重点调查，现场调查主要采用雇请当地渔民捕捞、购买商业渔获物、对专兼业渔民及当地老住户进行走访问询及图片辨识等方式进行。

1) 鱼类组成。

据《湖北鱼类志》(1987) 记载，调查的汉江丹江口以下江段分布鱼类 93 种。2003—2004 年水库渔业研究所在丹江口以下汉江中下游调查到鱼类 81 种，其中包括此次调查江段汉江中下游分布的鱼类 76 种，含《湖北鱼类志》记录原该江段分布 92 种以外的团头鲂，合计记录 93 种。

此次调查共采集到鱼类 1200 余尾，经过鉴定共有 73 种鱼类，隶属 6 目 15 科 51 属。其中，鲤科鱼类 45 种，占 61.64%；鲿科 7 种，占 9.59%；鳅科 6 种，占 8.22%；鮨科 3 种，占 4.11%；鳀科 2 种，占 2.74%；平鳍鳅科、鲇科、钝头鮠科、鮠科、鱵鱼科、合鳃鱼科、沙塘鳢科、鰕虎鱼科、鳢科、刺鳅科各 1 种，共占 13.70%。鱼类分类组成见表 9-36，鱼类名录见表 9-37。

表 9-36 调查江段鱼类分类组成

目	科	本次调查		
		属	种	占比（%）
鲱形目	鳀科	1	2	2.74
鲤形目	鳅科	5	6	8.22
	鲤科	30	45	61.64
	平鳍鳅科	1	1	1.37
鲇形目	鲇科	1	1	1.37
	鲿科	4	7	9.59
	钝头鮠科	1	1	1.37
	鲱科	1	1	1.37
颌针鱼目	鱵科	1	1	1.37
合鳃鱼目	合鳃鱼科	1	1	1.37
鲈形目	鮨科	1	3	4.11
	沙塘鳢科	1	1	1.37
	鰕虎鱼科	1	1	1.37
	鳢科	1	1	1.37
	刺鳅科	1	1	1.37
总计		51	73	100

表 9-37 调查江段鱼类名录

目	科	属	种
Ⅰ. 鲱形目 *CLUPEIFORMES*	一、鳀科 *Engraulidae*	（一）鲚属 *Coilia*	1. 长颌鲚 *Coilia ectenes J. et S.*
			2. 短颌鲚 *Coilia brachygnathus K. et P.*
Ⅱ. 鲤形目 *CYPRINIFOEMES*	二、鳅科 *Cobitidae*	（二）沙鳅属 *Botia Gray*	3. 中华沙鳅 *Botia superciliaris Günther*
		（三）副沙鳅属 *Parabotia*	4. 花斑副沙鳅 *Parabotia fasciata D. et T.*
			5. 武昌副沙鳅 *Parabotia banarescui (Nalbant)*
		（四）薄鳅属 *Leptobotia*	6. 紫薄鳅 *Leptobotia taeniaps (Sauvage)*
		（五）花鳅属 *Cobitis*	7. 中华花鳅 *Cobitis sinensis S. et D.*
		（六）泥鳅属 *Misgurnus*	8. 泥鳅 Misgurnus anguillicaudatus (Cantor)

续表

目	科	属	种
Ⅱ. 鲤形目 *CYPRIN IFOEMES*	三、鲤科 *Cyprinidae*	（七）𫚥属 *Zacco*	9. 宽鳍𫚥 *Zacco platypus* (*Schlegel*)
		（八）马口鱼属 *Opsariichthys*	10. 马口鱼 *Opsariichthys bidens Gunther*
		（九）细鲫属 *Aphyocypris*	11. 中华细鲫 *Aphyocypris chinensis Günther*
		（十）青鱼属 *Mylopharyngodon*	12. 青鱼 *Mylopharyngodon piceus* (*Rich*)
		（十一）草鱼属 *Ctenopharyngodon*	13. 草鱼 *Ctenopharyngodon idellus* (*C. et V.*)
		（十二）赤眼鳟属 *Squaliobarbus*	14. 赤眼鳟 *Squaliobarbus curriculus* (*Rich*)
		（十三）鳡属 *Elopichthys*	15. 鳡 *Elopichthys bambusa* (*Rich*)
		（十四）鲴属 *Xenocyprinae*	16. 银鲴 *Xenocypris argentea Günther*
			17. 黄尾鲴 *Xenocypris davidi Bleeker*
			18. 细鳞鲴 *Xenocypris microlepis* (*Bleeker*)
		（十五）圆吻鲴属 *Distoechodon*	19. 圆吻鲴 *Distoechodon tumirostris Peters*
		（十六）似鳊属 *Pseudobrama*	20. 似鳊 *Pseudobrama simony* (*Bleeker*)
		（十七）鳙属 *Aristichthys*	21. 鳙 *Aristichthys nobilis* (*C. et V.*)
		（十八）鲢属 *Hypophthalmichthys*	22. 鲢 *Hypophthalmichthys molitrix* (*Rich*)
		（十九）鳑鲏属 *Rhodeus*	23. 中华鳑鲏 *Rhodeus sinensis Gunther*
		（二十）鱊属 *Acheilognathus*	24. 大鳍鱊 *Acheilognathus macropterus* (*Bleeker*)
		（二十一）餐属 *Hemiculter*	25. 餐条 *Hemiculter leucisculus* (*basil*)
			26. 油餐 *Hemiculter bleekere bleeker warp*
		（二十二）似𩷶属 *Toxabramis*	27. 似𩷶 *Toxabramis swinhonis* (*Günther*)
		（二十三）原鲌属 *Cultrichthys*	28. 红鳍原鲌 *Cultrichthys erythropterus Basil*
		（二十四）鲌属 *Culter*	29. 翘嘴鲌 *Culter alburnus Basilewsky*
			30. 蒙古鲌 *Culter mongolicus Basil*

续表

目	科	属	种
Ⅱ. 鲤形目 *CYPRINIFOEMES*	三、鲤科 *Cyprinidae*	（二十四）鲌属 *Culter*	31. 青梢鲌 *Culter dabryi*（*Bleeker*）
			32. 尖头鲌 *Culter oxycephalyus*（*Bleeker*）
			33. 拟尖头鲌 *Culter oxycephaloides*（*K. et P.*）
		（二十五）鳊属 *Parabramis*	34. 长春鳊 *Parabramis pekinensis*（*Basilewsky*）
			35. 三角鲂 *Megalobrama terminalis*（*Richardson*）
		（二十六）华鳊属 *Sinibrama*	36. 华鳊 *Sinibrama wui typus*（*Rendahl*）
			37. 银飘鱼 *Pseudolaubuca sinensis Bleeker*
			38. 寡鳞银飘 *Pseudolaubuca engraulis*（*Nichols*）
		（二十七）䱻属 *Hemibarbus*	39. 唇䱻 *Hemibarbus labeo*（*Pallas*）
			40. 花䱻 *Hemibarbus maculatus Bleeker*
		（二十八）麦穗鱼属 *Pseudorasbora*	41. 麦穗鱼 *Pseudorasbora parva*（*T. et S.*）
			42. 华鳈 *Sarcocheilichthys sinensis Bleeker*
		（二十九）鳈属 *Sarcocheilichthys*	43. 黑鳍鳈 *Sarcocheilichthys nigripinnis*（*Gunther*）
			44. 铜鱼 *Brass gudgeon*（*Bleeker*）
		（三十）吻鮈属 *Rhinogobio*	45. 吻鮈 *Rhinogobio typus Bleeker*
			46. 圆筒吻鮈 *Rhinogobio cylindricus Gunther*
		（三十一）似鮈属 *Pseudogobio*	47. 似鮈 *Pseudogobio vaillanti*（*Sauvage*）
		（三十二）棒花鱼属 *Abbottina*	48. 棒花鱼 *Abbottina rivularis*（*Basil*）
		（三十三）蛇鮈属 *Saurogobio*	49. 蛇鮈 *Saurogobio dabryi Bleeker*
			50. 细尾蛇鮈 *Saurogobio gracilicaudatus*（*Yao et Yang*）
		（三十四）鲤属 *Cyprinus*	51. 鲤 *Cyprinus carpio T. et D.*
		（三十五）鲫属 *Carassius*	52. 鲫 *Carassius auratus*（*Linnaeus*）
		（三十六）白甲鱼属 *Onychostoma*	53. 多鳞白甲鱼 *Onychostoma macrolepis*（*Bleeker*）
	四、平鳍鳅科 *Balitoridae*	（三十七）犁头鳅属 *Lepturichthys*	54. 犁头鳅 *Lepturichthys fimbriata*（*Günther*）

续表

目	科	属	种
Ⅲ.鲇形目 *SILURIFOEMES*	五、鲇科 *Siluridae*	(三十八)鲇属 *Silurus*	55. 鲶 *Silurus asotus* (*Linn.*)
	六、鲿科 *Bagridae*	(三十九)黄颡鱼属 *Pelteobagrus*	56. 黄颡鱼 *Pelteobagrus fulvidraco* (*Rich*)
			57. 瓦氏黄颡鱼 *Pelteobagrus vachelli* (*Rich*)
			58. 光泽黄颡鱼 *Pelteobagrus nitidus* (*S. et D.*)
		(四十)鮠属 *Leiocassis*	59. 粗唇鮠 *Leiocassis crassilabris Gunther*
		(四十一)拟鲿属 *Pseudobagrus*	60. 切尾拟鲿 *Pseudobagrus truncatus* (*Regan*)
			61. 圆尾拟鲿 *Pseudobagrus tenuis* (*Günther*)
		(四十二)鳠属 *Mystus*	62. 大鳍鳠 *Mystus macropterus Bleeker*
	七、钝头鮰科 *Amblycipitida*	(四十三)鰑属 *Liobagrus*	63. 白缘鰑 *Liobagrus marginatus* (*Günther*)
	八、鮡科 *Sisoridae*	(四十四)纹胸鮡属 *Glyptothorax*	64. 中华纹胸鮡 *Glyptothorax sinensis* (*Regan*)
Ⅳ.颌针鱼目 *BELONIFOEMES*	九、鱵鱼科 *Hemiramphidae*	(四十五)鱵属 *Hemiramphus*	65 鱵 *Hemiramphus Kurumeus J. et S.*
Ⅴ.合鳃鱼目 *SYNBGRANCHIFOEMES*	十、合鳃鱼科 *Synbranchidae*	(四十六)黄鳝属 *Monopterus*	66. 黄鳝 *Monopterus albus* (*Zuiew*)
Ⅵ.鲈形目 *PERCIFOEMES*	十一、鮨科 *Serranidae*	(四十七)鳜属 *Siniperca*	67. 斑鳜 *Siniperca scherzeri Steindachner*
			68. 大眼鳜 *Siniperca kneri Garman*
			69. 鳜 *Siniperca chuatsi* (*Basilewsky*)
	十二、沙塘鳢科 *Eleotridae*	(四十八)沙塘鳢属 *Odontobutis*	70. 河川沙塘鳢 *Odontobutis potamophila* (*T. et S.*)
	十三、鰕虎鱼科 *Gobiidae*	(四十九)栉鰕虎鱼属 *Ctenogobius*	71. 栉鰕虎鱼 *Ctenogobius giurinus* (*Rutter*)
	十四、鳢科 *Channidae*	(五十)鳢属 *Channa*	72. 乌鳢 *OPhicephalus argus* (*Cantor*)
	十五、刺鳅科 *Mastacembelidae*	(五十一)刺鳅属 *Mastacembelus*	73. 刺鳅 *Mastacembelus armatus* (*Basilewsky*)

2）鱼类区系组成特点。

此次鱼类调查水域为江汉平原岗地、丘陵、平原交错地带，河流海拔不足百米。鱼类大致可以划分为以下4个区系类群：江河平原类群、南方平原类群、古第三纪类群和中印山区类群。

A. 江河平原类群：包括中华沙鳅、花斑副沙鳅、武昌副沙鳅、紫薄鳅、中华花鳅、宽鳍鱲、马口鱼、青鱼、草鱼、赤眼鳟、银鲴、黄尾鲴、细鳞鲴、圆吻鲴、鳙、鲢、银飘鱼、寡鳞飘鱼、鳌条、油餐、翘嘴鲌、蒙古鲌、达氏鲌、花䱻、华鳈、黑鳍鳈、铜鱼、吻鮈、似鮈、蛇鮈、细尾蛇鮈、鳜、大眼鳜、斑鳜等，占该水域鱼类种数的50%以上。

B. 南方平原类群：包括多鳞白甲鱼、黄颡鱼、瓦氏黄颡鱼、光泽黄颡鱼、粗唇鮠、切尾拟鲿、圆尾拟鲿、大鳍鳠、黄鳝、河川沙塘鳢、栉鰕虎、乌鳢等。

C. 古第三纪类群：包括泥鳅、中华鳑鲏、大鳍鱊、麦穗鱼、棒花鱼、鲤、鲫、鲇等。

D. 中印山区类群：是一些适应激流生活的小型鱼类，包括犁头鳅、白缘鉠、中华纹胸鮡等3种。

综上所述，调查水域鱼类主体是鲤科鱼类的江河平原类群，其次是南方平原类群及古第三纪类群，还有少量中印山区类群。在鱼类区系组成上尽管呈现一定多样化，仍能显示以温带东亚鱼类为主体的区系特征。

3）鱼类生态类型。

汉江为丘陵平原型河流，河道弯曲，沙洲和砾石滩众多，河床较上游宽阔。汉江全长1570km，是长江第一大支流，在湖北省内河道长878km，占全长的56%，丹江口至钟祥为中游，长270km，钟祥以下河段为下游，河流比降0.12‰～0.27‰。不同的地理环境和水文条件适应不同的鱼类种群，居于其间的鱼类具有以下生态类型特征。

A. 栖息习性

栖息于流水生境的鱼类。主要在山区溪流、湍急流水环境中完成整个生活史，不适应缓流、静水开阔水域生活的鱼类，其种类有多鳞白甲鱼、马口鱼、铜鱼、蛇鮈、宽鳍鱲、银鮈、银飘鱼、寡鳞银飘鱼、犁头鳅、中华纹胸鮡以及沙鳅类、部分鮠类等。这些鱼类主要在调查江段干支流流水生境的渔获物中出现，并占有较高比重。

适应开阔水域缓流、静水环境生活，但繁殖等重要生命活动需在流水环境中完成。汉江中下游的多数鱼类，甚至上游部分鱼类，具有在流水生境繁殖，仔幼鱼随水进入下游湖泊、河流肥育的特性，长期适应了长江中下游干支流江湖复合生态系统。其主要种类包括产漂流性卵的草鱼、鲢、鳙、青鱼、赤眼鳟、鳊、鳡等鱼类和流水产黏沉性卵的吻鮈、鲴类、鲌类、部分鲿类等鱼类，在评价区干支流流水生境中占有较高比例。

适应缓流、静水开阔水域生活的鱼类，主要为长江中下游湖泊、塘堰较为常见的种类，如鲤、鲫、鲇、中华细鲫、棒花鱼、青鳉、乌鳢、黄鳝、泥鳅、䱗、鳑鲏类、麦穗鱼等，不少种类种群数量很大，是调查江段渔获物的重要组成部分。

B. 繁殖习性

调查水域分布鱼类依繁殖习性可分为 4 个类群。

Ⅰ. 产漂流性卵的鱼类

典型产漂流性卵的鱼类，其卵实际上属于沉性卵，只是此类受精卵吸水膨大后，卵周隙比较大，比重接近水，在一定流速条件下，顺水漂流孵化，流速不足的情况下，未孵化的胚胎将沉入水底，孵化成活率会明显降低。如草鱼、鲢、鳙、鳊、赤眼鳟、鳡、寡鳞银飘鱼、犁头鳅、似鳊等。产漂流性卵鱼类产卵场调查时，采集到样本的种类会比较多，产卵类型也较为复杂，部分产弱黏性卵的鱼类，在浑浊、湍急的水流环境下，受精卵失去黏性，或在水流冲击下易脱落，也会随水漂流孵化，在产漂流性卵鱼类产卵场调查中，这类卵占有较大比重，如鲌属等。此外，产浮性卵鱼类，其卵具油球，在静水环境中漂浮水面发育，在流水环境中也会顺水漂流孵化，如鳜属等鱼类。

典型产漂流性卵鱼类的产卵期为 4—8 月，多为 5—7 月。产卵水温在 16～32℃之间。各主要经济鱼类多在 18℃左右的水温时开始产卵，产卵高峰多在 20～24℃间。典型产漂流性卵的鱼类，多在敞水区产卵，对水文过程要求较高，往往需要明显的洪峰过程，受精卵在发育孵化及刚孵出没有自主游泳能力的仔鱼，还需要有一定流速的流水环境，漂流流程不够，也会严重影响成活率。而产浮性卵、黏性卵的鱼类，对水文情势依赖程度相对要低些。

Ⅱ. 产黏沉性卵的鱼类

产黏性卵的鱼类，卵产出遇水即有黏性，黏附在水草、树根、石块、沙砾上孵化成苗；沉性卵其卵径较大，卵黄多，卵膜吸水后膨胀卵周隙小，产卵于砾石窝或散布于砂石间隙，靠流水不断冲动孵出。由于产沉性卵的鱼类与产黏砾石性卵鱼类产卵繁殖对生态环境的要求有较大的相似性，常常把产黏沉性卵鱼类一起进行分析。

依据黏附基质不同，又可分为黏草性卵、黏石砾性卵鱼类两类。

i. 产草黏性卵的鱼类：主要有鲤、鲫、鲇属、鲂、鲌属、马口鱼、泥鳅等，多在缓流、静水水生、湿生乃至陆生植被相对丰富的水域产卵，黏附基质多为水生植被、被淹湿生和陆生植被，以及其他水下基质，如人工设置的网箱等。粗唇鮠 8—9 月在浅水草丛中产卵，卵黏附于水草上孵化；红鳍原鲌产卵期 5—7 月，在湖泊等静水环境中繁殖，卵产出后黏附在马来眼子菜、聚草等水草上发育。

ii. 产黏砾石性卵的鱼类：主要有细鳞鲴、棒花鱼、中华纹胸鮡，多在流水砾石滩、礁石滩产卵，黏附基质有礁石、砾石、沙砾等，也有个别在静水沙砾环境产卵的种类，如棒花鱼等。宽鳍鱲每年 4—6 月在流水滩上产卵；唇䱻产卵期为 3—5 月，在底质为卵石或砾石，流速 0.5～1.0m/s 的流水滩产强黏性卵；瓦氏黄颡鱼产卵期在 4—5 月，多在水流缓慢的浅水滩产卵，产卵后黏附于卵石上发育；大鳍鳠 5—6 月为产卵期，产卵于流水的浅滩上。

iii. 产浮性卵的鱼类

浮性卵一部分是卵黄中具油球，使卵漂浮水面孵化，如鳜类等；另一部分是采取辅助漂浮的方式，使沉性卵漂浮孵化，如黄鳝就是亲鳝产卵后，吐出大量的泡沫，将卵托浮水面孵化等。

ⅳ. 其他特异性产卵鱼类

一些鱼类具有筑巢产卵习性，如乌鳢等；鳑鲏鱼类将卵直接产于贝类的外套腔中；而青鳉产出的卵有细丝连在母体的卵巢膜上，由母体携带孵化出苗。

C. 食性

调查水域鱼类依食性可划分为以下几个类群。

Ⅰ. 以动物为主要食物的鱼类。其中包括凶猛肉食性鱼类，即通常以较大的活脊椎动物为食，其中主要是鱼，甚至包括本种鱼种类；温和性肉食类鱼类，主要以虾，水生昆虫及其他无脊椎动物为食，有的也兼食一些着生藻类的种类；以浮游动物为食的种类3类。

这一类有鳜、大眼鳜、斑鳜、翘嘴鲌、蒙古鲌、拟尖头鲌、鲇、黄颡鱼、瓦氏黄颡鱼、光泽黄颡鱼、粗唇鮠、切尾拟鲿、圆尾拟鲿、大鳍鳠、中华沙鳅、花斑副沙鳅、武昌副沙鳅、紫薄鳅、中华纹胸鮡、马口鱼、宽鳍鱲、唇䱻、花䱻、铜鱼、棒花鱼、蛇鮈、细尾蛇鮈、宜昌鳅鮀、黄鳝、栉鰕虎鱼等。该类群主要由鲇形目、鲈形目及鲤形目鳅科及鲤科鲌亚科、亚科、鮈亚科种类构成。“四大家鱼”中以螺蚬类等软体动物为主食青鱼和以浮游动物为主食的鳙也属这一大类。

Ⅱ. 以水生植物为主要食物的鱼类。包括以固着藻类、水生维管束植物和浮游植物为主要食物3类。这一类群有草鱼、鳊、鲢等。

Ⅲ. 杂食性鱼类。这类鱼所摄取的食物种类比较广泛，有的种类以动物性食物为主，兼食其他植物性食料，有的则恰恰相反。这类食性鱼的食物成分中，往往有水草枝叶，碎屑，浮游生物，水生昆虫，固着藻类，偶尔还有虾类和小鱼等。该类群有鲤，鲫，赤眼鳟、泥鳅、飘鱼、寡鳞飘鱼、䱗条、麦穗鱼、华鳈、黑鳍鳈、银鮈等。

Ⅳ. 碎屑食性鱼类。以吸取或刮食水底层碎屑或丛周生物为食，实际也属杂食性鱼类。它们的口多为下位，下颌的角质边缘较发达，经常摄取大量腐殖质，或在水底刮产食物，其肠管中往往混杂泥沙和动植物尸体，并夹杂一些小型底栖动物。有银鲴、黄尾鲴、圆吻鲴、多鳞白甲鱼、中华鳑鲏、大鳍鱊等。

D. 鱼类“三场”

Ⅰ. 产卵场

ⅰ. 产漂流性鱼类产卵场

• 汉江沙洋段国家级水产种质资源保护区

根据万力等（汉江中下游产漂流性卵鱼类早期资源现状的初步研究，2011，水生态学杂志）2009年对汉江沙洋段的调查结果，汉江中下游干流区域监测到的产漂流性卵鱼类鱼卵主要来自3个产卵场：蔡台村—万伏村、保宫台—朱家台和葛藤湾—太平村产卵场，具体见图9-39。

根据采集到的鱼卵、仔鱼样品数及采集江段断面的流量等参数计算，产卵规模为

56602 万粒，其中蛇𬶋 10555 万粒，占总产卵规模的 18.6％；花斑副沙鳅 9313 万粒，占 16.5％；翘嘴鲌 5381 万粒，占 9.5％；吻𬶋 5174 万粒，占 9.1％；拟尖头鲌 20385 万粒，占 36.0％；赤眼鳟 4657 万粒，占 8.2％；其他种类产卵规模所占比例均在 1％以下。采样期间，各产卵场规模的估算为：蔡台村—万伏村、保宫台—朱家台和葛藤湾—太平村产卵场规模分别占总产卵规模的 27.8％、17.5％和 54.6％。

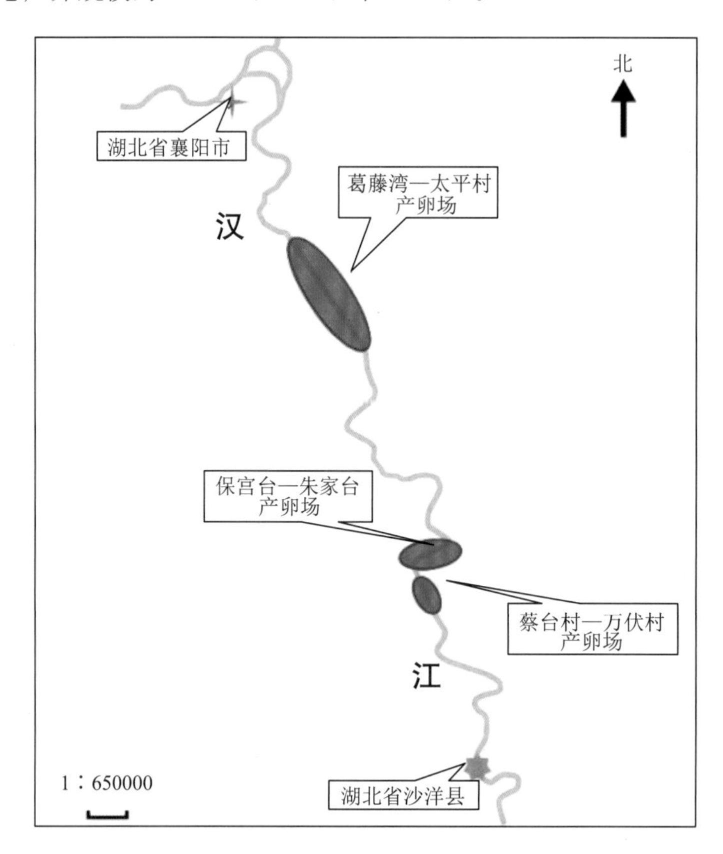

图 9-39　沙洋段产漂流性鱼类产卵场示意图

目前由于汉江中下游兴隆水库的建设形成，汉江沙洋段已经无产漂流性卵鱼类产卵所需的水文条件，位于该江段的产漂流性卵鱼类的产卵场已经消失。

·汉江潜江段“四大家鱼”国家级水产种质资源保护区

根据资料，汉江潜江至汉川段干流区域产漂流性卵鱼类产卵场分布在引江济汉工程出水口下游约 6.5km 月亮台至泽口约 22km 的江段。具体见图 9-40。

汉江潜江至汉川段共采集到产漂流性卵 8 种，其中鲤科鱼类 7 种，鳅科鱼类 1 种，分别为赤眼鳟、鳘、鳊、翘嘴鲌、吻𬶋、银𬶋、蛇𬶋、花斑副沙鳅。产卵规模为 16786.8 万粒，其中数量最多的为蛇𬶋，共计 4766.8 万粒，占总产卵规模的 28.40％；数量最少的为犁头鳅，共计 98.2 万粒，占总产卵规模的 0.58％。

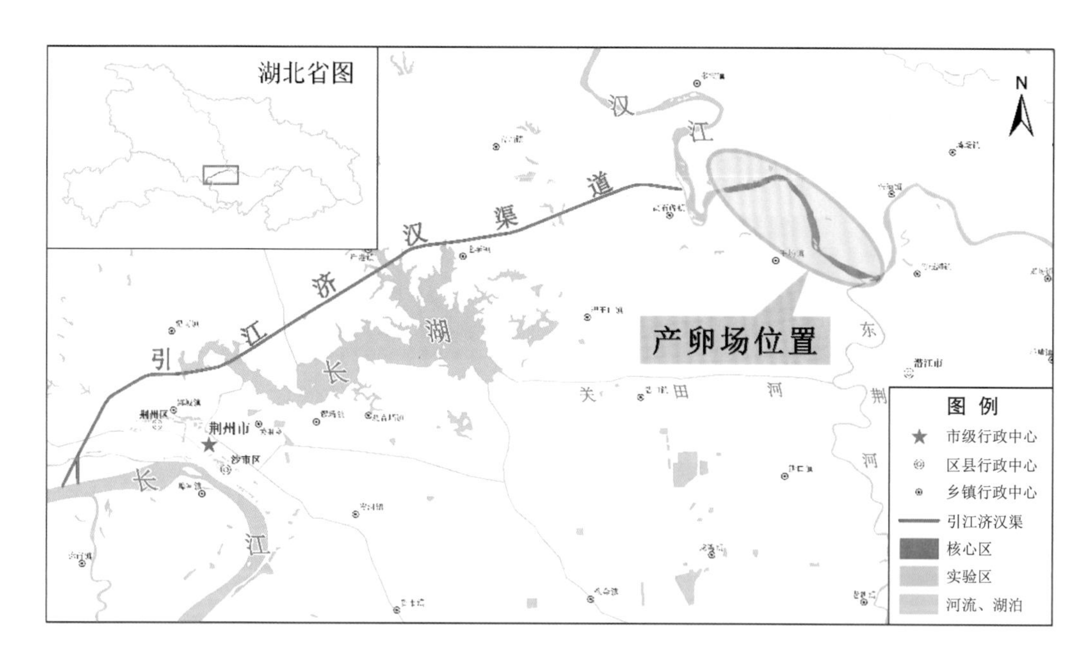

图 9-40　潜江—汉川段产漂流性鱼类产卵场示意图

由此可知，目前引江济汉工程出水口下游泽口区段存在产漂流性卵的鱼类产卵场，工程补水有利于该产卵场的维持与发育。

ⅱ. 产黏性鱼类产卵场

根据现场调查及初步推测，兴隆库区江段附近产黏性卵鱼类产卵场的主要分布水域为旧口镇附近江段的洲滩边缘水域。

结合汉江潜江段水域的生境特征，初步推测引江济汉工程出水口下游产黏性卵鱼类产卵场的主要分布水域为戴河口、泽口村和洪山村附近江段的洲滩边缘水域。

结合汉江汉川段的生境特征，初步推测产黏性卵鱼类产卵场的主要分布水域为徐家台、四排村和复兴村附近江段的洲滩边缘水域。产黏性鱼类产卵场现场调查见图 9-41。

（a）沙洋段产卵场分布示意图

（b）沙洋段产卵场水域生境

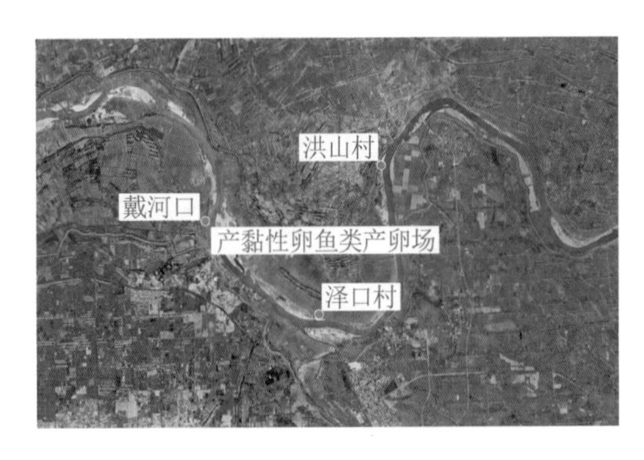

（c）潜江段产卵场分布示意图

（d）潜江段产卵场水域生境

图 9-41　产黏性鱼类产卵场现场调查

Ⅱ. 索饵场

汉江沙洋段、潜江段水产种质资源保护区的鱼类食谱主要分为植物（包括浮游藻类和水生植物）、鱼类、底栖动物、杂食等四大类。以浮游藻类为食的鱼类主要有鲢、鳙等，其觅食区域主要在湖泊或河流靠近河岸缓流水域，该区域浮游藻类密度相对较大；以水生植物为食的鱼类有草鱼（主食水生维管束植物）、鲴类（主食周丛植物），沿岸水生植物生长茂盛的区域可为其提供良好的觅食场所；以底栖动物为食的鱼类主要有青鱼、鰕虎鱼类主要在底栖动物丰富水域觅食；鲤、鲫等杂食性鱼类主要在水流平缓的洄水湾索饵；鲇、鳜等肉食性鱼类多在洄水湾以及急流滩下的深水区索饵。

根据鱼类食性以及江段生境特征，大多数鱼类索饵场主要分布于沿岸缓流区域、水草丛生的沿岸水域、底质为泥沙或沙砾的缓流水域。初步推测江段各产黏性卵鱼类产卵场水域也是大多数鱼类重要的索饵场。

Ⅲ. 越冬场

每年秋冬季节，汉江中下游进入枯水期，水量减少，水位降低，随着水温的逐步下降，鱼类从支流或干流浅水区进入饵料资源较为丰富、流速较缓、水温较为稳定的深水区或深潭中越冬。深水区通常位于沿岸矶头上游段，或河湾的凹岸，或沙洲下端，或者兼而有之。引江济汉出口上游的兴隆库区江段，水较深，因而在冬季形成该江段鱼类主要的越冬场。

9.2　引江济汉工程对水生生态的影响

9.2.1　水生生物

9.2.1.1　汉江中下游历史研究调查成果

（1）浮游植物

由 2017—2019 年调查结果可知，汉江中下游浮游植物总的物种数有所增加，其中硅藻和绿藻的种类增加较多，裸藻次之，但蓝藻门种类有所减少，黄藻门没有出现。就种类数量而言，硅藻明显增多，裸藻也有所增加，但蓝藻和绿藻占比相对减少。

就优势种而言，不同的调查阶段，浮游植物优势种变化较大。2012—2014 年调查结果以蓝藻和冠盘藻为优势种群，2017—2019 年调查结果基本为硅藻门种类，其余个别为绿藻门和蓝藻门种类。

（2）浮游动物

从总物种数来看，2012—2014 年和 2017—2019 年调查结果对比，浮游动物种类明显减少；从浮游动物的四大类物种组成看，原生动物和轮虫比例相对升高，枝角类比例相对减少。

浮游动物的总密度和总生物量呈现明显季节差异。2012—2014 年，浮游动物生物多样性指数值处于 1.515～2.814 之间，水质状况变化范围为 α-中污到 β-中污型；2017—2019 年，多样性指数值处于 1.21～3.06 之间，水质状况变化范围为 α-中污到清洁。

（3）底栖动物

由 2017—2019 年调查结果可知，底栖动物的物种数目明显减少，底栖动物优势种也从清洁种甲壳类和螺类慢慢变化为耐污种寡毛类和摇蚊类。

与近十年来的 3 次调查相比，大型底栖动物的群落组成基本相似，优势类群均为寡毛类、软体动物以及摇蚊科，但耐污种如水丝蚓、苏氏尾鳃蚓和多足摇蚊等所占比例有进一步增大的趋势；钩虾、毛翅目、蜉蝣目等喜流水的清洁种类基本绝迹。

9.2.1.2 本次验收调查成果

（1）长湖

通过调查，浮游植物优势种为纤维藻属、鞘藻属和小球藻等，与实施前基本一致。浮游植物的生物量平均值为 17.18mg/L，较工程实施前有所降低；浮游动物为 67 种，优势种主要有萼花臂尾轮虫、针簇多肢轮虫等，生物量的平均值为 1.81mg/L。与工程实施前相比，种类与生物量均有所增加，但优势种类没有明显变化；施工前后，底栖动物的种类数和生物量均未出现较大差异；水生维管束植物的优势种类未出现明显变化。

由此可知，工程运行后未对长湖浮游植物、浮游动物及水生维管束植物造成明显影响，长湖浮游植物的富营养化程度有所降低，工程施工对底栖动物造成的影响在运行期已经得到恢复。

（2）汉江泽口段

通过调查，浮游植物的密度较施工前有所减少；浮游动物和底栖动物的种类数、生物量有所增加；水生维管束植物的优势种没有明显变化。由此可知，工程实施后运行期间水质状况有所改善，未对该江段的浮游动物、底栖动物和水生维管束植物造成明显影响。

（3）汉江蔡甸段

通过调查，浮游植物的密度较施工前有所减少；浮游动物和底栖动物的种类数、生物量有所增加；水生维管束植物的种类数有所增加，优势种基本一致。由此可知，工程实施后运行期间水质状况有所改善，未对该江段的浮游动物、底栖动物和水生维管束植物产生明显影响。

9.2.2 鱼类

9.2.2.1 汉江中下游历史研究调查成果

（1）鱼类资源

由1974年、2003—2004年、2013—2014年以及2019年6—7月4次鱼类资源调查可知，汉江中下游鱼类种群数量和规模减小。

（2）鱼类产卵场

依据历史调查数据、专题研究及运行期监测可知，受汉江中下游梯级开发建设、水文情势发生改变、洄游通道阻隔以及人为破坏等多种因素影响，汉江中下游鱼类产卵场出现产卵规模和产卵量减少的变化。

9.2.2.2 本次验收调查成果

（1）珍稀濒危鱼类

目前，长江葛洲坝下至古老背约20km江段中华鲟繁殖群体数量已经降低至50尾以下。相关研究表明，其数量下降的主要原因，首先是葛洲坝阻断中华鲟生殖洄游通道，致使产卵场江段大幅缩减。其次，三峡大坝改变了坝下中华鲟产卵场的水温、水文环境，严重影响其自然繁殖活动。

引江济汉工程引水口距离葛洲坝坝下中华鲟产卵场较远，且引水不会改变长江的主流方向。结合监测结果，表明该工程的运行对中华鲟繁殖洄游未造成明显影响。

（2）长湖

通过调查，鱼类种类较施工前稍有减少，天然常见种没有明显变化。目前仍以鲫、鲤、鳘、达氏鲌等为主。这说明工程运行后对长湖鱼类资源未造成明显影响。

（3）汉江蔡甸段

考虑工程实施前调查范围较大，工程运行期监测数据较工程实施前鱼类种类并不能说有明显下降，此外渔获物优势种基本一致，说明工程运行后对鱼类资源未造成明显影响。

（4）鱼类早期资源、产卵场

工程建设前后，长江荆州龙洲垸段卵苗优势种没有发生明显变化，卵苗发生量明显上升，说明工程的运行对长江龙洲垸江段卵苗的发生没有产生明显的影响。

与工程建设前相比，汉江产漂流性卵产卵规模仍比较可观。泽口产卵场位置没有明显改变。说明工程运行后对汉江泽口鱼类产卵场未造成明显影响。

第10章 其他生态调查

10.1 农业生态影响调查

10.1.1 工程占地对农业生产的影响

工程实施，主要占用了渠道沿线荆州区李埠镇、纪南镇、郢城镇、太湖农场、沙洋县后港镇、毛李镇、官当镇、李市镇、黄土坡农场、漳湖垸农场及潜江市高石碑镇的土地，共占地47384.97亩，其中永久占地17809.50亩，临时占地29575.47亩。评价区为高效农业种植区域，工程占地对其农业生产活动产生一定影响，减少耕地面积。施工结束后，对临时占地采取复垦复耕、改造中低产农田等措施，恢复耕地面积，提高农田产量，从而减轻工程占地的不利影响。同时，工程通水运行后，有效地改善了工程区域的农田灌溉条件，保障了农作物能够旺盛生长，提高农田产量，从而进一步减缓了工程建设带来的不利影响。

根据解译数据，引江济汉工程建设前（2009年）和建成后（2018年）评价区内的耕地面积减少约2167.16hm^2。本项目为线性工程，被占用耕地呈带状分布，征用的耕地占各自乡镇总耕地的比重小，占用耕地大于20%的有3个乡镇5个行政村，分布在荆州区纪南镇三红村、高台村、后港镇荆桥集团（村级单位）、孟仓村、毛李镇黄湾村。根据现场调查，评价区农民在耕种农作物的基础上，经营了多种种植模式，种植经济果木、开展稻田养虾等生产活动，提高土地产出价值，改善生活水平。

10.1.2 渠道阻隔对农业生产和村民生活的影响

根据调查资料统计，渠道沿线与道路相交主要有汉宜高速公路、318国道、207国道、荆沙铁路以及襄荆高速等，渠道阻隔将对当地居民生产、生活产生一定影响。施工前，为保证沿线公路畅通，方便当地居民生产、生活，结合当地交通现状和渠道两侧的地形特征，统一规划，合理布局，设计中始终贯彻“以人为本”的设计理念，从而最大程度减轻了渠道阻隔对当地村民农业生产、生活的影响。同时，进行拆迁安置规划时采取了调整或调换土地等方式，减少了工程对渠道沿线村民生产、生活带来的不便。

引江济汉干渠工程建设了公路桥30座、铁路桥1座、机耕桥24座，东荆河节制工程建设了交通桥2座。根据现场调查，渠道沿线每1～2km就设置有一座交通桥梁。同时，渠道两侧建有堤顶公路，其中右侧堤顶公路处于开放状况，便于沿线居民日常出行。至此，引江济汉工程建设未对渠道沿线村民的生产、生活造成较大影响。

10.2 土壤潜育化和地下水影响调查

10.2.1 渠道沿线土壤潜育化的影响

根据环评报告书介绍，从工程地质来看，渠道沿线共有沙基4段总长13.9km，桩号为0＋000～2＋600、4＋800～10＋200、59＋600～64＋700、66＋300～67＋100，可能存在渠道渗漏和两侧农田浸没的问题。

10.2.1.1 防治措施影响调查

本次验收调查期间，在建设管理单位及地方建设办公室的陪同下，验收调查单位多次对上述沙基渠段进行了查勘，并咨询了当地居民的意见，渠道沿线两侧农田未受到浸没影响。同时，针对渠道渗漏，防止渠道冲刷破坏，保护渠道安全，引江济汉工程在设计、施工阶段采取了以下防治措施：

（1）防渗设计

渠道均采用现浇混凝土衬砌，衬砌范围为过水断面的渠底和边坡，衬砌渠底厚8cm，边坡厚12cm。同时，在沙基分布范围内渠道采取防渗处理，在护坡混凝土板和砂石垫层之间设一层土工膜防渗，土工膜为两布一膜，衬砌板伸缩缝内嵌密封胶防渗。

在渠道桩号为0＋000～2＋474.7的渠底及渠坡衬砌混凝土以下铺设复合土工膜防渗，土工膜与衬砌混凝土之间采用1.0～3.0m厚开挖料回填反压，土工膜铺设顶高程深入黏土层5.0m。

（2）排水设计

对无防渗要求的渠段，为保证衬砌混凝土板的稳定，护坡、护底设计为透水式。在底板、护坡上设ϕ5mm排水孔，孔距2.0m×2.0m，护坡上第一排孔距渠底1.0m。

对有防渗要求的渠道，由于衬砌混凝土全封闭不透水，当检修或水位骤降，渠内水位低于地下水水位时，为保证护砌混凝土板的安全，设置了逆止式集水箱。

通过采取上述防渗、排水措施，渠道渗漏对两侧土壤产生潜育化的影响较小。同时，渠道沙基分布范围长度短，渠道渗漏影响也较为有限。

10.2.1.2 地下水及土壤肥力的影响监测调查

验收调查期间，验收组委托武汉楚江环保有限公司对工程可能产生渗漏或浸没的渠道两侧地下水水化学指标、水位埋深以及农田土壤肥力开展监测工作。

（1）地下水监测与影响调查

1）监测点位：在渠道桩号为4＋800～10＋200、59＋600～64＋700两段各布置1个监测区域，各设置1个监测点（距渠道中心线约200m）和1个参照点（距渠道中心线约1000m），共4个监测点。

2）监测因子：水位埋深，以及《地下水质量标准》（GB/T 14848—2017）中表1地下水质量常规指标第5～20项，即pH值、总硬度、溶解性总固体、硫酸盐、氯化物、铁、锰、铜、锌、铝、挥发性酚类、阴离子表面活性剂、耗氧量、氨氮、硫化物及钠。

3）监测时间：2020年4月28日，1天1次。

就地下水水位埋深而言，由监测结果可知（表10-1），赵家台和笃实村两处地下水水位埋深为1.8～2.4m，监测点与对照点的水位埋深变化不大。同时，根据初步设计渠道工程地质分段评价，工程区域地下水类型主要为孔隙潜水及孔隙承压水，孔隙潜水主要分布上层沙壤土和粉细砂层中，水位埋深一般为0.5～4.0m（丰水期）或1.5～5.0m（枯水期），局部水位埋深达9m。依据2013年4月至2020年3月的《地下水动态月报》描述，江汉平原引江济汉工程所在地区地下水水位埋深为4～12m，具体见图10-1。

由此可见，本次监测水位埋深数据介于初设阶段的水位埋深范围之内，工程引水运行未出现明显渗漏状况，未对渠道两侧地下水水位产生明显影响，其水位埋深与工程建设前、后基本保持一致，未对附近农田产生浸没影响。

表10-1 **引江济汉工程地下水位监测结果一览表** （单位：m）

<table>
<tr><th rowspan="2" colspan="2">监测因子</th><th colspan="2">赵家台</th><th colspan="2">笃实村</th></tr>
<tr><th>监测点</th><th>对照点</th><th>监测点</th><th>对照点</th></tr>
<tr><td colspan="2">水位标高</td><td>23</td><td>21</td><td>20</td><td>18</td></tr>
<tr><td colspan="2">水位埋深</td><td>2.0</td><td>1.8</td><td>2.1</td><td>2.4</td></tr>
<tr><td rowspan="2">初步设计渠道工程地质分段评价</td><td>桩号</td><td colspan="2">8＋450～10＋000</td><td colspan="2">58＋600～62＋150</td></tr>
<tr><td>水位埋深</td><td colspan="2">多为0.5～2.0</td><td colspan="2">该段内地下水位低于渠道的设计和校核水位</td></tr>
<tr><td colspan="2">《地下水动态月报》中水位埋深</td><td colspan="2">4～12</td><td colspan="2">4～8</td></tr>
</table>

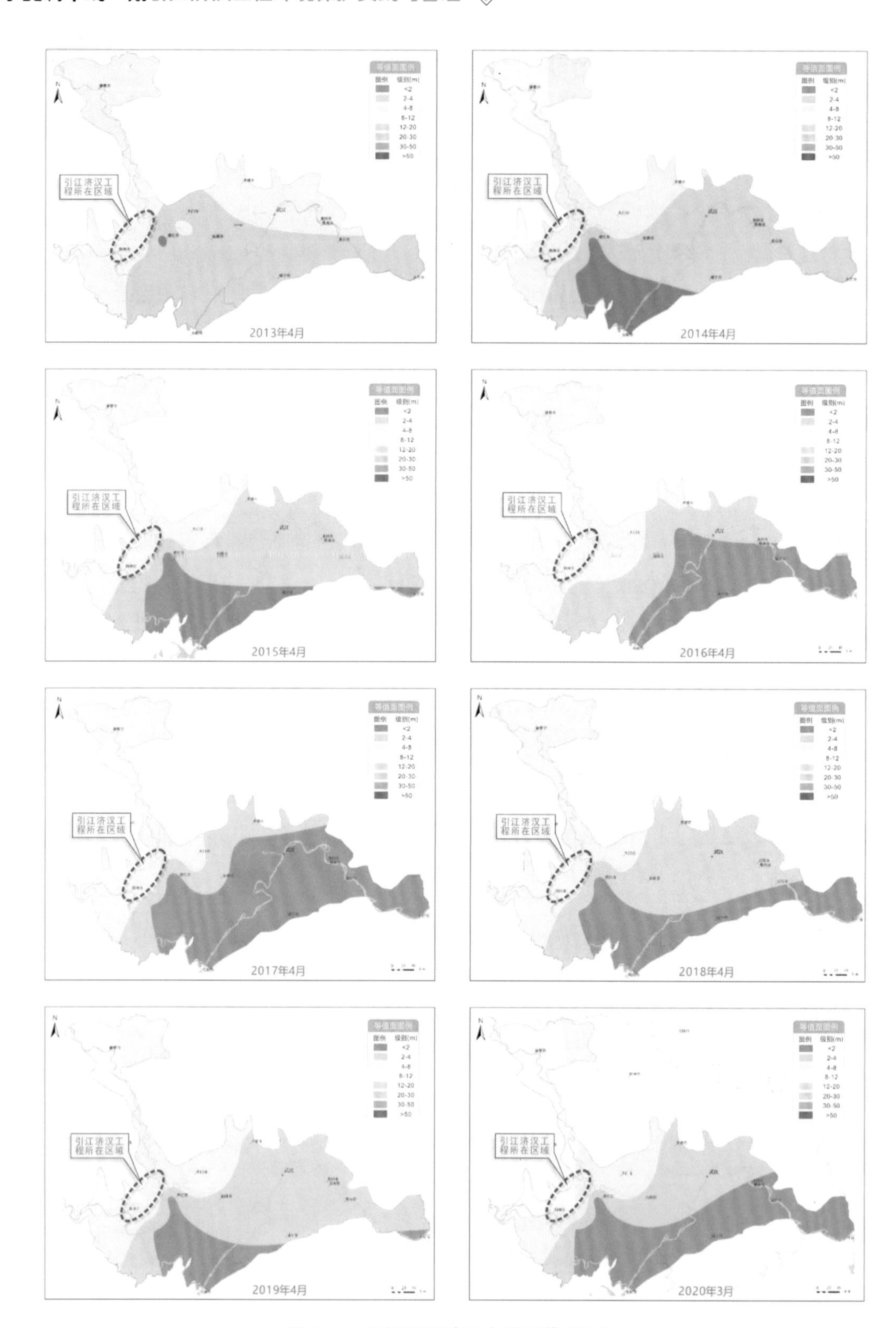

图 10-1 江汉平原地下水埋深等值面图

就地下水水化学指标而言，依据《地下水质量标准》（GB/T 14848—2017）分类标准，由评价结果可知（表 10-2），4 处监测点位中除耗氧量和氨氮的评价类别多数为Ⅲ类或Ⅳ类外，其余监测因子的标准类别为Ⅰ类或Ⅱ类，水质状况良好。各自监测点与对照点的监测结果未表现出明显变化趋势，评价类别基本一致。

由此可见，工程所在区域作为高效农业种植区，渠道两侧多为居民点、池塘沟渠和农田，基本以种植旱作物为主，生活污水、农药化肥等排放较多，但未对区域地下水水质产生较大影响，工程引水也未对地下水水质产生影响。

表 10-2　　引江济汉工程地下水监测结果评价表　　（单位：mg/L）

监测因子	监测值/评价结果	赵家台		笃实村	
		监测点	对照点	监测点	对照点
pH 值（无量纲）	监测值	6.89	6.93	6.84	6.81
	评价类别	Ⅰ	Ⅰ	Ⅰ	Ⅰ
总硬度	监测值	131	188	206	215
	评价类别	Ⅰ	Ⅱ	Ⅱ	Ⅱ
溶解性总固体	监测值	167	234	264	290
	评价类别	Ⅰ	Ⅰ	Ⅰ	Ⅰ
硫酸盐	监测值	38.3	92.7	15.1	41.2
	评价类别	Ⅰ	Ⅱ	Ⅰ	Ⅰ
氯化物	监测值	28.1	57.1	29.9	36.3
	评价类别	Ⅰ	Ⅱ	Ⅰ	Ⅰ
铁	监测值	0.12	未检出	0.08	未检出
	评价类别	Ⅱ	Ⅰ	Ⅰ	Ⅰ
锰	监测值	未检出	未检出	0.07	0.02
	评价类别	Ⅰ	Ⅰ	ⅠⅡ	Ⅰ
铜	监测值	未检出	未检出	未检出	未检出
	评价类别	Ⅰ	Ⅰ	Ⅰ	Ⅰ
锌	监测值	未检出	未检出	未检出	未检出
	评价类别	Ⅰ	Ⅰ	Ⅰ	Ⅰ
铝	监测值	未检出	未检出	0.047	0.047
	评价类别	Ⅰ	Ⅰ	Ⅱ	Ⅱ
挥发性酚类	监测值	未检出	未检出	未检出	未检出
	评价类别	Ⅰ	Ⅰ	Ⅰ	Ⅰ
阴离子表面活性剂	监测值	未检出	未检出	未检出	未检出
	评价类别	Ⅰ	Ⅰ	Ⅰ	Ⅰ
耗氧量	监测值	3.29	3.23	1.19	3.41
	评价类别	Ⅳ	Ⅳ	Ⅱ	Ⅳ
氨氮	监测值	0.40	0.08	0.60	0.11
	评价类别	ⅠⅡ	Ⅱ	Ⅳ	Ⅲ

续表

监测因子	监测值/评价结果	赵家台		笃实村	
		监测点	对照点	监测点	对照点
硫化物	监测值	未检出	未检出	未检出	未检出
	评价类别	Ⅰ	Ⅰ	Ⅰ	Ⅰ
钠	监测值	47.3	76.6	29.5	36.7
	评价类别	Ⅰ	Ⅰ	Ⅰ	Ⅰ

（2）土壤肥力监测与影响调查

验收调查期间，委托武汉楚江环保有限公司对渠道附近的土壤肥力进行监测。具体监测内容如下：

1）监测点位：在渠道桩号为4＋800～10＋200、59＋600～64＋700两段各布置1个监测区域，各设置1个监测点（距渠道中心线约200m）和1个参照点（距渠道中心线约1000m），共4个监测点开展农田土壤肥力监测。

2）上壤监测因了：pII值、有机质、全氮、碱解氮、有效磷、速效钾共6个指标。

3）监测时间：2020年4月28日，1天1次。

A. 土壤肥力评价

依据《南方地区耕地土壤肥力诊断与评价》（NY/T 1749—2009），采用单项指数进行评价，公式如下：

$$P_i = C_i / S_i$$

式中：P_i——土壤中某指标 i 的单项肥力指数，P_i 高低直接反映该肥力指标丰富程度，越高表明该指标越丰富，土壤肥力越高；

C_i——土壤中某项指标 i 的实测数据；

S_i——土壤中某项指标i的评价标准值（推荐以附录6中建议标准值或按所在地已建立的耕地类型区评价指标体系为准）。

B. 评价结果

根据监测结果，采用土壤肥力单项指数进行评价，具体见表10-3。

表10-3　引江济汉工程土壤肥力监测结果评价表

监测因子	监测值/评价结果	赵家台		笃实村	
		监测点	对照点	监测点	对照点
pH值（无量纲）	监测值	6.35	6.40	6.42	6.50
	标准值	—			
	P_i	2.5			
有机质（%）	监测值	2.12	1.80	0.774	2.83
	标准值	12.5			
	P_i	0.17	0.14	0.06	0.23

续表

监测因子	监测值/评价结果	赵家台		笃实村	
		监测点	对照点	监测点	对照点
全氮(mg/kg)	监测值	1540	1520	659	2060
	标准值	1000			
	P_i	1.54	1.52	0.66	2.06
碱解氮(mg/kg)	监测值	117	87	92	62
	标准值	105			
	P_i	1.11	0.83	0.88	0.59
有效磷(mg/kg)	监测值	2.2	3.9	2.1	26.0
	标准值	7.5			
	P_i	0.29	0.52	0.28	3.47
速效钾(mg/kg)	监测值	152	184	77	192
	标准值	80			
	P_i	1.9	2.3	0.96	2.4

由评价结果可知，从检测指标来看，有机质、碱解氮、有效磷的各自单项肥力指数较低，多数小于1。全氮和速效钾的含量相对较大，多数高于标准值，全氮的单项肥力指数为0.66～2.06，速效钾的单项肥力指数为0.96～2.4；从监测点位来看，除笃实村监测点的检测指标单项肥力指数偏低外，其余监测点的检测指标指数相对较大，且变化不大。

10.2.2 汉江流域下游地下水的影响

验收调查阶段，引江济汉工程于2014年9月开始引水运行，截至2019年底引水总量为195.4亿m^3，其中汉江下游引水总量为153.9亿m^3，长湖、东荆河引水总量为36.2亿m^3，港南、后港、庙湖3个分水闸引水总量分别为2.6亿m^3、2.5亿m^3和0.2亿m^3。具体年度引水量见表10-4。

丹江口枢纽大坝加高工程于2014年12月正式通水，截至2018年12月，南水北调东中线工程累计调水192.8亿m^3。在此期间，引江济汉工程向汉江下游共引水补给了142.12亿m^3，至此引江济汉工程生态补水可在一定程度上缓解汉江下游流量、水位下降所带来的汉江河道两侧地下水水位下降的影响。

表10-4　　引江济汉工程引水及丹江口水库调水统计表　　（单位：亿m^3）

	年度	2014年	2015年	2016年	2017年	2018年	2019年	合计
引江济汉工程生态补水	长湖、东荆河	0.00	2.03	3.50	4.99	9.54	16.12	36.18
	汉江下游	3.23	12.73	33.33	36.75	31.98	35.87	153.88
	港南分水闸	0.00	0.68	0.59	0.35	0.51	0.48	2.61
	后港分水闸	0.16	0.31	0.42	0.41	0.61	0.62	2.54
	庙湖分水闸	0.00	0.00	0.00	0.00	0.00	0.22	0.22
	总量	3.39	15.75	37.84	42.50	42.65	53.32	195.44
丹江口水库调水		—	25.15	38.20	52.50	76.69	—	192.80

10.3 生态敏感区影响调查

本次验收调查期间，工程区域分布的生态敏感区有湖北荆州市长湖湿地市级自然保护区、湖北沙洋长湖湿地市级自然保护区、湖北环荆州古城国家湿地公园、汉江潜江段“四大家鱼”国家级水产种质资源保护区、长湖鲌类国家级水产种质资源保护区、庙湖翘嘴鲌国家级水产种质资源保护区6处，各生态敏感区与工程位置关系详见表10-5，图10-2。

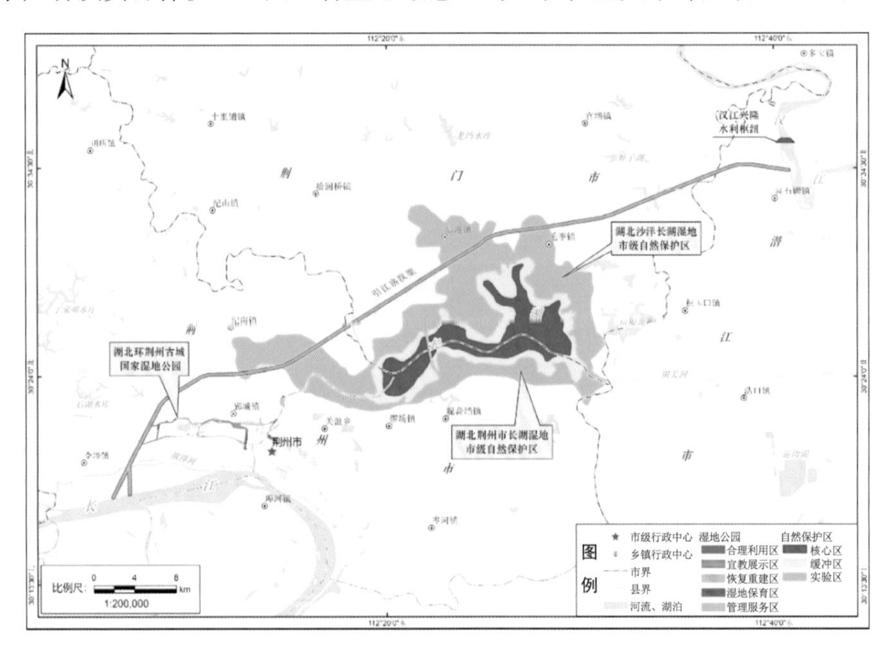

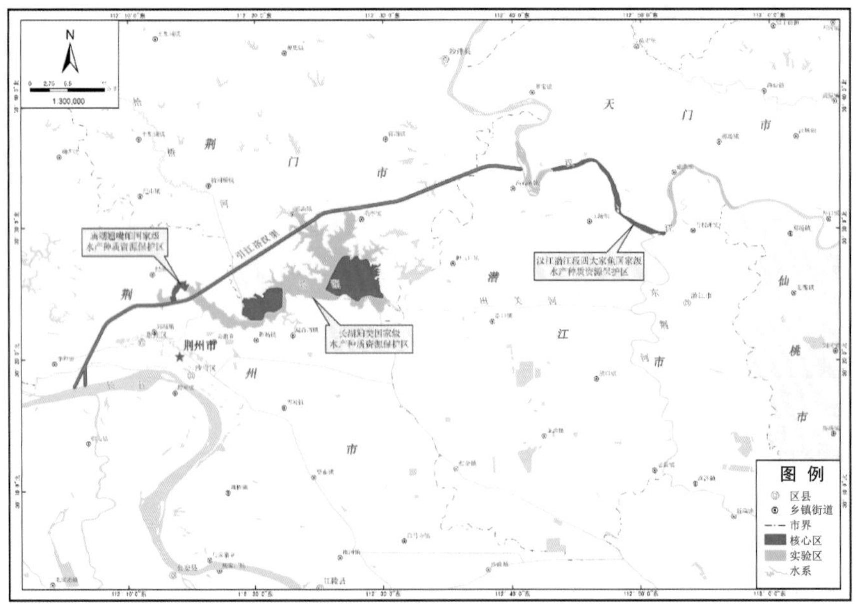

图 10-2　引江济汉工程生态敏感目标位置分布图

表 10-5 各生态敏感区与工程位置关系一览表

序号	名称	行政区划	面积（hm^2）	主要保护对象	类型	级别	始建时间	主管部门	与工程的位置关系
1	湖北荆州市长湖湿地市级自然保护区	荆州市	10918	淡水湖泊生态系统	自然保护区	市级	2002.12.21	林业	工程在庙湖、海子湖2次穿越实验区，长度约5.31km
2	湖北沙洋长湖湿地市级自然保护区	沙洋县	15750	湿地生态系统			2008.03（县级）、2011.09（市级）		工程在后港2次穿越实验区，长度约7.22km
3	湖北环荆州古城国家湿地公园	荆州市	469.41	湿地生态系统	湿地公园	国家级	2014.12.16（试点）、2019.12.25（正式）		与湿地公园保育区最近距离为0.13km
4	长湖鲌类国家级水产种质资源保护区	荆州市、沙洋县	14000	翘嘴鲌、蒙古鲌、青梢鲌、拟尖头鲌、红鳍原鲌等5种鲌类及其生境	水产种质资源保护区		第二批	农业	工程多次穿越实验区，总长度约3.14km
5	庙湖翘嘴鲌国家级水产种质资源保护区	荆州市	517.08	翘嘴鲌，其他保护对象包括草鱼、鲢、鳙、菱、莲等重要经济水生植物物种及生境			第六批		穿越实验区0.35km。
6	汉江潜江段“四大家鱼”国家级水产种质资源保护区	潜江市	2284	“四大家鱼”及其鱼类“三场”、洄游通道及其他重要水生生物资源					工程出口位于上实验区（高石碑镇）边缘内

10.3.1 生态敏感区现状调查

10.3.1.1 湖北荆州市长湖湿地市级自然保护区

(1) 保护概况

1) 历史沿革。

2002年经荆州市人民政府批准，建立长湖市级湿地自然保护区。2007年，经荆州市编委批复同意成立“荆州长湖湿地自然保护区管理局”。

2) 地理位置及范围。

保护范围以长湖围堤为界，东北抵沙洋，西南接荆州、沙市两区，面积109.18km^2。其中核心区22.01km^2、缓冲区19.5km^2、实验区67.67km^2。

3) 生物资源概况。

保护区生境类型多样，野生动植物资源丰富。共有浮游动物75种，底栖动物37种，昆虫99种；脊椎动物244种，其中鱼类84种，两栖类7种，爬行类15种，鸟类124种(典型湿地水禽73种)，兽类14种；共有维管束植物223种。保护区分布有国家一级保护野生动物东方白鹤、黑鹳、中华秋沙鸭和白尾海雕4种；国家二级保护野生动物19种，其中兽类1种，即河麂；鸟类15种；两栖类1种，即虎纹蛙；鱼类1种，即胭脂鱼；保护区内共有国家二级保护野生植物4种，即粗梗水蕨、莲、野菱、野大豆。

(2) 与工程的位置关系

工程在庙湖、海子湖2次穿越荆州市长湖湿地市级自然保护区的实验区，分别为1.25km和4.06km，共5.31km。见图10-3。

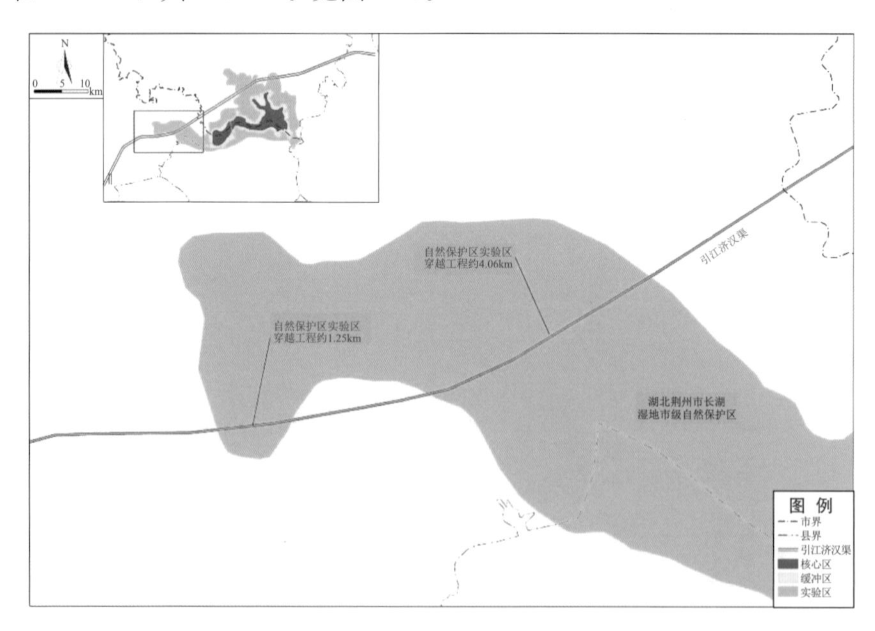

图10-3 工程与荆州市长湖湿地市级自然保护区位置关系图

10.3.1.2 湖北沙洋长湖湿地市级自然保护区

（1）保护区概况

1）历史沿革。

沙洋长湖湿地县级自然保护区于2008年3月经沙洋县人民政府批准成立（沙政办函〔2008〕9号），同时经沙洋县机构编制委员会批准成立“沙洋县长湖湿地保护管理局”（沙机编〔2008〕08号）。2011年9月，经荆门市人民政府批准升级为市级自然保护区（荆政办函〔2011〕60号），与县级保护区相比面积无变化，同时经市编委核准其编制，并在荆门市沙洋县林业局设立办公地点。

2）地理位置及范围。

保护区范围位于荆门市沙洋县境内，与荆州区和沙市区交界，保护区规划总面积为8143.66hm^2，介于N30°24′10.78″～30°31′27.28″，E112°20′26.94″～112°30′36.23″之间。

3）生物资源概况。

保护区内有鱼类79种，鸟类124种，兽类14种，两栖类7种，爬行类14种，保护区内有浮游植物68种，浮游动物58种，底栖动物30种，有维管束植物269种。从保护区动物组成看，代表了我国区系分界线南侧的动物组成特点，对研究我国动物区系变化具有重要价值；区内挺水植物、沉水植物和浮游植物均各自形成了独立的植物带，沉水植物全湖均有分布。保护区具有很高的生物多样性，代表了长江中游地区湿地生态系统的物种特征，是我国湖泊水域生物多样性的典型地区。

（2）与工程的位置关系

工程在后港2次穿越沙洋长湖湿地市级自然保护区的实验区，分别为4.91km和2.31km，共7.22km。见图10-4。

10.3.1.3 湖北环荆州古城国家湿地公园

（1）湿地公园概况

湿地公园位于湖北省荆州市的3条河流（护城河、太湖港河、荆襄河）旁，总面积469.41hm^2。2014年12月，国家林业局批准湖北环荆州古城国家湿地公园（试点）。2019年12月25日，通过国家林业和草原局2019年试点国家湿地公园验收（林湿发〔2019〕119号），正式成为国家湿地公园。湿地公园内水源充足、动植物资源丰富，内有维管束植物121科513种，其中国家二级保护植物3种；野生动物66科152种，其中国家二级保护动物8种。

根据《环荆州古城国家湿地公园总体规划》，湿地公园分保育、恢复重建、宣教展示、合理利用和管理服务5个功能区。

（2）与工程的位置关系

引江济汉工程不涉及该湿地公园，与湿地公园保育区最近距离为0.13km。具体位置关系见图 10-5。

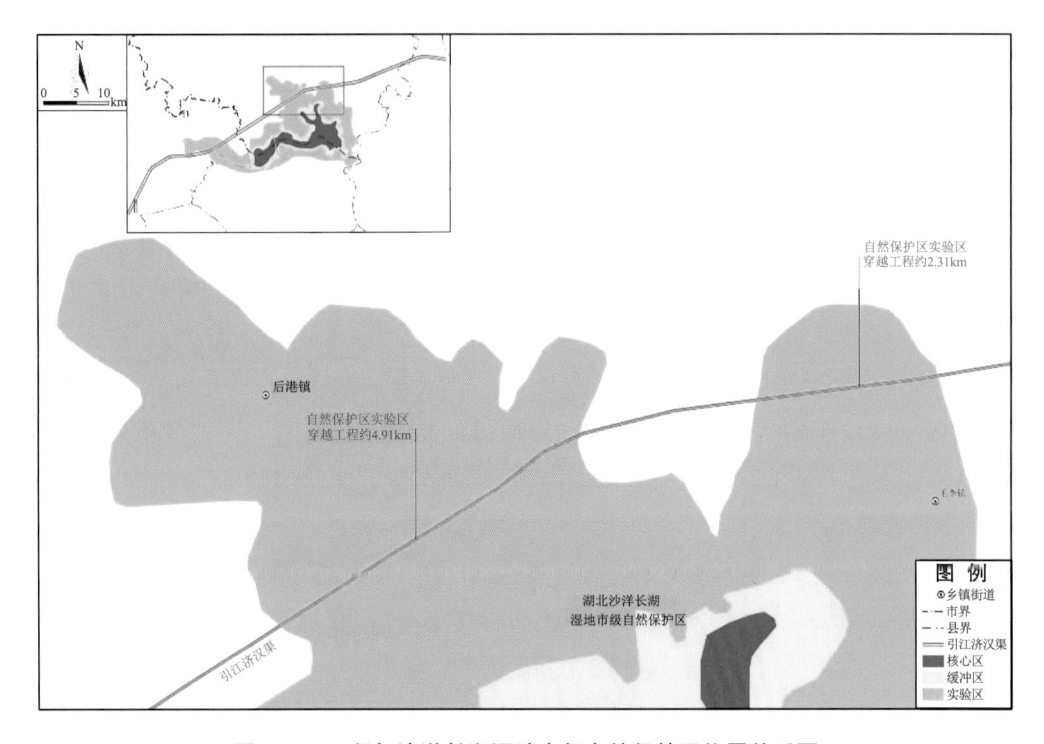

图 10-4　工程与沙洋长湖湿地市级自然保护区位置关系图

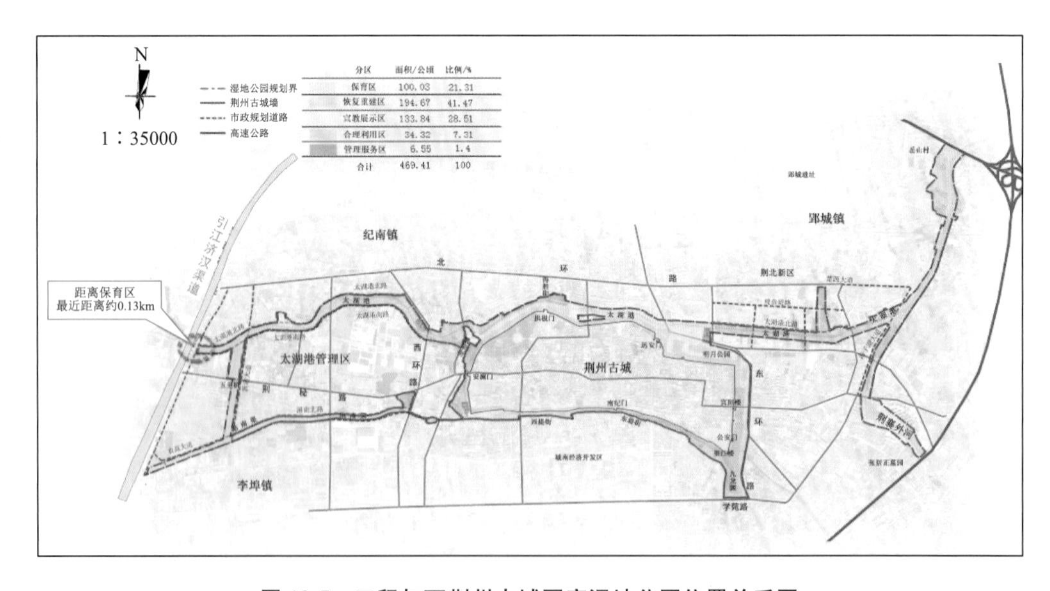

图 10-5　工程与环荆州古城国家湿地公园位置关系图

10.3.1.4 长湖鲌类国家级水产种质资源保护区

（1）保护区概况

保护区位于湖北省长江中游北岸，江汉平原四湖流域上游，荆州市区东北郊，包括长湖水域及沿湖滩涂、沼泽，范围在E112°12′03.313″～112°30′44.272″，N30°22′01.338″～30°31′47.805″之间，其地理位置边界东至蝴蝶咀、彭塚湖，西至庙湖渔场，南至观音垱镇，北至后港镇。

保护区总面积14000hm²，其中核心区面积4750hm²，实验区面积9250hm²。核心区特别保护期为4月15日—7月31日。核心区包括马洪台和大湖2块区域。马洪台核心区位于长湖中部区域，面积约1650hm²，范围在E112°18′57.068″～112°22′10.651″，N30°22′56.648″～30°25′29.589″之间，其边界线为姜家台—王家台—刘家台—象鼻垱—谭家湾，东以刘家台水域为起点，向西南经象鼻垱，南至谭家湾，后转向西南，西至姜家台，然后转向东北，北至王家台，向东南至刘家台。大湖核心区位于长湖东部的大湖区，面积约3100hm²，其范围在E112°25′35.534″～112°30′02.078″，N30°24′24.142″～30°27′53.690″之间，其北以瓦屋湾水域经大吴湾至花篮嘴一线为界，东以花篮嘴为起点，向南经后墙湾、窑场街至习口闸，南以习口闸为起点，向西经文岗至胡家垱，西以胡家垱至瓦屋湾一线为界。其边界线为瓦屋湾—大吴湾—花篮嘴—后墙湾—窑场街—习口闸—文岗—胡家垱。

保护区主要保护对象为翘嘴鲌、蒙古鲌、青梢鲌、拟尖头鲌、红鳍原鲌等5种鲌类及其生境，其他保护物种包括青鱼、草鱼、鲢、鳙、鳡、鳜、团头鲂、黄颡鱼、刺鳅、龟、鳖、中华绒螯蟹、青虾、河蚌、菱、野菱、莲、茭白等重要经济水生动植物物种。

（2）与工程的位置关系

工程在庙湖、海子湖多次穿越长湖鲌类国家级水产种质资源保护区的实验区，长度约5.31km。具体见图10-6。

10.3.1.5 庙湖翘嘴鲌国家级水产种质资源保护区

（1）保护区概况

该保护区总面积517.08hm²，其中核心区总面积为271.33hm²，实验区总面积245.75hm²。特别保护期为4月1日—9月30日。其地理位置边界为东至长湖管理处海子湖，西至纪南镇高台村、松柏村，南至郢城镇郢北村、海湖村，北至纪南镇洪圣村、雨台村，地理坐标为E112°12′08″～112°14′47″，N 30°23′44″～30°25′59″之间。核心区由庙湖农业队南组、郢城镇彭湖村至长湖海子湖之间水域组成，是由11个拐点构成的封闭区域，实验区是由6个拐点构成的封闭区域。主要保护对象为翘嘴鲌，其他保护对象包括草鱼、鲢、鳙、菱、莲等重要经济水生植物物种及其生境。

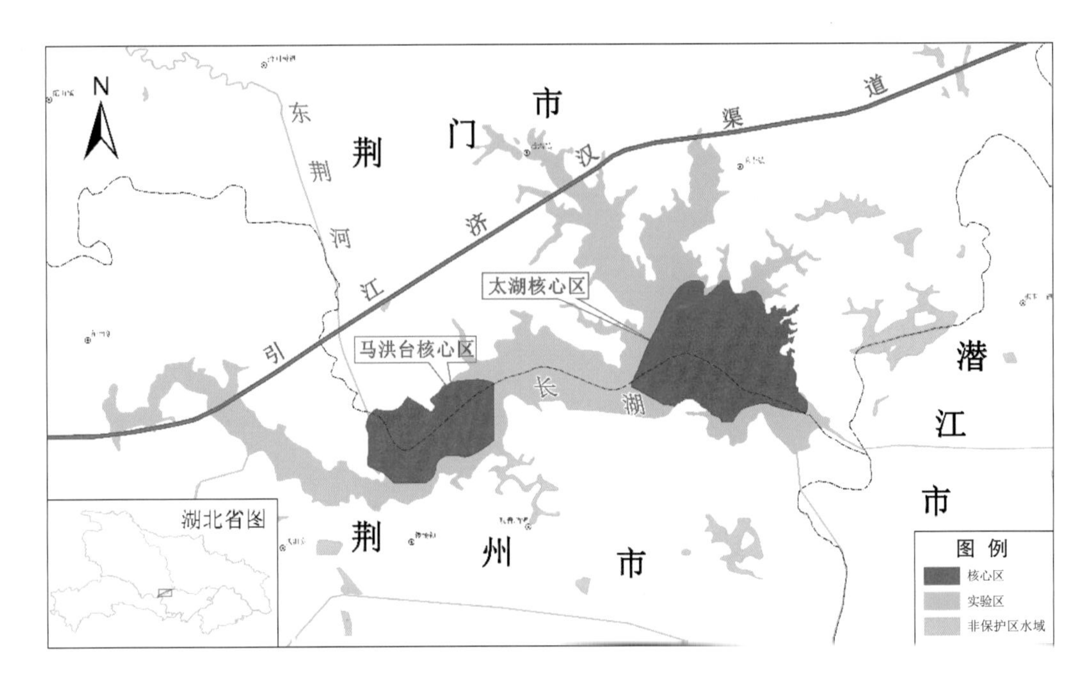

图 10-6 工程与长湖鲌类国家级水产种质资源保护区位置关系图

（2）与工程的位置关系

工程在穿越该水产种质资源保护区的实验区，长度约 0.35km。具体见图 10-7。

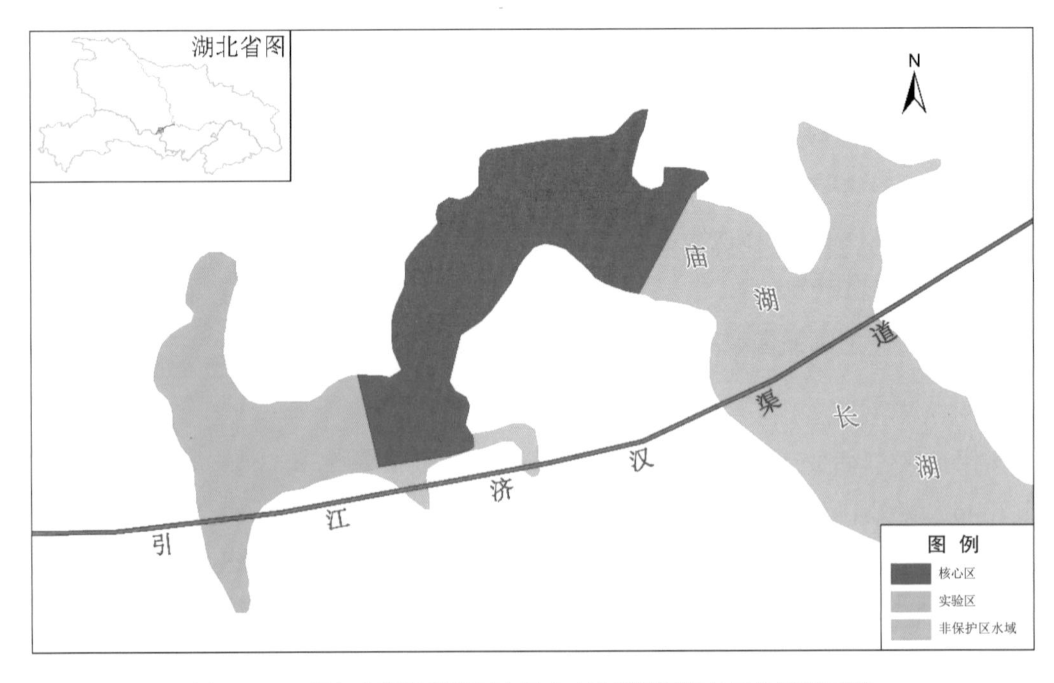

图 10-7 工程与庙湖翘嘴鲌国家级水产种质资源保护区位置关系图

10.3.1.6 汉江潜江段“四大家鱼”国家级水产种质资源保护区

（1）保护区概况

保护区位于湖北省潜江市高石碑镇兴隆至竹根滩镇黑流渡江段，全长 50.8km。总面积为 2284hm²，其中核心区面积 904hm²，实验区面积 1380hm²。核心区特别保护期为每年 4 月 1 日—6 月 30 日，核心区范围为王场镇吕垸（112°43′05″E，30°34′26″N）至泽口江段（112°51′58″E，30°29′18″N），全长 20.1km。核心区保护“四大家鱼”的产卵场、索饵场、越冬场、洄游通道等主要生长繁育场所。

实验区范围：一是上实验区，范围在保护区上游高石碑镇兴隆（112°40′34″E，30°36′36″N）至王场镇吕垸江段（112°43′05″E，30°34′26″N），全长 10.2km，总面积 537hm²；二是下实验区，潜江泽口（112°51′58″E，30°29′18″N）至竹根滩镇黑流渡江段（112°57′40″E，30°31′18″N），全长 20.5km，总面积 843hm²。保护对象为汉江“四大家鱼”和其他重要水生生物资源。

（2）与工程的位置关系

工程出口位于汉江潜江段“四大家鱼”国家级水产种质资源保护区的上实验区（高石碑镇）边缘内。具体见图 10-8。

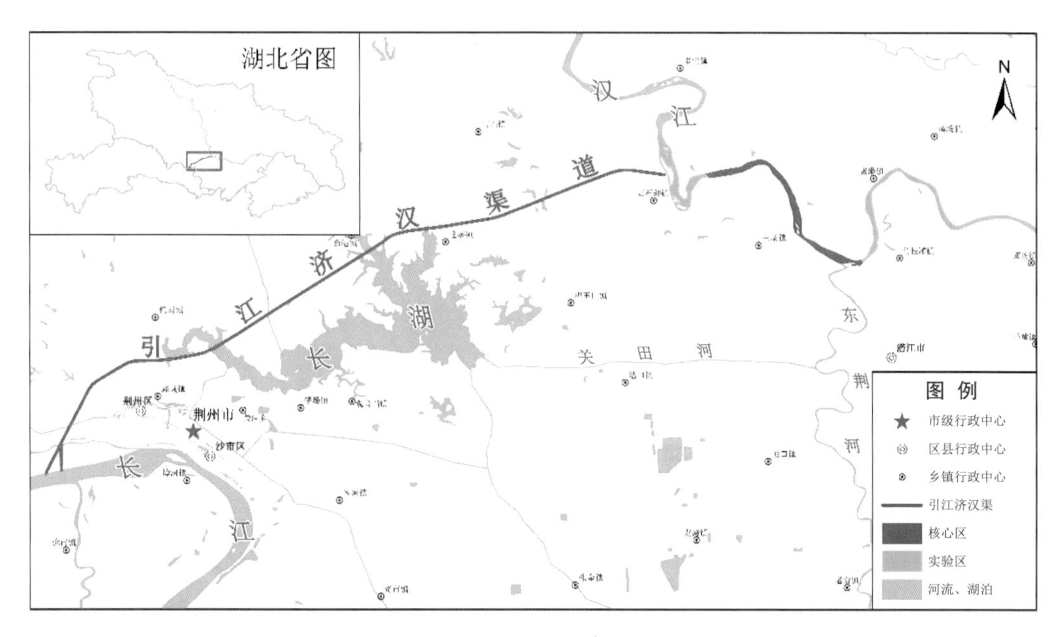

图 10-8 工程与汉江潜江段“四大家鱼”国家级水产种质资源保护区位置关系图

10.3.2 对生态敏感区影响调查

10.3.2.1 对自然保护区的影响

因湖北沙洋长湖湿地市级自然保护区、湖北荆州市长湖市级自然保护区均属长湖湿地，引江济汉工程对两个保护区的影响相似。因此，对保护区的影响总结如下。

（1）对生物资源的影响

对植物的影响：根据环评报告，庙湖基本无植被分布，海子湖、后港分布有水生植被，工程施工占地对占地区植被产生直接破坏。施工产生的弃渣、扬尘附着于植物叶片表面，会对植物正常生长产生影响。根据现场调查，运行期工程穿越保护区庙湖、海子湖、后港处结合城市景观建设进行了植被恢复绿化、美化，植被生长良好，植被覆盖率较高，因此工程建设对保护区植物资源影响较小。

对鸟类的影响：工程设计落实了对于长湖补水的工程措施，使长湖水环境质量得到提高，改善长湖地区动物栖息地。根据现场调查，长湖湿地自然保护区鸟类生物多样性较高，因此工程没有对鸟类的生存环境带来不利影响。

对鱼类的影响：引江济汉渠道将长湖湖面分割成大小不等的3部分，在一定程度上减少了保护区长湖主湖部分鱼类活动的生境，但工程设计对长湖进行了补水工程措施，提高了长湖枯水期水位，增加了长湖可养鱼水面，同时改善了长湖水质，因此也促进了长湖鱼类资源的发展。

（2）对保护区结构和功能的影响

工程在庙湖、海子湖、后港等地穿越保护区，穿越长度为12.53km，工程在湿地保护区内占地面积相对于保护区比例较小，且穿越位置均为保护区边缘位置，对保护区结构影响较小。由于工程在保护区内占地面积不大，工程占用湿地生态系统面积较小，通过现场调查，工程占地区生态环境单一，植被类型及群系单一，动植物及水生生物种类较少，多为适应性较强，分布广泛的种类。因此，工程建设对保护区功能的影响较小。此外，工程对长湖进行了补水，提高了枯水期长湖水位，改善了长湖水质，对湿地生态系统功能产生了有利影响。

10.3.2.2 对湿地公园的影响

湖北环荆州古城国家湿地公园于2014年成为国家湿地公园试点，2019年通过验收正式成为湿地公园。本工程于2010年7月开工建设，2014年9月26日，引江济汉工程正式通水。引江济汉工程不涉及湿地公园，干渠与湿地公园保育区最近距离为0.13km，且湿地公园是在引江济汉工程正式通水运营后建立的。同时，从2015—2019年，引江济汉工程通过港南分水闸向古城湿地公园累积生态补水2.61亿m^3。可见，引江济汉工程生态补水会增加湿地公园的水资源量，提高其自身的自净能力，对以水域景观和湿地资源为主要景观及保护对象的湿地公园产生了有利影响。

湿地公园建立后设立了相应管理机构，编制了《环荆州古城国家湿地公园总体规划》，严格控制利用区域和范围，监督湿地公园土地征占用、擅自改变用途和未批先建等一票否决事项；开展分片、分段巡护，固定了巡护路线，明确了巡护内容，规范了巡护记录。同时，依托环古城疏浚清淤、护城河生态环境整治、环古城生态驳岸建设、雨污分离、管网改造等建设项目，全面进行实地勘察、梳理确认。同时联合多部门力量，清除湿地公园湖、潭、河、沟、渠中的凤眼蓝、喜旱莲子草，改善湿地公园水质，使得湿地生态系统得到有效保护及恢复，验收评价区内增加的湿地公园对于评价区保护动植物和景观保护工作起到积极作用。

10.3.2.3 对国家级水产种质资源保护区的影响

工程穿越长湖鲌类国家级水产种质资源保护区和庙湖翘嘴鲌国家级水产种质资源保护区的实验区。由前文可知，目前长湖鱼类种类稍有减少，其他水生生物种类数及生物量有所增减。但分析表明这与本工程的运行没有明显联系或工程的运行没有对其产生明显负面效应，同时长湖鱼类天然常见种以及其他水生生物优势种均没有明显变化，说明工程的运行对长湖鲌类国家级水产种质资源保护区和庙湖翘嘴鲌国家级水产种质资源保护区中鱼类及其他水生生物资源没有产生明显的影响。

工程出口位于汉江潜江段“四大家鱼”国家级水产种质资源保护区实验区上边缘（高石碑镇）。由前文可知，目前汉江下游江段卵苗径流量达118.9亿尾（粒），泽口江段仍分布有重要经济鱼类产卵场，与工程建设前相比鱼类早期资源规模仍是比较可观，泽口鱼类产卵场位置没有改变；其他水生生物种类数及生物量有所增减，但分析表明本工程的运行对其没有明显的负面效应，同时水生生物优势种均没有明显变化；说明工程运行后对汉江潜江段四大家鱼国家级水产种质资源保护区中泽口鱼类产卵场及水生生物未造成明显影响。

第 11 章　地表水环境影响调查

11.1　水环境功能、水功能区划

本工程主要涉及长江、汉江、长湖、东荆河以及引江济汉渠道等水域，根据湖北省人民政府办公厅文件鄂政办发〔2000〕10 号《省人民政府办公厅转发省环境保护局关于湖北省地表水环境功能类别的通知》、鄂政函〔2003〕101 号《湖北省水功能区划》等文件，上述水域执行水环境功能、水功能区划具体见表 11-1、表 11-2。

表 11-1　　工程评价区域水环境功能区划一览表

水域	水域范围	主要适用功能	执行标准类别（GB 3838—2002）	备注
长江干流	枝江市、松滋市、	集中式生活饮用水水源地一级保护区	Ⅱ	
	荆州市城区	集中式生活饮用水水源地二级保护区	Ⅲ	
汉江干流高石碑以下河段	天门市、沙洋县、仙桃市河段	集中式生活饮用水水源地一级保护区	Ⅱ	
沮漳河	引江济汉渠道平交处上游 500m 至河口	集中式生活饮用水水源地二级保护区，一般鱼类保护区	Ⅲ	
长湖	全湖	集中式生活饮用水水源地二级保护区，一般鱼类保护区	Ⅲ	
东荆河	潜江市、监利县、洪湖市、仙桃市河段	集中式生活饮用水水源地一级保护区	Ⅱ	根据《湖北省水污染防治行动计划工作方案》,《荆州市东荆河流域考核断面水质达标方案》将荆州市 126km 河段 2020 年水质目标调整为Ⅲ类

表 11-2　　工程评价区域水功能区划一览表

水域	一级水功能区名称	二级水功能区名称	起始断面	终止断面	长度（km）或面积（km^2）	水质目标
长江干流	长江宜昌至荆州保留区	—	松滋市陈家店五家口	公安县虎渡河口	62	Ⅲ
	长江荆州开发利用区	长江荆州城南饮用水水源、工业用水区	公安县虎渡河口	临江路	10.3	Ⅱ
		长江荆州柳林洲工业用水、饮用水水源区	临江路	东郊热电厂	3	Ⅱ
		长江荆州五七、码头排污控制区	东郊热电厂	虾子沟	1.7	—
		长江荆州观音寺过渡区	虾子沟	江陵滩桥镇观音寺	8	Ⅱ
汉江干流高石碑以下河段	汉江潜江市开发利用区	汉江潜江市红旗码头工业用水区	潜江市王场镇	三岔口	5	Ⅱ
		汉江潜江市谢湾农业用水、饮用水水源区	三岔口	泽口	2.4	Ⅱ
		汉江潜江市泽口工业用水区	泽口	周家台	1	Ⅱ
		汉江潜江市王拐农业用水区	周家台	天门市张港	7.6	Ⅱ
	汉江仙桃开发利用区	汉江仙桃饮用水水源区	天门市多祥镇	沔城	9.5	Ⅱ
		汉江仙桃排污控制区	沔城	何家台	6	
		汉江仙桃过渡区	何家台	汉川市万福闸	8.5	Ⅲ
	汉江汉川开发利用区	汉江汉川饮用水水源、工业用水区	汉川市马鞍镇	熊家湾	5	Ⅲ
		汉江汉川工业用水、饮用水源区	熊家湾	武汉市新沟镇	20	Ⅲ
	汉江武汉开发利用区	汉江武汉蔡甸、东西湖区农业、工业用水区	蔡甸区张湾镇	蔡甸自来水公司上游 1km	15.4	Ⅲ
		汉江武汉城区、蔡甸、东西湖区饮用水水源、工业用水区	蔡甸自来水公司上游 1km	武汉市龙王庙	25.6	Ⅲ
沮漳河	沮漳河荆州保留区	—	当阳河溶镇	沙市市立新乡临江寺	114	Ⅲ
长湖	长湖保留区	—	湖区		122.5km^2	Ⅲ
东荆河	东荆河保留区	—	泽口三岔口	新河口	180	Ⅲ

引江济汉工程的主要任务是向汉江兴隆以下河段补充因南水北调中线调水而减少的水量，同时改善该河段的生态、灌溉、供水和航运用水条件。经调查，引江济汉渠道目前暂未划分水环境功能类别，后港自来水厂从引江济汉渠道取水作为饮用水水源，为保护引江济汉河道和出口下游汉江水质，同时根据进口河段水功能区、水环境功能区划，引江济汉渠道执行Ⅱ类水质标准。

11.2 施工期地表水环境影响调查

11.2.1 工程施工水环境影响主要因素调查

11.2.1.1 主体工程施工

引江济汉工程渠道全长 67.23km，工程从进口到出口依次布置有进口渠道、泵站节制闸、荆江大堤防洪闸、荆州段渠道、拾桥河枢纽、沙洋段渠道、西荆河枢纽、潜江段渠道、高石碑枢纽等主要工程，其中，穿越拾桥河、西荆河等河流段 2.534km，分 4 段穿长湖湖汊 3.446km，需要涉水围堰、导流施工。

东荆河节制工程包括新建马口橡胶坝、黄家口橡胶坝、冯家口橡胶坝、冯家口闸、通顺河节制闸和既有刘岭闸、田关闸加固改造，均需涉水围堰、导流施工。

围堰填筑、抛石固脚、渠底清淤以及围堰基坑排水等施工活动对水体产生扰动；渠道成形后形成大型线型基坑，地下水渗入、降雨承纳雨水及后期建筑物与渠道衬砌混凝土养护废水排放两侧/端河道、渠道、湖塘。施工扰动水体、基坑废水排放，对渠线两侧水体局部水域造成不利影响，主要表现为受纳水体局部水域泥沙含量升高。

11.2.1.2 水土流失

主体工程永久占地、施工附属设施及弃渣临时占地对地表形成扰动，初期缺乏有效防护的开挖及堆填边坡、弃渣场松散土方在雨水的冲刷下随地表径流进入两侧/端河道、渠道、湖塘，对渠线两侧水体局部水域造成不利影响，主要表现为受纳水体局部水域泥沙含量升高。

11.2.1.3 施工附属设施污/废水

引江济汉工程具有施工线路长、建筑物复杂多样的特点，与此相适应，施工布置分散，渠道工程设置 21 个施工工区，东荆河节制工程设置 3 个施工工区。

每个工区设置 1 处施工营地，每个施工营地根据各自施工项目特点，相应布置混凝土拌和站、砂石料堆放场、仓库、汽车机械停放场、办公及生活区等设施。

（1）混凝土拌和系统

混凝土系统布置主要由拌和站，骨料堆，水泥、粉煤灰仓库（罐），配电系统及外加剂车间、试验室等组成，渠道工程 21 个施工工区共设置 27 座拌和站，东荆河节制工程 3

个施工工区设置3座拌和站。

固定拌和站均设置废水收集系统，沉淀处理后回用于施工场区和道路的洒水降尘。

（2）机械设备停放场

每个施工工区分设机械设备停放场一处，车辆及机械保养维护等工作依托荆州市、沙洋县、潜江市当地社会资源开展，施工现场产生少量施工车辆冲洗废水。

机械设备停放场场地硬化，洗车台设置截流沟、沉淀池，收集施工车辆冲洗废水，沉淀处理后用于施工场区和道路的洒水降尘。

（3）施工生活污水

工程共设置24个施工工区，每个工区设置1处施工营地，施工营地设置办公及生活区。

根据周边城镇、村落分布状况，租用与自建相结合解决工区办公及生活区设施，以压缩施工营地占地规模。部分施工人员生活租住附近单位、村民富余房屋，生活污水排入既有的排水系统；施工营地建设活动板房，供施工管理和部分施工人员生活居住，设置化粪池处理粪便污水，定期清理并用于农田肥用。

上述影响因素中，对渠线两侧水体水质不利的主要因素为主体工程涉水施工扰动水体、基坑废水排放及施工过程中的水土流失，主要表现为受纳水体局部水域泥沙含量升高，施工附属设施污/废水环境影响较小。

11.2.2 工程施工水环境影响调查

11.2.2.1 渠首工程施工对长江水质的影响

在工程河段，环保部门在渠首上游约4km处设置有砖瓦厂断面，下游约20km处设置有观音寺断面，两断面均为国控断面。

根据2010—2014年湖北省环境状况公报，渠首工程施工期间，长江干流荆江城区段水质保持稳定，水质总体优良，断面水质功能区达标率为100%。具体见表11-3。

表11-3　施工期长江干流荆江城区段水质状况

断面所在地	监测断面	规划类别	2010年水质类别	2011年水质类别	2012年水质类别	2013年水质类别	2014年水质类别
荆州	砖瓦厂	Ⅲ	Ⅱ	Ⅱ	Ⅱ	Ⅲ	Ⅲ
	观音寺	Ⅲ	Ⅱ	Ⅱ	Ⅱ	Ⅲ	Ⅲ

注：表内数据来源于年度湖北省环境质量状况公报。

长江流量巨大，渠首下游沙市水文站多年平均流量12500m^3/s，属超大型河流，渠首工程施工期水土流失、基坑排水对长江水质的影响仅限于施工点下游局部水域，对河段整体水质影响轻微。

11.2.2.2 渠道施工对长湖水质的影响

引水渠道分4段穿越长湖汉，桩号分别为17＋306～17＋800、21＋507～22＋900、38＋127～38＋586、38＋800～39＋900，长度分别为0.494km、1.393km、0.459km、1.1km，其中第一、二段位于荆州市境内，第三、四段位于荆门市内。荆州水域设有戴家洼、刁家口、关沮口、桥河口4个省控监测点，荆门水域设有后港1个省控监测点。环境影响报告书引用2000—2002年对长湖水质进行了评价，评价结果为：长湖水质较差，全湖3年5个测点45个水期类别中，符合Ⅱ、Ⅲ类的占11.1%、符合Ⅳ类的占15.6%、符合Ⅴ类和超过Ⅴ类的占73.4%；主要污染指标是总磷和总氮。

依据湖北省环境质量状况公报，施工前2008—2009年及引江济汉工程施工期的2010—2014年，长湖水质状态见表11-4。引江济汉渠道施工前和施工期间，荆州市、荆门市两市长湖水域水质状况基本一致，除2011年水质较好达到规划水质类别外，其他年份水质污染均较严重，多数年份以Ⅴ类和劣Ⅴ类为主，主要超标污染物为总磷、总氮、氟化物、COD_{Mn}、BOD_5、COD等，营养级别为轻度至中度富营养。

表11-4　施工期间长湖水质状况一览表

年限		规划类别	荆州市			荆门市		
			水质类别	主要超标污染物	营养状况	水质类别	主要超标污染物	营养状况
施工前	2008年	Ⅲ	劣Ⅴ	总磷、总氮	轻度	劣Ⅴ	总磷、总氮、BOD_5、COD_{Mn}	中度
	2009年	Ⅲ	劣Ⅴ	总磷、总氮	轻度	Ⅴ	总磷、总氮、BOD_5、COD_{Mn}	中度
施工期	2010年	Ⅲ	Ⅴ	总磷、总氮	轻度	Ⅴ	总磷、总氮、BOD_5、COD_{Mn}	中度
	2011年	Ⅲ	Ⅲ		轻度	Ⅲ	—	中度
	2012年	Ⅲ	Ⅳ	总磷	中度	劣Ⅴ	氟化物、COD、BOD_5、COD_{Mn}	中度
	2013年	Ⅲ	刁家口Ⅴ类，戴家洼、关沮口和桥河口劣Ⅴ类	总磷、BOD_5	轻度	劣Ⅴ	氟化物、COD、总磷、BOD_5	轻度
	2014年	Ⅲ	刁家口Ⅳ类，戴家洼、关沮口和桥河口劣Ⅴ类	总磷、BOD_5	轻度	劣Ⅴ	氟化物、COD、总磷、BOD_5	轻度

注：表内数据来源于年度湖北省环境质量状况公报。

长湖在正常蓄水位 30.50m，相应湖面积 122.5km²，湖泊容积 2.71 亿 m³，属超大型湖库，引江济汉渠道穿越长湖，施工期间主要有围堰填筑、基坑处理、湖底清淤、抛石固脚等施工活动，扰动水体、基坑排水将导致两侧附近局部水体浑浊，泥沙含量有所增加，与长湖主要超标污染物和水体营养状况相关性较弱，渠道施工对长湖水质影响较小。

11.2.2.3 出口工程施工对汉江水质的影响

在出口工程河段，环保部门在出口上游约 25km 处设置有罗汉闸断面，下游约 2km、27km 处设置有高石碑和泽口断面，3 个断面均为国控断面。

出口工程施工期间，上游约 2.5km 的兴隆水利枢纽工程基本同步施工，根据 2010—2014 年湖北省环境状况公报，出口河段上下游水质保持稳定，水质优良，断面水质功能区达标率为 100%。具体见表 11-5。

表 11-5　　施工期出口河段汉江干流水质状况

断面所在地	监测断面	规划类别	2010 年水质类别	2011 年水质类别	2012 年水质类别	2013 年水质类别	2014 年水质类别
天门	罗汉闸	Ⅱ	Ⅱ	Ⅱ	Ⅱ	Ⅱ	Ⅱ
潜江	高石碑	Ⅱ	—	Ⅱ	Ⅱ	Ⅱ	Ⅱ
	泽口	Ⅱ	Ⅱ	Ⅱ	Ⅱ	Ⅱ	Ⅱ

注：表内数据来源于年度湖北省环境质量状况公报。

汉江流量巨大，上游沙洋水文站多年平均流量 1512m³/s，属超大型河流，出口工程施工期水土流失、基坑排水对汉江水质的影响仅限于施工点下游局部水域，对河段整体水质影响轻微。

11.2.2.4 东荆河节制工程施工对下游河道水质的影响

东荆河节制工程均需涉水围堰、导流施工，围堰填筑、基坑排水、后期围堰拆除等施工活动对水体产生扰动，以及施工过程的水土流失均对下游水体局部水域造成不利影响，主要表现为受纳水体局部水域泥沙含量升高。

东荆河节制工程建筑物个数较多，较为分散，单项工程规模均不大（图 11-1），除马口橡胶坝采用分期导流，需安排在两个非汛期内（第一年 11 月至第二年 4 月）施工（图 11-2），其他项目均在一个非汛期内完成，对下游河道水质影响时间较短、范围较小。

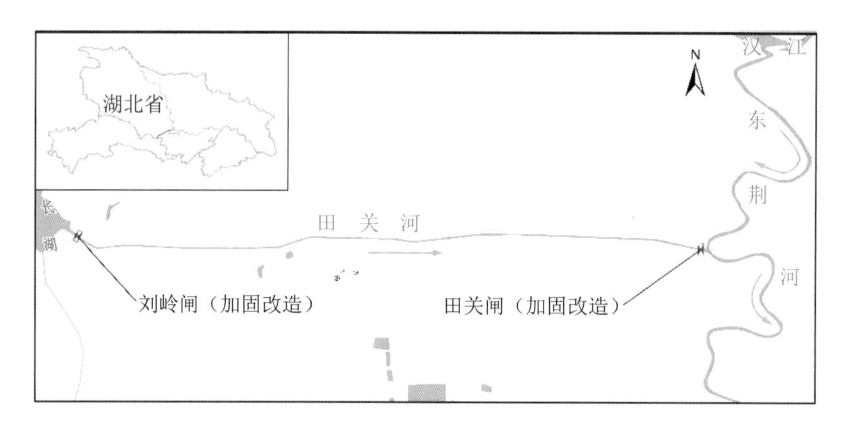

图 11-1　东荆河节制工程分布示意图（一）

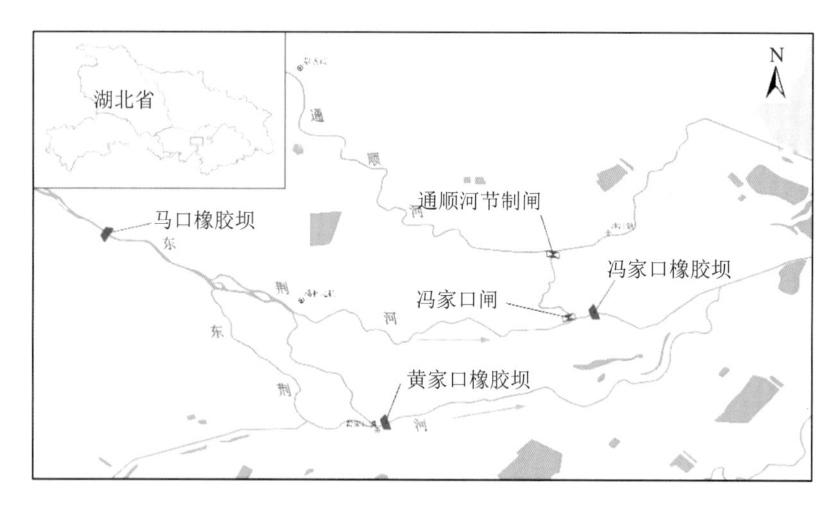

图 11-2　东荆河节制工程分布示意图（二）

11.3　运行初期水环境影响调查

11.3.1　工程任务对渠道水质的要求

引江济汉是南水北调中线工程的重要组成部分和湖北省最大的水资源优化配置工程，工程的主要任务是向汉江兴隆以下河段补充因南水北调中线调水而减少的水量，同时改善该河段的生态、灌溉、供水和航运用水条件。

引江济汉工程的供水范围包括汉江干流和东荆河两部分，根据湖北省人民政府办公厅文件鄂政办发〔2000〕10 号《省人民政府办公厅转发省环境保护局关于湖北省地表水环境功能类别的通知》，汉江干流天门市、沙洋县、仙桃市河段为集中式生活饮用水水源地一级保护区，水环境功能类别为Ⅱ类；长湖全湖为集中式生活饮用水水源地二级保护区和一般鱼类保护区，规划水环境功能类别为Ⅲ类；东荆河潜江市、监利县、洪湖市、仙桃市河段规划水质类别为集中式生活饮用水水源地一级保护区。因此，引江济汉渠道全程水质参照Ⅱ类水质标准。

11.3.2 渠道水质保护规划设计与渠道运行水质变化

11.3.2.1 渠道水质保护规划设计

渠道从龙洲垸进口至高石碑出口，全长 67.23km，其间穿过拾桥河、西荆河等较大河流和 40 余条灌溉、排水渠道等，其中港总渠、拾桥河、殷家河、西荆河、兴隆河的流量较大，其余均为当地灌溉、排水渠道，流量较小。一方面渠道切断了河流及沟渠，对沿线原有的灌排体系带来了一定不利影响，必须采取工程措施恢复水系，使原有河流及排灌水系的功能基本不受影响；另一方面，维系沿线水系自身功能的同时，减免对引江济汉渠道水质的不利影响。为保护渠道水质，经与沿线各地市充分协商，确定水系恢复原则如下：

1）对于排灌设计流量大于或等于 $5m^3/s$ 的较大河流和骨干沟渠，如果调整渠线占地较多，采取建倒虹吸方式恢复原有水系。

2）对小于 $5m^3/s$ 的排灌渠道和部分低丘地区规模不大的排水冲沟，一般采用改建排灌渠道进行水系调整的方式恢复原有灌排功能，但如果水系调整工程量较大或是永久占地较多，采取建倒虹吸方式恢复水系。

3）对于部分地势相对较高，水质较好且无血吸虫威胁的排水冲沟，考虑排水入引江干渠。

4）灌溉台渠，设计流量一般小于 $3.0m^3/s$，优先考虑河湖替换水源，即：若水源有保障，且增建泵站后，只需新建长度较短的引渠就能与原台渠相连，则通过新建泵站及引渠来恢复台渠的灌溉功能，若无经济合理的河湖替换水源条件，则考虑建倒虹吸或从引江干渠提水。

根据上述水系恢复的原则，拟定恢复功能的交叉水系达 42 个，经充分协调、研究，工程设计设置拾桥河、西荆河、兴隆河等跨渠倒虹吸 30 座（其中河渠交叉 26 座，渠渠交叉 4 座），其他 12 处小流量排灌沟道纳入水系调整；另外，引江济汉渠道未将撇洪作为工程任务之一，但具有撇洪功能，拾桥河枢纽采用平立交结合设计，当拾桥河来水超过其倒虹管设计流量 $240m^3/s$ 时，在不影响汉江防洪时，通过引江济汉渠道向汉江撇洪。

沿线灌排体系恢复和拾桥河枢纽撇洪设计，为引江济汉渠道水质的维护提供了有效保障。

11.3.2.2 渠道运行沿程水质变化

地方环保部门在渠尾高石碑出水闸设有水质自动监测站，于 2017 年 5 月开始提供数据服务，监测指标为水温、pH 值、溶解氧、电导率、浊度、氨氮、COD_{Mn}、总磷、总氮、总铅、总镉、总铜、叶绿素、藻密度、蓝绿藻等 15 项。

根据环境影响报告拟定的环境监测计划，湖北省引江济汉工程管理局委托长江水利委员会水文局荆江水文水资源勘测局，于 2017 年 11 月起开展引江济汉渠道沿线水质监测，监测指标为水温、pH 值、溶解氧、氨氮、高锰酸盐指数、总磷、铜、铅、镉、铁等 10 项，监测频率每月 1 次。渠道沿线水质评价见表 11-6、表 11-7。

由表 11-6 可见，2018 年引江济汉渠道进口 1 月、2 月和 12 月实际水质类别Ⅲ类，其他月份实际水质类别Ⅱ类；拾桥河枢纽渠道 2 月、8 月和 11 月实际水质类别Ⅲ类，其他月份实际水质类别Ⅱ类；渠尾全年各月实际水质类别Ⅱ类。

由表 11-7 可见，2019 年引江济汉渠道进口 1 月、3 月、8 月和 11 月实际水质类别Ⅲ类，其他月份实际水质类别Ⅱ类；拾桥河枢纽渠道 3 月、8 月实际水质类别Ⅲ类，其他月份实际水质类别Ⅱ类；渠尾全年各月实际水质类别Ⅱ类。

引江济汉渠道从长江引水，进水水质优良，达到Ⅱ类水质标准，因与外界水源隔绝，全程保持优良水平，渠尾全年各月实际水质类别Ⅱ类，达到设计水质目标。

11.3.3 长江下游河段水质影响

引江济汉工程以长江为水源，长江径流量巨大，渠首上游干流宜昌站 1950—2000 年多年平均流量 13900m^3/s，多年平均径流量 4382 亿 m^3；下游沙市站多年平均流量 12500m^3/s，多年平均径流量 3950 亿 m^3。引江济汉工程设计流量 350m^3/s，最大流量 500m^3/s，根据设计调度规则，年设计引水量约 37 亿 m^3，仅占沙市多年平均年径流量的 0.94%，对工程河段下游水资源量影响轻微。

依据 2015—2019 年湖北省环境状况公报中砖瓦厂和观音寺监测断面结果，具体评价结果见表 11-8。引江济汉工程运行后，尽管下游河段水资源量有所减少，环境容量同步有所减少，但荆州城区段水质保持稳定，水质优良，断面水质功能区达标率为 100%，对下游水质影响轻微。

11.3.4 长湖水质、富营养化影响

11.3.4.1 长湖水质保护

（1）设立长湖湿地自然保护区

2002 年经荆州市人民政府批准，成立湖北荆州市长湖湿地市级自然保护区；2007 年，经荆州市编委批复同意成立“荆州长湖湿地自然保护区管理局”。湿地总面积 109.18km^2，其中核心区 22.01km^2、缓冲区 19.5km^2、实验区 67.67km^2。

表 11-6　　2018 年引江济汉渠道进口水质评价

位置	评价因子	Ⅱ类标准值	Ⅲ类标准值	1月	2月	3月	4月	5月	6月	7月	8月	9月	10月	11月	12月	均值
渠道进口	pH 值	6～9	6～9	8.36	8.02	8.07	7.96	8.15	8.14	7.93	7.96	7.32	7.82	8.13	8.15	8.00
	溶解氧	6	5	11.06	11.05	10.78	9.9	9.89	9.04	8.02	8	6.86	8.27	9.33	9.12	9.28
	高锰酸盐指数	4	6	1.5	2.1	2.4	2.4	3	2.4	1.8	2.5	2.1	1.6	2.1	2.2	2.2
	氨氮	0.5	1	0.031	0.068	0.441	0.164	0.181	0.141	0.151	0.215	0.257	0.089	0.196	0.124	0.172
	总磷	0.10	0.20	0.11	0.17	0.09	0.1	0.07	0.09	0.1	0.08	0.07	0.1	0.09	0.12	0.10
	铜	1	1	<0.009	<0.009	<0.009	<0.009	<0.009	<0.009	<0.009	<0.009	<0.009	<0.009	0.019	0.013	<0.009
	铅	0.01	0.05	<0.020	<0.020	0.042	<0.020	<0.020	<0.020	<0.020	<0.020	<0.020	<0.020	0.027	0.027	<0.020
	镉	0.004	0.004	<0.004	<0.004	<0.004	<0.004	<0.004	<0.004	<0.004	<0.004	<0.004	<0.004	<0.004	<0.004	<0.004
	铁	0.3	0.3	0.0302	0.1096	0.2353	0.1277	0.0513	0.113	0.2009	0.0322	0.0103	0.0794	0.074	0.0230	0.0906
	执行标准类别	/	/	Ⅱ	Ⅱ	Ⅱ	Ⅱ	Ⅱ	Ⅱ	Ⅱ	Ⅱ	Ⅱ	Ⅱ	Ⅱ	Ⅱ	Ⅱ
	评价水质类别	/	/	Ⅲ	Ⅲ	Ⅱ	Ⅱ	Ⅱ	Ⅱ	Ⅱ	Ⅱ	Ⅱ	Ⅱ	Ⅱ	Ⅲ	Ⅱ
拾桥河枢纽渠道	pH 值	6～9	6～9	8.44	8.29	8.07	8.22	8.16	7.98	8.29	7.67	7.43	7.7	8.1	8.29	8.05
	溶解氧	6	5	11.43	10.62	10.69	12.05	8.19	7.4	7.12	8.04	7.37	8.07	8.96	10.64	9.22
	高锰酸盐指数	4	6	1.8	2.1	1.8	2.5	1.9	1.6	2.4	2.2	2.5	1.7	1.7	2	2.0
	氨氮	0.5	1	0.05	0.063	0.273	0.142	0.3	0.116	0.275	0.332	0.157	0.126	0.106	<0.025	0.176
	总磷	0.10	0.20	0.10	0.12	0.08	0.08	0.06	0.09	0.07	0.11	0.05	0.10	0.11	0.06	0.09
	铜	1	1	<0.009	<0.009	<0.009	<0.009	<0.009	<0.009	<0.009	<0.009	<0.009	<0.009	0.031	0.041	<0.009
	铅	0.01	0.05	0.021	<0.020	0.021	<0.020	<0.020	<0.020	<0.020	<0.020	0.026	<0.020	<0.020	<0.020	<0.020
	镉	0.004	0.004	<0.004	<0.004	<0.004	<0.004	<0.004	<0.004	<0.004	<0.004	<0.004	<0.004	<0.004	<0.004	<0.004
	铁	0.3	0.3	0.0544	0.06	0.0813	0.0138	0.0459	0.0671	0.0597	0.0264	0.0082	0.0721	0.0445	0.0097	0.0453
	执行标准类别	/	/	Ⅱ	Ⅱ	Ⅱ	Ⅱ	Ⅱ	Ⅱ	Ⅱ	Ⅱ	Ⅱ	Ⅱ	Ⅱ	Ⅱ	Ⅱ
	评价水质类别	/	/	Ⅱ	Ⅲ	Ⅱ	Ⅱ	Ⅱ	Ⅱ	Ⅱ	Ⅲ	Ⅱ	Ⅱ	Ⅲ	Ⅱ	Ⅱ

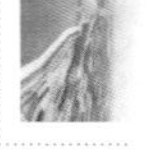

续表

渠尾		水质标准值		2018年				
		Ⅱ类	Ⅲ类	最小值	最大值	平均值	执行标准类别	评价水质类别
水温	℃	/	/	10.1	30.6	20.1	/	—
pH值	无量纲	6～9	6～9	7.88	8.53	8.23	Ⅱ	Ⅱ
溶解氧	mg/L	6	5	7.72	13.81	10.16	Ⅱ	Ⅱ
电导率	μS/cm	/	/	277.2	365.7	332.8	/	—
浊度	NTU	/	/	3.2	46.6	12.8	/	—
氨氮	mg/L	0.5	1	0.04	0.07	0.054	Ⅱ	Ⅱ
COD_{Mn}	mg/L	4	6	1.17	2.98	2.17	Ⅱ	Ⅱ
总磷	mg/L	0.1	0.2	0.045	0.107	0.073	Ⅱ	Ⅱ
总氮	mg/L	0.5	1	1.19	2.05	1.68	Ⅱ	—
总铅	mg/L	0.01	0.05	0	0.001	0.0001	Ⅱ	Ⅱ
总镉	mg/L	0.004	0.004	0	0.002	0.0002	Ⅱ	Ⅱ
总铜	mg/L	1	1	0	0.0078	0.0016	Ⅱ	Ⅱ
叶绿素	ug/L	/	/	1.18	34.25	7.44	/	—
藻密度	cells/mL	/	/	0.07	1.08	0.29	/	—
蓝绿藻	cells/mL	/	/	0.07	1.08	0.29	/	—

备注：1. 本表数据来源于环保部门渠尾水质自动监测站；
2. 根据《地表水环境质量评价办法（试行）》，水温、总氮、粪大肠菌群3项指标不参评。

表 11-7 2019年引江济汉渠道进口水质评价

引江济汉工程进口	Ⅱ类标准值	Ⅲ类标准值	1月	2月	3月	4月	5月	6月	7月	8月	9月	10月	11月	12月	均值
pH值（无量纲）	6～9	6～9	8.14	8.21	8.43	8.1	8.35	7.94	8.08	7.34	7.83	7.65	8.41	8.04	8.04
溶解氧	6	5	9.03	10.33	10.59	10.21	9.15	7.16	7.46	8.11	6.65	7.31	8.23	8.34	8.55
高锰酸盐指数	4	6	2.3	1.6	2.1	2.2	1.7	1.8	1.8	2.3	2	2.8	2.3	2.3	2.10
氨氮	0.5	1	0.255	0.041	0.1	0.034	0.138	0.182	0.239	0.197	0.087	0.114	0.091	0.186	0.14
总磷	0.10	0.20	0.11	0.07	0.11	0.07	0.09	0.08	0.1	0.19	0.08	0.1	0.11	0.16	0.11
铜	1	1	0.011	<0.009	0.02	<0.009	<0.009	0.015	<0.009	<0.009	<0.009	0.015	0.013	0.012	<0.009
铅	0.01	0.05	<0.020	<0.020	<0.020	<0.020	<0.020	<0.020	<0.020	<0.020	<0.020	<0.020	<0.020	<0.020	<0.020
镉	0.004	0.004	<0.004	<0.004	<0.004	<0.004	<0.004	<0.004	<0.004	<0.004	<0.004	<0.004	<0.004	<0.004	<0.004
铁	0.3	0.3	0.0192	0.043	0.0094	<0.0045	0.0236	0.0805	0.0053	0.6245	0.0075	0.0274	0.0059	<0.0045	0.0846
执行标准类别	/	/	Ⅱ	Ⅱ	Ⅱ	Ⅱ	Ⅱ	Ⅱ	Ⅱ	Ⅱ	Ⅱ	Ⅱ	Ⅱ	Ⅱ	Ⅱ
评价水质类别	/	/	Ⅲ	Ⅱ	Ⅲ	Ⅱ	Ⅱ	Ⅱ	Ⅱ	Ⅲ	Ⅱ	Ⅱ	Ⅲ	Ⅱ	Ⅱ
pH值（无量纲）	6～9	6～9	8.12	8.28	8.49	8.26	8.26	8.15	8.23	7.43	8.35	7.7	8.53	8.07	8.16
溶解氧	6	5	10.03	10.83	11.3	10.47	8.79	6.89	7.82	8.11	6.98	7.7	8.81	10.11	8.99
高锰酸盐指数	4	6	3.8	1.8	2.1	2	1.6	1.9	1.3	2	1.9	2.7	2.5	2	2.13
氨氮	0.5	1	0.283	0.109	0.086	0.065	0.111	0.126	0.172	0.099	0.175	0.173	0.121	0.096	0.13
总磷	0.10	0.20	0.06	0.07	0.12	0.09	0.1	0.09	0.1	0.16	0.1	0.1	0.07	0.08	0.10
铜	1	1	0.01	0.014	0.057	0.011	<0.009	<0.009	<0.009	0.011	<0.009	0.016	<0.009	<0.009	<0.009
铅	0.01	0.05	<0.020	0.023	<0.020	<0.020	<0.020	<0.020	<0.020	<0.020	<0.020	<0.020	<0.020	<0.020	<0.020
镉	0.004	0.004	<0.004	<0.004	<0.004	<0.004	<0.004	<0.004	<0.004	<0.004	<0.004	<0.004	<0.004	<0.004	<0.004
铁	0.3	0.3	0.0068	0.0665	0.0144	0.0279	0.0133	0.028	0.0117	0.688	0.0125	0.0305	0.0083	0.0083	0.0825
执行标准类别	/	/	Ⅱ	Ⅱ	Ⅱ	Ⅱ	Ⅱ	Ⅱ	Ⅱ	Ⅱ	Ⅱ	Ⅱ	Ⅱ	Ⅱ	Ⅱ
评价水质类别	/	/	Ⅱ	Ⅱ	Ⅲ	Ⅱ	Ⅱ	Ⅱ	Ⅱ	Ⅲ	Ⅱ	Ⅱ	Ⅱ	Ⅱ	Ⅱ

续表

渠尾		水质标准值		2019年				
		Ⅱ类	Ⅲ类	最小值	最大值	平均值	执行标准类别	评价水质类别
水温	℃	/	/	9.4	28.5	18.9	/	—
pH值	无量纲	6～9	6～9	4.82	8.33	7.58	Ⅱ	Ⅱ
溶解氧	mg/L	6	5	6.99	12.84	9.91	Ⅱ	Ⅱ
电导率	μS/cm	/	/	274.4	385.4	342.9	/	—
浊度	NTU	/	/	6.2	44.3	12.9	/	—
氨氮	mg/L	0.5	1	0.013	0.122	0.034	Ⅱ	Ⅱ
COD_{Mn}	mg/L	4	6	1.47	2.74	2.11	Ⅱ	Ⅱ
总磷	mg/L	0.1	0.2	0.037	0.113	0.081	Ⅱ	Ⅱ
总氮	mg/L	0.5	1	1.26	1.98	1.67	Ⅱ	—
总铅	mg/L	0.01	0.05	0.0000	0.0038	0.0007	Ⅱ	Ⅱ
总镉	mg/L	0.004	0.004	0.0000	0.0039	0.0006	Ⅱ	Ⅱ
总铜	mg/L	1	1	0.0001	0.0080	0.0024	Ⅱ	Ⅱ
叶绿素	ug/L	/	/	1.23	35.66	9.78	/	—
藻密度	cells/mL	/	/	0.04	1.72	0.56	/	—
蓝绿藻	cells/mL	/	/	0.04	1.59	0.41	/	—

备注：1. 本表数据来源于环保部门渠尾水质自动监测站；

2. 根据《地表水环境质量评价办法（试行）》，水温、总氮、粪大肠菌群3项指标不参评。

表 11-8 运行期长江干流荆州城区段水质状况

断面所在地	监测断面	规划类别	2015年水质类别	2016年水质类别	2017年水质类别	2018年水质类别
荆州	砖瓦厂	Ⅲ	Ⅲ	Ⅲ	Ⅲ	Ⅲ
	观音寺	Ⅲ	Ⅲ	Ⅲ	Ⅲ	Ⅲ

注：表内数据来源于年度湖北省环境质量状况公报。

2008年3月经沙洋县人民政府批准（沙政办函〔2008〕9号），成立沙洋长湖湿地县级自然保护区；2011年9月，经荆门市人民政府批准升级为市级自然保护区（荆政办函〔2011〕60号），与县级保护区相比面积无变化，同时经市编委核准其编制，并在荆门市沙洋县林业局设立办公地点。

沿湖县市大力整治沿湖周边的小造纸厂，对其实行了关、停、并、转，彻底解决了污染长湖的首要污染源。

（2）拆除长湖渔业围栏

沙洋境内水域面积约占全湖总面积的70%，水面围网养殖面积达6.67万亩，2014年12月，长湖湿地自然保护区管理局对位于后港镇港口村九组的200余亩长湖围网进行拆除，启动长湖“拆围”工作；2018年6月，湖北省在全国率先建立起省、市、县、乡、村五级湖长制责任体系，长湖围栏全部拆除。

（3）城市污水处理厂提标升级

2016年1月，湖北省人民政府发布《关于印发湖北省水污染防治行动计划工作方案的通知》（鄂政发〔2016〕3号），实施《湖北省水污染防治行动计划工作方案》，总体目标：到2020年，全省水环境质量得到阶段性改善，优良水体比例增加，污染严重水体较大幅度减少，饮用水安全保障水平持续提升，地下水污染趋势得到基本控制；到2030年，力争全省水环境质量明显改善，水生态系统功能基本良好。主要指标：到2020年，全省地表水水质优良（达到或优于Ⅲ类）比例总体达到88.6%，丧失使用功能（劣于Ⅴ类）的水体断面比例控制在6.1%以内，县级及以上城市集中式饮用水水源水质达标率达到100%，地级及以上城市建成区黑臭水体均控制在10%以内，地下水质量考核点位水质级别保持稳定。

根据国务院《水污染防治行动计划》（国发〔2015〕17号）和《湖北省水污染防治行动计划工作方案》（鄂政发〔2016〕3号）要求，湖北省住建厅发布了《关于加快推进城镇污水处理设施提标改造工作的通知》，要求现有城镇污水处理设施因地制宜进行改造，2020年底前达到相应排放标准或再生利用要求，敏感区域（重点湖泊、重点水库、近岸海域汇水区域）城镇污水处理设施应于2017年底前全面达到一级A排放标准；新建城镇

污水处理设施需强化脱氮除磷；长江干流、汉江干流以及建成区水体水质达不到地表水Ⅳ类标准的城市，新建城镇污水处理设施要执行一级A排放标准。

经调查，长湖流域内的中心城市荆州市、荆门市既有污水处理厂均在要求的时间内完成了一级A提标升级，新建城镇污水处理设施执行一级A排放标准。

（4）实施“四大生态工程”

2017年12月，湖北省全面启动“四大生态工程”，决定用三年时间，全力推进“厕所革命”、精准灭荒、乡镇生活污水处理厂全覆盖、城乡垃圾无害化处理全达标“四个三重大生态工程”（即四大生态工程，三年攻坚）。《湖北省“厕所革命”三年攻坚行动计划（2018—2020年）》规划，2020年全省农村无害化厕所普及率达到100%；《湖北省城乡生活垃圾无害化处理全达标三年行动实施方案（2018—2020年）》规划，2020年底全省形成从生活垃圾产生到终端处理全过程的城乡一体、全域覆盖的链条式管理体系，减量化、资源化、无害化水平明显提升；《湖北省城乡生活污水治理三年行动方案》规划城市污水处理重点提质升级，对乡镇污水处理重点补短板、全覆盖，力争用三年时间，全面推进城乡生活污水治理，补齐生态环境治理短板，促进城乡协调发展。

全省乡镇生活污水治理共谋划897个项目，包括828个污水处理厂与配套管网新建、改造项目以及69个管网配建项目，2019年底所有污水处理设施全部投入试运行，实现乡镇生活污水处理设施全覆盖。长湖流域内各乡镇先后建设了生活污水处理厂，沙洋县后港镇污水处理厂2011年10月投入运行，拾回桥镇、官垱镇、十里铺镇、五里铺镇、李市镇、毛李镇等乡镇污水处理厂于2018年5月建成投运，设计标准为一级A；2018年6月，荆州区纪南镇和沙市区观音垱镇、关沮镇、锣场镇、岑河镇等乡镇污水处理厂建成投运，设计标准为一级A。

11.3.4.2 长湖水质影响

（1）环保部门年报数据分析

长湖是湖北省第三大湖泊，流域面积3240km^2，是四湖流域上区的主要调蓄湖泊，承纳太湖港（观桥河）、龙会桥河、拾桥河、广坪河、大路港、官当河、夏桥河等主要支流的来水。通过对工程建设前的2008—2014年水质监测结果（表11-4）进行分析，除2011年水质较好达到规划水质类别外，其他年份长湖水质污染较严重，水质类别基本维持为Ⅴ类和劣Ⅴ类，属中度—重度污染，引江济汉工程通水前长湖水质改善作用不显著。2014年9月26日，引江济汉工程通水运行，通过庙湖分水闸、拾桥河枢纽、后港分水闸经长湖向东荆河补水，多年平均补水量6亿m^3（分水点分布见图11-3，初期实际供水量见表11-9）。工程运行后，补水量逐年增加，2017年补水接近设计规模，2018年、2019年则大幅超过。

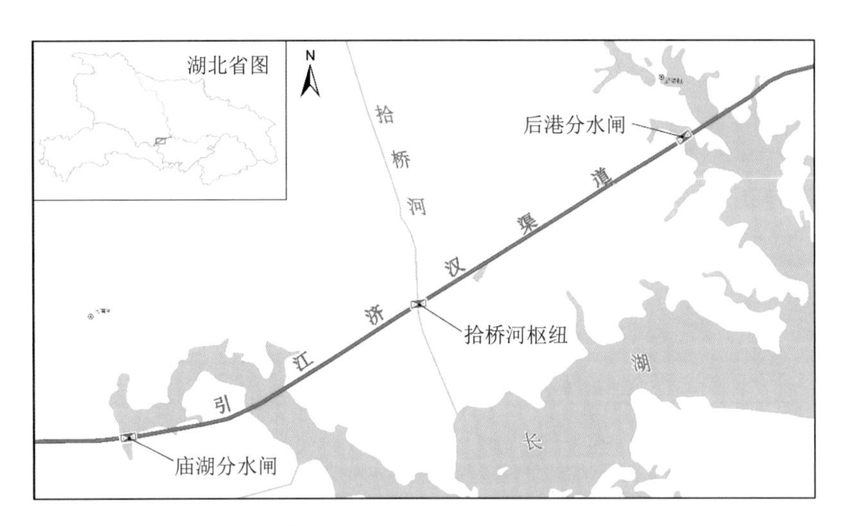

图 11-3 长湖分水点布置示意图

表 11-9 引江济汉长湖分水量统计表 （单位：万 m^3）

年度	2014 年	2015 年	2016 年	2017 年	2018 年	2019 年	合计
庙湖分水闸	—	—	—	—	—	2248	2248
拾桥河枢纽	—	20253	35000	49900	95447	161200	361800
后港分水闸	1632	3128	4222	4129	6131	6188	25340
小计	1632	23381	39222	54029	101578	169636	389388

工程运行后的 2015—2018 年长湖水质监测结果见表 11-10。与前期努力改善长湖水质的共同作用下，荆州市域水质显现改善趋势，2015 年水质类别为Ⅴ类，超标项目有总磷、BOD_5、COD 等 3 项，2016 年水质类别为Ⅴ类，超标项目有总磷、BOD_5 等 2 项，2017—2018 年水质类别为Ⅴ类，超标项目只有总磷 1 项；2016 年荆门市域水质类别提升至Ⅳ类，超标项目只有总磷 1 项，2017 年后更进一步提升至Ⅲ类，达到规划类别目标，水质得到明显改善；荆门市域水质改善程度优于荆州市水域。

表 11-10 长湖水质发展趋势

年度	规划类别	荆州市				荆门市				备注
		水质类别	超标项目	营养状态	与上年度水质比较趋势	水质类别	超标项目	营养状态	与上年度水质比较趋势	
2015	Ⅲ	Ⅴ	总磷、BOD_5、COD	轻度	改善	劣Ⅴ	氟化物、总磷、COD、BOD_5	轻度	稳定	2014 年 9 月 26 日，引江济汉工程通水运行

续表

年度	规划类别	荆州市				荆门市				备注
		水质类别	超标项目	营养状态	与上年度水质比较趋势	水质类别	超标项目	营养状态	与上年度水质比较趋势	
2016	Ⅲ	Ⅴ	总磷、BOD_5	轻度	改善	Ⅳ	COD	中营养	改善	
2017	Ⅲ	Ⅴ	总磷	轻度	改善	Ⅲ		中营养	改善	
2018	Ⅲ	Ⅴ	总磷	轻度	稳定	Ⅲ		中营养	稳定	

(2) 引江济汉工程管理局日常管理监测数据分析

根据环境影响报告拟定的环境监测计划，引江济汉工程管理局委托长江水利委员会水文局荆江水文水资源勘测局，于 2017 年 11 月起开展长湖水质监测，监测项目为水温、pH 值、溶解氧、氨氮、高锰酸盐指数、总磷、铜、铅、镉、铁等 10 项指标，监测频率每月 1 次，评价结果见表 11-11。

2018 年，海子湖本年度的 2 月和 3 月水质类别为Ⅳ类，其他月份均为Ⅴ类，全年水质类别为Ⅴ类，影响水质的核心参数主要为总磷。

2019 年，海子湖本年度的仅 2 月满足Ⅲ类水标准，1 月、4 月和 12 月水质类别为Ⅳ类，其余月份为 5 次Ⅴ类和 3 次劣Ⅴ类，全年水质类别Ⅴ类，影响水质的核心参数为总磷；与 2018 年相比，水质状况基本稳定。

海子湖位于荆州市水域，反映的水质发展趋势与表 11-12 环保部门年报数据趋势一致。

(3) 环保部门 2019—2020 年长湖月报监测数据分析

2019—2020 年环保部门长湖月报监测水质评价结果见表 11-13。

1) 荆州市水域。

2019 年，戴家洼、习家口、关沮口、桥河口 4 个监测断面除 1 月和桥河口监测断面 3 月为劣Ⅴ类外，其他月份为Ⅳ～Ⅴ类，并且出现Ⅳ类的比例较高。2020 年 1 月，戴家洼、习家口、关沮口、桥河口 4 个监测断面水质类别为Ⅳ类。影响水质的核心参数主要为总磷。

与 2018 年比较，2019—2020 年长湖荆州市水域水质继续呈改善趋势。

2) 荆门市水域。

2019 年，后港监测断面 1 月、3 月、4 月、5 月、6 月、9 月、10 月、11 月等 8 个月水质类别为Ⅲ类，2 月、7 月为Ⅳ类，8 月为Ⅴ类，12 月为Ⅱ类，年度水质类别达到规划的Ⅲ类目标，呈继续改善势头；2020 年报出数据的 1 月、3 月均为Ⅱ类，优于Ⅲ类规划目标。

与 2018 年比较，2019—2020 年长湖荆门市水域水质呈稳定改善趋势，年度水质类别达到或优于Ⅲ类规划目标。

表 11-11　　2018 年管理局日常管理长湖（海子湖）监测水质评价

长湖（海子湖）	Ⅲ类标准值	1 月	2 月	3 月	4 月	5 月	6 月	7 月	8 月	9 月	10 月	11 月	12 月	均值
水温（℃）	/	3.8	9.7	9.3	26	26.7	27.5	27.6	31.2	33.6	23.8	18.4	11.4	/
pH 值	6～9	8.36	8.17	8.3	8.46	8.28	8.14	7.52	7.57	7.45	8.37	8.67	8.12	8.12
溶解氧	5	11.86	12.47	12.28	11.64	10.84	9.88	5.49	6.03	6.2	11.33	14.05	9.39	10.12
COD_{Mn}	6	3.9	8.5	4.7	5.7	3.2	4.9	5.5	3	4	4.4	4.4	4.1	4.7
氨氮	1	0.278	1.376	0.433	0.553	1.675	0.415	0.466	1.752	1.164	0.55	0.327	0.575	0.797
总磷	0.05	0.14	0.07	0.1	0.11	0.15	0.15	0.13	0.15	0.15	0.21	0.2	0.14	0.14
铜	1	<0.009	<0.009	<0.009	<0.009	<0.009	<0.009	<0.009	<0.009	<0.009	<0.009	0.016	0.019	<0.009
铅	0.05	0.03	<0.020	0.039	<0.020	<0.020	<0.020	<0.020	<0.020	<0.020	<0.020	<0.020	<0.020	<0.02
镉	0.004	<0.004	<0.004	<0.004	<0.004	<0.004	<0.004	<0.004	<0.004	<0.004	<0.004	<0.004	<0.004	<0.004
铁	0.3	0.1728	0.8967	0.3486	0.2675	0.2273	0.3733	0.2393	0.0301	0.0068	0.5754	0.0799	0.0074	0.2688
水质评价类别	/	V	Ⅳ	Ⅳ	V	V	V	V	V	V	V	V	V	V
超标项目（超标倍数）	/	总磷（1.8）	氨氮（0.4）、COD_{Mn}（0.4）	总磷（1.0）	总磷（1.2）	总磷（2.0）、氨氮（0.7）	总磷（2.0）	总磷（1.6）	总磷（2.0）、氨氮（0.8）	总磷（2.0）、氨氮（0.2）	总磷（3.2）	总磷（3.0）	总磷（1.8）	总磷（1.8）

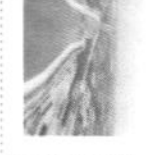

表 11-12　　2019 年管理局日常管理长湖（海子湖）监测水质评价

长湖（海子湖）	Ⅲ类标准值	1月	2月	3月	4月	5月	6月	7月	8月	9月	10月	11月	12月	均值
水温（℃）	/	3.1	5.4	14.7	17.8	20.1	24.3	29.5	31.3	31.4	22.2	21.4	11.3	/
pH值	6～9	8.03	8.29	8.15	8.32	7.95	7.81	8.54	8.42	8.99	7.63	8.84	8.41	8.28
溶解氧	5	9.35	11.66	7.99	9.44	7.68	3.3	8.24	3.89	12.63	6.47	8.58	9.45	8.22
COD_{Mn}	6	4	2.4	5.8	5.4	5	4.9	4.7	4.7	4	5	4.5	3.5	4.5
氨氮	1	0.566	0.403	0.508	0.096	0.925	1.08	0.637	0.46	0.479	0.373	0.368	0.598	0.541
总磷	0.05	0.09	0.05	0.15	0.07	0.2	0.17	0.26	0.26	0.25	0.19	0.15	0.1	0.16
铜	1	<0.009	<0.009	0.031	<0.009	<0.009	0.026	<0.009	<0.009	<0.009	<0.009	<0.009	0.021	<0.009
铅	0.05	<0.020	0.024	<0.020	<0.020	<0.020	<0.020	<0.020	<0.020	<0.020	<0.020	<0.020	<0.020	<0.020
镉	0.004	<0.004	<0.004	<0.004	<0.004	<0.004	<0.004	<0.004	<0.004	<0.004	<0.004	<0.004	<0.004	<0.004
铁	0.3	0.0061	0.074	0.0073	0.01	0.017	0.062	0.0111	0.8049	0.0131	0.0285	0.0063	<0.0045	0.0946
水质评价类别	/	Ⅳ	Ⅲ	Ⅴ	Ⅳ	Ⅴ	Ⅴ	劣Ⅴ	劣Ⅴ	劣Ⅴ	Ⅴ	Ⅴ	Ⅳ	Ⅴ
超标项目（超标倍数）	/	总磷（0.8）	/	总磷（2.0）	总磷（0.4）	总磷（3.0）	总磷（2.4）	总磷（4.2）	总磷（4.2）	总磷（4.0）	总磷（2.8）	总磷（2.0）	总磷（1.0）	总磷（2.2）

表 11-13 2019 年管理局日常管理长湖（海子湖）监测水质评价

年度	月份	规划类别	荆州水域												荆门水域		
			戴家洼			刁家口			关沮口			桥河口			后港		
			水质类别	超标项目	营养状态	水质类别	超标项目	营养状态	水质类别	超标项目	营养状态	水质类别	超标项目	营养状态	水质类别	超标项目	营养状态
2019年	1	Ⅲ	劣Ⅴ	总磷（7.4）、氨氮（0.2）	轻度	劣Ⅴ	总磷（4.6）	轻度	劣Ⅴ	总磷（4.4）	轻度	劣Ⅴ	COD（1.1）、氨氮（0.7）、总磷（1.0）、COD_{Mn}（0.7）、BOD_5（0.5）	轻度	Ⅲ		中营养
	2	Ⅲ	IV	总磷（1.0）	中营养	Ⅴ	总磷（1.6）	中营养	Ⅳ	总磷（1.0）	中营养	Ⅳ	总磷（0.6）、COD（0.1）	中营养	Ⅳ	总磷、氟化物	中营养
	3	Ⅲ	Ⅴ	总磷（1.8）、COD（0.2）、COD_{Mn}（0.1）	轻度	Ⅳ	总磷（0.6）	轻度	Ⅴ	COD（2.2）、总磷（1.0）、COD_{Mn}（0.7）	中营养	劣Ⅴ	COD（2.2）、总磷（1.0）、COD_{Mn}（0.7）	中营养	Ⅲ		中营养
	4	Ⅲ	—	—	—	—	—	—	—	—	—	—	—	—	Ⅲ		轻度

续表

年度	月份	规划类别	荆州水域												荆门水域		
			戴家洼			刁家口			关沮口			桥河口			后港		
			水质类别	超标项目	营养状态	水质类别	超标项目	营养状态	水质类别	超标项目	营养状态	水质类别	超标项目	营养状态	水质类别	超标项目	营养状态
2019年	5	Ⅲ	Ⅴ	总磷(1.8)	轻度	Ⅴ	总磷(1.8)	轻度	Ⅴ	总磷(1.2)、COD(0.2)	轻度	Ⅴ	总磷(2.0)	轻度	Ⅲ		中营养
	6	Ⅲ	Ⅳ	总磷(0.8)、溶解氧	轻度	Ⅳ	总磷(1.0)	中营养	Ⅳ	总磷(1.0)、COD(0.4)	轻度	Ⅳ	总磷(0.8)、COD(0.4)、COD_{Mn}(0.1)	轻度	Ⅲ		
	7	Ⅲ	Ⅴ	COD(0.8)、总磷(1.0)	轻度	Ⅳ	总磷(1.2)、COD(0.2)	轻度	Ⅴ	总磷(1.2)、COD(0.9)、COD_{Mn}(0.03)	轻度	Ⅴ	总磷(1.8)、COD(0.3)	轻度	Ⅳ	总磷	中营养
	8	Ⅲ	Ⅴ	总磷(1.4)	轻度	Ⅳ	总磷(1.0)	轻度	Ⅴ	总磷(2.0)	中度	Ⅴ	总磷(2.8)	轻度	Ⅴ	总磷	轻度
	9	Ⅲ	Ⅴ	总磷(1.6)	轻度	Ⅴ	总磷(1.4)、COD(0.2)	轻度	Ⅴ	总磷(1.6)、COD(0.3)	轻度	Ⅳ	总磷(0.8)	轻度	Ⅲ		轻度

续表

年度	月份	规划类别	荆州水域												荆门水域		
			戴家洼			习家口			关沮口			桥河口			后港		
			水质类别	超标项目	营养状态	水质类别	超标项目	营养状态	水质类别	超标项目	营养状态	水质类别	超标项目	营养状态	水质类别	超标项目	营养状态
2019年	Ⅲ	Ⅴ	总磷(2.8)	中度	Ⅴ	总磷(1.6)、COD(0.5)	轻度	Ⅴ	总磷(2.2)、COD(0.3)	中度	Ⅳ	总磷(0.2)	中营养	Ⅲ		中营养	
	11	Ⅲ	Ⅳ	总磷(1.0)	轻度	Ⅳ	总磷(0.8)	轻度	Ⅳ	总磷(0.8)、COD(0.2)	轻度	Ⅴ	总磷(2.0)	轻度	Ⅲ		中营养
	12	Ⅲ	Ⅴ	总磷1.6)	中度	Ⅳ	总磷(0.8)	轻度	Ⅴ	总磷1.8)	轻度	Ⅴ	总磷(1.4)	中营养	Ⅱ		中营养
2020年	1	Ⅲ	Ⅳ	总磷(0.4)	轻度	Ⅳ	总磷(0.2)	轻度	Ⅳ	总磷(0.6)	轻度	Ⅳ	总磷(0.6)、COD(0.5)	轻度	Ⅱ		中营养
	2	Ⅲ	因新型冠状病毒肺炎疫情未检测												/		/
	3	Ⅲ	未公布												Ⅱ		中营养

11.3.4.3 长湖富营养化影响

长湖是湖北省第三大湖泊，流域面积 3240km^2，是四湖流域上区的主要调蓄湖泊，承纳太湖港（观桥河）、龙会桥河、拾桥河、广坪河、大路港、官当河、夏桥河等主要支流的来水，每年有大量的氮、磷等营养物质通过上述河流进入长湖，造成长湖水体长期富营养化。引江济汉运行前的 2008—2014 年，荆州市水域营养化程度为轻度—中度富营养，以轻度富营养为主。荆门市水域营养化程度为轻度—中度富营养，以中度富营养为主。

2014 年 9 月引江济汉工程通水运行，通过 3 个分水闸经长湖向东荆河补水，设计多年平均补水量 6 亿 m^3，在与地方努力改善长湖水质的共同作用下，2015 年起长湖水质显现改善趋势。

长湖荆州市域水质 2015—2019 年年度水质类别稳定为Ⅴ类，营养状况为中营养—轻度富营养，并以轻度富营养为主。

长湖荆门市域水质 2016 年年度水质类别提升至Ⅳ类，2017—2019 年年度水质类别提升至Ⅲ类，达到规划水质类别目标，2020 年 1 月、3 月月报水质类别达到Ⅱ类，优于规划水质类别目标，营养状况为中营养—轻度富营养，并以中营养为主。

在与地方努力改善长湖水质的共同作用下，通过分水闸经长湖向东荆河补水，整体减轻了长湖的富营养化水平。

11.3.5 汉江下游水质、“水华”影响

11.3.5.1 出口下游汉江水质影响

湖北省南水北调管理局为南水北调一期工程汉江中下游 4 项补偿工程的建设单位，其继承单位之一兴隆水利枢纽管理局委托中南安环院开展汉江兴隆水利枢纽工程运行期环境监测及生态调查，监测范围包括了引江济汉出口影响河段，收集了兴隆水利枢纽、引江济汉工程初期运行的 2014—2017 年上游罗汉闸断面（国控断面）和出口下游高石碑断面（国控断面）的常规监测数据，数据来源于湖北省生态环境厅公布的《湖北省环境质量状况》，监测指标有 pH 值、DO、BOD_5、化学需氧量、高锰酸盐指数、NH_3-N、TP、氟化物（以 F^- 计）、硒、铅、铜、锌、六价铬、氰化物、镉、石油类、阴离子表面活性剂、硫化物、挥发酚、砷、汞等 21 项。

兴隆水利枢纽 2013 年 10 月第一台机组投运，2014 年 9 月转入试运行状态，同期引江济汉工程通水运行，2019 年 12 月丹江口大坝加高工程正式通水运行。2014 年可视为引江济汉工程投入运行前的背景年，该年度工程河段水质评价结果见表 11-14。上游罗汉闸断面，除 10 月总磷超标，水质类别为Ⅲ类外，其他月份水质类别均为Ⅱ类，年平均各项指标均满足Ⅱ类水质标准；出口下游高石碑断面，各月及年平均各项指标均满足Ⅱ类水质标准。

2015年评价结果见表11-15。上游罗汉闸断面，除10月、12月总磷超标，水质类别为Ⅲ类外，其他月份水质类别均为Ⅱ类，年平均各项指标均满足Ⅱ类水质标准；出口下游高石碑断面，各月及年平均各项指标均满足Ⅱ类水质标准。

2016年评价结果见表11-16。上游罗汉闸断面，除2月氨氮和4月化学需氧量超标，水质类别为Ⅲ类外，其他月份水质均类别为Ⅱ类，年平均各项指标均满足Ⅱ类水质标准；出口下游高石碑断面，各月及年平均各项指标均满足Ⅱ类水质标准。

2017年评价结果见表11-17。上游罗汉闸断面，各月及年平均各项指标均满足Ⅱ类水质标准；出口下游高石碑断面，除4月总磷超标，5月氨氮和总磷超标，9月总磷超标，水质类别为Ⅲ类外，其他月份水质类别均为Ⅱ类，年平均各项指标均满足Ⅱ类水质标准。

2014—2017年，综合各年度、上下游各断面逐月水质监测结果，引江济汉渠道出口上游来流及出口下游水质保持稳定，除个别断面个别月份外，均能达到Ⅱ类水质类别。引江济汉渠道从长江引水，进水水质优良，达到Ⅱ类水质标准，因与外界水源隔绝，渠尾全年各月水质类别Ⅱ类，汉江出口上、下游水质优良，水质类别为Ⅱ类，与工程投入运行前一致，即引江济汉工程运行对汉江属同质/类别补水，对汉江水质无不利影响。

11.3.5.2 江中下游水华影响

受湖北省南水北调管理局委托，中国科学院水生生物研究所开展汉江中下游水生生物调查与水华预警机制的研究，2015年3月提交了一期《汉江中下游水生生物调查与水华预警机制的研究报告》（研究时段为2012年10月至2014年10月），2019年11月提交了《汉江中下游水生生物及水华现状及趋势调查研究总结报告》（研究时段为2017年11月至2019年10月）。

（1）兴隆水利枢纽、引江济汉工程运行前汉江中下游历史水华现象

汉江中下游大规模的水华暴发始于20世纪90年代，1992年2月中下旬至3月上旬首次暴发大规模的硅藻水华，随后，1998年2月下旬至3月上旬及4月上中旬，2000年2月下旬至3月中旬均暴发过“水华”。进入新世纪后，汉江中下游分别于2003年2月4日、2005年3月9日、2007年、2008年、2009年多次暴发了大范围硅藻水华。

1）1992年水华事件。

1992年2月中旬至3月初，汉江自潜江以下长约249km的干流河段，水体发生水华现象，表现为水色突发变成黄褐色，色度增加，水体藻类（以硅藻为主，占95%）猛增。水华期间，汉江武汉段、汉川江段和仙桃江段生物监测结果显示，藻类密度高达1.57×10^7cells/L，与未发生水华的年份同期（1993—1997年枯水期2月）测定结果比较，增加2～3个数量级。

表 11-14　　2014 年引江济汉渠道上游汉江来水罗汉闸断面水质监测结果与评价一览表

河流名称	断面名称	采样时间	pH 值	溶解氧	高锰酸盐指数	化学需氧量	生化需氧量	氨氮	总磷	氟化物（以 F⁻ 计）	氰化物	挥发酚	石油类	阴离子表面活性剂	硫化物	水质类别	备注
汉江	罗汉闸	1 月	8	11	1.8	8	0.8	0.42	0.043	0.32	0.002	0.0002	0.02	0.06	0.01	Ⅱ	第一类污染物如汞、镉、六价铬、砷、铅及金属因子如铜、锌的检测值远低于Ⅰ类地表水标准限值
			—	Ⅰ	Ⅰ	Ⅰ	Ⅰ	Ⅱ	Ⅱ	Ⅰ	Ⅰ	Ⅰ	Ⅰ	Ⅰ	Ⅰ		
		2 月	8.3	12.5	2.6	8.5	1.8	0.27	0.045	0.3	0.002	0.0004	0.035	0.02	0.01	Ⅱ	
			—	Ⅰ	Ⅱ	Ⅰ	Ⅰ	Ⅱ	Ⅱ	Ⅰ	Ⅰ	Ⅰ	Ⅰ	Ⅰ	Ⅰ		
		3 月	8	11.4	1.9	7.9	1.4	0.36	0.041	0.3	0.002	0.0002	0.027	0.02	0.01	Ⅱ	
			—	Ⅰ	Ⅰ	Ⅰ	Ⅰ	Ⅱ	Ⅱ	Ⅰ	Ⅰ	Ⅰ	Ⅰ	Ⅰ	Ⅰ		
		4 月	8.5	10.1	2.2	5	1.3	0.04	0.035	0.28	0.002	0.0002	0.013	0.02	0.01	Ⅱ	
			—	Ⅰ	Ⅱ	Ⅰ	Ⅰ	Ⅰ	Ⅱ	Ⅰ	Ⅰ	Ⅰ	Ⅰ	Ⅰ	Ⅰ		
		5 月	8.2	9.5	2	5	0.9	0.08	0.046	0.31	0.002	0.0002	0.02	0.02	0.01	Ⅱ	
			—	Ⅰ	Ⅰ	Ⅰ	Ⅰ	Ⅰ	Ⅱ	Ⅰ	Ⅰ	Ⅰ	Ⅰ	Ⅰ	Ⅰ		
		6 月	8.4	9.9	1.3	5	1	0.06	0.038	0.25	0.002	0.0002	0.017	0.02	0.01	Ⅱ	
			—	Ⅰ	Ⅰ	Ⅰ	Ⅰ	Ⅰ	Ⅱ	Ⅰ	Ⅰ	Ⅰ	Ⅰ	Ⅰ	Ⅰ		
		7 月	8.4	9.7	1.7	11.2	1.2	0.1	0.048	0.36	0.002	0.0002	0.023	0.02	0.01	Ⅱ	
			—	Ⅰ	Ⅰ	Ⅰ	Ⅰ	Ⅰ	Ⅱ	Ⅰ	Ⅰ	Ⅰ	Ⅰ	Ⅰ	Ⅰ		
		8 月	8.4	10.7	1.7	5	1	0.2	0.044	0.26	0.002	0.0002	0.027	0.02	0.01	Ⅱ	
			—	Ⅰ	Ⅰ	Ⅰ	Ⅰ	Ⅱ	Ⅱ	Ⅰ	Ⅰ	Ⅰ	Ⅰ	Ⅰ	Ⅰ		
		9 月	8.1	9.3	1.9	6.5	1	0.1	0.044	0.32	0.002	0.0002	0.01	0.02	0.01	Ⅱ	
			—	Ⅰ	Ⅰ	Ⅰ	Ⅰ	Ⅰ	Ⅱ	Ⅰ	Ⅰ	Ⅰ	Ⅰ	Ⅰ	Ⅰ		
		10 月	8.1	7.9	2.8	11.8	0.8	0.28	0.15	0.42	0.003	0.0002	0.013	0.02	0.01	Ⅲ	
			—	Ⅰ	Ⅱ	Ⅰ	Ⅰ	Ⅱ	Ⅲ	Ⅰ	Ⅰ	Ⅰ	Ⅰ	Ⅰ	Ⅰ		
		11 月	8.1	9.6	2.6	5	0.8	0.24	0.079	0.28	0.005	0.0002	0.013	0.02	0.01	Ⅱ	
			—	Ⅰ	Ⅱ	Ⅰ	Ⅰ	Ⅰ	Ⅱ	Ⅰ	Ⅰ	Ⅰ	Ⅰ	Ⅰ	Ⅰ		
		12 月	8	10.2	1.8	12	1	0.35	0.086	0.31	0.002	0.0002	0.013	0.09	0.01	Ⅱ	
			—	Ⅰ	Ⅰ	Ⅰ	Ⅰ	Ⅱ	Ⅱ	Ⅰ	Ⅰ	Ⅰ	Ⅰ	Ⅰ	Ⅰ		
		年平均	8.2	10.2	2	7.6	1.1	0.21	0.058	0.31	0.002	0.0002	0.019	0.03	0.01	Ⅱ	
			—	Ⅰ	Ⅰ	Ⅰ	Ⅰ	Ⅱ	Ⅱ	Ⅰ	Ⅰ	Ⅰ	Ⅰ	Ⅰ	Ⅰ		

续表

河流名称	断面名称	采样时间	pH值	溶解氧	高锰酸盐指数	化学需氧量	生化需氧量	氨氮	总磷	氟化物（以 F^- 计）	氰化物	挥发酚	石油类	阴离子表面活性剂	硫化物	水质类别	备注
汉江	高石碑	1月	8.2	11.5	1.7	7	1.6	0.17	0.057	0.29	0.002	0.0002	0.005	0.07	0.01	Ⅱ	第一类污染物如汞、镉、六价铬、砷、铅及金属因子如铜、锌的检测值远低于Ⅰ类地表水标准限值
			—	Ⅰ	Ⅰ	Ⅰ	Ⅰ	Ⅱ	Ⅱ	Ⅰ	Ⅰ	Ⅰ	Ⅰ	Ⅰ	Ⅰ		
		2月	8.2	13	1.8	7.7	1.7	0.19	0.084	0.27	0.002	0.0002	0.005	0.09	0.01	Ⅱ	
			—	Ⅰ	Ⅰ	Ⅰ	Ⅰ	Ⅱ	Ⅱ	Ⅰ	Ⅰ	Ⅰ	Ⅰ	Ⅰ	Ⅰ		
		3月	8.1	10.2	1.9	8	1.7	0.21	0.076	0.28	0.002	0.0002	0.005	0.13	0.01	Ⅱ	
			—	Ⅰ	Ⅰ	Ⅰ	Ⅰ	Ⅱ	Ⅱ	Ⅰ	Ⅰ	Ⅰ	Ⅰ	Ⅰ	Ⅰ		
		4月	8.4	9.8	1.7	8.5	2	0.16	0.076	0.29	0.002	0.0002	0.005	0.08	0.01	Ⅱ	
			—	Ⅰ	Ⅰ	Ⅰ	Ⅰ	Ⅱ	Ⅱ	Ⅰ	Ⅰ	Ⅰ	Ⅰ	Ⅰ	Ⅰ		
		5月	8.2	9.1	2	8.4	1.9	0.12	0.061	0.3	0.002	0.0002	0.005	0.07	0.01	Ⅱ	
			—	Ⅰ	Ⅰ	Ⅰ	Ⅰ	Ⅰ	Ⅱ	Ⅰ	Ⅰ	Ⅰ	Ⅰ	Ⅰ	Ⅰ		
		6月	8	8	1.7	9.3	2.2	0.13	0.072	0.32	0.002	0.0002	0.005	0.06	0.01	Ⅱ	
			—	Ⅰ	Ⅰ	Ⅰ	Ⅰ	Ⅰ	Ⅱ	Ⅰ	Ⅰ	Ⅰ	Ⅰ	Ⅰ	Ⅰ		
		7月	8.3	7.4	1.8	9.2	1.6	0.15	0.062	0.28	0.002	0.0002	0.005	0.07	0.01	Ⅱ	
			—	Ⅱ	Ⅰ	Ⅰ	Ⅰ	Ⅰ	Ⅱ	Ⅰ	Ⅰ	Ⅰ	Ⅰ	Ⅰ	Ⅰ		
		8月	7.9	6.9	2	10.3	2	0.14	0.069	0.3	0.002	0.0002	0.005	0.08	0.01	Ⅱ	
			—	Ⅱ	Ⅰ	Ⅰ	Ⅰ	Ⅰ	Ⅱ	Ⅰ	Ⅰ	Ⅰ	Ⅰ	Ⅰ	Ⅰ		
		9月	8.3	7.6	1.8	11.7	1.7	0.1	0.082	0.27	0.002	0.0002	0.005	0.1	0.01	Ⅱ	
			—	Ⅰ	Ⅰ	Ⅰ	Ⅰ	Ⅰ	Ⅱ	Ⅰ	Ⅰ	Ⅰ	Ⅰ	Ⅰ	Ⅰ		
		10月	8.1	7.4	1.8	10.3	1.6	0.11	0.088	0.31	0.002	0.0002	0.005	0.08	0.01	Ⅱ	
			—	Ⅱ	Ⅰ	Ⅰ	Ⅰ	Ⅰ	Ⅱ	Ⅰ	Ⅰ	Ⅰ	Ⅰ	Ⅰ	Ⅰ		
		11月	8.4	8.7	1.7	12.9	1.5	0.19	0.082	0.26	0.002	0.0002	0.005	0.08	0.01	Ⅱ	
			—	Ⅰ	Ⅰ	Ⅰ	Ⅰ	Ⅱ	Ⅱ	Ⅰ	Ⅰ	Ⅰ	Ⅰ	Ⅰ	Ⅰ		
		12月	8.3	9.9	1.8	13.2	1.6	0.14	0.062	0.28	0.002	0.0002	0.005	0.08	0.01	Ⅱ	
			—	Ⅰ	Ⅰ	Ⅰ	Ⅰ	Ⅰ	Ⅱ	Ⅰ	Ⅰ	Ⅰ	Ⅰ	Ⅰ	Ⅰ		
		平均值	8.2	9.1	1.8	9.7	1.8	0.15	0.073	0.29	0.002	0.0002	0.005	0.08	0.01	Ⅱ	
			—	Ⅰ	Ⅰ	Ⅰ	Ⅰ	Ⅰ	Ⅱ	Ⅰ	Ⅰ	Ⅰ	Ⅰ	Ⅰ	Ⅰ		

表 11-15　　2015 年引江济汉渠道上游汉江来水罗汉闸断面水质监测结果

河流名称	断面名称	采样时间	pH值	溶解氧	高锰酸盐指数	化学需氧量	生化需氧量	氨氮	总磷	氟化物（以F^-计）	氰化物	挥发酚	石油类	阴离子表面活性剂	硫化物	水质类别	备注
汉江	罗汉闸	1月	8.3	11.6	2.3	5	2.3	0.17	0.043	0.28	0.002	0.0002	0.02	0.02	0.01	Ⅱ	第一类污染物如汞、镉、六价铬、砷、铅及金属因子如铜、锌的检测值远低于Ⅰ类地表水标准限值
			—	Ⅰ	Ⅱ	Ⅰ	Ⅰ	Ⅱ	Ⅱ	Ⅰ	Ⅰ	Ⅰ	Ⅰ	Ⅰ	Ⅰ		
		2月	8.2	11.7	1.7	5	2	0.26	0.041	0.27	0.002	0.0002	0.01	0.02	0.01	Ⅱ	
			—	Ⅰ	Ⅰ	Ⅰ	Ⅰ	Ⅱ	Ⅱ	Ⅰ	Ⅰ	Ⅰ	Ⅰ	Ⅰ	Ⅰ		
		3月	8.3	11.3	1.7	14.2	1.6	0.34	0.051	0.23	0.002	0.0002	0.01	0.02	0.01	Ⅱ	
			—	Ⅰ	Ⅰ	Ⅰ	Ⅰ	Ⅱ	Ⅱ	Ⅰ	Ⅰ	Ⅰ	Ⅰ	Ⅰ	Ⅰ		
		4月	8.1	11.7	2.9	7.9	1.5	0.35	0.083	0.4	0.002	0.0002	0.01	0.02	0.01	Ⅱ	
			—	Ⅰ	Ⅱ	Ⅰ	Ⅰ	Ⅱ	Ⅱ	Ⅰ	Ⅰ	Ⅰ	Ⅰ	Ⅰ	Ⅰ		
		5月	8.3	9.3	1.8	5	1.2	0.15	0.038	0.27	0.002	0.0002	0.01	0.02	0.01	Ⅱ	
			—	Ⅰ	Ⅰ	Ⅰ	Ⅰ	Ⅰ	Ⅱ	Ⅰ	Ⅰ	Ⅰ	Ⅰ	Ⅰ	Ⅰ		
		6月	8.2	9.5	1.8	5	1.3	0.12	0.043	0.26	0.002	0.0002	0.01	0.02	0.01	Ⅱ	
			—	Ⅰ	Ⅰ	Ⅰ	Ⅰ	Ⅰ	Ⅱ	Ⅰ	Ⅰ	Ⅰ	Ⅰ	Ⅰ	Ⅰ		
		7月	8.2	11.1	2.2	9	0.9	0.23	0.097	0.31	0.002	0.0002	0.005	0.02	0.002	Ⅱ	
			—	Ⅰ	Ⅱ	Ⅰ	Ⅰ	Ⅱ	Ⅱ	Ⅰ	Ⅰ	Ⅰ	Ⅰ	Ⅰ	Ⅰ		
		8月	8.3	11.1	2	12	0.8	0.14	0.09	0.25	0.002	0.0002	0.01	0.02	0.002	Ⅱ	
			—	Ⅰ	Ⅰ	Ⅰ	Ⅰ	Ⅰ	Ⅱ	Ⅰ	Ⅰ	Ⅰ	Ⅰ	Ⅰ	Ⅰ		
		9月	8.4	10.3	2.3	11.2	1	0.16	0.04	0.34	0.002	0.0002	0.01	0.02	0.002	Ⅱ	
			—	Ⅰ	Ⅱ	Ⅰ	Ⅰ	Ⅱ	Ⅱ	Ⅰ	Ⅰ	Ⅰ	Ⅰ	Ⅰ	Ⅰ		
		10月	8.3	8.8	1.8	13.4	0.9	0.18	0.113	0.3	0.002	0.0002	0.005	0.02	0.002	Ⅲ	
			—	Ⅰ	Ⅰ	Ⅰ	Ⅰ	Ⅱ	Ⅲ	Ⅰ	Ⅰ	Ⅰ	Ⅰ	Ⅰ	Ⅰ		
		11月	8.1	9.8	1.4	11.8	0.8	0.41	0.08	0.3	0.002	0.0002	0.005	0.02	0.002	Ⅱ	
			—	Ⅰ	Ⅰ	Ⅰ	Ⅰ	Ⅱ	Ⅱ	Ⅰ	Ⅰ	Ⅰ	Ⅰ	Ⅰ	Ⅰ		
		12月	8.3	10.3	2	13.2	1.1	0.37	0.153	0.31	0.002	0.0002	0.005	0.02	0.002	Ⅲ	
			—	Ⅰ	Ⅰ	Ⅰ	Ⅰ	Ⅱ	Ⅲ	Ⅰ	Ⅰ	Ⅰ	Ⅰ	Ⅰ	Ⅰ		
		平均值	8.2	10.5	2	9.4	1.3	0.24	0.073	0.29	0.002	0.0002	0.009	0.02	0.01	Ⅱ	
			—	Ⅰ	Ⅰ	Ⅰ	Ⅰ	Ⅱ	Ⅱ	Ⅰ	Ⅰ	Ⅰ	Ⅰ	Ⅰ	Ⅰ		

续表

河流名称	断面名称	采样时间	pH值	溶解氧	高锰酸盐指数	化学需氧量	生化需氧量	氨氮	总磷	氟化物（以 F^- 计）	氰化物	挥发酚	石油类	阴离子表面活性剂	硫化物	水质类别	备注
汉江	高石碑	1月	8.4	11.9	1.7	6.8	1.3	0.06	0.072	0.26	0.002	0.0002	0.005	0.06	0.01	Ⅱ	第一类污染物如汞、镉、六价铬、砷、铅及金属因子如铜、锌的检测值远低于Ⅰ类地表水标准限值
			—	Ⅰ	Ⅰ	Ⅰ	Ⅰ	Ⅰ	Ⅱ	Ⅰ	Ⅰ	Ⅰ	Ⅰ	Ⅰ	Ⅰ		
		2月	8.3	11.8	1.8	8.3	1.3	0.15	0.074	0.31	0.002	0.0002	0.005	0.06	0.01	Ⅱ	
			—	Ⅰ	Ⅰ	Ⅰ	Ⅰ	Ⅰ	Ⅱ	Ⅰ	Ⅰ	Ⅰ	Ⅰ	Ⅰ	Ⅰ		
		3月	8.2	11.2	1.7	8.1	1.3	0.25	0.053	0.34	0.002	0.0002	0.005	0.08	0.01	Ⅱ	
			—	Ⅰ	Ⅰ	Ⅰ	Ⅰ	Ⅱ	Ⅱ	Ⅰ	Ⅰ	Ⅰ	Ⅰ	Ⅰ	Ⅰ		
		4月	8.3	9.5	2.2	8.5	1.9	0.25	0.054	0.3	0.002	0.0002	0.005	0.07	0.01	Ⅱ	
			—	Ⅰ	Ⅱ	Ⅰ	Ⅰ	Ⅱ	Ⅱ	Ⅰ	Ⅰ	Ⅰ	Ⅰ	Ⅰ	Ⅰ		
		5月	8.4	9.5	2.1	14.5	1.6	0.34	0.052	0.29	0.002	0.0002	0.005	0.05	0.01	Ⅱ	
			—	Ⅰ	Ⅱ	Ⅰ	Ⅰ	Ⅱ	Ⅱ	Ⅰ	Ⅰ	Ⅰ	Ⅰ	Ⅰ	Ⅰ		
		6月	8.4	7.9	2	11.7	1.2	0.35	0.057	0.25	0.002	0.0002	0.005	0.05	0.01	Ⅱ	
			—	Ⅰ	Ⅰ	Ⅰ	Ⅰ	Ⅱ	Ⅱ	Ⅰ	Ⅰ	Ⅰ	Ⅰ	Ⅰ	Ⅰ		
		7月	8.1	7.2	2.1	14	1.4	0.12	0.058	0.36	0.002	0.0002	0.005	0.06	0.01	Ⅱ	
			—	Ⅱ	Ⅱ	Ⅰ	Ⅰ	Ⅰ	Ⅱ	Ⅰ	Ⅰ	Ⅰ	Ⅰ	Ⅰ	Ⅰ		
		8月	8.2	7	1.8	10.3	1.4	0.07	0.048	0.21	0.002	0.0002	0.005	0.05	0.01	Ⅱ	
			—	Ⅱ	Ⅰ	Ⅰ	Ⅰ	Ⅰ	Ⅱ	Ⅰ	Ⅰ	Ⅰ	Ⅰ	Ⅰ	Ⅰ		
		9月	8.2	7.6	2.3	13.4	2.2	0.07	0.066	0.37	0.002	0.0002	0.005	0.07	0.01	Ⅱ	
			—	Ⅰ	Ⅱ	Ⅰ	Ⅰ	Ⅰ	Ⅱ	Ⅰ	Ⅰ	Ⅰ	Ⅰ	Ⅰ	Ⅰ		
		10月	8.4	7.8	1.8	7.4	1.3	0.23	0.046	0.32	0.002	0.0002	0.005	0.06	0.01	Ⅱ	
			—	Ⅰ	Ⅰ	Ⅰ	Ⅰ	Ⅱ	Ⅱ	Ⅰ	Ⅰ	Ⅰ	Ⅰ	Ⅰ	Ⅰ		
		11月	8.1	9	1.9	13.6	1.9	0.11	0.09	0.38	0.002	0.0002	0.005	0.06	0.01	Ⅱ	
			—	Ⅰ	Ⅰ	Ⅰ	Ⅰ	Ⅰ	Ⅱ	Ⅰ	Ⅰ	Ⅰ	Ⅰ	Ⅰ	Ⅰ		
		12月	8.1	10.6	1.8	13.7	1.5	0.2	0.085	0.29	0.002	0.0002	0.005	0.09	0.01	Ⅱ	
			—	Ⅰ	Ⅰ	Ⅰ	Ⅰ	Ⅱ	Ⅱ	Ⅰ	Ⅰ	Ⅰ	Ⅰ	Ⅰ	Ⅰ		
		平均值	8.3	9.2	1.9	10.9	1.5	0.18	0.063	0.31	0.002	0.0002	0.005	0.06	0.01	Ⅱ	
			—	Ⅰ	Ⅰ	Ⅰ	Ⅰ	Ⅱ	Ⅱ	Ⅰ	Ⅰ	Ⅰ	Ⅰ	Ⅰ	Ⅰ		

表 11-16　2016 年引江济汉渠道上游汉江来水罗汉闸断面水质监测结果与评价一览表

河流名称	断面名称	采样时间	pH 值	溶解氧	高锰酸盐指数	化学需氧量	生化需氧量	氨氮	总磷	氟化物（以 F⁻ 计）	氰化物	挥发酚	石油类	阴离子表面活性剂	硫化物	水质类别	备注
汉江	罗汉闸	1 月	8.1	10.2	1.8	12.3	1.1	0.31	0.077	0.25	0.002	0.0002	0.005	0.02	0.002	Ⅱ	第一类污染物如汞、镉、六价铬、砷、铅及金属因子如铜、锌的检测值远低于Ⅰ类地表水标准限值
			—	Ⅰ	Ⅰ	Ⅰ	Ⅰ	Ⅱ	Ⅱ	Ⅰ	Ⅰ	Ⅰ	Ⅰ	Ⅰ	Ⅰ		
		2 月	8.2	8.8	1.9	13.3	1.6	0.6	0.073	0.32	0.002	0.0002	0.005	0.02	0.002	Ⅲ	
			—	Ⅰ	Ⅰ	Ⅰ	Ⅰ	Ⅲ	Ⅱ	Ⅰ	Ⅰ	Ⅰ	Ⅰ	Ⅰ	Ⅰ		
		3 月	8.2	10.1	1.8	13.3	1.3	0.32	0.037	0.3	0.002	0.0002	0.01	0.02	0.002	Ⅱ	
			—	Ⅰ	Ⅰ	Ⅰ	Ⅰ	Ⅱ	Ⅱ	Ⅰ	Ⅰ	Ⅰ	Ⅰ	Ⅰ	Ⅰ		
		4 月	8.2	9.6	1.7	16.4	1.4	0.2	0.03	0.22	0.004L	0.0003L	0.01L	0.05L	0.005L	Ⅲ	
			—	Ⅰ	Ⅰ	Ⅲ	Ⅰ	Ⅱ	Ⅱ	Ⅰ	Ⅰ	Ⅰ	Ⅰ	Ⅰ	Ⅰ		
		5 月	8.4	9.8	2.4	14.1	2.2	0.18	0.047	0.25	0.004L	0.0003L	0.01L	0.05L	0.005L	Ⅱ	
			—	Ⅰ	Ⅱ	Ⅰ	Ⅰ	Ⅱ	Ⅱ	Ⅰ	Ⅰ	Ⅰ	Ⅰ	Ⅰ	Ⅰ		
		6 月	8.2	9.4	1.3	14.5	1.4	0.22	0.08	0.28	0.004L	0.0003L	0.01L	0.05L	0.005L	Ⅱ	
			—	Ⅰ	Ⅰ	Ⅰ	Ⅰ	Ⅱ	Ⅱ	Ⅰ	Ⅰ	Ⅰ	Ⅰ	Ⅰ	Ⅰ		
		7 月	7.8	7	3	14.5	0.5L	0.24	0.093	0.48	0.004L	0.0003L	0.01	0.05L	0.005L	Ⅱ	
			—	Ⅱ	Ⅱ	Ⅰ	Ⅰ	Ⅱ	Ⅱ	Ⅰ	Ⅰ	Ⅰ	Ⅰ	Ⅰ	Ⅰ		
		8 月	8	8	2.2	12.3	0.8	0.39	0.08	0.29	0.004L	0.0003L	0.01L	0.05L	0.005L	Ⅱ	
			—	Ⅰ	Ⅱ	Ⅰ	Ⅰ	Ⅱ	Ⅱ	Ⅰ	Ⅰ	Ⅰ	Ⅰ	Ⅰ	Ⅰ		
		9 月	8.2	8.7	1.8	14.3	0.7	0.16	0.06	0.31	0.004L	0.0003L	0.01L	0.05L	0.005L	Ⅱ	
			—	Ⅰ	Ⅰ	Ⅰ	Ⅰ	Ⅱ	Ⅱ	Ⅰ	Ⅰ	Ⅰ	Ⅰ	Ⅰ	Ⅰ		
		10 月	8.3	8.3	1.8	13.1	0.7	0.08	0.042	0.26	0.004L	0.0003L	0.01L	0.05L	0.005L	Ⅱ	
			—	Ⅰ	Ⅰ	Ⅰ	Ⅰ	Ⅰ	Ⅱ	Ⅰ	Ⅰ	Ⅰ	Ⅰ	Ⅰ	Ⅰ		
		11 月	8.1	9.3	1.8	10L	1.2	0.16	0.093	0.3	0.004L	0.0003L	0.01L	0.05L	0.005L	Ⅱ	
			—	Ⅰ	Ⅰ	Ⅰ	Ⅰ	Ⅱ	Ⅱ	Ⅰ	Ⅰ	Ⅰ	Ⅰ	Ⅰ	Ⅰ		
		12 月	8.2	10.6	1.8	10L	0.9	0.23	0.092	0.28	0.004L	0.0003L	0.01L	0.05L	0.005L	Ⅱ	
			—	Ⅰ	Ⅰ	Ⅰ	Ⅰ	Ⅱ	Ⅱ	Ⅰ	Ⅰ	Ⅰ	Ⅰ	Ⅰ	Ⅰ		
		平均值	8.2	9.2	1.9	12.3	1.1	0.26	0.067	0.3	0.002	0.0002	0.006	0.02	0.002	Ⅱ	
			—	Ⅰ	Ⅰ	Ⅰ	Ⅰ	Ⅱ	Ⅱ	Ⅰ	Ⅰ	Ⅰ	Ⅰ	Ⅰ	Ⅰ		

续表

河流名称	断面名称	采样时间	pH值	溶解氧	高锰酸盐指数	化学需氧量	生化需氧量	氨氮	总磷	氟化物（以F^-计）	氰化物	挥发酚	石油类	阴离子表面活性剂	硫化物	水质类别	备注
汉江	高石碑	1月	8.2	10.4	1.8	6	1.7	0.1	0.098	0.28	0.002	0.0002	0.005	0.06	0.01	Ⅱ	第一类污染物如汞、镉、六价铬、砷、铅及金属因子如铜、锌的检测值远低于Ⅰ类地表水标准限值。
			—	Ⅰ	Ⅰ	Ⅰ	Ⅰ	Ⅰ	Ⅱ	Ⅰ	Ⅰ	Ⅰ	Ⅰ	Ⅰ	Ⅰ		
		2月	8.2	12.1	1.7	8.6	1.5	0.08	0.095	0.29	0.002	0.0002	0.005	0.06	0.01	Ⅱ	
			—	Ⅰ	Ⅰ	Ⅰ	Ⅰ	Ⅰ	Ⅱ	Ⅰ	Ⅰ	Ⅰ	Ⅰ	Ⅰ	Ⅰ		
		3月	8.4	10.7	1.9	5	1.6	0.04	0.084	0.32	0.002	0.0002	0.005	0.05	0.01	Ⅱ	
			—	Ⅰ	Ⅰ	Ⅰ	Ⅰ	Ⅰ	Ⅱ	Ⅰ	Ⅰ	Ⅰ	Ⅰ	Ⅰ	Ⅰ		
		4月	8.5	10.2	2.1	5L	2.1	0.02	0.081	0.14	0.004L	0.0003L	0.01L	0.05	0.02L	Ⅱ	
			—	Ⅰ	Ⅱ	Ⅰ	Ⅰ	Ⅰ	Ⅱ	Ⅰ	Ⅰ	Ⅰ	Ⅰ	Ⅰ	Ⅰ		
		5月	7.7	7.2	3.1	7	3	0.43	0.079	0.35	0.004L	0.0003L	0.01L	0.08	0.02L	Ⅱ	
			—	Ⅱ	Ⅱ	Ⅰ	Ⅰ	Ⅱ	Ⅱ	Ⅰ	Ⅰ	Ⅰ	Ⅰ	Ⅰ	Ⅰ		
		6月	8.1	7.6	2.3	12	2	0.12	0.084	0.3	0.004L	0.0003L	0.01L	0.07	0.02L	Ⅱ	
			—	Ⅰ	Ⅱ	Ⅰ	Ⅰ	Ⅰ	Ⅱ	Ⅰ	Ⅰ	Ⅰ	Ⅰ	Ⅰ	Ⅰ		
		7月	7.6	6.2	3.1	13	2.3	0.14	0.088	0.33	0.004L	0.0003L	0.01L	0.12	0.02L	Ⅱ	
			—	Ⅱ	Ⅱ	Ⅰ	Ⅰ	Ⅰ	Ⅱ	Ⅰ	Ⅰ	Ⅰ	Ⅰ	Ⅰ	Ⅰ		
		8月	7.9	6.4	2.7	10	2.3	0.22	0.081	0.31	0.004L	0.0003L	0.01L	0.09	0.02L	Ⅱ	
			—	Ⅱ	Ⅱ	Ⅰ	Ⅰ	Ⅱ	Ⅱ	Ⅰ	Ⅰ	Ⅰ	Ⅰ	Ⅰ	Ⅰ		
		9月	8.2	7.5	1	10	2.3	0.04	0.068	0.26	0.004L	0.0003L	0.01L	0.05L	0.02L	Ⅱ	
			—	Ⅰ	Ⅰ	Ⅰ	Ⅰ	Ⅰ	Ⅱ	Ⅰ	Ⅰ	Ⅰ	Ⅰ	Ⅰ	Ⅰ		
		10月	8.2	8.4	1.7	6	2.2	0.06	0.065	0.4	0.004L	0.0003L	0.01L	0.05	0.02L	Ⅱ	
			—	Ⅰ	Ⅰ	Ⅰ	Ⅰ	Ⅰ	Ⅱ	Ⅰ	Ⅰ	Ⅰ	Ⅰ	Ⅰ	Ⅰ		
		11月	8.1	9.1	1.9	6	2L	0.06	0.086	0.33	0.004L	0.0003L	0.01L	0.07	0.02L	Ⅱ	
			—	Ⅰ	Ⅰ	Ⅰ	Ⅰ	Ⅰ	Ⅱ	Ⅰ	Ⅰ	Ⅰ	Ⅰ	Ⅰ	Ⅰ		
		12月	8.1	9.9	2.4	12	2L	0.14	0.081	0.38	0.004L	0.0003L	0.01L	0.08	0.02L	Ⅱ	
			—	Ⅰ	Ⅱ	Ⅰ	Ⅰ	Ⅰ	Ⅱ	Ⅰ	Ⅰ	Ⅰ	Ⅰ	Ⅰ	Ⅰ		
		平均值	8.1	8.8	2.1	8.2	1.9	0.12	0.082	0.31	0.002	0.0002	0.005	0.07	0.01	Ⅱ	
			—	Ⅰ	Ⅱ	Ⅰ	Ⅰ	Ⅰ	Ⅱ	Ⅰ	Ⅰ	Ⅰ	Ⅰ	Ⅰ	Ⅰ		

表 11-17　　2017 年引江济汉渠道上游汉江来水罗汉闸断面水质监测结果与评价一览表

河流名称	断面名称	采样时间	pH 值	溶解氧	高锰酸盐指数	化学需氧量	生化需氧量	氨氮	总磷	氟化物（以 F^- 计）	氰化物	挥发酚	石油类	阴离子表面活性剂	硫化物	水质类别	备注
汉江	罗汉闸	1 月	8.3	10.9	1.6	10L	1.2	0.33	0.072	0.3	0.004L	0.0003L	0.01L	0.05L	0.005L	Ⅱ	第一类污染物如汞、镉、六价铬、砷、铅及金属因子如铜、锌的检测值远低于Ⅰ类地表水标准限值
			—	Ⅰ	Ⅰ	Ⅰ	Ⅰ	Ⅱ	Ⅱ	Ⅰ	Ⅰ	Ⅰ	Ⅰ	Ⅰ	Ⅰ		
		2 月	8.2	11.1	1.4	10L	1.6	0.19	0.05	0.26	0.004L	0.0003L	0.01L	0.05L	0.005L	Ⅱ	
			—	Ⅰ	Ⅰ	Ⅰ	Ⅰ	Ⅱ	Ⅱ	Ⅰ	Ⅰ	Ⅰ	Ⅰ	Ⅰ	Ⅰ		
		3 月	8.3	10.3	2.1	10L	1.1	0.15	0.059	0.28	0.004L	0.0003L	0.01L	0.05L	0.005L	Ⅱ	
			—	Ⅰ	Ⅱ	Ⅰ	Ⅰ	Ⅰ	Ⅱ	Ⅰ	Ⅰ	Ⅰ	Ⅰ	Ⅰ	Ⅰ		
		4 月	8.2	9.4	1.8	10	0.8	0.09	0.067	0.25	0.004L	0.0003L	0.01L	0.05L	0.02	Ⅱ	
			—	Ⅰ	Ⅰ	Ⅰ	Ⅰ	Ⅰ	Ⅱ	Ⅰ	Ⅰ	Ⅰ	Ⅰ	Ⅰ	Ⅰ		
		5 月	8.3	8.8	2.1	14	0.7	0.1	0.08	0.26	0.004L	0.0003L	0.01L	0.05L	0.005L	Ⅱ	
			—	Ⅰ	Ⅱ	Ⅰ	Ⅰ	Ⅰ	Ⅱ	Ⅰ	Ⅰ	Ⅰ	Ⅰ	Ⅰ	Ⅰ		
		6 月	8.2	8.1	1.6	10	0.5L	0.23	0.077	0.28	0.004L	0.0003L	0.01L	0.05L	0.005L	Ⅱ	
			—	Ⅰ	Ⅰ	Ⅰ	Ⅰ	Ⅱ	Ⅱ	Ⅰ	Ⅰ	Ⅰ	Ⅰ	Ⅰ	Ⅰ		
		7 月	8.7	11.2	3.2	11.7	0.8	0.14	0.04	0.24	0.004L	0.0003L	0.01L	0.05L	0.005L	Ⅱ	
			—	Ⅰ	Ⅱ	Ⅰ	Ⅰ	Ⅰ	Ⅱ	Ⅰ	Ⅰ	Ⅰ	Ⅰ	Ⅰ	Ⅰ		
		8 月	8.7	9	3.8	13	0.6	0.2	0.03	0.27	0.004L	0.0003L	0.01L	0.05L	0.005L	Ⅱ	
			—	Ⅰ	Ⅱ	Ⅰ	Ⅰ	Ⅱ	Ⅱ	Ⅰ	Ⅰ	Ⅰ	Ⅰ	Ⅰ	Ⅰ		
		9 月	8	7.6	2.4	11	0.7	0.2	0.077	0.3	0.004L	0.0003L	0.01L	0.05L	0.005L	Ⅱ	
			—	Ⅰ	Ⅱ	Ⅰ	Ⅰ	Ⅱ	Ⅱ	Ⅰ	Ⅰ	Ⅰ	Ⅰ	Ⅰ	Ⅰ		
		10 月	8	8.9	3.4	12.7	1.4	0.14	0.067	0.27	0.001	0.0002	0.005	0.02	0.002	Ⅱ	
			—	Ⅰ	Ⅱ	Ⅰ	Ⅰ	Ⅰ	Ⅱ	Ⅰ	Ⅰ	Ⅰ	Ⅰ	Ⅰ	Ⅰ		
		11 月	8.4	8.8	3.5	6.3	1	0.1	0.077	0.19	0.0005	0.0002	0.005	0.02	0.002	Ⅱ	
			—	Ⅰ	Ⅱ	Ⅰ	Ⅰ	Ⅰ	Ⅱ	Ⅰ	Ⅰ	Ⅰ	Ⅰ	Ⅰ	Ⅰ		
		12 月	7.3	9.9	2.1	7	0.9	0.31	0.053	0.28	0.0005	0.0002	0.007	0.02	0.002	Ⅱ	
			—	Ⅰ	Ⅱ	Ⅰ	Ⅰ	Ⅱ	Ⅱ	Ⅰ	Ⅰ	Ⅰ	Ⅰ	Ⅰ	Ⅰ		
		平均值	8.2	9.5	2.4	9.2	0.9	0.18	0.062	0.26	0.002	0.0002	0.005	0.02	0.004	Ⅱ	
			—	Ⅰ	Ⅱ	Ⅰ	Ⅰ	Ⅱ	Ⅱ	Ⅰ	Ⅰ	Ⅰ	Ⅰ	Ⅰ	Ⅰ		

续表

河流名称	断面名称	采样时间	pH 值	溶解氧	高锰酸盐指数	化学需氧量	生化需氧量	氨氮	总磷	氟化物（以 F⁻ 计）	氰化物	挥发酚	石油类	阴离子表面活性剂	硫化物	水质类别	备注
汉江	高石碑	1 月	7.9	10.9	2	8	2L	0.14	0.071	0.39	0.004L	0.0003L	0.01L	0.05L	0.02L	Ⅱ	第一类污染物如汞、镉、六价铬、砷、铅及金属因子如铜、锌的检测值远低于Ⅰ类地表水标准限值。
			—	Ⅰ	Ⅰ	Ⅰ	Ⅰ	Ⅰ	Ⅱ	Ⅰ	Ⅰ	Ⅰ	Ⅰ	Ⅰ	Ⅰ		
		2 月	8.1	11	1.8	8	2L	0.17	0.066	0.38	0.004L	0.0003L	0.01L	0.04	0.02L	Ⅱ	
			—	Ⅰ	Ⅰ	Ⅰ	Ⅰ	Ⅱ	Ⅱ	Ⅰ	Ⅰ	Ⅰ	Ⅰ	Ⅰ	Ⅰ		
		3 月	8.1	10.3	2	9	2L	0.13	0.078	0.35	0.004L	0.0003L	0.01L	0.05	0.02L	Ⅱ	
			—	Ⅰ	Ⅰ	Ⅰ	Ⅰ	Ⅰ	Ⅱ	Ⅰ	Ⅰ	Ⅰ	Ⅰ	Ⅰ	Ⅰ		
		4 月	8	8.1	2.5	8	2.1	0.35	0.18	0.28	0.004L	0.0003L	0.01L	0.05	0.01	Ⅲ	
			—	Ⅰ	Ⅱ	Ⅰ	Ⅰ	Ⅱ	Ⅲ	Ⅰ	Ⅰ	Ⅰ	Ⅰ	Ⅰ	Ⅰ		
		5 月	8.1	7.8	2.2	9	1.9	0.66	0.11	0.31	0.004L	0.0003L	0.01L	0.05L	0.02	Ⅲ	
			—	Ⅰ	Ⅱ	Ⅰ	Ⅰ	Ⅲ	Ⅲ	Ⅰ	Ⅰ	Ⅰ	Ⅰ	Ⅰ	Ⅰ		
		6 月	8.2	6.7	2.1	10	1.9	0.22	0.06	0.28	0.004L	0.0003L	0.01L	0.05L	0.005L	Ⅱ	
			—	Ⅱ	Ⅱ	Ⅰ	Ⅰ	Ⅱ	Ⅱ	Ⅰ	Ⅰ	Ⅰ	Ⅰ	Ⅰ	Ⅰ		
		7 月	8.2	10.9	2.5	10	2.2	0.4	0.06	0.33	0.004L	0.0003L	0.01L	0.05L	0.03	Ⅱ	
			—	Ⅰ	Ⅱ	Ⅰ	Ⅰ	Ⅱ	Ⅱ	Ⅰ	Ⅰ	Ⅰ	Ⅰ	Ⅰ	Ⅰ		
		8 月	8.1	7	2.4	11	2	0.18	0.08	0.35	0.004L	0.0003L	0.01L	0.05L	0.01	Ⅱ	
			—	Ⅱ	Ⅱ	Ⅰ	Ⅰ	Ⅱ	Ⅱ	Ⅰ	Ⅰ	Ⅰ	Ⅰ	Ⅰ	Ⅰ		
		9 月	7.7	5.7	3.5	14	2.5	0.14	0.18	0.3	0.004L	0.0003L	0.01L	0.05L	0.005L	Ⅲ	
			—	Ⅱ	Ⅱ	Ⅰ	Ⅰ	Ⅰ	Ⅲ	Ⅰ	Ⅰ	Ⅰ	Ⅰ	Ⅰ	Ⅰ		
		10 月	7.8	8.4	4	14	2.8	0.12	0.09	0.31	0.004L	0.0003L	0.01L	0.05L	0.02	Ⅱ	
			—	Ⅰ	Ⅱ	Ⅰ	Ⅰ	Ⅰ	Ⅱ	Ⅰ	Ⅰ	Ⅰ	Ⅰ	Ⅰ	Ⅰ		
		11 月	8.1	9.1	2.8	14	1.3	0.09	0.09	0.26	0.004L	0.0003L	0.01L	0.05L	0.01	Ⅱ	
			—	Ⅰ	Ⅱ	Ⅰ	Ⅰ	Ⅰ	Ⅱ	Ⅰ	Ⅰ	Ⅰ	Ⅰ	Ⅰ	Ⅰ		
		12 月	8.4	10.1	2.2	9	0.5L	0.08	0.05	0.31	0.004L	0.0003L	0.01L	0.05L	0.01	Ⅱ	
			—	Ⅰ	Ⅱ	Ⅰ	Ⅰ	Ⅰ	Ⅱ	Ⅰ	Ⅰ	Ⅰ	Ⅰ	Ⅰ	Ⅰ		
		平均值	8.1	8.8	2.5	10.3	1.7	0.22	0.093	0.32	0.002	0.0002	0.005	0.03	0.01	Ⅱ	
			—	Ⅰ	Ⅱ	Ⅰ	Ⅰ	Ⅱ	Ⅱ	Ⅰ	Ⅰ	Ⅰ	Ⅰ	Ⅰ	Ⅰ		

2）1998 年水华事件。

1998 年 2 月中下旬至 3 月上旬，汉江自仙桃以下河段再次发生水华，其范围一直上溯至宜城，影响河段长达 400km，范围更大，程度更为严重，表现在藻类峰值为 2.6×10^7 cells/L，高于 1992 年藻类峰值，藻类主要以硅藻和绿藻为主要种群。

3）2000 年水华事件。

2000 年 2 月下旬至 3 月中旬，从潜江至汉口近 240km 的河段相继发生水华，藻类数最高达 3.52×10^7 cells/L，持续约 20 天。汉川与武汉市新沟断面藻类峰值高达 4×10^7 cells/L 以上，而且藻类种群的多样性指数呈下降趋势，下游江段水华发生时优势种小环藻所占比例明显增加。2000 年初夏（5 月末发生水华时间）的藻类检测得到下游江段藻类总细胞数虽高，但小环藻的比例并不高。比较分析，汉江的水华明显具有硅藻类小环藻特征。

4）2003 年水华事件。

2003 年 2 月 4 日汉江中下游水体又呈异常褐色，水体溶解氧出现过饱和现象，藻类大量繁殖，藻类数高达 3.5×10^7 cells/L，2 月 9 日上午水体恢复正常。

5）2005 年水华事件。

2005 年 3 月 9 日发生水华，随后蔓延在整个汉川到汉口的下游河段，持续时间 15 天。

6）2008 年、2009 年水华事件。

2008 年、2009 年连续两年汉江支流东荆河发生了硅藻水华，水华现象有从汉江干流向汉江支流蔓延的趋势。

2008 年 2 月底，汉江流域的水华延续数日，汉江流域的东荆河及兴隆河、田关河水体突发污染（特征是水色泛黑），影响到汉江下游 3 条支流（东荆河及兴隆河、田关河）沿线的潜江、监利两县市 10 余个乡镇、农场的饮用水水源。该次水华与汉江干流历次水华形成的藻类不同，优势藻类为拟多甲藻。

综上所述，汉江自 1992 年发现水华以来，汉江干流中下游已不同程度地暴发多次硅藻水华，时间长、范围大的水华有 5 次。监测数据显示，汉江的第一次水华只影响到潜江以下 240km 江段，而第二次和第三次水华，则波及钟祥以下约 400km 的所有下游江段，持续时间也从最初的 3～5 天发展到后来的 12～18 天。

（2）兴隆水利枢纽、引江济汉工程运行后水华现象

2014 年 9 月，兴隆水利枢纽、引江济汉工程同时投入运行；2014 年 12 月，丹江口大坝加高工程正式通水运行。

1）2015 年水华事件。

2015 年 2 月 22 日汉江中下游干流报告发生水华，持续至 3 月 2 日，湖北省水利厅与长江防汛抗旱总指挥部采取联合调度措施后，水华迅速消亡。

2）2016 年水华事件。

2016 年 3 月 1 日起，湖北省环保厅接荆门市环保局上报汉江硅藻水华，持续至 3 月 9 日，水利调度下泄流量后迅速消亡。

3）2018 年水华事件。

2018 年 2 月汉江中下游再次暴发硅藻水华，从 2 月 8 日至 3 月中下旬，历时 30 余天，是有资料记载以来最长的一次，范围从皇庄延伸至武汉。

（3）汉江中下游富营养状态调查

1）2012 年 10 月至 2014 年 10 月富营养状态。

2015 年 3 月，中国科学院水生生物研究所提交了《汉江中下游水生生物调查与水华预警机制的研究报告》（研究时段为 2012 年 10 月至 2014 年 10 月），研究时段汉江中下游综合营养指数（TLI）见表 11-18。

汉江中下游富营养化程度较低，综合营养指数仅在下游断面的部分月份出现轻度富营养水平，占比为 32.8%，其余为中营养水平（65.6%），甚至贫营养水平（1.6%）。中游全部为中营养甚至贫营养，下游中营养和轻度富营养各占一半。2013 年 2 月、2013 年 11 月、2014 年 8 月汉江干流综合营养指数均较低，多为中营养水平。整个采样周期内，2012 年 11 月至 2013 年 8 月，下游断面共出现轻度富营养水平 12 次，2013 年 11 月至 2014 年 8 月，下游断面出现轻度富营养水平 9 次，相对前年有所减少。

表 11-18　　2012—2014 年汉江中下游综合营养指数（TLI）

	老河口	襄阳	钟祥	沙洋	潜江	仙桃	新沟	宗关	总体
2012.11	35	41	47	53	55	55	54	50	
2013.2	28	33	39	43	41	43	46	46	
2013.5	32	38	42	40	55	53.	47	53	
2013.8	36	47	46	53	55	53	51	35	
2013.11	34	39	31	48	48	48	49	48	
2014.2	34	42	46	53	57	57	59	60	
2014.5	39	42	43	49	55	53	47	53	
2014.8	35	38	41	50	49	48	49	38	
贫（%）	12.5	0	0	0	0	0	0	0	1.6
中（%）	87.5	100	100	50	37.5	37.5	62.5	50	65.6
轻度（%）	0	0	0	50	62.5	62.5	37.5	50	32.8
中度（%）	0	0	0	0	0	0	0	0	0
重度（%）	0	0	0	0	0	0	0	0	0

2）兴隆水利枢纽、引江济汉工程运行后。

2019 年 9 月，中国科学院水生生物研究所提交了《汉江中下游水生生物调查与水华预警机制的研究报告》（中期报告）（研究时段为 2017 年 11 月至 2019 年 10 月），研究时段汉江中下游综合营养指数（TLI）见表 11-19。

表 11-19　　2017—2018 年汉江中下游综合营养指数（TLI）

	老河口	襄阳	钟祥	沙洋	潜江	仙桃	新沟	宗关	总体
2017.11	34	37	45	44	45	44	46	34	
2018.2	41	40	49	51	52	51	55	54	
2018.5	33	33	45	50	50	50	53	40	
贫（%）	0	0	0	0	0	0	0	0	0
中（%）	100	100	100	33.3	33.3	66.7	33.3	66.7	66.7
轻度（%）	0	0	0	66.7	66.7	33.3	66.7	33.3	33.3
中度（%）	0	0	0	0	0	0	0	0	0
重度（%）	0	0	0	0	0	0	0	0	0

研究表明，兴隆水利枢纽、引江济汉工程运行后，汉江中下游富营养化程度较低，综合营养指数仅在下游断面的部分月份出现轻度富营养水平（占比为 33.3%），其余为中营养水平（66.7%）；兴隆水利枢纽库区营养水平为中营养—轻度富营养，水库上游主要为中营养水平，下游轻度富营养水平占比较高；潜江以下营养水平为中营养—轻度富营养，主要为中营养水平。

2012 年 11 月至 2014 年 8 月，轻度富营养水平占比为 32.8%，其余为中营养水平（65.6%），甚至贫营养水平（1.6%）。兴隆水利枢纽、引江济汉工程运行后，与 2012—2014 年同期相比，除 2018 年 2 月综合营养指数值略高，其余时间各点位均相对较低，总体变化不大。

（4）汉江中下游水华发生的时空特性

综合汉江中下游历次水华现象，汉江水体水华发生的时间在 2 月下旬—4 月上旬这段时间内；发生的河段为钟祥—汉口河段并以潜江以下较为严重（主要是兴隆坝址以下河段）；水华发生时的主要藻类种类为硅藻和蓝绿藻。

（5）汉江中下游水华发生的原因

水华暴发是指在一定的营养、气候、水文条件和生态环境下形成的藻类过度繁殖和聚集的现象。

研究表明，水华发生是多种外界因素共同作用的结果，这些因素包括：①缓慢的水流条件；②水体中一定的氮、磷营养物及 BOD、微量元素浓度；③适宜的温度和光照条件等。由于湖泊、水库水体生态系统相对比较容易满足上述条件，发生水华现象远多于河流。汉江中下游发生水华的条件是水体中较高的氮、磷浓度，缓慢的水流，合适的气温条件，使得藻类大量繁殖，水华现象发生。

综合分析汉江已发生的水华事件时相应的外界条件，发生水华时期，汉江河段实际上已成为一个狭长的“湖泊”系统，其水华的发生原因与一般湖泊、水库系统富营养化发生、藻类大量繁殖时条件基本一致。汉江水华发生时均是汉江中下游流量较少、流速较缓慢的时段，同时长江水位偏高。受长江水位的顶托，水流缓慢的汉江中下游已成为一个典型的湖泊水体，水流方面已经满足富营养发生所需要的动力学条件。

（6）水华现象发展趋势

汉江中下游水体氮、磷等污染物浓度较高，综合分析汉江历次水华事件时相应的外界条件，发生水华时期的汉江河段实际上已成为一个狭长的“湖泊”系统，其水华的发生原因与一般湖泊、水库系统富营养化发生、藻类大量繁殖时条件基本一致，没有其特殊性。

由于丹江口水库的调蓄作用，水量下泄过程趋于均匀，即汛期下泄水量减少，枯水期流量将有所增加。长江水利委员会和湖北省有关科研单位，分别开展了中线工程对汉江中下游水环境的影响研究，并进行了计算机模拟分析，结果均表明：当调水量为 130 亿 m^3 时，在其他条件相同的情况下，水华出现的概率增加 10%～20%；而调水量为95 亿 m^3 时，水华出现的概率没有增加。

丹江口水库大坝加高工程、兴隆水利枢纽工程、引江济汉工程运行后，根据湖北省水利厅与长江防总的安排，形成了联合调度机制，引江济汉工程补水量随丹江口水库陶岔引水增加而同步提高（表 11-20），补汉、补东荆河水量分别于 2016 年和 2018 年达到设计规模。2018 年 2 月，接长江防汛抗旱总指挥部发出《关于做好汉江水量应急调度提前应对水华影响的紧急通知》和湖北省南水北调管理局《关于做好引江济汉工程应急调水应对水华影响的紧急通知》（鄂调水局函〔2018〕24 号）指令，紧急启动进口泵站对汉江、长湖、东荆河实施应急调水，从 2 月 10 日至 3 月 9 日历时 24 天，累计调水 4.3 亿 m^3，有效解决了汉江水质问题，成功降低了汉江水华情况的发生。

表 11-20　　引江济汉工程补水量年度统计表　　（单位：亿 m^3）

工程补水	2014 年	2015 年	2016 年	2017 年	2018 年	2019 年
丹江口水库陶岔引水（亿 m^3）	—	25.1	38.2	52.8	76.7	—
引江济汉补水（万 m^3）	3.2	12.7	33.3	36.7	32.0	35.9
长湖、东荆河补水（万 m^3）	0.16	2.3	3.9	5.4	10.2	17.0

2019 年 1 月，接到湖北省水利厅《关于调度引江济汉工程加大向汉江兴隆枢纽下游补水流量的通知》，立即进行紧急动员，密切注意水雨工情，同时启动应急调水预案，从 1 月 31 日开始，至 2 月 10 日结束，应急调水 11 天，累计调水 1.13 亿 m^3，其中向汉江调水 0.99 亿 m^3，向长湖、东荆河调水 0.14 亿 m^3，有效缓解了汉江、东荆河水质恶化趋势，

降低了水华发生概率。

鉴于水华发生具有随机性，南水北调中线工程运行时间较短，还需要长期监测，才能评价工程运行前、后水华发生频率是否发生变化。

11.3.6 东荆河水质影响

11.3.6.1 东荆河概况

东荆河位于江汉平原腹地，以其流经荆北水系东侧，故称东荆河。起自潜江泽口龙头拐，止于武汉市汉南区三合垸，河道全长173km，河道内主要有天星洲、联合大垸、四丰垸、王小垸、天合垸共5个大的洲滩围垸，是汉江下游唯一的分流河道，流域面积417.5km^2。

东荆河在潜江境内长约46km；东荆河自廖刘月进入监利市境内，至洪湖胡家湾汇入长江，荆州市境内全长126.37km，其中监利县廖刘月至雷家台长37.37km，洪湖市自雷家台至胡家湾89km。

11.3.6.2 东荆河主要污染源

东荆河两岸涉及潜江、监利、洪湖、仙桃4县市85个乡镇和农场，人口约436万人。

东荆河两岸物产丰富，农、林、牧、副、渔五业兴旺，是全国重要的粮、棉、油、猪、鱼、禽、蛋和轻工产品生产基地，流域主要污染源为生活面源和农业种植面源。

11.3.6.3 东荆河监测断面分布

自上而下，地方环境保护部门设置了谢湾闸（东荆河起始断面）、潜江大桥、新刘家台（潜江—荆州交界断面）、姚嘴王岭村和汉洪大桥（荆州—武汉交界断面）5个国省控监测断面。东荆河节制工程与地方环境保护部门监测断面的关系见图11-4、图11-5。

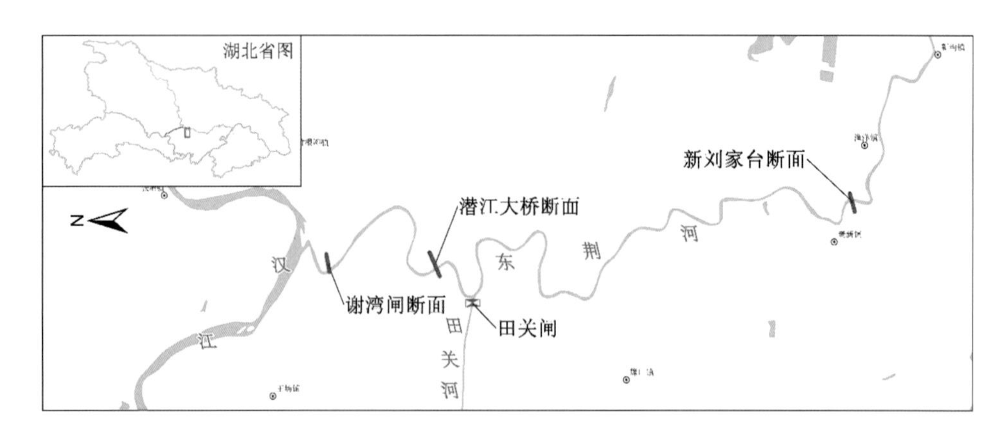

图11-4　东荆河节制工程与地方监测断面位置关系示意图（一）

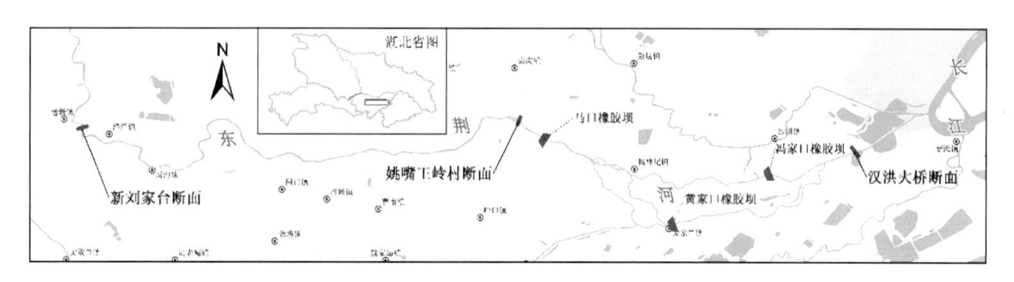

图 11-5 东荆河节制工程与地方监测断面位置关系示意图（二）

11.3.6.4 引江济汉工程运行前东荆河水质状况调查

东荆河自潜江泽口龙头拐分流，自廖刘月进入监利市，至洪湖胡家湾汇入长江，河道全长 173km。在潜江市境内，田关河汇口前，谢湾闸、潜江大桥断面年度水质维持Ⅱ类水平，达到规划类别目标；田关河汇入后，沿途接纳港道排水，水质逐渐下降，至潜江—荆州交界新刘家台断面，2012 年水质下降至Ⅲ类，2013 年、2014 年连续两年进一步下降至Ⅳ类水平，至仙桃市姚嘴王岭村断面，各年度水质均为Ⅳ类水平，至洪湖市汉洪大桥断面，2014 年水质回升至Ⅲ类水平。

引江济汉工程运行前，荆州市境内东荆河水质受到较为严重污染。具体见表 11-21。

表 11-21 引江济汉工程运行前东荆河水质状况

断面所在地	监测断面	规划类别	2009 年水质类别	2010 年水质类别	2011 年水质类别	2012 年水质类别	2013 年水质类别	2014 年水质类别
潜江市	谢湾闸	Ⅱ	—	—	—	Ⅱ	Ⅱ	Ⅱ
	潜江大桥	Ⅱ	Ⅱ	Ⅱ	Ⅱ	Ⅱ	Ⅱ	Ⅱ
荆州市	新刘家台	Ⅱ	—	—	—	Ⅲ	Ⅳ（BOD_5、氨氮、COD、总磷）	Ⅳ（BOD_5、氨氮、总磷、COD）
仙桃市	姚嘴王岭村	Ⅱ	—	—	—	Ⅳ（氨氮等）	Ⅳ（氨氮等）	Ⅳ（氨氮、BOD_5、COD、总磷、挥发酚）
荆州市	汉洪大桥	Ⅱ	—	—	—	—	—	Ⅲ

注：1. 表内数据来源于年度湖北省环境质量状况公报，括号内为超标项目；
2.《荆州市东荆河流域考核断面水质达标方案》将荆州市 126km 河段 2020 年水质目标调整为Ⅲ类；
3. 谢湾闸、新刘家台、姚嘴王岭村均为 2012 年增设断面；汉洪大桥 2014 年增设断面。

11.3.6.5 引江济汉工程运行后东荆河水质状况调查

2014 年 9 月，兴隆水利枢纽、引江济汉工程同时投入运行；2014 年 12 月，丹江口大坝加高工程正式通水运行。由于南水北调中线调水，汉江兴隆水利枢纽以下河段水位下降，东荆河水位、水量同步呈下降趋势。引江济汉渠道在庙湖、拾桥河、后港 3 处设分水闸，分水入长湖，经刘岭闸出湖，入田关河，向东荆河补水，设计多年平均补水量 6 亿 m^3，使东荆河水位、水量得到补偿。引江济汉工程运行补水东荆河水量见表 11-20。

2015 年引江济汉工程补东荆河水量 2.3 亿 m^3，田关河汇口以下河段水质较 2014 年显著下降，新刘家台、姚嘴王岭村断面水质类别降至劣Ⅴ类，荆州—武汉交界汉洪大桥断面水质类别降至Ⅳ类。2016 年引江济汉工程补东荆河水量 3.9 亿 m^3，田关河汇口以下河段水质较 2015 年有所改善，新刘家台水质类别回升至Ⅲ类，姚嘴王岭村断面水质类别回升至Ⅳ类。2017 年引江济汉工程补东荆河水量 5.4 亿 m^3，田关河汇口以下河段水质较 2016 年进一步改善，新刘家台、姚嘴王岭村、汉洪大桥断面水质类别回升至Ⅲ类，达到《荆州市东荆河流域考核断面水质达标方案》2020 年Ⅲ类水质目标。2018 年引江济汉工程补东荆河水量 10.2 亿 m^3，田关河汇口以下河段水质稳定保持Ⅲ类。

通过引江济汉工程向东荆河补水，以及枯期应急补水，田关河汇口以下河段水质得到改善，2017 年水质类别回升至Ⅲ类，达到《荆州市东荆河流域考核断面水质达标方案》2020 年Ⅲ类水质目标。具体见表 11-22。

表 11-22　　引江济汉工程运行后东荆河水质状况趋势

断面所在地	监测断面	规划类别	2015 年水质类别	2016 年水质类别	2017 年水质类别	2018 年水质类别
潜江市	谢湾闸	Ⅱ	Ⅱ	Ⅱ	Ⅱ	Ⅱ
	潜江大桥	Ⅱ	Ⅱ	Ⅱ	Ⅱ	Ⅱ
荆州市	新刘家台	Ⅱ	劣Ⅴ（氨氮、总磷、COD、BOD_5）	Ⅲ（总磷、氨氮、BOD_5）	Ⅲ（总磷、COD）	Ⅲ（总磷、COD）
仙桃市	姚嘴王岭村	Ⅱ	劣Ⅴ（氨氮、BOD_5、COD、石油类、总磷、挥发酚、溶解氧）	Ⅳ（氨氮、BOD_5、总磷、COD）	Ⅲ（总磷、COD）	Ⅲ（总磷、COD）
荆州市	汉洪大桥	Ⅱ	Ⅳ（COD）	Ⅳ（总磷、氨氮、BOD_5）	Ⅲ（总磷、COD）	Ⅲ（总磷、COD）

注：1. 表内数据来源于年度湖北省环境质量状况公报，括号内为超标项目；
2.《荆州市东荆河流域考核断面水质达标方案》将荆州市 126km 河段 2020 年水质目标调整为Ⅲ类。

11.3.7 引江济汉工程管理区生活污水排放水环境影响调查

引江济汉工程管理运行设有荆州分局、沙洋分局、潜江分局等 3 个分局，运行管理污水排放点包括荆州进口闸站、荆州分局机关、沙洋分局拾桥河枢纽管理所、沙洋分局西荆河管理所和潜江分局高石碑管理所，均为工作人员生活污水排放。

11.3.7.1 荆州进口节制闸站生活污水排放影响

该闸站隶属荆州分局管辖，日常运行管理人员约 15 人，生活污水排放量1.5～2m^3/d。节制闸站位于荆江大堤外，环境敏感，站房内设置生化污水处理设备，污水生化处理后排入站内地下水池，用于站内绿地灌溉，不对外排放，环境影响小。

11.3.7.2 荆州分局机关生活污水排放影响

荆州分局机关位于荆江大堤内，引江济汉渠道右岸。机关日常办公人员约 35 人，生活污水排放量约 4.0m^3/d，设置地埋式生化污水处理设备，污水处理达到一级排放标准（图 11-6）后排入区外灌溉沟渠，用于周围农田灌溉，环境影响较小。

（a）闸站周围环境

（b）闸站污水处理设备间

（c）分局管理区周围环境

（d）分局地埋式污水处理设备

图 11-6　荆州分局办公环境与污水处理设施

11.3.7.3 沙洋分局拾桥河枢纽管理所生活污水排放影响

该枢纽管理所位于引江济汉渠道桩号K28+000的左岸。管理所日常办公人员约18人，生活污水排放量约$2.0m^3/d$，设有地埋式生化污水处理设备，污水处理达到一级排放标准（图11-7）后排入所内景观水塘，用于所内绿地灌溉，不对外排放，环境影响小。

11.3.7.4 沙洋分局西荆河管理所生活污水排放影响

该管理所位于引江济汉渠道桩号K55+800的左岸。管理所日常办公人员约6人，生活污水排放量约$1.0m^3/d$，设有地埋式生化污水处理设备，污水处理达到一级排放标准（图11-7）后排入所内景观水塘，用于所内绿地灌溉，不对外排放，环境影响小。

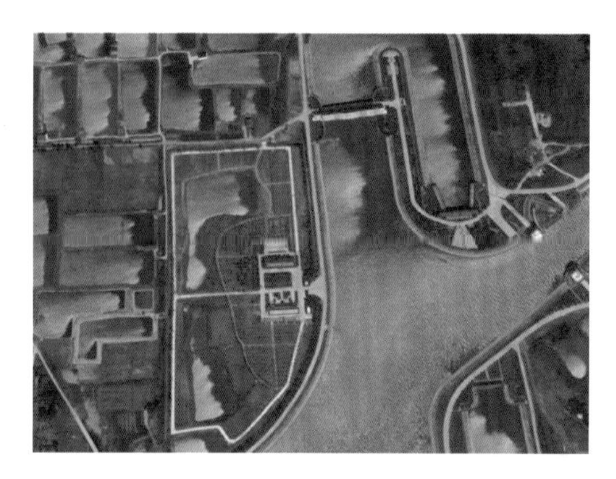

（a）拾桥河枢纽管理所周围环境

（b）地埋式污水处理设备

（c）西荆河管理所周围环境

（d）埋式污水处理设备

图11-7 沙洋分局管理所周围环境与污水处理设施

11.3.7.5 潜江分局高石碑管理所生活污水排放影响

潜江分局高石碑管理所位于引江济汉渠道出口导流堤内。管理所日常办公人员约19人，生活污水排放量约$2.0m^3/d$，设置地埋式生化污水处理设备，污水处理达到一级排放标准后排入引江济汉渠道（图11-8）。

潜江分局高石碑管理所生活污水排放量小，处理后排入引江济汉渠道不会对渠道水质造成严重影响，但与渠道、汉江水质保护的初衷不符，建议污水处理后管道截流引入该管理所内的景观水塘，用于管理区绿地绿化，消除对引江济汉渠道水质影响。目前该建议已

（a）潜江局高石碑工区周围环境

（b）地埋式污水处理设备

（c）污水处理后原排向引江济汉渠道

（d）污水处理后管道截流

（e）污水处理后管道截流引入管理所内景观水塘

图 11-8　潜江分局高石碑工区周围环境与污水处理设施

第12章　周边环境调查

12.1　环境空气影响调查

12.1.1　施工期环境空气影响调查

（1）环境空气影响源调查

工程施工环境空气影响主要源于：

1）引水渠道、沿线枢纽（泵站节制闸、荆江大堤防洪闸、拾桥河枢纽、西荆河枢纽、出水闸）及各管理站等主体工程基础开挖、土石方回填等作业。

2）施工营地施工设施混凝土搅拌站、砂石料堆场、综合仓库、综合加工厂（钢筋加工厂、木材加工厂、预制件厂、金结拼装场合建）作业和建筑材料、土石方运输等产生的粉尘、扬尘。

3）沿线弃渣场土石方倾倒作业。

4）场内及对外交通运输过程中产生的扬尘和汽车尾气等。

主要污染物为颗粒物（TSP、PM_{10}），环境影响具有时效性，施工结束影响即消失。

（2）环境空气感点调查

环评阶段，主要环境空气敏感点为所经乡镇荆州市李埠镇、太湖农场、郢城镇、纪南镇，荆门市沙洋县后港镇、毛李镇、官垱镇、李市镇，潜江市高石碑镇的农村居住区，共27处。根据《环境影响评价技术导则大气环境》和项目现场踏勘调查，27处不同规模的环境空气敏感点中少数距离沿线渠道较近，工程施工扬尘、粉尘对其影响较大。

工程沿线分布的27处环境敏感点规模较小，且分布较为分散，受工程施工粉尘、扬尘影响的人群数量较少。工程位于江汉平原区域，地形平坦开阔，气体扩散条件好，随着施工结束，这种空气影响也随之消失。

（3）环境空气保护措施调查

施工单位在施工期采取以下措施来减少对环境空气的影响：

1）施工营地、施工附属设施、运输道路等区域非雨天加强洒水降尘，施工人员配套口罩等防护用品，减轻粉尘、扬尘对邻近居民和施工人员的影响。

2）水泥等建筑材料遮盖运输、土石方运输不冒顶装载，避免途中散落，经过村庄时减速通过。

3）加强燃油车辆、设备维护保养，使之保持良好的工作状态，降低尾气排放污染。

4）附近有村庄分布时，优化施工设施布置，混凝土拌和站、砂石料堆放场、综合加工厂尽可能远离村庄布置，降低粉尘、扬尘对人群生活环境的干扰。

（4）环境空气影响调查

施工期间，环境空气主要污染物为 TSP、PM_{10} 等颗粒物，悬浮于空气中的细颗粒（PM_{10}）被人群吸入肺部，对施工人员及周围居民的身体健康构成威胁。根据以往的监测数据，其影响一般在施工场区周围 100m 之内，通过施工现场、运输道路经常洒水使之保持湿润，影响可以控制在场区周围 40m 内。

工程所在区域地形开阔、扩散条件好，通过优化施工布局、经常洒水降尘等措施抑制了颗粒物产生、减缓了环境空气污染，施工单位、环境监理、建设单位均未收到施工粉尘与扬尘污染的投诉。

12.1.2 营运期环境空气影响调查

营运期间，对环境空气的影响数据主要来源于引江济汉工程下设的荆州、沙洋、潜江 3 个分局，其中沙洋分局内设拾桥河枢纽管理所和西荆河枢纽管理所 2 个管理点。根据湖北省编办批复，荆州分局配置 52 人、沙洋分局 41 人（拾桥河枢纽管理所 18 人、西荆河枢纽管理所 6 人）及潜江分局 19 人。

引江济汉工程沿线管理单位规模小、位置分散，生活能源多为灌装天然气，厨房也安置了油烟净化处理系统，排放的厨房生活油烟对周边环境空气影响小。

2020 年 4 月 26 日至 5 月 2 日，对渠道沿线附近的沿江、黄湾村和长市村 3 个移民安置点进行环境空气质量采样监测，监测项目为 PM_{10}、二氧化氮、一氧化碳。监测结果表明，各监测值均满足《环境空气质量标准》（GB 3095—2012）二级标准要求。

12.2 环境噪声影响调查

12.2.1 施工期声环境影响调查

（1）声环境影响源调查

工程施工期间，噪声影响主要来源于：

1）引水渠道、沿线枢纽（泵站节制闸、荆江大堤防洪闸、拾桥河枢纽、西荆河枢纽、出水闸）及各管理站等主体工程基础开挖、土石方回填等作业，挖掘机、推土机、碾压机等机械设备产生的机械噪声。

2）施工营地施工设施混凝土搅拌站、砂石料堆场、综合仓库、综合加工厂（钢筋加工厂、木材加工厂、预制件厂、金结拼装场合建）作业产生的作业噪声。

3）工程相关建筑材料、土石方运输等产生的交通噪声。

4）沿线弃渣场土石方倾倒产生的作业噪声。

根据工程特性、施工布置及敏感点分布，施工环境噪声干扰源主要为机械施工作业和车辆交通运输。施工噪声环境影响具有时效性，施工结束干扰即消失。

（2）声环境敏感点调查

环评阶段，主要声环境敏感点为所经乡镇荆州市李埠镇、太湖农场、郢城镇、纪南镇，荆门市沙洋县后港镇、毛李镇、官垱镇、李市镇，潜江市高石碑镇的农村居住区，共27处。根据《环境影响评价技术导则大气环境》和项目现场踏勘调查，27处不同规模的声环境敏感点中少数距离沿线渠道较近，工程施工作业和车辆交通运输产生的噪声对其影响较大。

工程沿线分布的27处环境敏感点规模较小，且分布较为分散，受工程施工噪声干扰的人群数量较少，随着施工结束，这种干扰也随之消失。

（3）声环境保护措施调查

施工期间，各施工单位采取了以下措施来减缓对声环境的影响：

1）施工单位选用符合国家噪声标准的施工机械，加强车辆、设备的维护保养，使之保持良好的工作状态，降低施工噪声辐射强度。

2）附近有村庄分布时，优化施工设施布置，施工营地尽量远离村庄布置，限制综合加工厂夜间工作时间，降低施工噪声对人群生活环境的干扰。

3）做好与周边村庄居民的沟通，设置公告牌，告知工程内容、施工期限、投诉电话等。

4）运输道路靠近村庄时，项目位置设置限速、禁鸣标志，减缓交通噪声干扰。

5）混凝土搅拌机操作人员、推土机驾驶人员等实行轮班制，并配发防噪声耳塞、耳罩或防噪声头盔等噪声防护用具，减轻对施工作业人员的噪声影响。

（4）噪声影响调查

引江济汉工程由引水干渠、进出口控制工程、跨渠倒虹吸、路渠交叉及东荆河节制工程等建筑物组成，总长67.23km，属“点、线”状工程项目。噪声影响主要源于挖掘机、推土机、碾压机械、混凝土振捣器等施工作业和车辆运输噪声排放，噪声辐射强度为80～90dBA（5m处），影响范围限于枢纽建筑物/渠线200m范围内。

施工噪声源强调查数据见表12-1，据此分析施工时段敏感点处噪声水平见表12-2。

表 12-1　　主要施工机械噪声源强

设备名称	源强		环境噪声（m）						
	测试距离（m）	声级（dBA）	15	30	60	90	120	150	180
挖掘机	5	84	74.5	68.4	62.4	58.9	56.4	54.5	52.9
推土机	5	86	76.5	70.4	64.4	60.9	58.4	56.5	54.9
运输车辆	5	80（30km/h）	70.5	64.4	58.4	54.9	52.4	50.5	48.9
碾压机	5	84	74.5	68.4	62.4	58.9	56.4	54.5	52.9
振捣器	5	85	75.5	69.4	63.4	59.9	57.4	55.5	53.9

表 12-2　　敏感点施工时段噪声影响（13 版）

序号	敏感点名称	位置关系（距枢纽建筑物/渠线中线等最近距离）	规模（户）	最近点施工噪声贡献（dBA）	
1	沿江村	离渠道中线约 100m；	约 30 户	58～60	影响较小
2	天鹅村	离渠道中线约 100m；	约 10 户	58～60	影响较小
3	三红村	离渠道中线约 90m；	约 70 户	59～61	影响较小
4	花园村	离渠道中线约 80m；	约 30 户	56～62	有一定影响
5	拍马村	离渠道中线约 90m；	约 30 户	59～61	影响较小
6	红光村	离渠道中线约 85m；	约 20 户	59～61	影响较小
7	高台村	离渠道中线约 75m；	约 30 户	61～63	有一定影响
8	安家岔	离渠道中线约 190m；	约 50 户	52～54	影响较小
9	雷湖村	离渠道中线约 230m；	约 10 户	51～53	影响较小
10	澎湖村	离渠道中线约 170m；	约 7 户	53～55	影响较小
11	太湖农场西门分场	离渠道中线约 160m；	约 30 户	54～56	影响较小
12	拾桥河	离渠道中线约 100m；	约 20 户	58～60	影响较小
13	孟仓村	离渠道中线约 160m；	约 10 户	54～56	影响较小
14	徐店村	离渠道中线约 90m；	约 20 户	59～61	影响较小
15	乔姆村	离渠道中线约 190m；	约 20 户	52～54	影响较小
16	黄场村	离渠道中线约 100m；	约 10 户	58～60	影响较小
17	东湖村	离渠道中线约 240m；	约 10 户	50～52	影响较小
18	刘湾村	离渠道中线约 160m；	约 10 户	54～56	影响较小
19	凤井村	离渠道中线约 80m；	约 10 户	56～62	有一定影响
20	钟桥村	离渠道中线约 110m；	约 20 户	53～59	影响较小
21	高兴村	离渠道中线约 160m；	约 10 户	54～56	影响较小
22	同兴村	离渠道中线约 130m；	约 40 户	56～58	影响较小
23	黄岭村	离渠道中线约 80m；	约 20 户	56～62	有一定影响
24	唐垴村	离渠道中线约 140m；	约 40 户	55～57	影响较小
25	高丰村	离渠道中线约 80m；	约 20 户	56～62	有一定影响
26	笃实村	离渠道中线约 100m；	约 30 户	58～60	影响较小
27	长市村	离渠道中线约 130m；	约 30 户	56～58	影响较小

工程位于江汉平原腹地，人口密度相对较小，分布较为分散，环境敏感点与泵站节制闸、防洪闸、拾桥河枢纽及出水闸等工程相距较远，受施工噪声干扰的人群数量较少。现场调查，渠道两侧少数环境敏感点距离施工道路较近，交通运输噪声对其影响相对较大，其他环境敏感点受影响程度属影响较小—有一定影响水平。为减缓施工噪声干扰，施工单位采取了一系列减缓措施，最大程度上减轻了噪声对居民的影响。

施工期间，环境监理、建设单位均未收到有关噪声扰民的投诉。

12.2.2 营运期声环境影响调查

（1）噪声源特性调查

营运期间，引江济汉工程产生声环境影响主要来源于工程的机电设备，主要有泵组设备、启闭机、清污机和起重机等，特别是进口泵站进水节制闸工作运行时，泵站机组的噪声主要源于电机、水泵的运转，属于稳态噪声。其他启闭机、清污机和起重机等设备运行频率低、时间短、可视为非稳态噪声源，其产生的噪声影响相对较小。

泵站进水闸泵站提水规模近期为 $200m^3/s$、远期为 $250m^3/s$，共装设 7 台（其中 $5^{\#}$ 井筒为预留），主厂房安装 6 台立式轴流泵，总装机容量 16800kW。泵组采用深井筒体式布置，运行方式为五用一备。水泵型号为 3400ZLQ40-3.2，同步电动机型号 TL2800-48/3250，额定电压 10kV，额定功率 2800kW，转速 125r/min。进口泵站机组见图 12-1。

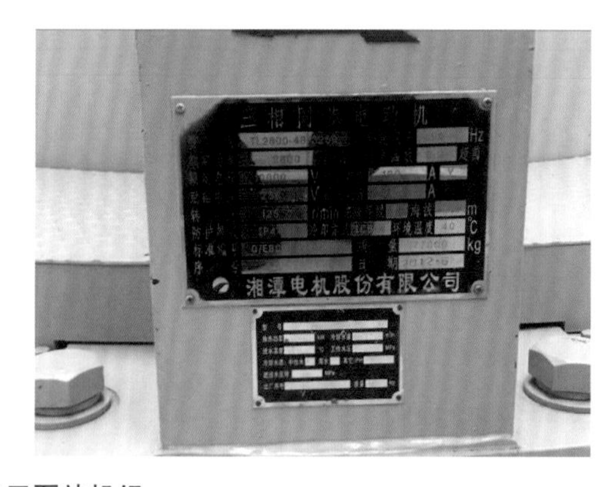

图 12-1　进口泵站机组

泵站主要在每年 11 月至次年 3 月的枯水期，当干渠自流引水流量不能满足汉江（$530m^3/s$ 以上，相应高石碑断面水位 29.87m）和东荆河的基本需水要求时开机补水；其他的 4—10 月，进口泵站开机补水的频率较少。因此，营运期间声环境影响主要限于 11 月至次年 3 月。

（2）噪声影响调查

进口泵站进水节制闸建有厂房，共 9 层（第 5 层位于地面），水泵层位于第一层。现场调查，水泵所在楼层墙壁装有隔音材料，可有效减轻对泵站办公人员的噪声影响

(图 12-2)。同时，泵站办公人员约 20 人，其主要办公场所位于 6～8 层的控制室或办公室，距离水泵层较远。因此，水泵机组对办公人员的噪声影响较小。

进口泵站进水节制闸周围分布较近的环境敏感点有天鹅、沿江 2 处移民安置点，距离泵站分别为 680m 和 860m，泵站运行的噪声干扰对 2 处移民安置点的影响甚微。

2020 年 4 月 28—30 日，对渠道沿线附近的沿江、花园村、黄湾村和长市村 4 个移民安置点进行环境噪声监测，连续监测 3 天，昼夜各 1 次，每次连续监测 20 分钟。监测结果表明，各监测噪声值均能满足《声环境质量标准》(GB 3096—2008) 1 类标准限值（昼间 55dB，夜间 45dB)。

图 12-2　进口泵站隔音材料

12.3　固体废物环境影响调查

12.3.1　施工期固体废物影响调查

(1) 施工弃渣、建筑垃圾

施工期间，开挖弃渣远多于填方，在土方调配充分利用的情况下，弃渣弃于工程沿线设置的弃渣场范围内；施工结束后拆除施工营地临时设施，建筑垃圾弃于弃渣场进行填埋处置。

施工结束后，按照批复的水土保持方案对弃渣场进行植被恢复和土地复垦，生态恢复良好。

(2) 生活垃圾

施工期间，工程沿线设置了 20 余个施工工区，每个施工工区设有办公及生活区。施工工区配置了垃圾桶，安排专职的清洁工负责日常垃圾的清扫和监督生活垃圾入垃圾箱，生活垃圾由环卫部门进行集中处置。施工工区保持了良好卫生状态，未对周围环境造成污染。

12.3.2 营运期固体废物影响调查

（1）生活垃圾

营运期间，生活垃圾主要来源于引江济汉工程下设的荆州、沙洋、潜江3个分局，其中沙洋分局内设拾桥河枢纽管理所和西荆河枢纽管理所2个管理点。根据湖北省编办批复，荆州分局配置52人、沙洋分局41人（拾桥河枢纽管理所18人、西荆河枢纽管理所6人）及潜江分局19人。建设管理单位为各管理分局制定了环境卫生制度，并将制度执行情况作为年终评先的条件之一。其中，荆州分局与公安县百盛物业管理有限责任公司签订了物业管理服务项目合同，全面保障了荆州分局安全运行和清洁卫生，确保对周围环境卫生没有影响。

工程各管理单位规模较小且分散，多数员工居住在当地城区，日常生活垃圾产量较少。同时，各管理单位均安排了专门的清洁人员，配置了垃圾桶，做到日产日清，定期由当地卫生管理机构集中清运，对周围环境卫生影响小。

（2）泵站、闸门等设备检修废油

工程营运期间，检修废油主要来源于泵站、闸站及船闸等机电设备维护、保养更换的少量失效废油废渣。废油废渣属于危险废物，为防止其对周围环境产生污染，建设管理单位制定了标准化管理规程，明确了各机电设备维护、保养及废油废渣处理处置的程序与要求，各管理所（站）根据各自不同机电设备制定了相关管理处置的制度与规定，确保废油废渣不会对周边环境产生污染。

其中，进水口泵站进水节制闸管理区制定了相关物资管理处置制度，设置了透平油处理室，配备了透平油库、净油桶和运行油桶等装置，平时机械维护保养的废油废渣置于临时仓库的专业装置存储，由设备厂家或专业公司统一回收处理，废油废渣未对周边环境产生污染。

马口橡胶坝、黄家口橡胶坝及冯家口橡胶坝中3家管理站均制定了橡胶坝检查维修制度、养护与修理规定等内容，管理站机电设备运行年限短，目前尚未进行过大修，日常养护频率低，产生废油废渣极少。建议橡胶坝管理单位做好日常维修废油废渣收集处理工作，机械大修时联系厂家或专业公司统一回收处理，确保废油废渣不会对周边环境产生污染。

第13章 人群影响调查

13.1 移民安置人群健康影响调查

13.1.1 血吸虫病的影响

13.1.1.1 环评阶段

根据环评报告，当时工程所在地血吸虫病疫区分布现状具体如下：

（1）工程区荆州境内血吸虫病流行现状

工程区涉及的李埠、纪南、郢城3个乡镇均为血吸虫病流行区，但工程经过的地段除渠首附近的太湖农场的港南渠、港北渠、港总渠、红卫渠为有螺渠道外，渠道经过境内的其他地方和水系均为血吸虫病非流行区。工程开口处龙洲垸的沿江村和天鹅村均为无螺区，也未发现患血吸虫病的病人。

（2）工程区沙洋县境内血吸虫病流行现状

工程在沙洋县境内涉及3个镇，从荆州区李埠的雷湖村邻近处接水的梅林村开始至出沙洋境内的荆潜村为止（全长33.44km），渠道线路远离血吸虫病流行区。沙洋县血吸虫病流行区位于东北面的马良镇以及西北面的五里铺镇，而工程渠位于该县境内的南面。整个渠道途径的环境均为血吸虫病非流行区。

（3）工程区潜江境内血吸虫病流行现状

工程在潜江境内只涉及高石碑镇的2个村，整个工程在境内全长6.2km，工程渠道途径的范围远离血吸虫病流行区，渠道途径两岸1km内均为无螺区，潜江境内渠首的长湖接合处为无螺区，工程出水口处的雷潭村周边为大片堤外旱田耕种区，该环境不利于钉螺生存。境内工程渠道途经交叉的东干渠暂时未发现钉螺，但东干渠在距下游8km处为血吸虫病流行区，钉螺对其上游构成扩散的威胁。

由上可知，引江济汉工程征地拆迁涉及的荆州区、沙洋县、潜江市为血吸虫病流行区，工程所在区域除渠首附近为钉螺分布区，其他区域为无螺分布区。在移民安置选址安全方面，尽量避开钉螺分布区，同时征求当地居民的意见，移民安置点均分布在渠道两侧无钉螺的区域，从而降低了移民感染血吸虫病的风险。

施工期间，施工人员进驻施工区前，进行卫生检疫和血吸虫病检查。对场地进行卫生清理和消毒；开展血防宣传教育工作，提高施工人员自我防护意识；在易感地带设立警示牌，防止施工人员接触疫水感染。从而有效地降低了人群感染血吸虫病的风险和频率。

13.1.1.2 施工及运行阶段

(1) 防治措施效果调查

针对血吸虫病的防治，引江济汉工程采取并实施的措施有：①渠首前长江迎水面采用浆砌石护坡，阻隔了钉螺的滋生与繁殖；②渠道进水口设置了沉砂沉螺池；③渠道两侧安装了防护网，禁止家畜在渠道附近活动、放牧、戏水，防止家畜粪便污染渠道水质；④渠道两侧护坡进行了硬化，有效阻止钉螺扩散。通过上述措施，移民安置区血吸虫病得到有效的防治和阻隔，降低了人群感染的风险。

(2) 传播控制影响调查

根据走访、调查地方血防部门及相关资料可知（表 13-1、图 13-1），2012 年荆州区、潜江市达到疫情控制标准，沙洋县达到传播控制标准；2013 年、2014 年，荆州区、潜江市升级达到传播控制标准，沙洋县保持稳定；2015 年、2016 年，沙洋县升级达到传播阻断标准，荆州区和潜江市保持稳定。2017 年迄今，引江济汉工程涉及市县血防形势保持稳定向好状态。

同时，地方血防部门每年对区域内的血吸虫病感染情况进行跟踪监测，制定血吸虫病防治计划，组织实施钉螺调查和药物灭螺，对人群病情进行调查和治疗，开展病例调查和管理。

2020 年 5 月，委托荆州区血吸虫病预防控制所对工程进口段、引水渠道、漂浮物、船舶以及沿线部分移民安置区进行了钉螺监测。监测结果表明，工程沿线及移民安置区内均未发现钉螺。截至目前，移民安置点未发现血吸虫病新增感染者。

表 13-1　　移民安置点所在区域血吸虫病流行控制状态

年度	疫情控制	传播控制	传播阻断
2012	荆州区、潜江市	沙洋县	—
2013	—	荆州区、潜江市、沙洋县	—
2014	—	荆州区、潜江市、沙洋县	—
2015	—	荆州区、潜江市	沙洋县
2016	—	荆州区、潜江市	沙洋县
2017	—	潜江市	荆州区、沙洋县

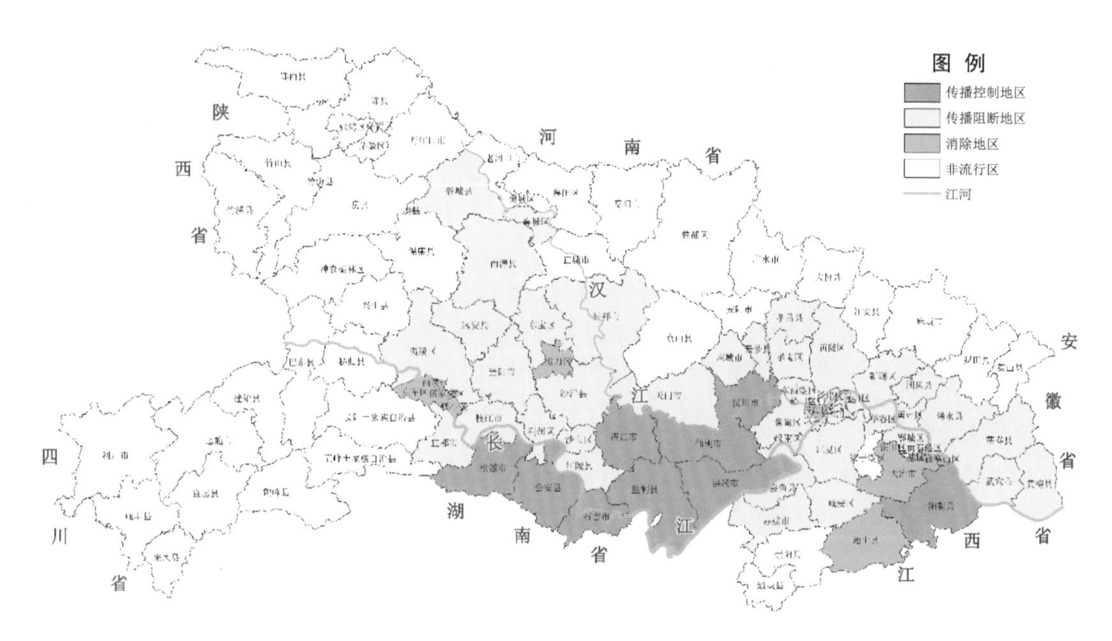

图 13-1　2017 年湖北省血吸虫病流行控制状态示意图

13.1.2　其他疾病影响调查

经调查，移民安置点在建设前对场地进行了清理，实施了灭鼠灭蚊等措施；在建成移民入住之后，也定期进行灭鼠灭蚊，没有造成传染病的传播。

拆迁移民均在当地安置，安置区离原住地不远，生活习惯、卫生防疫与原住地基本相同，且安置后移民生活环境、质量都有所提高，移民安置未增加新的传染病种。

13.1.3　施工人员健康影响调查

引江济汉工程所在地区的荆州区、沙洋县、潜江市为血吸虫病流行区，工程所在区域除渠首附近为钉螺分布区，其他区域为无螺分布区。施工期间，各建设单位积极配合地方血防部门开展防治工作，对施工营地开展了灭螺措施。

在施工营地配置了垃圾桶，布置了简易厕所，安排专职的清洁工负责日常垃圾的清扫和监督生活垃圾入垃圾箱，生活垃圾由环卫部门进行集中处置；饮用水水源采用洁净的自来水或井水，施工现场提供开水；加强对食品卫生的检查和监督，接触食品的操作人员实行“健康证”制度。

通过上述措施，在 4 年多的施工期内，未发生施工人员血吸虫病感染案例和公共卫生事件。

13.2 移民搬迁环境影响调查

13.2.1 生态环境影响调查

（1）陆生植物影响调查

集中安置影响区内植被类型以次生林和农业植被为主，多为灌丛和灌草丛，主要种类有小构树、狗牙根、毛茛、白苏、荩草、苍耳、葎草、野艾蒿、小白酒草等。其他植被类型有人工种植的果木林和防护林，有柑橘林、杨树林等。

征迁安置过程中对植被的影响主要是占地对植被产生破坏。集中安置点规模不大，占地面积较小，且分布较为分散。安置点建设对区域植被类型影响不大，对居民的生产生活也未产生较大影响。同时，安置点建设时间较短，影响范围有限，随着施工结束，各种不利影响也随之消失。建成后，安置点进行了植被恢复、景观绿化等，提高了植被面积和植物种类，种植的植物有玉兰、樟树、红继木、银杏等。

（2）陆生动物影响调查

根据调查，拆迁安置区域为江汉平原区，人为活动较多，野生动物分布较少，以少量常见的爬行类、两栖类和小型兽类为主，无珍稀濒危保护野生动物。

征迁安置建设期间，各种施工活动对陆生动物产生的影响为主要影响。安置点建设占地，导致陆生动物的生活环境、觅食范围有所减少；施工噪声及灯光对动物的栖息、繁殖产生干扰，影响其生长繁殖。由于安置点建设规模较小，占地范围不大，施工时间较短，这种施工活动产生的影响较小，动物具有迁移避让的本能，从而减少对其影响。随着施工活动结束，各种不利影响随之消失。

同时，在征迁安置过程中建设单位及施工单位加强环境保护管理及教育工作，严禁施工人员捕猎野生动物，未发生猎杀野生动物及生态破坏事件。

13.2.2 水环境影响调查

（1）施工期

移民安置点建设过程中，水环境的污染源主要为生产废水和生活污水。生产废水包括基坑废水、碱性废水、含油废水等。

基坑废水主要为地基开挖，排水中主要污染物为 SS。采用沉淀池收集沉淀后，用于施工场地洒水降尘，不外排，对水环境影响较小。安置点混凝土生产多为小型混凝土拌和机，生产期间碱性废水排放量较少，几乎未对周边环境产生影响。安置点建设所使用的施工机械车辆大多来自当地的建筑施工队伍，施工机械主要利用当地现有的机修场所进行维修，在施工现场未设机修场所，因此无废油污染排放。

施工人员主要租住在当地原有民房，施工生活污水利用当地原有处理系统处理。在较大的安置点建设中，施工场地建有简易旱厕，由当地百姓清掏，粪水用于农田施肥。施工活动对当地地表水环境影响较小。

（2）运行期

移民安置点内排放的生活污水主要来自住户的厕所冲洗水、厨房洗涤水、洗衣机排水、洗漱排水及其他排水等。根据调查，11 处移民安置点多数都按照环评要求和实施规划修建了排污（水）管道和集中化粪池。但荆州区沿江和高台 2 处安置点未按移民安置实施规划设计设置化粪池，对周边环境存在一定影响。

目前，部分移民安置点结合新农村建设、“厕所革命”等政策，对农村的厕所、厨房以及绿化环境进行改善提升，提高居民的生活环境和环境质量。

黄岭安置点新建了“生物滤池＋人工湿地”生活污水处理设施，利用人工培育的菌种对生活污水进行缺氧厌氧沉淀过滤处理，最后排入人工湿地，生活污水得到较好的处理，出水水质可到达《城镇污水处理厂污染物排放标准》（GB 18918—2002）一级 B 标准。

花园安置点拟近期在原生活污水排放口附近，新建一套微动力污水处理设施，对生活污水进行集中处置，提高出水水质，减轻对附近沟渠等水体的污染。

13.2.3 声环境影响调查

（1）施工期

征地拆迁安置建设过程中，噪声源主要为施工机械和运输车辆产生的噪声。移民安置点建设规模不大，分布较分散，其影响强度不大。施工单位一般都选用质量较好的施工机械进入施工现场，日常对设备加强维护和保养，保证机械正常运转，减少施工噪声。物料运输车辆在途经村镇、学校时减速慢行、减少鸣笛。据了解，安置点建设中未发生周边居民对噪声的投诉事件。

（2）运行期

移民安置点的噪声主要来源于生活噪声、渠道堤顶道路交通噪声以及渠道内的航运噪声。

根据调查，移民安置点沿引江济汉渠道两侧分布，距离渠道最近约 150m。渠道两侧堤顶道路仅作为附近居民的通行道路，限制了大型车辆。堤顶道路上车辆运行较少，多为小型轿车、农用车等，且车速较慢，产生的交通噪声对移民安置点影响较小。渠道内通航的船舶多为小型船舶，通航量少，运行速度慢，渠道两侧种植有绿化带，对噪声有吸收、阻隔作用。因此，航运噪声对移民安置点影响小。

同时，移民安置点位于农村区域，区域声环境现状良好。居民平时多数外出务工，人口相对较少，且安置点及周边无大型噪声源，各安置点产生的生活噪声较小。运行期间，移民安置点的噪声未对声环境造成影响。

2020年4月28—30日，对沿江、花园村、黄湾村和长市村4个移民安置点进行环境噪声监测，连续监测3天，昼夜各1次，每次连续监测20分钟。监测结果见表13-2。监测结果表明，各移民安置点昼间和夜间的噪声值均能满足《声环境质量标准》（GB 3096—2008）1类标准限值（昼间55dB，夜间45dB），各移民安置点的声环境质量良好。

根据调查，移民安置点多数于2013年底建设完成，至今未发生噪声扰民投诉事件。

表13-2 **运行期声环境监测结果统计表** （单位：dB（A））

监测位置	监测时间	昼间	夜间	标准值	评价结果
沿江	2020.4.28	48.6	40.3	昼间55；夜间45	达标
	2020.4.29	49.2	39.6		达标
	2020.4.30	48.1	39.2		达标
花园村	2020.4.28	49.4	39.7		达标
	2020.4.29	48.5	39.3		达标
	2020.4.30	50.3	40.6		达标
黄湾村	2020.4.28	50.5	40.8		达标
	2020.4.29	49.9	40.5		达标
	2020.4.30	49.1	39.8		达标
长市村	2020.4.28	50.1	40.0		达标
	2020.4.29	48.9	39.4		达标
	2020.4.30	49.4	39.0		达标

13.2.4 环境空气影响调查

（1）施工期

征地拆迁安置建设过程中，大气污染主要来源于车辆运输扬尘、机械排放废气，以及施工粉尘等。该类影响为短期影响，随着施工的结束而终止。施工区域根据实际情况采取了洒水降尘、遮盖运输、减速慢行等措施，各移民安置点均位于平原开阔区域，污染物扩散、稀释较快，施工期间对周边大气环境影响较小。据了解，安置点建设中未发生周边居民对大气污染的投诉事件。

（2）运行期

移民安置点的大气污染源主要来源于厨房油烟、堤顶道路车辆尾气和船舶排放废气。

堤顶道路的车辆和渠道内的船舶通行量都较少，行驶速度慢，且多为小型交通运输工具，排放量不大。因此，车辆和船舶排放的尾气对周边大气环境影响较小。安置点规模不大，居民相对较少，平时产生的厨房油烟通过排油烟管道排出，对周边大气环境影响较小。

同时，移民安置点位于江汉平原区，周边地形开阔，有利于地面大气污染物的扩散与稀释。因此，安置点附近产生的车辆尾气、船舶排放废气及厨房油烟对周边大气环境影响较小。

2020 年 4 月 26 日至 5 月 2 日，对沿江、黄湾村和长市村 3 个移民安置点进行环境空气质量采样监测，监测项目为 PM_{10}、二氧化氮、一氧化碳。根据《环境空气质量标准》（GB 3095—2012）进行环境空气质量评价，结果见表 13-3。由监测结果可知，各移民安置点主要位于农村区域，环境空气 PM_{10}、二氧化氮、一氧化碳日均浓度都满足《环境空气质量标准》（GB 3095—2012）二级标准要求，各移民安置点环境空气质量良好。

根据调查，移民安置点多数于 2013 年底建设完成，至今未发生大气污染事件或投诉事件。

表 13-3　运行期环境空气质量监测结果统计表

监测点	监测因子	PM_{10}（$\mu g/m^3$）	二氧化氮（$\mu g/m^3$）	一氧化碳（mg/m^3）
	标准值	150	80	4
沿江	监测值	54～68	21～27	0.15～0.16
	标准指数	0.36～0.45	0.26～0.34	0.038～0.040
黄湾村	监测值	69～80	20～25	0.15～0.17
	标准指数	0.46～0.53	0.25～0.31	0.038～0.043
长市村	监测值	54～67	19～25	0.16
	标准指数	0.36～0.45	0.24～0.31	0.040

13.2.5　固体废物环境影响调查

（1）施工期

征地拆迁安置建设过程中，固体废弃物主要来源于施工人员生活垃圾和建筑垃圾。

移民安置点建设规模不大，均分布在引江济汉渠道沿线两侧。工程施工期间，施工人员较少，产生的生活垃圾少，施工区配置了简易的垃圾收集装置，并由人员定期清理。建筑垃圾主要来源于地基开挖、土地平整的弃土，其产生量不大，多数用于回填或运往弃渣场，未对周边环境产生影响。

（2）运行期

运行期间，固体废物主要为日常生活垃圾。根据调查，安置点住户门前都配有垃圾桶，小区建有集中收集点。生活垃圾由相关服务机构定期清运处理，生活垃圾未对周边环境造成污染。

第14章　沿线居民反馈

14.1　调查方案概述

14.1.1　调查目的

通过公众参与调查，了解公众对项目实施前后环境保护工作的想法和建议，了解项目对周边受影响区域的自然环境和社会环境产生的影响，通过了解公众意见，切实保护受影响人群的利益。同时，明确工程设计、建设过程中遗留的环境问题，分析运行期施工区和工程周边公众关心的热点问题，为优化已有的环保措施提出建议。

14.1.2　调查范围、对象和方法

（1）调查范围

调查范围与引江济汉工程环境影响报告书的评价范围保持一致，本次公众参与调查范围主要包括引江济汉工程施工区、工程影响区以及移民安置区等。

（2）调查对象

工程附近生活的人群和移民，以及荆州区、沙洋县、潜江市、仙桃市的市、区、县的政府、环保、水利、国土、农业、林业、交通、环卫、旅游、教育等职能部门和乡镇政府、街道（村）居委会等。

（3）调查方式

发放问卷调查表的方式征求公众意见，调查内容见表14-1、表14-2和表14-3。

表 14-1　　　　引江济汉工程移民安置环境保护公众参与调查表（个人）

姓名		性别	男□　女□	填表时间	
年龄	18～30□　31～50□　50 以上□				
文化程度	大专及以上□　高中□　初中及以下□			联系电话	
职业	干部□　工人□　农民□　个体户□　学生□　其他□				
地址					

南水北调中线从丹江口水库调水后，汉江中下游水量减少、水位下降。引江济汉工程是南水北调中线汉江中下游四项整治工程之一，工程任务是满足和改善汉江兴隆以下河段的生态、灌溉、供水和航运用水条件，并解决东荆河灌区的灌溉水源。同时，其自身还兼有航运效益。引江济汉工程包括引江济汉干渠和东荆河节制工程，干渠工程地跨荆州、荆门、潜江三个市，东荆河节制工程位于潜江市和仙桃市。

引江济汉工程涉及荆州、荆门、潜江 3 个市的 3 个县（市、区），11 个镇、农村，34 个行政村，永久征地 1.78 万亩，临时征地 2.96 万亩。完成拆迁安置 1532 户 5562 人。集中安置点共计 12 个，其中荆州区有沿江新区、天鹅村、太湖社区、花园村、高台村 5 个安置点，沙洋县有荆南村、黄湾村、同兴村、黄岭村、唐垴村、高丰村 6 个安置点，潜江市有长市村 1 个安置点。

移民安置区于 2010 年 3 月开工，2013 年底基本建成。请您对移民安置点建设、运行环境保护发表意见和建议，作为工程后续环境保护、环境管理的考虑因素，谢谢合作！

请用“√”圈出代表您观点的选项：

1. 您是否为本工程征迁移民：

A. 是　B. 否

2. 征迁安置项目建设过程中，您认为对环境产生了哪些不利影响：

A. 植被破坏、水土流失　　B. 生产、生活废水排放造成周围水体污染

C. 施工噪声干扰　　D. 运输、施工作业粉尘污染

E. 生活垃圾和建筑弃渣占用周围耕地　　F. 其他，如：________________

3. 征迁安置项目建设过程中，您认为项目采取了哪些环境保护措施：

A. 覆土绿化　　B. 运输道路、施工场地洒水降尘

C. 夜间停止高噪声作业　　D. 生活垃圾统一收集、定期清理

E. 其他，如：________________________________

4. 根据您的体会，移民安置点施工作业对附近居民生活环境影响属：

A. 严重不利影响　　B. 无明显影响　　C. 无影响

5. 历史上引江济汉工程沿线区域为血吸虫病疫区，根据您的体验和了解，您生活的移民安置点血吸虫感染风险为：

A. 高风险　　B. 低风险　　C. 无风险，未关注该问题

6. 根据您的体验，您对您所在的安置点生活污水排放、生活垃圾收集与处置状况：

A. 满意　　B. 基本满意　　C. 不满意

7. 根据您的体验，与征迁安置前比较，您认为安置后环境条件：

A. 明显改善　　B. 没有明显变化　　C. 下降

8. 根据您的体会，您对您所在的移民安置点的环境保护有何建议与要求：

表 14-2　　　　引江济汉工程竣工环境保护验收公众参与调查表（个人）

姓名		性别	男 □　女 □	填表时间	
年龄	18～30 □　31～50 □　50 以上 □			是否为工程移民	是 □　不是 □
文化程度	大专及以上□　高中□初中及以下□			联系电话	
职业	干部 □　工人 □　农民 □　个体户 □　学生 □　其他 □				
地址					

南水北调中线从丹江口水库调水后，汉江中下游水量减少、水位下降。引江济汉工程是南水北调中线汉江中下游四项整治工程之一，工程任务是满足和改善汉江兴隆以下河段的生态、灌溉、供水和航运用水条件，并解决东荆河灌区的灌溉水源。同时，其自身还兼有航运效益。引江济汉工程包括引江济汉干渠和东荆河节制工程，干渠工程地跨荆州、荆门、潜江三个市，东荆河节制工程位于潜江市和仙桃市。

引水干渠全长 67.23km，进口位于湖北省荆州市李埠镇龙洲垸，出口位于潜江市高石碑镇，渠道设计流量 $350m^3/s$，最大引水流量 $500m^3/s$，其中补东荆河设计流量 $100m^3/s$（加大流量 $110m^3/s$），多年平均补汉江水量 31 亿 m^3，补东荆河水量 6 亿 m^3。东荆河节制工程各类水闸 5 座，橡胶坝 3 座，交通桥 2 座。

工程于 2010 年 3 月开工，2014 年 9 月通水试运行，已稳定运行 5 年。请您对工程建设、运行环境保护角度发表意见和建议，作为工程后续环境保护、环境管理的考虑因素，谢谢合作！

请用“√”圈出代表您观点的选项：

1、工程建设过程中，您认为对环境产生了哪些不利影响：

A. 生态与景观破坏、水土流失　　B. 施工噪声干扰

C. 运输、施工作业粉尘污染　　D. 生产、生活废水排放对汉江、长湖等水体造成污染

E. 施工人员带入的外源性疾病　　F. 其他，如：________________

2. 工程建设过程中，您的工作、生活受到施工的影响属于：

A. 严重不利影响　　B. 有不利影响，影响程度一般　　C. 未受到不利影响

3. 根据您的了解和感受，您对工程结束后施工区域的生态恢复：

A. 满意　　B. 基本满意　　C. 不满意

4. 根据您的观察和了解，与工程前比较，您认为工程区域的农业生产条件：

A. 明显改善　　B. 没有明显变化　　C. 受浸没影响区块农田质量下降

5. 根据您的观察和了解，与工程前比较，您认为工程区域的环境质量：

A. 明显改善　　B. 没有明显变化　　C. 未关注该问题

6. 根据您的观察和了解，与工程前比较，您认为工程区域的血吸虫病疫情发展趋势：

A. 加重趋势　　B. 减缓趋势　　C. 没有明显变化　　D. 未关注该问题

7. 引江济汉工程运行后，根据您的观察和了解，您认为工程附近的水体水质：

A. 趋于改善　　B. 污染程度趋于增加　　C. 没有明显变化　　D. 未关注该问题

8. 引江济汉工程运行后，根据您的观察和了解，您认为工程出口以下汉江河段的生态环境质量：

A. 趋于改善　　B. 趋于下降　　C. 没有明显变化　　D. 未关注该问题

9. 您对引江济汉工程运行的环境保护有何建议与要求：

表 14-3　　引江济汉工程竣工环境保护验收公众参与调查表（单位）

单位名称（章）			
联系人		联系电话	
填表时间			

南水北调中线从丹江口水库调水后，汉江中下游水量减少、水位下降。引江济汉工程是南水北调中线汉江中下游四项整治工程之一，工程任务是满足和改善汉江兴隆以下河段的生态、灌溉、供水和航运用水条件，并解决东荆河灌区的灌溉水源。同时，其自身还兼有航运效益。引江济汉工程包括引江济汉干渠和东荆河节制工程，干渠工程地跨荆州、荆门、潜江三个市，东荆河节制工程位于潜江市和仙桃市。

引水干渠全长 67.23km，进口位于湖北省荆州市李埠镇龙洲垸，出口位于潜江市高石碑镇，渠道设计流量 350m^3/s，最大引水流量 500m^3/s，其中补东荆河设计流量 100m^3/s（加大流量 110m^3/s），多年平均补汉江水量 31 亿 m^3，补东荆河水量 6 亿 m^3。东荆河节制工程各类水闸 5 座，橡胶坝 3 座，交通桥 2 座。

工程于 2010 年 3 月开工，2014 年 9 月通水试运行，已稳定运行 5 年。请根据贵单位的业务范围或者管理职能，对工程建设、运行环境保护角度发表意见和建议，作为工程后续环境保护、环境管理的考虑因素，谢谢合作！

请用"√"圈出代表贵单位观点的选项：

1. 工程建设过程中，贵单位认为对环境产生了哪些不利影响：

A. 生态与景观破坏、水土流失　　B. 施工噪声干扰
C. 运输、施工作业粉尘污染　　D. 生产、生活废水排放对汉江、长湖等水体造成污染
E. 施工人员带入的外源性疾病　　F. 其他，如：________

2. 工程建设过程中，贵单位开展业务或行使管理职能过程中，受到施工的影响属于：

A. 严重不利影响　　B. 有不利影响，影响程度一般　　C. 未受到不利影响

3. 根据贵单位的业务职能和管理范围，贵单位对工程结束后施工区域的生态恢复：

A. 满意　　B. 基本满意　　C. 不满意

4. 根据贵单位的业务职能和管理范围，与工程前比较，贵单位认为工程区域的农业生产条件：

A. 明显改善　　B. 没有明显变化　　C. 受浸没影响区块农田质量下降

5. 根据贵单位的业务职能和管理范围，与工程前比较，贵单位认为工程区域的环境质量：

A. 明显改善　　B. 没有明显变化　　C. 未关注该问题

6. 根据贵单位的业务职能和管理范围，与工程前比较，贵单位认为工程区域的血吸虫病疫情发展趋势：

A. 加重趋势　　B. 减缓趋势　　C. 没有明显变化　　D. 未关注该问题

7. 引江济汉工程运行后，根据贵单位的业务职能和管理范围，贵单位认为工程附近的水体水质：

A. 趋于改善　　B. 污染程度趋于增加　C. 没有明显变化　　D. 未关注该问题

8. 引江济汉工程运行后，根据贵单位的业务职能和管理范围，贵单位认为工程出口以下汉江河段的生态环境质量：

A. 趋于改善　　B. 趋于下降　　C. 没有明显变化　　D. 未关注该问题

9. 根据贵单位的业务职能和管理范围，对引江济汉工程运行的环境保护有何建议与要求：

14.1.3 普通民众调查结果

引江济汉工程环境保护公众参与发放个人问卷530份，回收有效问卷428份，其中移民257人，非移民171人。

参与调查人群年龄层次以31岁以上为主，文化层次以高中学历以下为主，职业以农民为主，与当地社会人群主体状况基本一致，调查具有代表性。

公众参与人群基本情况见表14-4。意见调查结果统计见表14-5。

表14-4　引江济汉工程环境保护公众参与对象构成表（个人）

类别		参与人数	占总人数百分比（%）
年龄	18～30	5	1.2
	31～50	145	33.9
	50以上	278	64.9
性别	男	366	85.5
	女	62	14.5
职业	干部	10	2.3
	工人	16	3.7
	农民	331	77.3
	个体户	31	7.2
	学生	0	0
	其他	40	9.4
文化程度	大专及以上	7	1.6
	高中	100	23.4
	初中及以下	321	75.0
是否为移民	是	257	60.0
	不是	171	40.0

表14-5　引江济汉工程移民安置环境保护公众调查结果统计

序号	问题	意见	人数	比例（%）
1	工程/征迁安置项目建设过程中，您认为对环境产生了哪些不利影响：	植被破坏、水土流失	62	14.5
		生产、生活废水排放造成周围水体污染	27	6.3
		施工噪声干扰	158	36.9
		运输、施工作业粉尘污染	138	32.2
		生活垃圾和建筑弃渣占用周围耕地	2	0.5
		施工人员带入的外源性疾病	0	0
		其他，如：	84	19.6

续表

序号	问题	意见	人数	比例（%）
2	根据您的体会，工程/移民安置点施工作业对附近居民生活环境影响属：	严重不利影响	21	4.9
		无明显影响	260	60.8
		无影响	147	34.3
3	历史上引江济汉工程沿线区域为血吸虫病疫区，根据您的体验和了解，工程区域/您生活的移民安置点血吸虫感染风险为：	高风险	22	5.1
		低风险	330	77.1
		无风险，未关注该问题	76	17.8
4	根据您的体验，工程区域生态恢复/您对您所在的安置点生活污水排放、生活垃圾收集与处置状况：	满意	273	63.8
		基本满意	154	36.0
		不满意	1	0.2
5	根据您的体验，与工程/征迁安置前比较，您认为安置后环境条件：	明显改善	309	72.2
		没有明显变化	106	24.8
		下降	13	3.0
6	征迁安置项目建设过程中，您认为项目采取了哪些环境保护措施：	覆土绿化	190	80.9
		运输道路、施工场地洒水降尘	89	37.9
		夜间停止高噪声作业	99	42.1
		生活垃圾统一收集、定期清理	121	51.5
		其他，如：	0	0
7	根据您的观察和了解，与工程前比较，您认为工程区域的农业生产条件：	明显改善	151	78.2
		没有明显变化	24	12.5
		受浸没影响区块农田质量下降	18	9.3
8	引江济汉工程运行后，根据您的观察和了解，您认为工程附近的水体水质：	趋于改善	178	92.2
		污染程度趋于增加	1	0.5
		没有明显变化	4	2.1
		未关注该问题	10	5.2
9	引江济汉工程运行后，根据您的观察和了解，您认为工程出口以下汉江河段的生态环境质量：	趋于改善	166	86.0
		趋于下降	2	1.0
		没有明显变化	16	8.3
		未关注该问题	9	4.7

14.2 调查数据分析

14.2.1 调查结果统计分析

（1）移民安置

南水北调是解决我国北方地区缺水、优化水资源配置的一项重大战略举措。南水北调中线从丹江口水库调水后，汉江中下游水量减少、水位下降。引江济汉工程是南水北调中线汉江中下游四项整治工程之一，工程任务是满足和改善汉江兴隆以下河段的生态、灌溉、供水和航运用水条件，并解决东荆河灌区的灌溉水源。公众了解引江济汉工程在治理汉江中下游中的重要作用，工程涉及荆州、荆门、潜江3个市的3个县（市、区），工程建设对周边居民的生产生活产生了一定的影响，沿线部分民众因为工程占地成为移民，部分为集中安置。移民集中安置点共11处，于2010年3月开工，2013年底基本建成。此次专门针对集中安置区的移民生活质量进行了单独的公众参与调查。

受访对象中25.5%的民众认为目前没有什么明显影响，极少数（0.9%）认为生活垃圾和建筑弃渣占用了周围耕地。民众认为主要集中在“植被破坏、水土流失（14.0%）”“生产、生活废水排放造成周围水体污染（10.2%）”“施工噪声干扰（19.1%）”“运输、施工作业粉尘污染（38.3%）”等方面。

受访对象普遍认可了征迁安置项目建设过程中采取的环保措施，部分民众认为至少采取了或两种以上的环保措施。覆土绿化的认可度最高，为80.9%；认为“没有明显影响”或者“无影响”的分别占71.5%与20.0%；剩下的依据认可度排名分别为“生活垃圾统一收集、定期清理（51.5%）”“夜间停止高噪声作业（42.1%）”“运输道路、施工场地洒水降尘（37.9%）”。正是由于这些环保措施的保障，移民安置点施工作业对附近居民的生活环境影响十分有限，仅8.5%的受访对象认为产生了严重影响。

历史上引江济汉工程沿线区域为血吸虫病疫区，受访对象的反馈情况符合相关资料的结果，其中203人（86.4%）认为仅有低风险，4.3%的受访对象认为无风险或没有关注该问题，有22人（9.4%）认为所生活的移民安置点有较高风险感染血吸虫病。

根据受访对象的反馈，安置点的生活污水与生活垃圾都得到了妥善处置。对此表示满意与基本满意的有99.6%，认为安置后环境条件有明显改善的超过了一半，为68.9%，认为没有明显变化的有31.1%，没有人认为环境条件下降了。

有多位参与者对“所在移民安置点的环境保护有何建议和要求”中提出了建议，主要集中在潜江市长市村与纪南镇雷湖村。长市村的受访对象希望政府能“给予支持，加大投入、美化环境、提档升级”。雷湖村的受访对象希望“继续绿化投入，搞好环境卫生”；部分希望“建设一个污水处理站”。

（2）工程竣工

根据受访对象的反馈，工程建设过程中对环境所产生的不利影响主要集中在“施工噪声干扰”（58.5%）和“运输、施工作业粉尘污染”（24.9%），没有人认为施工人员带入了外源性疾病。

对受访对象自身而言，工程施工对其的工作、生活所带来的影响有限。51.9%的受访对象则认为“未受到不利影响”，48.2%的受访对象表示“有不利影响，影响程度一般”。受访对象普遍对施工结束后施工区的生态恢复感到满意（76.7%），没有人不满意。同时，92.2%的受访对象认为工程运行后工程附近的水体水质得到明显改善；65.8%的受访对象认为与工程前相比，工程区域的血吸虫病疫情发展趋势呈减缓趋势，没有人认为血吸虫病疫情呈加重趋势。

由于主体工程是线性工程，涉及行政区较多，与工程前相比，78.2%的受访对象认为工程区域的农业生产条件得到明显改善，9.3%的受访对象认为受浸没影响区块农田质量下降；76.2%的受访对象认为工程区域的环境质量得到明显改善，15.5%的受访对象认为没有明显变化；86.0%的受访对象认为工程出口以下汉江河段的生态环境质量趋于改善，8.3%的受访对象表示没有明显变化。

多名纪南镇撸垱村的受访对象对工程运行的环境保护提出了建议，认为应该“加强周边绿化和管理”。

14.2.2 单位问卷调查结果

问卷调查，征求了荆州区、沙洋县、潜江市、仙桃市人民政府、环保局、水利和湖泊局、交通运输局、自然资源和规划局、教育局、文化和旅游局、农业农村局、卫生管理局、民族宗教事务局和李埠镇、纪南镇、郢城镇、后港镇、毛李镇、官垱镇、李市镇、高石碑镇、杨林尾镇、沙湖镇乡镇政府、街道（村）居委会等部门的意见，共回收有效问卷59份。单位代表参与问卷调查结果统计见表14-6。

1）单位代表认为项目建设对本地区环境的不利影响主要是“施工噪声干扰”（42.4%），“运输、施工作业粉尘污染”（32.2%），“生产、生活废水排放对汉江、长湖等水体造成污染”（13.6%），“生态与景观破坏、水土流失”占8.5%；荆门市生态环境局沙洋分局代表认为项目破坏了原生态系统，如长湖隔离，大港河、西荆河被阻隔；沙洋县农业农村局代表认为部分农田破坏、农田面积减少。

2）在履行单位职能过程中，单位代表们认为引江济汉工程实施过程中的影响属“未受到不利影响”（74.6%）和“有不利影响，影响程度一般“（25.4%）。

3）单位代表对工程结束后施工区域的生态恢复表示“满意”（69.5%）或“基本满意”（30.5%）。

4）单位代表对本项目工程结束后工程区域的农业生产条件表态“明显改善”（74.6%）或“没有明显变化”（11.8%）；另有8家单位代表认为“受浸没影响区块农田质量下降”，其中7位来自沙洋县及下属村镇，1位来自纪南镇雷湖村。

5）单位代表对本项目工程结束后工程区域的环境质量表态“明显改善”（72.9%）或“没有明显变化”（23.7%）；另有2家单位代表表示未关注该问题。

6）单位代表对本项目工程结束后工程区域的血吸虫病疫情发展趋势表态“减缓趋势”（64.4%）或“没有明显变化”（35.6%）。

7）单位代表对本项目工程结束后工程附近的水体水质表态“趋于改善”（86.4%）或“没有明显变化”（13.6%）。

8）单位代表对本项目工程出口以下汉江河段的生态环境质量表态“趋于改善”（74.6%）或“没有明显变化”（15.3%），4家单位代表表示未关注该问题，2家单位代表认为趋于下降，分别是荆门市生态环境局沙洋分局和潜江市生态环境局。

工程沿线有关单位均高度重视本工程，为工程运行的环境保护提出了宝贵的建议。沙洋县自然资源和规划局、潜江市文化和旅游局、荆州市荆州区水利和湖泊局、纪南镇雷湖村均提出了“加强河道的管理，并进周边环境治理”。沙洋县农业农村局、郢城镇海湖村都建议“多关注受影响地区的经济发展，落实生态补贴项目，帮助地方经济发展”。荆州市荆州区旅游发展中心建议“加强旅游生态的开发和利用”。

表 14-6　　引江济汉工程竣工环境保护公众参与对象构成表（单位）

序号	调查内容	选项	人数	比例（%）
1	工程建设过程中，贵单位认为对环境产生了哪些不利影响：	生态与景观破坏、水土流失	5	8.5
		施工噪声干扰	25	42.4
		运输、施工作业粉尘污染	19	32.2
		生产、生活废水排放对汉江、长湖等水体造成污染	8	13.6
		施工人员带入的外源性疾病	0	0
		其他，如：	11	18.7
2	工程建设过程中，贵单位开展业务或行使管理职能过程中，受到施工的影响属于：	严重不利影响	0	0
		有不利影响，影响程度一般	15	25.4
		未受到不利影响	44	74.6
3	根据贵单位的业务职能和管理范围，贵单位对工程结束后施工区域的生态恢复：	满意	41	69.5
		基本满意	18	30.5
		不满意	0	0
4	根据贵单位的业务职能和管理范围，与工程前比较，贵单位认为工程区域的农业生产条件：	明显改善	44	74.6
		没有明显变化	7	11.8
		受浸没影响区块农田质量下降	8	13.6
5	根据贵单位的业务职能和管理范围，与工程前比较，贵单位认为工程区域的环境质量：	明显改善	43	72.9
		没有明显变化	14	23.7
		未关注该问题	2	3.4
6	根据贵单位的业务职能和管理范围，与工程前比较，贵单位认为工程区域的血吸虫病疫情发展趋势：	加重趋势	0	0
		减缓趋势	38	64.4
		没有明显变化	21	35.6
		未关注该问题	0	0

续表

序号	调查内容	选项	人数	比例（%）
7	引江济汉工程运行后，根据贵单位的业务职能和管理范围，贵单位认为工程附近的水体水质：	趋于改善	51	86.4
		污染程度趋于增加	0	0
		没有明显变化	8	13.6
		未关注该问题	0	0
8	引江济汉工程运行后，根据贵单位的业务职能和管理范围，贵单位认为工程出口以下汉江河段的生态环境质量：	趋于改善	44	74.6
		趋于下降	2	3.4
		没有明显变化	7	11.9
		未关注该问题	6	10.1

14.2.3 公众环境投诉情况调查

调查主要通过下列方式收集是否发生公众环境投诉信息。

1）查阅环境监理报告。

2）走访荆门市生态环境局沙洋分局，潜江市生态环境局，仙桃市生态环境局。

3）走访移民安置村村委会。

引江济汉工程是南水北调中线汉江中下游四项整治工程之一，工程任务是满足和改善汉江兴隆以下河段的生态、灌溉、供水和航运用水条件，并解决东荆河灌区的灌溉水源。同时，其自身还兼有航运效益。民众了解引江济汉工程的作用，对工程建设持支持态度，参建单位与周边居民沟通顺畅，群众知晓工程施工的流程、持续时间，施工单位采取了污水处理、洒水抑尘、限制车辆速度、控制施工时间、遵守地方施工管理规定等一系列环境保护措施，施工期未发生明显环境污染、生态破坏事件。

14.2.4 公众参与调查结论

（1）移民安置

征迁安置项目建设过程中对环境产生的不利影响有限，主要是施工期间的噪声干扰和运输、施工作业的粉尘污染。建设过程中采取的环保措施得到了广泛的认可，最大限度地降低了对附近居民生活环境的影响。受访对象对血吸虫病的反馈结论与调查结果一致，血吸虫病已得到有效控制。移民安置点的生活污水和生活垃圾都得到了妥善处理，得到了所有受访对象的认可。

征迁安置项目建设及运行过程中均采取了有效措施降低了对环境与附近居民生活的不利影响。

（2）工程竣工

公众参与调查结果显示，工程建设过程中所产生的不利影响主要是施工噪声干扰和运输、施工作业粉尘污染，但对被调查者和单位所带来的影响有限，且施工结束后施工区的生态恢复良好，工程附近环境质量、水体水质和工程出口以下汉江河段的生态环境均趋于改善。

沙洋县自然资源和规划局、潜江市文化和旅游局、荆州市荆州区水利和湖泊局、纪南镇雷湖村均提出了“加强河道的管理，并进周边环境治理”。沙洋县农业农村局、郢城镇海湖村都建议“多关注受影响地区的经济发展，落实生态补贴项目，帮助地方经济发展”。荆州市荆州区旅游发展中心建议“加强旅游生态的开发和利用”。

第15章 生态效益总结

15.1 “三同时”执行情况

引江济汉工程遵循了环境影响评价制度，在可行性研究、初步设计、施工等阶段，均同步开展了环境保护设计工作，完成的主要环境保护设计文件有：可行性研究报告之“环境影响评价”篇章，列有环境影响评价及水土保持章节，提出了相应的环境保护、监测、管理等措施；初步设计报告及其初步设计变更报告之“环境保护设计”篇章。

主体工程施工时，无砂石料加工废水和砂石料冲洗废水，同时施工的环保设施有混凝土拌和的碱性废水处理设施、施工营地生活污水处理设施、噪声防治措施、洒水降尘措施、生活垃圾收集处理措施以及污水处理站等，实施了施工区环境管理与监理，以及运行期陆生生态、水生生态、钉螺、农田土壤肥力、地下水水化学指标和地下水水位等环境监测。

移民安置区，施工前对移民安置区施工场地进行了调查与清理，做好了传染病的防治宣传工作和灭鼠、灭蚊、灭螺等工作；施工期间，对施工、监理人员开展了健康检查；移民安置后，沿江和高台2处安置点未实施规划配置的化粪池。目前，已委托设计单位对上述2处移民安置点的化粪池进行了设计预算，并与地方建设协调指挥部签订了完善协议书。

工程在渠线左侧桩号K36＋800m处建有后港分水闸，向长湖后港地区进行补水，补水流量为2m^3/s，从而减缓了因修建引江济汉工程而导致长湖后港地区污染加剧的影响，落实了环评报告书中提出“对长湖后港地区补水1m^3/s”的工程措施。

鱼类增殖放流站工程于2014年12月建成完成，从2016—2019年连续4年开展了鱼类增殖放流活动，2020年因疫情影响计划10月开展增殖放流活动。同时，建设单位以鄂引江济汉〔2020〕6号文《引江济汉工程管理局关于引江济汉工程鱼类增殖放流活动实施方案的请示》向湖北省水利厅提出请示，省水利厅以鄂水利复〔2020〕42号文进行了同意批复，荆州市农业农村局复函同意该方案。实施方案中，规定了增殖放流的周期、经费、鱼类苗种以及放流地点，进一步规范和保障了鱼类增殖放流活动的实施。

针对进口拦鱼设施未建，建设单位组织召开了咨询会，咨询意见认为：鉴于进口段环境条件，拦鱼设施设计应以网拦为宜，并抓紧组织实施。目前，建设单位签发《省引江济汉工程管理局关于编制引江济汉工程进口拦鱼设施设计方案的函》，委托长江设计公司开展工程进口拦鱼设施设计；8月24日，组织召开了引江济汉进口拦鱼设施方案审查会，审查意见基本同意设计单位提出的方案。

综上所述，引江济汉工程建设基本执行了建设项目环境保护管理“三同时”制度。

15.2 主要环保措施落实情况

15.2.1 水环境保护措施

15.2.1.1 长江干流水质保护

本工程环评报告书中的环保措施提出，由荆州市人民政府将龙洲垸取水口上游1000m至下游100m范围设置为水源保护区。调查期间，建设单位以鄂引江济汉〔2020〕6号文《湖北省引江济汉工程管理局关于商请在引江济汉工程进口段设立水源保护区的函》，商请荆州市生态环境局荆州分局，落实该项措施。

15.2.1.2 汉江干流水质保护

（1）相关条例、规划实施保障

从2010年以来，地方各市先后出台《汉江流域水环境保护条例》《汉江流域污染防治三年行动计划》等文件，实施有关环境保护的规划、方案及治理工程，优化产业结构，开展流域生态修复，切实加大水污染防治力度，不断改善汉江流域生态环境，提升汉江水环境质量，对改善汉江的水质起到明显效果。

2017年12月，湖北省环境保护厅、湖北省质量技术监督局联合发布《湖北省汉江中下游流域污水综合排放标准》，将汉江中下游流域划分为特殊保护水域、重点保护水域、一般保护水域三类控制区，分别执行不同的水污染物排放控制要求，切实做到消减污染物排放，加强流域水污染防治与监督管理，有效提升汉江水质。2019年11月，《湖北省汉江流域水污染防治条例》时隔19年首次修订，为汉江流域立法保护升级。

（2）沿岸城镇污水治理

近年来，汉江流域各市县区政府紧盯汉江流域水污染防治行动计划，加大水污染防治力度，持续改善水环境质量，保障水生态安全。目前，引江济汉工程涉及的荆州区、沙洋县、潜江市等区域乡镇生活污水处理设施建设进展顺利。其中本工程拾桥河枢纽上游的拾回桥镇污水处理厂于2018年5月建成运行，出水水质执行《城镇污水处理厂污染物排放标准》（GB 18918—2002）一级A标准。

（3）沿岸城乡垃圾处理

2017年底，湖北省出台《湖北省城乡生活垃圾无害化处理全达标三年行动实施方案》，2018年全省农村生活垃圾有效治理率已达到85%。截至目前，全省已消灭520个农村非正规垃圾堆放点，整治垃圾堆811万m^3。目前，荆州市无害化处理厂（场）5座，无害化处理能力为2115t/d，小型生活垃圾转运站97座，生活垃圾转运站能力2076t/d。沙洋县有生活垃圾填埋场1座、沙洋生物质发电厂1座。

15.2.1.3 长湖水质保护

长湖为荆州市、沙洋县两地的湿地自然保护区，环境保护要求高。近年来，沿湖县市大力整治沿湖周边的小造纸厂，对其实行了关、停、并、转，彻底解决了污染长湖的首要污染源；启动拆除长湖渔业围栏工作，建立五级湖长制责任体系；周边城市污水处理设施进行提标改造，重点湖泊敏感区域全面达到一级A排放标准；实施“四大生态工程”，长湖流域内各乡镇先后建设了生活污水处理厂。

按照环评报告书的要求，工程在渠线左侧桩号K36＋800m处修建有后港分水闸，采用补水流量为2m^3/s向长湖后港地区进行了补水。

15.2.1.4 汉江水华控制措施

2015年1月，汉江荆门至仙桃段发生水华。湖北省南水北调管理局与湖北省环保厅共同商定以“预防为主、信息共享、共同应对”为原则，建立汉江水污染事件预防及应急联动工作机制，签署相应的工作机制协议，并采取相应控制措施。

2016年2月底，汉江下游局部江段发生水华。湖北省南水北调管理局与湖北省环保厅进行会商，积极应对汉江水华事件。将引江济汉工程调水流量由90m^3/s加大至107m^3/s，再提高到120m^3/s，最终持续提高到124m^3/s。从而有效缓解了水华爆发的程度。

15.2.1.5 施工期间生产生活污水处理

施工期间，工程无含油废水、砂石料的加工废水和冲洗废水，主要产生碱性废水和生活污水等。具体处理措施情况如下：

1）碱性废水。设置了废水收集系统，采用聚氯化铝（PAC）进行酸碱中和处理，经二级沉淀后，三级清水池中的清水用于洒水降尘，无外排。

2）生活污水。生活营地自建了隔油池、化粪池，每年对隔油池、化粪池进行清理，化粪池用吸粪车运走，用于农田化肥。

15.2.1.6 试运行期生活污水处理

工程试运行期间，生活污水主要来源于引江济汉荆州管理分局、泵站节制闸办公室、拾桥河枢纽管理所、西荆河枢纽管理所，以及高石碑出水闸管理所的办公人员的生活污水排放。

经调查，管理分局及各管理站均建有生活污水处理设备，其办公人员的生活污水经处理后排入附近沟渠、池塘，或者用于园林绿化，排放污水未对周边水体产生污染。潜江分局高石碑管理所生活污水经处理后，排入引江济汉渠道，这与渠道和汉江水质的保护要求

不符。后通过管道截流改造，引入管理区内的景观水塘，用于区内园林绿化。

工程施工期和运行初期，均未发生重大水污染事故。

15.2.2 生态保护措施

(1) 施工期陆生生态保护措施

施工期间，依据环境保护设计，工程各枢纽及其管理区均进行了植被恢复和景观提升，恢复了施工迹地，种植了适宜林草，植被生长良好，恢复效果较好。渠道及河渠交叉建筑物完工后，进行了格网、砌石护坡和植被绿化；渠道两侧种植防护林带，设置了隔离网、警示牌。东荆河节制工程完工后，对施工迹地进行了植被恢复，周边植被多以自然植被为主，生长状况较好。

施工期间，施工道路两侧进行了植被恢复，种植了观景植物。部分施工道路为自然恢复，以杂草为主。同时，施工期间采取了永久和临时结合，荆州分局管理区和拾桥河枢纽管理所施工期为弃土场和施工营地，施工结束后，均改建为管理区（所），避免了新开占地，减少了对土地、植被的破坏，且进行了植被恢复、景观提升，美化了生态环境。

(2) 鱼类增殖放流

兴隆水利枢纽工程鱼类增殖放流站于 2014 年 12 月完成工程并投入运行，自 2016—2019 年已连续 4 年在兴隆库区开展了增殖放流活动，投放苗种、幼鱼、成鱼 10 万余尾，近 6.3 万余斤。

计划 2020 年 4 月开展鱼类增殖放流活动，因新型冠状病毒肺炎疫情影响，推迟至 10 月开展。5 月，建设单位组织召开了引江济汉工程水生生态保护措施后续工作的咨询会，专家组认为应按照要求，制定本工程增殖放流方案，并组织实施。对此，建设单位以鄂引江济汉〔2020〕6 号文向湖北省水利厅提出请示，制定了《引江济汉工程鱼类增殖放流活动实施方案》，后期按此方案落实实施。

(3) 进口拦鱼设施

初步设计报告中环境保护设计提出，应考虑在引水闸前适宜地段建设拦鱼设施，以减少鱼类资源的流失。经调查，该措施未实施建设。

2020 年 5 月，建设单位组织召开了引江济汉工程水生生态保护措施后续工作的咨询会，专家组认为拦鱼设施设计应以网拦为宜，同时应按照国调办批复要求，抓紧组织实施。目前，建设单位已委托长江设计公司开展了工程进口拦鱼设施设计；8 月 24 日，组织召开了引江济汉进口拦鱼设施方案审查会，基本同意设计单位提出的方案。

(4) 长湖鸟类物种多样性保护措施

工程渠道沿线了隔离网和生态环保警示牌，实行了半封闭式管理，尽量减少附近居民的人为活动对游禽、涉禽等鸟类的影响，从而保护了鸟类物种的多样性。

15.2.3 环境空气保护措施

1）施工单位配备洒水车，定期洒水，保持地面湿润，减少道路扬尘。

2）水泥等物料堆放在指定地点，集中堆放，大风等天气加盖篷布，减少扬尘污染。

3）弃渣运至指定地点，严格执行先挡后弃，弃渣完成后采取植物措施进行绿化恢复，减少水土流失和扬尘污染。

15.2.4 声环境保护措施

施工单位在施工过程中优先使用低噪声的施工机具和运输车辆，减少施工中产生的噪声和振动，加强各类施工机械的保养和维护，尽可能降低噪声声源强度。现场施工离当地居民居住位置相对较远，夜间施工一般在23：00之前，施工过程中未收到附近村民的投诉。

15.2.5 固体废物处置

（1）生活垃圾

施工期间，生活营地配有专用垃圾桶，安排了清洁工清扫日常生活垃圾，定时转运生活垃圾，生活营地清洁卫生保持良好。

试运行期间，各管理局和管理所均制定了环境卫生制度，并将制度执行情况作为年终评先的条件之一。同时，各管理单位安排了专门的清洁人员，配置了垃圾清扫收集设施，做到日产日清，统一由当地卫生管理机构及时外运，确保对周围环境卫生没有影响。

（2）建筑垃圾和生产废料处置

施工结束后，及时拆除施工区的临建设施，清除建筑垃圾和各种杂物，堆放在指定的位置，严禁乱堆乱放。施工期未收到有关环境卫生投诉。

（3）废油废渣

试运行期间，闸站、泵站及船闸等各管理单位制定了相关物资管理处置制度，设置了透平油处理室，配备了透平油库、净油桶和运行油桶等装置，平时机械维护保养的废油废渣置于临时仓库的专业装置存储，由设备厂家或专业公司统一回收处理。

东荆河节制闸工程管理站均制定了橡胶坝检查维修制度、养护与修理规定等内容，机电设备运行年限短，目前尚未进行过大修，建议机械大修时应联系厂家或专业公司统一回收处理，禁止对周边环境产生污染。

15.2.6 人群健康保护

1）施工前，进行了卫生清理和消毒，包括灭鼠、灭蚊等，防止疾病传播。

2）施工期间，加强了饮用水卫生和食品卫生的管理。加强对施工区各类饮食行业进行经常性的食品卫生检查和监督，从事餐饮人员必须取得卫生许可证，接触食品的操作人员实行“健康证”制度。

3）施工营地和施工区域内布置了简易厕所，施工营地进行硬化处理，并安排专人消毒、打扫，生活垃圾由当地环卫部门定期清运。

15.2.7 移民安置环境保护

15.2.7.1 生活污水处理措施

现场调查，11处集中安置点中有9处设置了化粪池，排水通畅，但沿江和高台2处安置点未按移民安置实施规划设计设置化粪池。目前，建设单位已委托设计单位编制完成了对上述2处安置点化粪池的改造设计预算，并与地方建设协调指挥部签订了完善协议书。

15.2.7.2 人群健康保护

（1）移民安置选址血防安全

工程区涉及的李埠、纪南、郢城3个乡镇均为血吸虫病流行区，区内民众具有丰富的钉螺分布、血吸虫病防护常识。选址阶段通过信函、移民安置意愿问卷调查、公示等方式，充分征求了当地政府和移民的意见。

安置点施工过程中，施工单位在血防部门的指导下进行了表土查灭螺、耕植土表土剥离、场地平整等工作，从根本上保障了移民安置选址环境的血防安全。

（2）血吸虫防治措施

依据环保要求，引江济汉工程采取了进水口渠道上游长江迎水面浆砌石护坡、进水口设置拦漂和沉砂沉螺池、渠道全程硬化以及建立隔离带等血吸虫防治措施，有效阻止了钉螺扩散、以及钉螺的繁殖和滋生。

同时，为了输水的安全性，对于沿线有钉螺分布的灌排渠道与引江济汉工程渠道交叉时均采用跨渠倒虹吸。

15.2.8 环境管理及监测措施

1）实施阶段，建设单位委托湖北腾升工程管理有限责任公司、湖北路达胜工程技术咨询公司、湖北华傲水利水电工程咨询中心、中国水利水电建设工程咨询西北公司等多家有资质单位开展工程监理工作，同时将引江济汉工程分为3个标段（荆州市段、沙洋县段、其他区域统称潜江市段）开展征地拆迁安置监督评估工作。各家监理单位相继成立施工监理部（站），配置了环保水保专业人员。

2）施工期间，开展了环境管理与监理工作，编制了监理月报、环境监理工作总结报告。

3）试运行期间，开展了水生生态、陆生生态、钉螺、农田土壤肥力、地下水水化学指标和地下水水位、沿线移民安置区噪声和空气的现状调查与监测，编制了《南水北调中线一期引江济汉工程竣工环境保护验收水生生态监测与调查报告》《南水北调中线一期引江济汉工程竣工环境保护验收陆生生态专题》。

4）湖北省南水北调管理局于2012年10月启动了湖北省汉江中下游流域生态环境基础信息调查与研究工作以来，先后组织多家研究机构开展了水生生物、鱼类资源及产卵场、水华、水文特性、水质等方面的调查研究工作。具体专题研究成果有《南水北调中线工程对汉江中下游生态环境影响及生态补偿政策研究》《汉江中下游水生生物调查与水华机制的研究报告》《汉江中下游鱼类资源与产卵场现状调查研究报告》《汉江中下游堤岸线内林业（湿地）植物多样性专题研究报告》《汉江中下游生态环境基础数据调查与研究课题—水环境质量及污染专题报告》《汉江中下游生态环境基础数据调查总成与研究报告》《汉江中下游水生生物及水华现状及趋势调查研究总结报告》等7项。

15.3 环境影响调查

15.3.1 生态环境影响

工程建设前、建设中和建成后分别选取不同年份的Landsat影像数据，结合野外调查，对工程影响区域的土地利用和景观生态系统进行解译，分析其变化情况。

15.3.1.1 土地利用类型对比分析

由解译数据可知，干渠工程建设前后，评价区内以水域、农业植被占优势，其他类型面积相对较小。工程建设前后，林地面积不断增加；草地面积先减少后增加，总体表现为增加；耕地面积先减少后增加，增加幅度较小，总体表现为减少；水域面积不断增加。

东荆河节制工程建设前后，评价区内林地、建设用地面积不断增加，草地、耕地面积不断减少、水域面积先减少后增加。

15.3.1.2 景观生态系统对比分析

由解译数据可知，干渠工程建设中，评价区内森林景观、水域景观、城镇景观中各景观斑块指数有所增加；建设中至建设后期，评价区内森林景观、草地景观、耕地景观均有增加。

东荆河节制工程建设前、后，森林景观、水域景观、城镇景观优势度不断增加，草地景观、农田景观不断减少，水域面积先减少后增加。

15.3.1.3 陆生植物

与环评阶段相比，初步判断，建设仅破坏了部分植物类型，未造成植被类型的消失，对评价区内植被类型及群系的影响较小。干渠工程和东荆河节制工程建设前、中、后评价区内植被均以水域和农业植被为主，其他植被类型面积相对较小。

生物量变化方面，施工期间，干渠工程评价区内植被的总生物量减少了 17111.87t，建成后植被的总生物量增加了 17974.35t；东荆河节制工程区植被的总生物量是先减少后增加，总体表现为增加，主要是评价区内东荆河沿岸防护林建设，使得针阔叶林面积增大，生物量增加。

环评阶段，评价区内未发现有重点保护植物及古树名木。根据 2019 年 12 月和 2020 年 3—4 月现场调查，评价区内暂未发现重点保护野生植物及古树名木，与环评阶段结果一致。

15.3.1.4 陆生动物

与环评阶段相比，本次调查初步统计，评价区内的鸟类有所增加，为 11 目 31 科 69 种；现场调查到的兽类种类包括环评阶段的种类，主要动物种类基本一致，除啮齿类在居民区密度大以外，其他兽类的密度较小，这与环评阶段物种多样性低的结论一致。总体而言，项目评价区内陆生动物种类未发生明显变化。

通过本次调查，发现湖北省级重点保护野生动物 41 种，其中重点保护鸟类 29 种，较环评阶段有所增加，多为涉水禽类。总体上来看，在落实有效管理和环保意识逐渐提高的前提下，长湖湿地区域的鸟类生物多样性未因工程建设及运行而有所下降。

15.3.1.5 水生生物

（1）汉江中下游历史研究调查成果

1）浮游植物。

由 2017—2019 年调查结果可知，汉江中下游浮游植物总的物种数有所增加，其中硅藻和绿藻的种类增加较多，裸藻次之，但蓝藻门种类有所减少，黄藻门没有出现。就种类数量而言，硅藻明显增多，裸藻也有所增加，但蓝藻和绿藻占比相对减少。

就优势种而言，不同的调查阶段，浮游植物优势种变化较大。2012—2014 年调查结果以蓝藻和冠盘藻为优势种群，2017—2019 年调查结果基本为硅藻门种类，其余个别为绿藻门和蓝藻门种类。

2）浮游动物。

从总物种数来看，2012—2014 年和 2017—2019 年调查结果对比，浮游动物种类明显减少；从浮游动物的四大类物种组成看，原生动物和轮虫比例相对升高，枝角类比例相对减少。

浮游动物的总密度和总生物量呈现明显季节差异。2012—2014 年，浮游动物生物多样性指数值处于 1.515～2.814 之间，水质状况变化范围为 α-中污到 β-中污型；2017—2019 年，多样性指数值处于 1.21～3.06 之间，水质状况变化范围为 α-中污到清洁。

3）底栖动物。

由2017—2019年调查结果可知，底栖动物的物种数目明显减少，底栖动物优势种也从清洁种甲壳类和螺类慢慢变化为耐污种寡毛类和摇蚊类。

与近十年来的3次调查相比，大型底栖动物的群落组成基本相似，优势类群均为寡毛类、软体动物以及摇蚊科，但耐污种如水丝蚓、苏氏尾鳃蚓和多足摇蚊等所占比例有进一步增大的趋势；钩虾、毛翅目、蜉蝣目等喜流水的清洁种类基本绝迹。

（2）本次调查成果

1）长湖。

通过调查，浮游植物优势种为纤维藻属，鞘藻属和小球藻等，与实施前基本一致。浮游植物的生物量平均值为17.18mg/L，较工程实施前有所降低；浮游动物为67种，优势种主要有萼花臂尾轮虫、针簇多肢轮虫等，生物量的平均值为1.81mg/L。与工程实施前相比，种类与生物量均有所增加，但优势种类没有明显变化；施工前后，底栖动物的种类数和生物量均未出现较大差异；水生维管束植物的优势种类未出现明显变化。

由此可知，工程运行后未对长湖浮游植物、浮游动物及水生维管束植物造成明显影响，长湖浮游植物的富营养化程度有所降低，工程施工对底栖动物造成的影响在运行期已经得到恢复。

2）汉江泽口段。

通过调查，浮游植物的密度较施工前有所减少；浮游动物和底栖动物的种类数、生物量而有所增加；水生维管束植物的优势种没有明显变化。由此可知，工程实施后运行期间水质状况有所改善，未对该江段的浮游动物、底栖动物和水生维管束植物造成明显影响。

3）汉江蔡甸段。

通过调查，浮游植物的密度较施工前有所减少；浮游动物和底栖动物的种类数、生物量而有所增加；水生维管束植物的种类数有所增加，优势种基本一致。由此可知，工程实施后运行期间水质状况有所改善，未对该江段的浮游动物、底栖动物和水生维管束植物产生明显影响。

15.3.1.6 鱼类

（1）汉江中下游历史研究调查成果

1）鱼类资源。

由1974年、2003—2004年、2013—2014年以及2019年6—7月4次鱼类资源调查可知，汉江中下游鱼类种群数量和规模减小。

2）鱼类产卵场。

依据历史调查数据、专题研究及运行期监测可知，受汉江中下游梯级开发建设、水文情势发生改变、洄游通道阻隔以及人为破坏等多种因素，汉江中下游鱼类产卵场出现产卵

规模和产卵量减少的变化。

(2) 本次调查成果

1) 珍稀濒危鱼类。

目前，长江葛洲坝下至古老背约20km江段中华鲟繁殖群体数量已经降低至50尾以下。相关研究表明，其数量下降的主要原因，首先是葛洲坝阻断中华鲟生殖洄游通道，致使产卵场江段大幅缩减。其次，三峡大坝改变了坝下中华鲟产卵场的水温、水文环境，严重影响其自然繁殖活动。

引江济汉工程引水口距离葛洲坝坝下中华鲟产卵场较远，且引水不会改变长江的主流方向。结合监测结果，表明该工程的运行对中华鲟繁殖洄游未造成明显影响。

2) 长湖。

通过调查，鱼类种类较施工前稍有减少，天然常见种没有明显变化。目前仍以鲫、鲤、鳘、达氏鲌等为主。这说明工程运行后对长湖鱼类资源未造成明显影响。

3) 汉江蔡甸段。

考虑工程实施前调查范围较大，工程运行期监测数据较工程实施前鱼类种类并不能说有明显下降，此外渔获物优势种基本一致，说明工程运行后对鱼类资源未造成明显影响。

4) 鱼类早期资源、产卵场。

工程建设前后，长江荆州龙洲垸段卵苗优势种没有发生明显变化，卵苗发生量明显上升，说明工程的运行对长江龙洲垸江段卵苗的发生没有产生明显的影响。

与工程建设前相比，汉江产漂流性卵产卵规模仍比较可观。泽口产卵场位置没有明显改变。说明工程运行后对汉江泽口鱼类产卵场未造成明显影响。

15.3.1.7 农业生态影响调查

工程实施，占用了渠道两侧的土地，对其农业活动一定影响。施工结束后，对临时占地采取复垦复耕、改造中低产农田等措施，恢复耕地面积，提高农田产量。同时，工程通水运行后，有效地改善了工程区域的农田灌溉条件，保障了农作物能够旺盛生长，提高了农田产量，从而进一步减缓了工程建设带来的不利影响。

通过解译数据，引江济汉工程建设前（2009年）和建成后（2018年）评价区内的耕地面积减少约2167.16hm^2，被占用耕地沿线呈带状分布，占各自乡镇总耕地的比重小。同时，渠道沿线每1～2km就设置有一座交通桥梁，保证公路畅通。由此可知，工程建设运行未对沿线村民的农业生产生活造成明显影响。

15.3.1.8 土壤潜育化和地下水影响调查

从工程地质来看，渠道沿线共有沙基4段总长13.9km，可能存在渠道渗漏和两侧农田浸没的问题。通过现场调查及地下水和土壤肥力的监测可知，工程引水运行期间渠道未出现明显渗漏状况，未对渠道两侧地下水水位产生明显影响，其水位埋深与工程建设前、后基本保持一致，未对附近农田产生浸没影响。

根据监测结果，采用土壤肥力单项指数进行评价，有机质、碱解氮、有效磷的各自单项肥力指数较低，多数小于1；全氮和速效钾的含量相对较大，多数高于标准值。

15.3.1.9 生态敏感区影响调查

调查期间，工程区域分布的生态敏感区有湖北荆州市长湖湿地市级自然保护区、湖北沙洋长湖湿地市级自然保护区、湖北环荆州古城国家湿地公园、汉江潜江段“四大家鱼”国家级水产种质资源保护区、长湖鲌类国家级水产种质资源保护区、庙湖翘嘴鲌国家级水产种质资源保护区6处，引江济汉工程建设运行未对上述生态敏感区造成明显影响。

15.3.2 地表水环境影响

（1）施工期

施工期间，无砂石料的加工废水和冲洗废水，以及含油废水；碱性废水采用三级沉淀处理，最终用于洒水降尘；生活污水经隔油池、化粪池处理后，用于农田化肥。

长江流量巨大，渠首工程施工期水土流失、基坑排水对长江水质的影响仅限于施工点下游局部水域，对河段整体水质影响轻微。

长湖为超大型湖库，工程施工主要造成附近局部水体浑浊，泥沙含量有所增加，对长湖水质影响较小。

汉江流量巨大，出口工程施工期水土流失、基坑排水对汉江水质的影响仅限于施工点下游局部水域，对河段整体水质影响轻微。

（2）运行初期

引江济汉渠道从长江引水，进水水质优良，因与外界水源隔绝，全程保持优良水平，渠尾全年各月实际水质类别Ⅱ类，达到设计水质目标。

由长湖水质监测结果可知，荆州市域水质显现改善趋势，营养状况为中营养—轻度富营养，并以轻度富营养为主；荆门市域水质改善程度优于荆州市水域，营养状况为中营养—轻度富营养，并以中营养为主。

汉江出口上、下游水质优良，水质类别为Ⅱ类，与工程投入运行前一致，即引江济汉工程运行对汉江属同质/类别补水，对汉江水质无不利影响。

引江济汉工程运行前，荆州市境内东荆河水质受到较为严重污染。通过引江济汉工程向东荆河补水，以及枯期应急补水，田关河汇口以下河段水质得到改善，2017年水质类别回升至Ⅲ类。

引江济汉工程各管理机构日常工作人员较少、生活污水排放量少，且均建有生化污水处理设备。经处理后用于绿地灌溉，不对外排放，对环境影响小。

15.3.3 环境空气影响

施工期间，环境空气污染物主要为颗粒物（TSP、PM_{10}），环境影响具有时效性，施工结束影响即消失。施工区域位于江汉平原地区，地形平坦开阔，气体扩散条件好，随着施工结束，这种空气影响也随之消失。

工程沿线施工，分布较为分散，在采取洒水降尘、密闭运输等措施后，工程施工造成的环境空气影响较小。

15.3.4 环境噪声影响

施工期间，噪声影响主要源于挖掘机、推土机、碾压机械、混凝土振捣器等施工作业和车辆运输噪声排放。工程位于江汉平原腹地，人口密度相对较小，分布较为分散，环境敏感点与泵站节制闸、防洪闸、拾桥河枢纽及出水闸等大型枢纽工程相距较远，施工噪声对环境影响较小。在采取限速运输、禁止鸣笛等措施基础上，施工期间未造成较大的噪声影响。

营运期间，噪声影响主要来源于泵站机组、启闭机及起重机等机电设备。经调查，运行频率高、噪声较大的泵站机组位于地下，泵站所在楼层墙壁装有隔音材料，可有效减轻对泵站办公人员的噪声影响。通过对周边的沿江进行噪声监测，结果表明环境噪声均满足《声环境质量标准》（GB 3096—2008）1类标准限值。

15.3.5 固体废物环境影响

施工期间，开挖弃渣远多于填方，在土方调配充分利用的情况下，弃渣弃于工程沿线设置的弃渣场范围内；施工结束后，按照批复的水土保持方案对弃渣场进行植被恢复和土地复垦，生态恢复良好。

施工期及运行初期，生活垃圾由清洁工负责日常清扫，统一由环卫部门集中处理，未对周围环境造成污染。

运行后，各枢纽管理机构制定了标准化管理规程，明确了各机电设备维护、保养及废油废渣处理处置的程序与要求，确保废油废渣不会对周边环境产生污染。

15.3.6 人群健康影响

施工期内，未发生施工人员血吸虫病感染案例和公共卫生事件。

根据安置区移民调查，移民搬迁后未发现血吸虫病新增感染者；搬迁后居住环境、饮用水卫生、交通、医疗教育条件均较搬迁前得到改善，痢疾、肝炎、伤寒等介水传染病未在移民安置区流行。

15.3.7 移民搬迁环境影响

11处移民搬迁造成的生态环境影响较小，安置区内部进行了绿化；生活垃圾由环卫部门定时清运集中处置，安置点内部及周边环境整洁，生活垃圾未对环境造成污染。

通过对工程沿线的沿江、黄湾村、长市村和花园村4个移民安置点进行环境空气和声环境监测，监测结果表明分别满足《环境空气质量标准》（GB 3095—2012）二级标准和《声环境质量标准》（GB 3096—2008）1类标准限值，各移民安置点的环境空气和声环境质量良好。

现场调查，11处集中安置点中，有9处设置了化粪池，排水通畅，未对周边环境造成较大影响。沿江和高台2处安置点未按移民安置实施规划设计设置化粪池，与环境保护不适宜。目前，建设单位已委托设计单位对上述2处移民安置点的化粪池进行了设计预算，并与地方建设协调指挥部签订了完善协议书。建议尽快完成化粪池改造项目的建设。

15.4 环境管理及监测计划落实情况调查

工程建设与运行过程中，建设单位建立了环境保护管理制度，落实开展了环境监测与调查、水土保持监测，委托监理单位开展了环保、水保施工监理工作。

湖北腾升工程管理有限责任公司、湖北路达胜工程技术咨询公司、湖北华傲水利水电工程咨询中心、中国水利水电建设工程咨询西北公司等单位开展了工程监理工作，各自成立了施工监理部（站），采用矩阵管理模式，配备了环保水保专业人员，编制了监理月报、环境监理工作总结报告等。

按照环境影响报告书的要求，施工期间，湖北省南水北调管理局于2012年10月相继启动了湖北省汉江中下游流域生态环境基础信息调查与研究工作，先后完成多项专题研究成果。因工程未产生施工废水，施工期间未开展相关生产生活废水、河流水质以及环境空气和噪声的监测。经向监理单位和当地居民调查和了解，工程施工过程中未对当地环境造成明显影响，未发生环境问题的投诉；试运行期，开展了各管理机构生活污水处理设备水样检测、渠道沿线水质监测，以及水生生态、陆生生态、钉螺、农田土壤肥力、地下水水化学指标和地下水水位、沿线移民安置区噪声和空气的现状调查与监测等，编制了《南水北调中线一期引江济汉工程竣工环境保护验收水生生态监测与调查报告》《南水北调中线一期引江济汉工程竣工环境保护验收陆生生态专题》。

工程施工期及试运行期，均未发生重大环境污染、生态破坏事故，建设单位、环境监理和当地环境保护管理部门均未收到环境问题投诉。

15.5 人群调研

调查报告采取发放调查问卷、走访及座谈的形式，征求了施工区附近生活的人群、安置区移民以及受工程影响的居民；荆州区、沙洋县、潜江市、仙桃市的环保局、水利和湖泊局、交通运输局、自然资源和规划局、教育局、文化和旅游局等市县职能部门和李埠镇、后港镇、李市镇、高石碑镇、街道（村）居委会，以及移民村、移民安置村村委会的意见。共回收有效问卷428份，其中移民257人，非移民171人。单位共回收有效问卷59份。

（1）移民安置

受访对象普遍认可了征迁安置项目建设过程中采取的环保措施，部分民众认为至少采取了或两种以上的环保措施。覆土绿化的认可度最高，为80.9%；认为“没有明显影响”或者“无影响”的分别占71.5%与20.0%。历史上引江济汉工程沿线区域为血吸虫病疫区，受访对象的反馈情况符合相关资料的结果，其中203人（86.4%）认为仅有低风险，4.3%的受访对象认为无风险或没有关注该问题。

（2）工程竣工

根据受访对象的反馈，由于主体工程是线性工程，涉及行政区较多，与工程前相比，78.2%的受访对象认为工程区域的农业生产条件得到明显改善，76.2%的受访对象认为工程区域的环境质量得到明显改善，86.0%的受访对象认为工程出口以下汉江河段的生态环境质量趋于改善，8.3%的受访对象表示没有明显变化。

多名纪南镇撸垱村的受访对象对工程运行的环境保护提出了建议，认为应该“加强周边绿化和管理”。

15.6 后续环保工作

1）依据审定的引江济汉工程进口拦鱼设施方案，选择适宜时段抓紧组织实施。

2）按照《引江济汉工程鱼类增殖放流活动实施方案》，在开展增殖放流活动的基础上，逐步有序开展中华鲟、胭脂鱼的放流活动，完善鱼类增殖放流的种类和数量。

3）沿江、高台2处集中移民安置点未建化粪池，应按照已签订的完善协议书抓紧组织实施。

4）在引江济汉工程整体验收3～5年后，开展环境影响后评价工作。

15.7 验收调查结论

引江济汉工程履行了建设项目环境保护管理程序，基本落实了环境保护“三同时”制度。

环评报告阶段，针对工程涉及“四大家鱼”产卵场、珍稀水生生物的洄游通道、血吸虫病疫区，以及长江、汉江、长湖等环境重要保护区域的环境影响问题，开展了工程前期引水线路环境比选工作，从环境角度最大限度地减轻了对上述区域的不利影响。

施工期间，按环境影响报告书的要求开展了环境管理与监理，采取的生态保护、污染防治措施基本有效，没有造成重大环境污染和生态破坏，未发生影响人群健康的公共卫生安全事件，工程实际环境影响与环境影响报告书预测评价结论基本一致；施工结束后开展了施工迹地恢复，区域生态坏境质量良好。

试运行期间，多次开展了向汉江紧急调度引水，有效缓解了汉江、东荆河水质恶化趋势，降低了水华发生；渠道建有后港分水闸，实施了以 $2m^3/s$ 向长湖后港地区进行了补水的水质保护措施。

兴隆枢纽工程鱼类增殖放流站已连续 4 年开展了增殖放流活动，按照环评报告书的要求，目前存在放流地点和放流种类不相符的情况；按照初步设计报告中环境保护设计的要求，工程未在进口修建拦鱼设施。建设单位组织召开了引江济汉工程水生生态保护措施后续工作的咨询会，与会专家提供了多项宝贵的意见和建议。在此基础上，建设单位制定了《引江济汉工程鱼类增殖放流活动实施方案》，并以鄂引江济汉〔2020〕6 号文向湖北省水利厅提出请示，后期按此方案继续落实实施，最终以鄂水利复〔2020〕42 号文得到同意批复；调查期间，建设单位组织开展工程进口拦鱼设施设计；8 月 24 日，召开了引江济汉进口拦鱼设施方案审查会，审查意见基本同意设计单位提出的方案。

同时，11 处集中移民安置点中，有 9 处设置了化粪池，排水通畅；沿江和高台 2 处安置点未设置化粪池，目前已完成上述 2 处安置点化粪池的改造设计预算，并与地方建设协调指挥部签订了完善协议书。

综上所述，引江济汉工程性质、建设地点、规模、主要工程特性指标未发生重大变更，环境保护手续相对齐全，开展了施工期环境管理与监理工作，工程建设过程中总体按照建设项目环境保护管理“三同时”制度基本落实了环评文件提出的环境保护措施。建议通过引江济汉工程竣工环境保护验收。同时，建设单位应按照已制订的工作计划按期完成，推进沿江和高台 2 处化粪池的改造建设，并有序开展实施鱼类增殖放流的工作。

第四篇

“双碳目标”下引江济汉工程成功经验

第 16 章 引江济汉成功经验概述

16.1 引江济汉工程亮点

引江济汉工程位于湖北省江汉平原腹地，是从长江荆江河段引水至汉江兴隆河段的大型输水工程，是南水北调中线一期汉江中下游治理工程之一，见图 16-1。其主要任务是满足和改善汉江兴隆以下河段的生态、灌溉、供水和航运用水条件，并解决东荆河灌区的灌溉水源。同时，其自身还兼有航运效益。

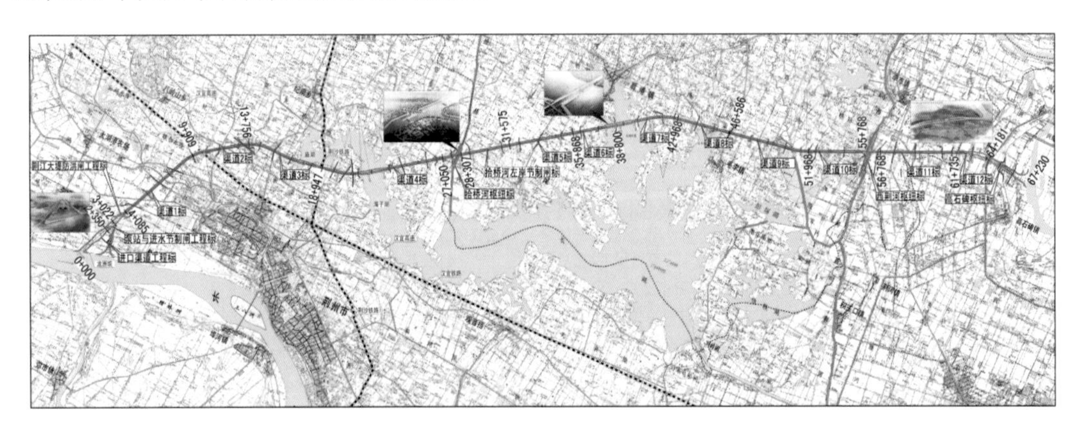

图 16-1 引江济汉主体工程总体布置图

引江济汉人始终秉持着坚持节约资源和保护环境的基本国策，坚信绿色的发展是可持续的发展，加强汉江流域生态环境保护是湖北的重大使命，引江济汉工程运行后，有效改善了汉江中下游生态、灌溉、供水及航运条件，开辟了长江中游与汉江中游的水运捷径，促进了湖北省经济社会可持续发展和汉江中下游地区生态环境的修复和改善。将来引江济汉工程管理局会继续抓好工程运行管理工作，切实履行生态文明建设责任，推动引江济汉工程发挥更大更好的社会效益。树立绿水青山就是金山银山的理念，着力解决引江济汉工程突出环境问题，积极探索流域齐抓共管新途径，持续改善沿线自然生态环境，实现环境保护、人民生活、旅游发展共赢的局面。

16.1.1 前期科学论证、严谨求实

经过专家组无数次的现场踏勘与反复论证，与可研及初步设计阶段相比，引江济汉工程结合通航，对工程进口段、部分枢纽及倒虹吸的布置方案进行了大量的调整和优化。主要变更内容如下。

1）进口段工程进行了重新布置，依次布置有进口渠道、沉砂池（含沉螺池）、泵站和进水节制闸、连接渠道、荆江大堤防洪闸。变更内容：①取消了龙洲垸进水闸；②进口段引水渠道与通航渠道基本分开，通航渠道进口布置在引水干渠下游，通航渠道轴线与引水干渠轴线夹角为25°，通航渠道与引水干渠在泵站之后、荆江大堤防洪闸之前汇合。

2）荆江大堤防洪闸变更为两孔开敞式水闸，闸门由7扇潜孔闸门变更为2扇提升式平面闸门。同时，防洪闸闸室上游端由桩号3＋800变更为桩号3＋885。

3）拾桥河枢纽工程总体上与初设阶段（通水方案）基本相同，其中泄洪闸、倒虹吸和驳岸码头及堤顶公路的布置完全相同，左岸节制闸位置也基本相同，不同之处为节制闸的结构设计有所不同。

4）西荆河枢纽工程在初步设计的基础上，西荆河枢纽工程主要由西荆河倒虹吸和西荆河上游船闸、后港船闸组成。原设计方案的西荆河下游船闸移至后港。西荆河船闸和倒虹吸的结构设计与初设阶段基本一致，只是布置有所不同（与可研设计一致）。

5）根据引航道的布置，永长渠倒虹吸工程的干渠增设引航道，在初步设计的基础上，永长渠倒虹吸水平段加长了31m，其他设计方案基本保持不变。

6）根据引航道的布置，兴隆河倒虹吸工程在初步设计的基础上，其主要有三个方面变化。①进出口闸室布置在河床中央，管线要适当转折，转折角为1.65°，半径为30m。倒虹吸管轴线与引江济汉渠交角由97.66°变为99.31°；②管身段水平加长了178m；③管孔尺寸由原来的3.5m×3.8m×4m（宽×高×孔）变成了3.5m×4.5m×4m，管壁厚由0.6m变为0.7m。

16.1.2 中期科学实施、合理布置

根据本工程战线长、施工分散等特点，本着永久设施与施工临时设施相结合的原则，尽可能结合永久管理场地及建筑设施，施工布置采用集中设置与分散布置相结合的方式，将主要生产系统和生活设施尽量布置于各拟设管理段的征地范围内。生活用房、施工辅助企业、混凝土拌和站、砂石料堆放场、水泥仓库、钢筋及木材加工场，尽量靠近施工现场。

对涵闸、虹吸管等交叉建筑物施工辅助企业的布置，采用集中布置的方式。根据各闸管的具体地形条件，在其附近选择一个合适的场地作为施工布置区。根据工程规模，考虑以机械施工为主的特点及施工进度计划，工程施工期间职工高峰人数约5000人，渠道及

涵闸、虹吸管等交叉建筑物在施工期间都需布置临时设施及占地。

16.1.3 后期严格管理、责任到人

工程管理分建设期和运行期管理。建设期管理的任务，主要是为规范建设管理，确保工程质量、安全、进度和投资合理使用。运行期管理的任务，主要是保障工程的安全及良性运行。

（1）建设期

根据国务院南水北调工程建设委员会印发的《南水北调工程建设管理的若干意见》，结合南水北调中线一期引江济汉工程的建设实际，规范工程的建设管理，确保工程的质量、安全、进度和投资合理使用。

（2）运行期

运行期工程管理任务包括：

1）对引江济汉的水质水量统一监控、配置。

2）确保工程良性运行。建立健全工程良性运行机制，实现工程的各项效益目标和国有资产的保值增值目标，保持水资源的可持续利用。

3）统一调度，分级管理。根据引江济汉的特点，由一级管理机构统一调度，二、三级管理机构按照调度中心的指令，分别进行管理。

4）建立精简、高效的管理机制，对工程日常运行维护进行有效的管理。

5）建立建筑物及渠道安全监测体系，对纳入监测范围的各渠段及建筑物进行针对性的安全监测，保障渠道及渠系建筑物的运行安全。

6）建立工程管理信息系统，满足各级管理部门对信息交流及信息共享的需求。

7）建立全线通信系统，满足工程管理自动化及信息系统的业务传输需求，保障全线信息畅通，实现汉江中下游治理工程自动化控制运行。

8）建立计算机监控系统，对引江济汉工程运行进行集中调度、监控、管理和维护，实现在正常和各种故障条件下全线统一调度、管理的各项功能。

16.2 生态环境保护设计

工程实施严格按照“先节水后调水，先治污后通水，先环保后用水”的原则，全面落实生态保护和污染防治措施，实现节水、治污、生态环境保护的各项目标。

16.2.1 水环境保护

由荆州市人民政府将龙洲垸取水口上游1000m至下游100m范围设置为水源保护区。

16.2.2 汉江干流水质保护

(1) 相关条例、规划实施保障

从2010年以来，地方各市先后出台《汉江流域水环境保护条例》《汉江流域污染防治三年行动计划》等文件，实施有关环境保护的规划、方案及治理工程，优化产业结构，开展流域生态修复，切实加大水污染防治力度，不断改善汉江流域生态环境，提升汉江水环境质量，对改善汉江的水质起到明显效果。

2017年12月，湖北省环境保护厅、湖北省质量技术监督局联合发布《湖北省汉江中下游流域污水综合排放标准》，将汉江中下游流域划分为特殊保护水域、重点保护水域、一般保护水域三类控制区，分别执行不同的水污染物排放控制要求，切实做到消减污染物排放，加强流域水污染防治与监督管理，有效提升汉江水质。2019年11月，《湖北省汉江流域水污染防治条例》时隔19年首次修订，为汉江流域立法保护升级。

(2) 沿岸城镇污水治理

近年来，汉江流域各市县区政府紧盯汉江流域水污染防治行动计划，加大水污染防治力度，持续改善水环境质量，保障水生态安全。目前，引江济汉工程涉及的荆州区、沙洋县、潜江市等区域乡镇生活污水处理设施建设进展顺利。其中本工程拾桥河枢纽上游的拾回桥镇污水处理厂于2018年5月建成运行，出水水质执行《城镇污水处理厂污染物排放标准》(GB 18918—2002) 一级A标准。

(3) 沿岸城乡垃圾处理

2017年底，湖北省出台《湖北省城乡生活垃圾无害化处理全达标三年行动实施方案》，2018年全省农村生活垃圾有效治理率已达到85%。截至目前，全省已消灭520个农村非正规垃圾堆放点，整治垃圾堆811万m^3。目前，荆州市无害化处理厂(场)5座，无害化处理能力为2115t/d，小型生活垃圾转运站97座，生活垃圾转运站能力2076t/d。沙洋县有生活垃圾填埋场1座、沙洋生物质发电厂1座。

16.2.3 长湖水质保护

长湖为荆州市、沙洋县两地的湿地自然保护区，环境保护要求高。近年来，沿湖县市大力整治沿湖周边的小造纸厂，对其实行了关、停、并、转，彻底解决了污染长湖的首要污染源；启动拆除长湖渔业围栏工作，建立五级湖长制责任体系；周边城市污水处理设施进行提标改造，重点湖泊敏感区域全面达到一级A排放标准；实施“四大生态工程”，长湖流域内各乡镇先后建设了生活污水处理厂。按照环评报告书的要求，工程在渠线左侧桩号K36+800m处修建有后港分水闸，采用补水流量为2m^3/s向长湖后港地区进行了补水。

16.2.4 汉江水华控制措施

2015年1月，汉江荆门至仙桃段发生水华。湖北省南水北调管理局与湖北省环保厅共同商定以“预防为主、信息共享、共同应对”为原则，建立汉江水污染事件预急联动工作机制，签署相应的工作机制协议，并采取相应控制措施。2016年2月底，汉江下游局部江段发生水华。湖北省南水北调管理局与湖北省环保厅进行会商，积极应对汉江水华事件。将引江济汉工程调水流量 $90m^3/s$ 调至 $107m^3/s$，再提高到 $120m^3/s$，最终持续提高到 $124m^3/s$。从而有效缓解了水华爆发的程度。

16.2.5 施工期间生产生活污水处理

施工期间，工程无含油废水、砂石料的加工废水和冲洗废水，主要产生碱性废水和生活污水等。具体处理措施情况如下：

1）碱性废水。设置了废水收集系统，采用聚氯化铝（PAC）进行酸碱中和处理，经二级沉淀后，三级清水池中的清水用于洒水降尘，无外排。

2）生活污水。生活营地自建了隔油池、化粪池，每年对隔油池、化粪池进行清理，化粪池用吸粪车运走，用于农田化肥。

16.2.6 试运行期生活污水处理

工程试运行期间，生活污水主要来源于引江济汉荆州管理分局、泵站节制闸办公室、拾桥河枢纽管理所、西荆河枢纽管理所，以及高石碑出水闸管理所的办公人员的生活污水排放。经调查，管理分局及各管理站均建有生活污水处理设备，其办公人员的生活污水经处理后排入附近沟渠、池塘，或者用于园林绿化，排放污水未对周边水体产生污染。潜江分局高石碑管理所生活污水经处理后，排入引江济汉渠道，这与渠道和汉江水质的保护要求不符。后通过管道截流改造，引入管理区内的景观水塘，用于区内园林绿化。

工程施工期和运行初期，均未发生重大水污染事故。

16.2.7 生态保护措施

（1）施工期陆生生态保护措施

施工期间，依据环境保护设计，工程各枢纽及其管理区均进行了植被恢复和景观提升，恢复了施工迹地，种植了适宜林草，植被生长良好，恢复效果较好。渠道及河渠交叉建筑物完工后，进行了格网、砌石护坡和植被绿化；渠道两侧种植防护林带，设置了隔离网、警示牌。东荆河节制工程完工后，对施工迹地进行了植被恢复，周边植被多以自然植被为主，生长状况较好（图16-2）。

施工期间，施工道路两侧进行了植被恢复，种植了观景植物。部分施工道路为自然恢复，以杂草为主。同时，施工期间采取了永临结合，荆州分局管理区和拾桥河枢纽管理所施工期为弃土场和施工营地，施工结束后，均改建为管理区（所），避免了新开占地，减少了对土地、植被的破坏，且进行了植被恢复、景观提升，美化了生态环境。

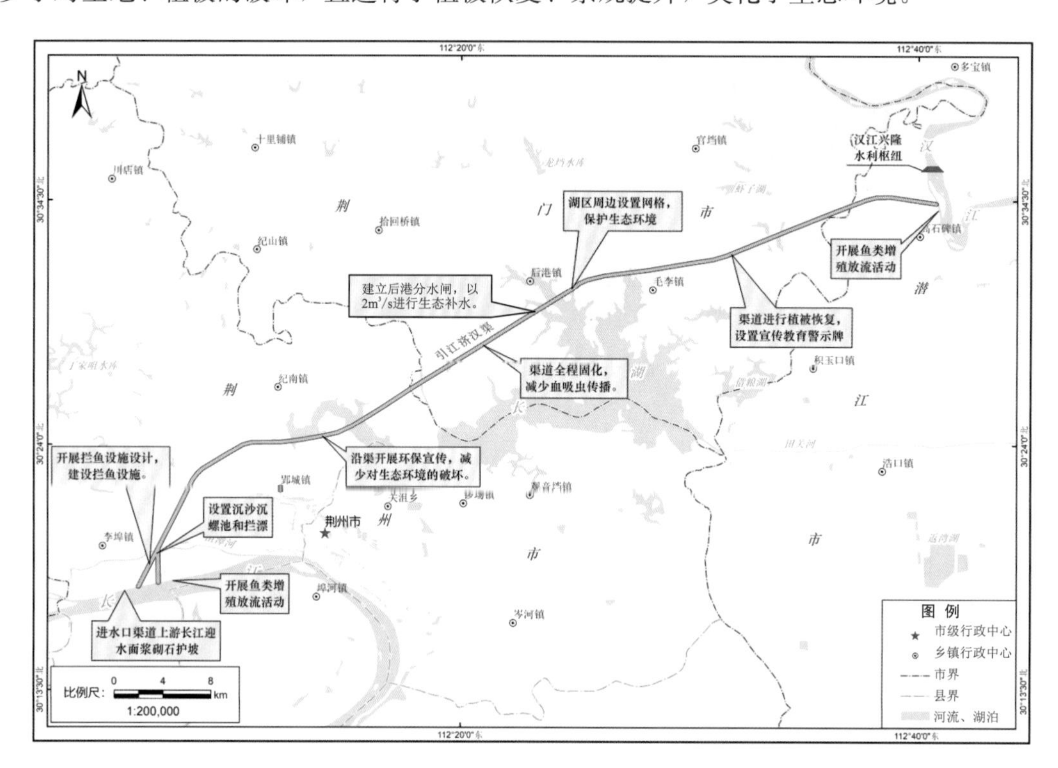

图 16-2　引江济汉工程评价区环境保护措施布置示意图

（2）鱼类增殖放流

兴隆水利枢纽工程鱼类增殖放流站于 2014 年 12 月完成工程验收并投入运行，自 2016—2019 年已连续 4 年在兴隆库区开展了增殖放流活动，投放苗种、幼鱼、成鱼 10 万余尾，近 6.3 万斤。

计划 2020 年 4 月开展鱼类增殖放流活动，因新型冠状病毒肺炎疫情影响，推迟至 10 月开展。5 月，建设单位组织召开了引江济汉工程水生生态保护措施后续工作的咨询会，专家组认为应按照要求，制定本工程增殖放流方案，并组织实施。对此，建设单位以鄂引江济汉〔2020〕6 号文向湖北省水利厅提出请示，制定了《引江济汉工程鱼类增殖放流活动实施方案》，后期按此方案落实实施。

（3）进口拦鱼设施

初步设计报告中环境保护设计提出，考虑在引水闸前适宜地段建设拦鱼设施，以减少鱼类资源的流失。

(4) 长湖鸟类物种多样性保护措施

工程渠道沿线设置了隔离网和生态环保警示牌，实行了半封闭式管理，尽量减少附近居民的人为活动对游禽、涉禽等鸟类的影响，从而保护了鸟类物种的多样性。

16.2.8 环境空气保护措施

1）施工单位配备洒水车，定期洒水，保持地面湿润，减少道路扬尘。

2）水泥等物料堆放在指定地点，集中堆放，大风等天气加盖篷布，减少扬尘污染。

3）弃渣运至指定地点，严格执行先挡后弃，弃渣完成后采取植物措施进行绿化恢复，减少水土流失和扬尘污染。

16.2.9 声环境保护措施

施工单位在施工过程中优先使用低噪声的施工机具和运输车辆，减少施工中产生的噪声和振动，加强各类施工机械的保养和维护，尽可能降低噪声声源强度。现场施工离当地居民居住位置相对较远，夜间施工一般在 23：00 之前，施工过程中未收到附近村民的投诉。

16.2.10 固体废物处置

(1) 生活垃圾

施工期间，生活营地配有专用垃圾桶，安排了清洁工清扫日常生活垃圾，定时转运生活垃圾，生活营地清洁卫生保持良好。

试运行期间，各管理局和管理所均制定了环境卫生制度，并将制度执行情况作为年终评先的条件之一。同时，各管理单位安排了专门的清洁人员，配置了垃圾清扫收集设施，做到日产日清，统一由当地卫生管理机构及时外运，确保对周围环境卫生没有影响。

(2) 建筑垃圾和生产废料处置

施工结束后，及时拆除施工区的临建设施，清除建筑垃圾和各种杂物，堆放在指定的位置，严禁乱堆乱放。施工期未收到有关环境卫生投诉。

(3) 废油废渣

试运行期间，闸站、泵站及船闸等各管理单位制定了相关物资管理处置制度，设置了透平油处理室，配备了透平油库、净油桶和运行油桶等装置，平时机械维护保养的废油废渣置于临时仓库的专业装置存储，由设备厂家或专业公司统一回收处理。东荆河节制闸工程管理站均制定了橡胶坝检查维修制度、养护与修理规定等内容，机电设备运行年限短，目前尚未进行过大修，建议机械大修时应联系厂家或专业公司统一回收处理，禁止对周边环境产生污染。

16.2.11 人群健康保护

1）施工前，进行了卫生清理和消毒，包括灭鼠、灭蚊等，防止疾病传播。

2）施工期间，加强了饮用水卫生和食品卫生的管理。加强对施工区各类饮食行业进行经常性的食品卫生检查和监督，从事餐饮人员必须取得卫生许可证，接触食品的操作人员实行“健康证”制度。

3）施工营地和施工区域内布置了简易厕所，施工营地进行硬化处理，并安排专人消毒、打扫，生活垃圾由当地环卫部门定期清运。

16.2.12 移民安置环境保护

（1）生活污水处理措施

现场调查，11处集中安置点中有9处设置了化粪池，排水通畅，但沿江和高台2处安置点未按移民安置实施规划设计设置化粪池。目前，建设单位已委托设计单位编制完成了对上述2处安置点化粪池的改造设计预算，并与地方建设协调指挥部签订了完善协议书。

（2）人群健康保护

1）移民安置选址血防安全。

工程区涉及的李埠、纪南、郢城3个乡镇均为血吸虫病流行区，区内民众具有丰富的钉螺分布、血吸虫病防护的常识。选址阶段通过信函、移民安置意愿问卷调查、公示等方式，充分征求了当地政府和移民的意见。

安置点施工过程中，施工单位在血防部门的指导下进行了表土查灭螺、耕植土表土剥离、场地平整等工作，根本上保障了移民安置选址环境的血防安全。

2）血吸虫防治措施。

依据环保要求，引江济汉工程采取了进水口渠道上游长江迎水面浆砌石护坡、进水口设置了拦漂和沉砂沉螺池、渠道全程硬化以及建立隔离带等血吸虫防治措施，有效阻止了钉螺扩散，以及钉螺的繁殖和滋生。

同时，为了输水的安全性，对于沿线有钉螺分布的灌排渠道与引江济汉工程渠道交叉时均采用跨渠倒虹吸。

16.3 “三同时”管理

16.3.1 管理理念与具体措施

引江济汉工程遵循了环境影响评价制度，在可行性研究、初步设计、施工等阶段，均同步开展了环境保护设计工作，完成的主要环境保护设计文件有：可行性研究报告之“环境影响评价”篇章，列有环境影响评价及水土保持章节，提出了相应的环境保护、监测、管理等措施；初步设计报告及其初步设计变更报告之“环境保护设计”篇章。

主体工程施工时，无砂石料加工废水和砂石料冲洗废水，同时施工的环保设施有混凝土拌和的碱性废水处理设施、施工营地生活污水处理设施、噪声防治措施、洒水降尘措施、生活垃圾收集处理措施以及污水处理站等，实施了施工区环境管理与监理，以及运行期陆生生态、水生生态、钉螺、农田土壤肥力、地下水水化学指标和地下水水位等环境监测。

移民安置区，施工前对移民安置区施工场地进行了调查与清理，做好了传染病的防治宣传工作和灭鼠、灭蚊、灭螺等工作；施工期间，对施工、监理人员开展了健康检查；移民安置后，沿江和高台2处安置点未实施规划配置的化粪池。目前，已委托设计单位对上述2处移民安置点的化粪池进行了设计预算，并与地方建设协调指挥部签订了完善协议书。

工程在渠线左侧桩号K36＋800m处建有后港分水闸，向长湖后港地区进行补水，补水流量为$2m^3/s$，从而减缓了因修建引江济汉工程而导致长湖后港地区污染加剧的影响，落实了环评报告书中提出“对长湖后港地区补水$1m^3/s$”的工程措施。

鱼类增殖放流站工程于2014年12月建成完成，从2016—2019年连续4年开展了鱼类增殖放流活动，2020年因新型冠状病毒肺炎疫情影响计划10月开展增殖放流活动。同时，建设单位以鄂引江济汉〔2020〕6号文《引江济汉工程管理局关于引江济汉工程鱼类增殖放流活动实施方案的请示》向湖北省水利厅提出请示，省水利厅以鄂水利复〔2020〕42号文进行了同意批复，荆州市农业农村局复函同意该方案。实施方案中，规定了增殖放流的周期、经费、鱼类苗种以及放流地点，进一步规范和保障了鱼类增殖放流活动的实施。

16.3.2 实施成效

引江济汉工程履行了建设项目环境保护管理程序，基本落实了环境保护“三同时”制度。

环评报告阶段，针对工程涉及“四大家鱼”产卵场、珍稀水生生物的洄游通道、血吸虫病疫区，以及长江、汉江、长湖等环境重要保护区域的环境影响问题，开展了工程前期引水线路环境比选工作，从环境角度最大限度地减轻了对上述区域的不利影响。

施工期间，按环境影响报告书的要求开展了环境管理与监理，采取的生态保护、污染防治措施基本有效，没有造成重大环境污染和生态破坏，未发生影响人群健康的公共卫生安全事件，工程实际环境影响与环境影响报告书预测评价结论基本一致；施工结束后开展了施工迹地恢复，区域生态环境质量良好。

试运行期间，多次开展了向汉江紧急调度引水，有效缓解了汉江、东荆河水质恶化趋势，降低了水华发生；渠道建有后港分水闸，实施了以$2m^3/s$向长湖后港地区进行了补水的水质保护措施。

第17章　生态环境低干扰的建设经验

17.1　科学论证引江济汉主干渠线，减少能耗和对生态干扰

17.1.1　各比较渠线地质问题分析

4条比较线路（龙高Ⅰ线、龙高Ⅱ线、高Ⅱ线和盐高线）共有3个进口，即：大布街进口、龙洲垸进口和盐卡进口；1个出口，即高石碑北出口；中间段或穿湖，或利用长湖作为调节水库。

（1）主要工程地质问题

每条渠线均不同程度地存在基坑涌水涌砂、渠坡稳定、渠道渗漏、渗透变形（破坏），以及交叉建筑物地基承载力低等工程地质问题。相比较而言，高Ⅱ线利用大布街进口，因砂基、软基段稍长，其基坑涌水涌砂、渠坡稳定、渠底土层抗冲刷及交叉建筑物的地基稳定性问题更突出一些。龙高Ⅰ线、高Ⅱ线和盐高线穿湖段存在清淤筑堤施工难度较大，影响水体环境等问题。龙高Ⅱ线利用长湖作为调节水库，对长湖周边地区的影响较大，如库周淹没、移民、增加防洪压力等，会造成一定的经济、环境影响。盐高线进口段地势较低，渠道运行水位高于地表9～5m，且渠基土多为沙壤土，岩性条件较差，引起的基坑涌水涌砂、渠道渗漏及浸没、渗透变形等问题更突出。

（2）其他工程地质条件

引江济汉工程横跨枝江、荆州、沙洋、潜江4个市县。沿线穿越大小河流及沟渠几十条。其中流量较大的有沮漳河、桥河、西荆河；交叉的公路、铁路也很多，重要的有汉宜高速公路、荆襄高速公路（在建）、207国道、318国道及荆沙铁路等，各交叉地段均须建穿越建筑物。相比较而言，高Ⅱ线沿线交叉的河渠、公路较多，交叉建筑物也较多。

各穿湖线路沿途地势较低，再加上填湖筑堤，填料需求量大，土料场要占用大面积农田，且砂石料、块石料运距较远。盐高线进口填方段需大量土料，土料场运距稍远。各比较渠线工程地质条件见表17-1。

表 17-1 各比较渠线工程地质条件表

渠线名称	渠线长度（m）	地形地貌	地质结构	砂基长度（km）	软基长度（km）	弱膨胀土长度（km）	主要工程地质问题	工程地质评价
龙高Ⅰ线	67.10	东、西部地形平坦开阔，地势低平，中部地形略有起伏，为垅岗和岗波状平原，沿线地形相对高差5～15m。中间穿长湖段长3.9km	I_1类、I_2类、I_3类、II_1类、II_2类、II_3类、III_1类、III_2类	13.9	16.7	0.5	1. 渠道渗漏及局部地段浸没问题。2. 渠坡稳定问题。3. 渠道土层抗冲问题。4. 施工涌水及承压水问题。5. 地基不均匀沉降问题。6. 局部存在弱膨胀问题。7. 湖中清淤难度较大	进出口段长25.21km，穿越地层主要是Q_4冲湖积物，工程地质条件较差和差，中间段长41.29km，地层主要是Q_3老黏土，工程地质条件一般较好或好
龙高Ⅱ线	43.5	东、西部地形平坦开阔，地势低平，中部地形略有起伏，为垅岗和岗波状平原，沿线地形相对高差5～15m。中间穿长湖作为调节水库	I_1类、I_2类、I_3类、II_1类、II_2类、II_3类、III_1类、III_2类	13.9	12.4	0.5	1. 渠道渗漏及局部地段浸没问题。2. 渠坡稳定问题。3. 渠道土层抗冲问题。4. 施工涌水及承压水问题。5. 地基不均匀沉降问题。6. 对长湖周边的影响较大，可能引起一系列社会、环境问题	进出口段长25.21km，穿越地层主要是Q_4冲湖积物，工程地质条件较差和差，中间段长13.64km，地层主要是Q_3老黏土，工程地质条件一般较好或好
	79.60	东、西部地形平坦开阔，地势低平，中部地形略有起伏，为垅岗和岗波状平原，沿线地形相对高差5～15m。穿湖长5.37km，湖底高程多为25.5～26.5km	I_1类、I_2类、I_3类、II_1类、II_2类、II_3类、III_2类	16.6	16.2	蛟尾附近约0.5km	1. 渠道渗漏及局部地段浸没问题。2. 渠坡稳定问题。3. 渠道土层抗冲问题。4. 施工涌水及承压水问题。5. 地基不均匀沉降问题。6. 局部存在弱膨胀问题。7. 湖中清淤难度较大	该渠线进出口段主要穿越Q_4地层，长33.11km，占42。2%，工程地质条件一般、较差和差，中部渠线主要穿越Q_3地层（主要是老黏土），长45.30km，占57.8%，工程地质条件一般较好或好
盐高线	52.5	东、西部地形平坦开阔，地势低平，中部地形略有起伏，为垅岗和岗波状平原，沿线地形相对高差5～15m。中间穿长湖	I_1类、II_1类、II_2类、II_3类、III_1类、III_2类	1.59	13.2	0	1. 渠道渗漏及局部地段浸没问题。2. 施工涌水及承压水问题。3. 渠道土层抗冲问题。4. 渠坡稳定问题。5. 地基不均匀沉降问题	该渠线首尾段穿越Q_4地层，地层一般较复杂，工程地质条件较差和差。中间穿越Q_3地层段，工程地质条件为差

总之，4条比选渠线处于同一区域构造单元上，区域构造环境较稳定，工程地质条件变化不大，均对渠线选择不起地质意义上的控制作用。4条渠线各有优缺点，方案从技术上均可行。

仅从工程地质条件角度，相比较而言，龙高Ⅰ线略优；龙高Ⅱ线利用长湖作为调节水库，其进出口段工程地质条件与龙高Ⅰ线相同。但渠线的选择要考虑工程布置、工程效益、工程施工难易程度等各种因素综合确定。

17.1.2 线路比选原则及研究重点

（1）比选原则

1）引江济汉工程应坚持多目标开发，发挥工程生态、供水、灌溉、航运、防洪、治涝、旅游等综合利用效益。

2）工程应以补济汉江干流为主要目标，在满足和改善兴隆以下河段的生态、供水、灌溉、航运等用水需求的基础上，同时解决东荆河灌区的灌溉水源问题。

3）选线应尽量与工程区现有水利工程体系相结合，减少开挖方量，减少水系恢复工程，尽量少挤占基本农田，减少工程量和投资。

4）应选择良好的进出口位置。

5）应尽量避开江汉油田和国家重点文物保护单位纪南城与楚汉墓葬群等。

6）尽量做到挖填平衡，减少弃渣占地，尽量避开现有公路、高压线塔等。

7）应考虑泥沙淤积对渠道输水的影响。

8）应尽量避开不利地质条件，减少基础处理工程量。

9）尽可能拦截丘陵区洪水，减轻平原区的洪水威胁。

10）应考虑沿线地市的意见。

（2）研究重点

从现今情况看，引江济汉工程的功能定位已发生较大变化，并不单是以前所认为的仅作为南水北调中线的补偿工程，而是要作为汉江中下游的治理工程进行建设，并且是最近才提出建设的汉江水利示范工程的核心组成部分，须充分发挥其综合利用效益。鉴于以前的工作基础和认识深度，现阶段还需重点研究以下问题：

1）《项目建议书》确定引江济汉工程的主要任务为改善汉江兴隆以下河段的水环境、满足和改善东荆河灌区的灌溉和供水要求。就南水北调而言这无疑是正确的。但利用地域优势，结合引水开辟江汉水运捷径，建设江汉运河（两沙运河）；结合综合治理长湖流域洪涝灾害，实现“长治久安”，这些综合利用问题是应考虑的。

2）良好的进水条件是保证工程实现综合利用功能的前提。对进水口而言，要求其河势稳定，引水条件好，还须避免推移质泥沙淤积在进水口或引入渠道内；对出水口而言，也要求河势稳定，且尽量与兴隆水利枢纽相衔接，实现其“济汉”的主要目标。因此，需通过必要的数学和物理模型实验，对进出口河段的河势演变进行深入分析。

3）进出口水位差能否满足自流引水条件，也是选线应考虑的重要因素之一。特别要深入研究三峡工程建成后河道冲刷对引水的影响及其对策，并结合泵站提水方案优选引水线路。

4）深化地质勘测工作，探明各线路沿线主要的不良地质条件，特别是砂基和软基的分布情况，论证穿湖方案的可行性。

5）引江济汉干渠横跨湖北省四湖上区，该地区为湖北省有名的“水袋子”，现已形成了控制长湖蓄泄、田关河等高截流、田关闸（站）结合向东荆河外排的比较完善的防洪排涝子系统，其防洪排涝调度相对比较复杂。若串联长湖输水，可大大减少土方开挖和工程占地，但需深入分析入湖方案对长湖防洪排涝的影响及泥沙淤积所带来的环境问题等。

17.1.3 线路比选结论

由于前文已有关于线路比较的详细论述，因此本节只阐述主要结论。

经综合分析比较，全面考虑到各线路的自然地理条件、生态环境影响、社会效益和经济效益等诸多因素，筛选出了龙高Ⅰ线作为引江济汉工程的干渠渠线。而其他线路要么是对环境影响较为突出，如将大埠街作为进口会严重破坏当地的鱼类生态，以及可能引发血吸虫泛滥等不良后果。盐高线也由于不得不穿越荆沙电站和众多化工厂，会带来难以量化的社会或环境问题，并可能对周边的农田产生浸没的影响，因此被淘汰。

17.2 工程对基本农田的低占用率

基本农田是粮食生产的命根子，种的是“保命粮”。基本农田的多少，直接影响到国家的粮食安全。况且，我国耕地形势本就严峻，耕地质量偏差，后备资源不足。因此作为一项利国惠民的大型水利工程，保护现有的基本农田、严格控制基本农田占用率就更加义不容辞。

工程需要永久或临时占地，符合现有土地管理政策及当地土地利用规划，做到合理利用土地资源，切实保护耕地。

17.2.1 与土地总体规划的相符性

根据湖北省土地利用规划报告，湖北省“九五”期间到2010年水利建设目标：结合三峡工程建设，长江沿岸基本形成较为完整的防洪体系，继续实施以四湖地区为重点的分区排涝规划，积极配合国家搞好“南水北调”中线工程的实施。湖北省建设占用耕地指标为96666.7hm^2，其中，水利建设占用耕地28217.5hm^2，占建设占用耕地总面积的29.2%，主要用于国家重点水利工程。

“九五～二零一零”规划期间已将引江济汉工程占地纳入用地规划，总用地指标为1694hm^2，其中，耕地1355.2hm^2，其他地类为338.8hm^2。由工程可研报告分析，引江济汉工程龙高Ⅰ线占用土地面积为1653.6hm^2，其中耕地1052.47hm^2，其他地类为601.13hm^2。工程设计用地控制在湖北省土地利用规划用地范围。同时，引江济汉工程是南水北调中线工程的一部分，其用地指标将一并上报国务院审批。

17.2.2 对基本农田保护区的影响

基本农田保护区规划重点保护对象包括：已批准的城镇总体规划的近期建设规划规定以外的农田；村镇建设用地周围的农田；铁路、公路等交通沿线的农田；生产条件好，集中连片，产量较高的农田，国家规定需要保护的其他农田。

龙高Ⅰ线涉及的荆门沙洋县、潜江市已列入省级基本农田保护区，荆州区为市级基本农田保护区，工程涉及的荆州区、潜江市、荆门沙洋县直接占用相关乡镇土地的总面积为1653.6hm^2，占相关乡镇土地的总面积1.42%；耕地面积为1052.47hm^2，占相关乡镇耕地总面积1.95%。引江济汉工程占地虽然在江汉平原的基本农田保护区，按照湖北省基本农田保护区规划要求，在基本农田保护区对于农业综合开发、农田水利建设等项目要适当做倾斜、重点扶持。由此，该项目的建设属于农田水利建设的范畴，有利于改善江汉平原的水系结构，特别是有利于改善汉江高石碑以下至长江入口河段、东荆河的水质，并改善周边地区人畜用水及工农业用水，工程占地比例较小，不会对其区域的基本农田结构带来大的影响。

引江济汉工程涉及湖北省的荆州区、沙洋县、沙洋监狱局、潜江市、仙桃市、洪湖市、汉江河道局等7个县市区（单位）11个乡（镇、农场）34个行政村。工程永久占地17809.50亩，临时占地29575.47亩，各县市区（单位）段工程占地具体见表17-2。可研阶段（永久征地24808亩，临时占地24196亩）相比，永久占地实际减少了6998.50亩，临时占地增加了5379.47亩；与初设阶段（永久占地19067亩，临时占地31234亩）相比，永久占地和临时占地实际分别减少了1257.50亩和1658.53亩。

表17-2　　引江济汉工程各县市区（单位）段工程占地一览表

区段	永久占地（亩）	临时占地（亩）
荆州区	7718.75	9364.98
沙洋县	9398.23	15149.50

续表

区段	永久占地（亩）	临时占地（亩）
潜江市	126.68	3084.51
省汉江河道管理局	36.47	506.63
沙洋监狱管理局	445.27	1238.35
仙桃市	84.10	231.50
合计	17809.50	29575.47

初设阶段优化了可研阶段的设计，节约了工程沿线田地占用面积。用实际行动以更专业更高效的方式减少了占用农村农业基本用地，为维护地区粮食安全，保持社会稳定，做出了突出贡献。

第18章　施工过程责权明晰，责任明确

18.1　施工特色概述

18.1.1　总体概况

本工程有战线长，施工分散的特点，秉持永久设施与临时设施相结合的原则，尽可能结合永久管理场地及建筑设施，施工布置采用集中设置与分散布置相结合的方式，将主要生产系统和生活设施尽量布置于各个拟设管理段的征地范围内。生活用房、施工辅助企业、混凝土拌和站、砂石料堆放场、水泥仓库、钢筋及木材加工场，尽量靠近施工现场。对涵闸、虹吸管等交叉建筑物施工辅助企业的布置，采用集中布置的方式。根据各个闸管的具体地形条件，在其附近选择一个合适的场地作为施工布置区。由于工程规模较大，考虑以机械施工为主的特点及施工进度计划，工程施工期间职工高峰人数约5000人，渠道、涵闸、虹吸管等交叉建筑物在施工期间都需要布置临时设施及占地。

引江济汉工程尽管项目庞大，涉及的参建单位众多，但是各单位各司其职，各部门分工明确，职责清晰合理，涉及的参建单位有：

1）项目法人单位。湖北省南水北调管理局（原“湖北省南水北调工程建设管理局”）。

2）项目管理单位。湖北省引江济汉工程管理局（原“湖北省南水北调引江济汉工程建设管理处”），引江济汉工程荆州段建设管理办公室、沙洋段建设管理办公室、潜江段建设管理办公室、汉江局建设管理办公室、仙桃段建设管理办公室。

3）设计单位。湖北省水利水电规划勘测设计院（负责拾桥河枢纽、拾桥河左岸节制闸、西荆河枢纽和高石碑枢纽、以及渠道工程（桩号4＋100～67＋230）等项目）、长江勘测规划设计研究有限责任公司（负责进口段（桩号0＋000～4＋100）渠道及其建筑物）、中水淮河规划设计研究有限公司（负责东荆河节制工程）。

4）质量监督。南水北调工程湖北质量监督站、南水北调中线引江济汉工程质量监督项目站。

5）工程施工单位。葛洲坝集团第一工程有限公司、葛洲坝集团第二工程有限公司、湖北大禹水利水电建设有限责任公司、中国人民武装警察部队水电第二总队、湖北水总水利水电建设股份有限公司、中国水利水电第八工程局有限公司、中国水电基础局有限公司、湖北华夏水利水电股份有限公司、中国水利水电第十三工程局有限公司等。

6）工程监理单位（含环保水保）。湖北腾升工程管理有限责任公司、湖北路达胜工程技术咨询公司、湖北华傲水利水电工程咨询中心、中国水利水电建设工程咨询西北公司。

7）环境监测单位。长江水利委员会水文局荆江水环境监测中心、潜江市高石碑水质自动监测站。

8）监督评估单位。湖北腾升工程管理有限责任公司、湖北华傲水利水电工程咨询中心。

9）主要设备生产单位。湖北水总水利水电建设股份有限公司、武昌船舶重工有限责任公司、郑州水工机械有限公司、湖北大禹水利水电建设有限公司、中国葛洲坝集团机械船舶有限公司、湖北省咸宁三合机电制业有限责任公司、江苏武进液压启闭机有限公司、浙江华东机电工程有限公司、日立泵制造（无锡）有限公司、无锡俊达机电制造有限公司、武汉市鑫茂机电设备有限公司、山东泰开高压开关有限公司、浙江浙大中控信息技术有限公司、正泰电气股份有限公司、泰豪科技股份有限公司。

18.1.2　交叉建筑物施工

引江济汉工程共有涵闸、虹吸管等建筑物几十座，在渠道的首尾长江干堤和汉江干堤上，分别建有龙洲垸进水闸、荆江大堤节制闸和高石碑闸；渠道共穿越拾桥河、西荆河等多条河流，设计上采用了不同的穿河方案，与拾桥河建平交工程，与其他的河渠采用立交型式；还与其他的多条灌溉渠交叉，建有多座倒虹吸管。这些建筑物的兴建，都存在一个导流度汛的问题。

根据各河流的水文特性，6—9 月为洪水期，4 月、5 月为汛前过渡期，10 月为汛后期，11 月至次年 3 月为枯水期。因此，确定主要施工期为枯水期，但亦可根据各建筑物自身特点延长施工期。

引江济汉主体工程包括引江济汉干渠和东荆河节制工程，其中干渠包括进口枢纽工程（进口至荆江大堤，长 4.0km）和荆江大堤至汉江出口段（荆江大堤至高石碑，长 63.23km）；东荆河节制工程是自长湖东端刘岭闸引水至东荆河下游河口，共包含 3 座橡胶坝、2 座新建闸、2 座新建桥和 2 座闸的加固。

根据工程特点、工程分布及施工方式等因素，荆江大堤至汉江出口段在施工布置方面有以下特点：因工程位于平原区，无可供开采的砂石料，工程所需的砂石料均为外购，施工中不设砂石加工系统。

18.2 案例分析

根据工程施工线路长，各段项目较为单一的特点，施工期间工程划分为若干施工工区，并采取分工区承包的方式组织施工。荆江大堤至汉江出口段共分为6个施工工段19个工区，每个工段和工区承担的工程项目见表18-1。

表18-1　　荆江大堤至汉江出口段施工工段和工区划分一览表

工段号	工区号	承担项目	线路长度（km）	备注
1工段	1工区	桩号4+00～8+492、2座倒虹吸、1座分水闸	4.492	荆州市
	2工区	桩号8+492～13+547、3座倒虹吸	5.055	
	3工区	港总渠倒虹吸		
2工段	4工区	桩号13+547～18+947、3座倒虹吸	5.4	
	5工区	桩号18+947～27+050、3座倒虹吸、1座分水闸	8.103	
3工段	6工区	桩号27+050～31+579、2座倒虹吸	4.529	
	7工区	桩号31+579～35+868	4.289	
	8工区	拾桥河枢纽建筑物		
4工段	9工区	桩号35+868～42+968、3座倒虹吸、1座分水闸	7.1	
5工段	10工区	桩号42+968～46+586、1座倒虹吸	3.618	荆门市
	11工区	广平港倒虹吸		
	12工区	桩号46+586～51+968、3座倒虹吸	5.582	
	13工区	殷家河倒虹吸		
	14工区	桩号51+968～57+168、2座倒虹吸	5.2	
	15工区	西荆河倒虹吸1座、船闸2座		
	16工区	桩号57+168～61+735、2座倒虹吸	4.567	
6工段	17工区	桩号61+735～64+769、3座倒虹吸	3.034	潜江市
	18工区	桩号64+769～67+230	2.461	
	19工区	高石碑出水闸		
合计		渠道长63.23km，28座倒虹吸、3处枢纽、3座分水闸		

总体而言，每个工区施工项目都有共同点，施工营地内根据工程需要相应布置混凝土拌和站、砂石料堆放场、水泥仓库、材料仓库、汽车机械停放场、保养场、施工供水、供电、办公及生活区等。但工程19个工区施工项目又不完全相同，各有侧重点。至此，荆江大堤至出口段共布置19个施工营地，其中交叉建筑物共设置6个施工营地，渠道工程共设置13个施工营地。

施工期间，砂石骨料全部外购，布置区内只设置砂石骨料堆放场。每个工区根据施工项目不同，共设置25座混凝土系统（4号、5号、9号、12号和16号工区各设2座，其他工区各设1座），其中渠段设18座，交叉建筑物设7座，占地面积共计8.7万m^2。机械保修厂共布置19座，只担负一般的保修及设备中修以下的业务，设备大修委托沿线附近的市县和集镇的地方厂家或修理厂完成。

引江济汉工程共划分为土建工程22个标段、安全监测2个标段、设备制造15个标段、机电安装1个标段。工程建设采用项目法人直接管理模式。湖北省南水北调管理局作为引江济汉工程项目法人，对工程建设管理负总责。项目法人在引江济汉工程现场设立了湖北省南水北调引江济汉工程建设管理处（现为“湖北省引江济汉工程管理局”）等6个建设管理单位，分别负责进口段工程、枢纽工程、渠道工程以及东荆河节制工程的建设管理、征地协调等工作。引江济汉工程各标段承建单位情况见表18-2。各建管单位管辖标段情况见表18-3。

表18-2　　引江济汉工程各标段承建单位一览表

序号	标段名称	承建单位
一	土建工程	
1	引江济汉工程进口渠道标	葛洲坝集团第二工程有限公司
2	引江济汉工程进口泵站与节制闸标	葛洲坝集团第一工程有限公司
3	引江济汉工程荆江大堤防洪闸标	湖北大禹水利水电建设有限责任公司
4	引江济汉工程渠道1标	中国水利水电第八工程局有限公司
5	引江济汉工程渠道2标	中国水利水电第十一工程局有限公司
6	引江济汉工程渠道3标	中国葛洲坝集团股份有限公司
7	引江济汉工程渠道4标	中国水利水电第七工程局有限公司
8	引江济汉工程拾桥河枢纽标	中国人民武装警察部队水电第二总队
9	引江济汉工程拾桥河左岸节制闸标	中国人民武装警察部队水电第二总队
10	引江济汉工程渠道5标	葛洲坝集团基础工程有限公司
11	引江济汉工程渠道6标	中国水电基础局有限公司
12	引江济汉工程渠道7标	中国水电基础局有限公司
13	引江济汉工程渠道8标	湖北华夏水利水电股份有限公司
14	引江济汉工程渠道9标	葛洲坝集团基础工程有限公司
15	引江济汉工程渠道10标	葛洲坝集团第一工程有限公司
16	引江济汉工程西荆河枢纽标	湖北水总水利水电建设股份有限公司
17	引江济汉工程渠道11标	中铁十一局集团有限公司
18	引江济汉工程渠道12标	中国水利水电第十三工程局有限公司
19	引江济汉工程高石碑枢纽标	葛洲坝集团第一工程有限公司
20	东荆河节制工程1标	湖北大禹水利水电建设有限责任公司
21	东荆河节制工程2标	安徽水安建设集团股份有限公司
22	东荆河节制工程3标	湖北省汉江水利水电建筑工程有限责任公司

续表

序号	标段名称	承建单位
二	安全监测	
1	安全监测项目 1 标	长江水利委员会长江科学院
2	安全监测项目 2 标	深圳市东深电子股份有限公司
三	机电设备安装	
1	进口段泵站机电设备安装与调试	湖北大禹水利水电建设有限责任公司
四	设备制造	
1	引江济汉工程闸门采购Ⅰ标	湖北水总水利水电建设股份有限公司
2	引江济汉工程闸门采购Ⅱ标	武昌船舶重工有限责任公司
3	引江济汉工程闸门采购Ⅲ标	郑州水工机械有限公司
4	引江济汉工程闸门采购Ⅳ标	湖北大禹水利水电建设有限公司
5	引江济汉工程启闭机采购Ⅰ标	中国葛洲坝集团机械船舶有限公司
6	引江济汉工程启闭机采购Ⅱ标	湖北省咸宁三合机电制业有限责任公司
7	引江济汉工程启闭机采购Ⅲ标	江苏武进液压启闭机有限公司
8	引江济汉工程启闭机采购Ⅳ标	浙江华东机电工程有限公司
9	引江济汉进口段泵站泵组及其附属设备采购	日立泵制造（无锡）有限公司
10	清污设备采购标	无锡俊达机电制造有限公司
11	进口段机电设备采购Ⅱ标（泵站公用设备采购）	武汉市鑫茂机电设备有限公司
12	进口段机电设备采购Ⅲ标（电气一次设备标）	山东泰开高压开关有限公司
13	进口段机电设备采购Ⅳ标（电气二次设备标）	浙江浙大中控信息技术有限公司
14	荆江大堤至高石碑段电气设备采购Ⅰ标	正泰电气股份有限公司
15	荆江大堤至高石碑段电气设备采购Ⅱ标	泰豪科技股份有限公司

表 18-3　　引江济汉主体工程各建管单位负责标段一览表

序号	建设管理单位	负责标段名称
1	引江济汉工程建设管理处	引江济汉工程进口渠道标、泵站节制闸标、荆江大堤防洪闸标、拾桥河枢纽标、拾桥河左岸节制闸标、西荆河枢纽标、高石碑枢纽标、安全监测 1 标、安全监测 2 标、泵站机电设备安装标以及 15 个设备制造标
2	荆州段建设管理办公室	引江济汉工程渠道 1～4 标
3	沙洋段建设管理办公室	引江济汉工程渠道 5～11 标
4	潜江段建设管理办公室	引江济汉工程渠道 12 标
5	汉江局建设管理办公室	东荆河节制工程 1 标、3 标
6	仙桃段建设管理办公室	东荆河节制工程 2 标

18.3 小结

引江济汉工程沿线穿越了众多河流、湖泊以及公路等，工程施工面临着诸多如施工线路长、周边居民密集、地质条件复杂等现实问题，施工难度不可谓不大。因此，为确保本工程在施工阶段有组织，有部署，自始至终有条不紊地进行，施工工段和工区的划分就很有必要。

针对该工程渠系交叉建筑物较多、规模不大的特点，如果每座建筑物单独设置施工区，则临建设施重复建设多，浪费也较大，同时在施工布置上也比较拥挤，不利于大型机械化连续作业。因此，将中小型建筑物同所在渠段统一划分为一个施工区，大型建筑物单独设置施工区。这样合理的划分不仅节省了资金，同时大大地降低了能耗。

施工工段细致、合理的划分，不仅有利于各专业队在各施工段组织流水施工，也有利于不同专业队同一时间内在各施工段平行施工，同时充分利用了工作面，保证了施工的连续性，保质保量地完成了工程建设。

第19章　工程方案精益求精

19.1　进口段总工程方案优化及其意义

19.1.1　进口段工程方案概况

1）可研阶段。进口段依次建筑物主要为龙洲垸进水闸、龙洲垸泵站、泵站节制闸、沉砂池、沉螺池、荆江大堤船闸、荆江大堤防洪闸。沉砂池布置在龙洲垸进水闸后面，沉螺池与沉砂池结合布置；沉砂池出口渠道分为两支，一支与泵站节制闸相接，另一支与龙洲垸泵站相接；荆江大堤船闸、荆江大堤防洪闸布置在荆江大堤堤内。

2）初设阶段。与可研阶段相比，该阶段进口段总布置方案基本未发生变化。

3）实施阶段。结合通航设计方案，进口段的工程进行了重新布置，依次布置有进口渠道、沉砂池（含沉螺池）、泵站和进水节制闸、连接渠道、荆江大堤防洪闸。

与可研阶段和初设阶段相比：①取消了龙洲垸进水闸；②进口段引水渠道与通航渠道基本分开，通航渠道进口布置在引水干渠下游，通航渠道轴线与引水干渠轴线夹角为25°，两者在泵站之后、荆江大堤防洪闸之前汇合。

19.1.2　参数调整的意义

引江济汉工程的开发任务是向汉江兴隆以下河段补充因南水北调中线一期工程调水而减少的水量，改善该河段的生态、灌溉、供水、航运用水条件。即以输水为主兼顾通航，考虑通航增加的投资由交通部门承担。为加快项目实施进度，2009年7月，交通运输部先期批复了通航工程初步设计；国务院南水北调工程建设委员会办公室于2009年12月按不考虑输水与通航结合的方案批复了引江济汉工程初步设计。之后经过专家组开会，认真讨论得出了引江济汉工程输水结合通航方案统筹考虑、同步建设十分必要的结论。

专家组结合通航对设置龙洲垸进水闸不筑堤方案（方案1）和取消龙洲垸进水闸筑堤方案（方案2）进行了比较，两个方案引水和通航条件基本相当。但方案1引水渠道渗透稳定问题较复杂，方案2由于在引水渠道两侧筑堤，将在一定程度上改变龙洲垸行洪形态，但行洪可破堤行洪；从工程安全可靠性比较，方案2渗控工程措施相对简单，安全可靠性较高；从沉砂、沉螺及清淤条件分析，方案1沉砂、沉螺条件较好，但方案2清淤条件更便利；从工程量和工程投资分析，方案2投资较省。经上述综合比较，得出了方案2更优的结论。

引江济汉渠道与通航渠道在荆江大堤前合并，设一处防洪闸。为满足通航要求，荆江大堤防洪闸采用两孔超大型平板闸挡洪，单孔净宽32m，闸孔兼作通航孔，闸室上下游均设置有待泊区。荆江大堤防洪闸在长江水位达到40.20m并有继续上涨趋势时下闸挡水，可抵御长江水位达到44.10m的洪水。

对引江济汉进口段进行设计变更，确保了引江济汉工程输水结合通航方案的同步顺利实施和保证工程安全运行，工程正式通航带来的意义重大，主要是形成了长江和汉水间的水运网络，提高了水运效率，同时减少了部分河港间航行的时间，大大降低了能耗和运输成本，切实为节能减排，建设资源节约型社会做出了贡献。

19.2 荆江大堤防洪闸参数调整

19.2.1 荆江大堤防洪闸参数调整概况

荆江大堤是长江中下游防洪体系中的重要组成部分，是保障武汉市防洪安全的最重要一道防线，因此，在引水干渠与荆江大堤交汇处应设置穿堤建筑物，和荆江大堤一同抵御长江洪水，并满足过流要求。

荆江大堤防洪闸兼作通航孔，闸段总长155.0m，桩号为3+825～3+980，主要布置有上游混凝土护坦、防洪闸、下游混凝土护坦。

防洪闸闸室总宽84.0m，为一孔一联方案；过流总净宽64.0m，单孔净宽32.0m；闸室顺流向长35.0m；闸室底板顶高程25.9m，闸墩顶高程45.6m。闸室每孔各布置有一道事故挡水闸门，闸门采用平板定轮门，门叶尺寸为33.8m×19.0m×5.0m（宽×高×厚），由闸顶上方启闭机排架上容量为2×5000kN的桥式启闭机操作。闸室上、下游分别布置有138m、148m长的导航墙。

1）可研阶段和初设阶段：荆江大堤防洪闸为7孔涵闸，过流总净宽49m，单孔尺寸为7.0m×8.37m（宽×高），闸室底板顶高程26.89m。

2）实施阶段：防洪闸变更为两孔开敞式水闸，单孔净宽32.0m，闸室底板顶高程为25.90m，防洪闸闸门由7扇潜孔闸门变更为2扇提升式平面闸门，启闭机械由7台容量为2×500kN固定卷扬机变更为1台容量为2×5000kN的单向桥机，防洪闸下游2扇检修门和检修桥机取消。同时，防洪闸闸室上游端由桩号3+800变更为桩号3+885。荆江大堤防洪闸航拍图见图19-1。

图 19-1 荆江大堤防洪闸（2022.7）

19.2.2 参数调整意义

荆江大堤防洪闸兼作通航孔，布置于现状荆江大堤后侧，采用开敞式平底闸，共设 2 孔，单孔净宽 32.0m，通航净空 8.5m。闸室顺流向长 35.0m，结构总宽 84.0m，两侧边墩厚 5.0m，缝墩厚 2m×5.0m，闸顶高程 45.6m，闸顶上下游侧分别设有宽 15.2m 和 5.4m 的空箱板与闸墩固结，其中上游侧空箱板兼作交通桥。闸室底板厚 4.0m，建基面高程 21.9m，顶高程 25.9m。每孔防洪闸设一道提升式平面挡水闸门，由闸顶启闭机排架上容量为 2×5000kN 的桥式启闭机操作，动闭静启，关闭时水头不超过 1m，启门水头不超过 0.5m，平时存放在防洪闸两侧的门库内。闸室两侧各布置宽 36.0m 的门库段，门库段两侧新筑堤防与荆江大堤连接。在满足安全可靠的前提下，充分考虑了防洪闸的实际运行情况，最大化地节省了工程投资以及降低了能源的消耗。

考虑到通航要求，荆江大堤防洪闸孔口尺寸增加较大，工作闸门型式比较了三角闸门和平面定轮闸门方案。考虑到该闸门需要动水启闭，决定工作闸门采用平面定轮闸门、启闭机采用轿车式启闭机的设计方案，平时闸门存储于门库内。

荆江大堤防洪闸，除了主要发挥防洪挡水的功能外，还具有引水、通航的作用，项目实施阶段的设计变更，正是出于全局考虑，为达到兼顾防洪、引水和通航的功能，不断计算讨论得出的最佳方案，是将工程建设做到尽善尽美，精益求精的生动实践。荆江大堤防洪闸与荆江大堤形成了封闭的防洪线来抵御洪水，成了江汉平原重要的防洪屏障。

19.3 西荆河枢纽工程

19.3.1 西荆河枢纽工程概况

通过西荆河枢纽工程可研阶段、设计阶段和最终施工的工程技术参数的调整优化，呈现西荆河工程精益求精的原貌。

工程区位于江汉平原腹地，地形平坦开阔，地面高差起伏不大。右岸多为房屋建筑，左岸多为耕地鱼塘。西荆河交叉建筑物主要由西荆河倒虹吸和西荆河船闸组成，在船闸与倒虹吸间设有隔流堤，隔堤长 834.5m，隔堤一侧为倒虹吸渠道，另一侧为船闸导航段，西荆河倒虹吸位于桩号 55＋911.4 处，布置在西荆河船闸右侧，倒虹吸由进口段、出口段及管身段三部分组成，进口段由渐变段兼沉砂池段、闸室段组成。

船闸布置在西荆河左岸、引江济汉渠道左侧，其主要建筑物由上游引航道、上闸首、闸室、下闸首和下游引航道以及上、下游翼墙组成。船闸为Ⅴ级航道、300t 级船闸，船队尺度 91.0m×9.2m×1.3m（长×宽×吃水）；航道水深 1.3～1.6m、底宽 22m（单线）、最小弯曲半径 270m；船闸有效尺度 120m×12m×2.5m（长×宽×门槛水深）；通航净空尺度 8m。

（1）可研阶段

西荆河枢纽工程由西荆河船闸、西荆河倒虹吸组成，采取倒虹吸紧靠船闸与船闸平行布置方案。西荆河船闸布置在西荆河左侧，又分别位于引江济汉渠道左、右侧，西荆河倒虹吸位于西荆河右岸，紧靠船闸平行布置。

（2）初设阶段

西荆河枢纽工程仍由西荆河倒虹吸和西荆河上、下游船闸组成。航线保持不变，仍为新城船闸——引江济汉与西荆河交叉处——殷家河——鲁店船闸——长湖。

与可研阶段相比，西荆河枢纽布置、部分结构设计等发生变化，主要变化内容如下：

①船闸由西荆河左岸改为右岸，倒虹吸位于西荆河右岸改为左岸；②船闸上、下闸首长 26.00m 变为上闸首长 21.00m、下闸首长 22.50m；③闸室由六节（紧邻闸首一节长 20m，其余五节长 22m）变为五节（紧邻闸首两节长 25.0m，其他三节长 20.0m）；④下闸首由无通车要求设计增加 5.5m 宽的提升式活动钢桥；⑤上、下游引航道闸前直线段由西荆河侧长 100m、引江济汉主渠侧长 120m 改为上、下游均为 380.0m；⑥倒虹吸管身由 8 孔4m×4m 的方管，每 4 孔一联，共两联，水平长 214m 变更为 6 孔 4.8m×5m 的方管，每 3 孔一联，共两联，水平长 316.3m；⑦倒虹吸出口闸室段由长 7m，共 8 孔，每 4 孔一联变为长 10m，共 6 孔，每 3 孔一联。

（3）实施阶段

在初步设计的基础上，西荆河枢纽工程主要由西荆河倒虹吸和西荆河上游船闸、后港船闸组成。原设计方案的西荆河下游船闸移至后港。航线变为新城船闸——引江济汉与西荆河交叉处——引江济汉渠道——后港船闸——长湖。

西荆河船闸和倒虹吸的结构设计与初设阶段基本一致，只是布置有所不同（与可研设计一致）。船闸布置在西荆河左岸、引江济汉渠道左侧，倒虹吸布置在西荆河右岸，充分利用原西荆河右岸堤身，两者之间有隔流堤分开，各自分流。

后港船闸位于引江济汉渠道右侧，其中心交与引江济汉渠道桩号 40＋980m 处。后港船闸各部位的拟定高程、结构型式及设计参数与初设阶段西荆河船闸的基本相同。西荆河枢纽航拍图见图 19-2。

图 19-2　西荆河枢纽（2022.7）

19.3.2　参数调整意义

下面通过具体的方案比选，来展现工程追求精益求精的原貌。

19.3.2.1　初步设计阶段枢纽布置方案比较

引江济汉渠道与西荆河交汇处根据西荆河通航、排洪的要求，在可研阶段，为避免破坏原有水系，减少改造工程量，节省投资，西荆河与引江济汉主渠排水各自分流，互不干扰，推荐并审查通过交叉建筑物按完全立交过流布置，拟建西荆河倒虹吸及西荆河船闸。本阶段西荆河交叉建筑物按完全立交过流方案进行布置设计。

19.3.2.2　西荆河船闸（通航线路）布置方案比较

西荆河交叉建筑物采用完全立交过流，西荆河洪水由西荆河倒虹吸排泄。其交叉建筑物的布置主要受船闸的布置而定。拟考虑两个方案进行比较：方案一，西荆河航线仍按原线路即在西荆河设上、下游两座船闸；方案二，结合长湖后港航道情况，西荆河航线经引江济汉渠道直接至长湖，即拟定在西荆河引江济汉渠道左岸布置一座船闸，将西荆河下游船闸移至长湖后港，以满足后港航运要求。

（1）方案一：两座船闸方案——原航线

由于西荆河常年水位较引江济汉渠道设计水位低，需在主渠道左右岸，沿西荆河设两座船闸，航线仍由西荆河经殷家河、过鲁店船闸至长湖。

该方案西荆河倒虹吸及船闸均兴建在西荆河上，由于船闸布置要求上、下游导航段均要有 380m 长的直线段，为减少拆迁量，上、下游船闸临西荆河右岸布置，上游船闸与引江济汉渠道两中心线呈 69°的交角，下游船闸与引江济汉渠道两中心线呈 72°的交角；倒虹吸则布置在西荆河左岸，为了使倒虹吸水平投影长度尽量短，倒虹吸与引江济汉渠道两中心线呈 76°交角，即倒虹吸与上游船闸间呈 8°交角布置。

上、下游两座船闸相邻两闸首相距约 1922.59m，两船闸间航道为引江济汉渠道的一部分，其设计标准同主渠道。船闸与倒虹吸各自分流，在船闸与倒虹吸之间设有隔流堤，其上游隔堤长约 846.5m，下游隔堤长约 1210m；同样，隔堤也为引江济汉渠道的一部分，其设计标准同主渠道。

（2）方案二：一座船闸方案——新航线

同方案一，由于西荆河常年水位较引江济汉渠道设计水位低，需在主渠道左岸布置一座船闸，其航线由西荆河经引江济汉渠道、过后港船闸（新建）至长湖。

该方案西荆河倒虹吸及船闸均兴建在西荆河上。为使倒虹吸进出口水力条件最优，拟将倒虹吸设置在西荆河原河床偏右岸，倒虹吸中心与引江济汉主渠桩号 55＋911.37m 处相交，与引江济汉渠道中心线呈 69°交角，穿引江济汉渠底，其水平投影长 301.35m。倒虹吸进、出水口渠道底部高程为 27.50m，渠顶高程为 34.85m，渠底宽 55.0m，渠道两侧边坡为 1∶2.5，右侧渠堤大部分利用原西荆河右岸堤身，左侧为新建倒虹吸与船闸之间隔堤。

船闸位于引江济汉渠道左侧、西荆河左岸，其中心线与倒虹吸轴线平行，两中心相距 99.2m，船闸也与引江济汉渠道两中心线呈 69°交角，其中心交与引江济汉渠道桩号 56＋017.8m 处。

在船闸与倒虹吸间设隔流堤使其各自分流。隔堤长 834.5m，同方案一，隔堤也为引江济汉渠道的一部分，其设计标准同主渠道，堤顶高程为 34.40m，隔堤坡脚以 320m 的转弯半径与主渠道左岸渠道底部相接。

（3）方案比较

两方案倒虹吸布置基本相同，仅水平投影长度不一，方案一倒虹吸水平投影长 339.3m，方案二倒虹吸水平投影长 301.35m，水平投影长度基本相当。下面就其布置从以下 6 个方面进行比较。

1）横向流速问题。

方案一，按规范要求船闸引航道及制动段的布置，两座船闸间的上、下游引航道及制动段相距约 1.9km，且规范规定航道横向流速应小于 0.3m^3/s，而引江济汉渠道最大流速为 1m^3/s，因此，为满足横向流速要求，在交叉处渠道必须在此扩大断面，相应工程量及工程占地较大。

方案二，由于在长湖后港处现有航道，根据湖北省港航局建议，将西荆河渠道右岸的船闸移到后港，不仅解决了后港的通航问题，而且西荆河上游船只从西荆河在交叉处转弯上行至引江济汉渠道，不存在交叉处横向流速的问题。

2）倒虹吸布置。

根据各方案的布置，方案一倒虹吸水平投影长 339.30m，方案二倒虹吸水平投影长 301.35m，两者相差不大，方案一仅比方案二长 37.95m，但倒虹吸进出口水利条件方案一较方案二差，且进出口引水隔堤也较方案二长。

3）对跨渠公路桥的影响。

方案一在西荆河上建上、下游两座船闸，船队直接从西荆河至长湖；方案二仅在西荆河上游建一座船闸，船队要经引江济汉渠道至长湖，故从西荆河至后港段跨渠公路桥必须满足通航要求。西荆河至后港共有 12 座公路桥，其中三级公路桥一座、四级公路桥七座、人行便桥四座。方案二必须对这 12 座桥进行加高，对应两岸引桥也应加长。

4）安全运行。

方案一在西荆河上、下游布置两座船闸，相邻两闸首相距 1.9km，在这 1.9km 之间为等待过闸的船只及出闸船只密集，存在安全隐患；而且船只为克服引江济汉渠道横向流速必须加大马力，也不利安全运行。方案二，出闸船只迅速离去，不存在刚出闸又在短距离处等待过闸的问题，有利于安全运行。

5）对引江济汉渠道运行的影响。

方案二不仅解决了长湖后港的通航问题，而且避免了今后为兴建后港船闸对引江济汉渠道引水的影响，方案一只解决了西荆河通航问题，今后兴建后港航道在施工期必须中断引江济汉渠道正常引水。

6）工程量及工程投资。

两方案除船闸主体工程量基本相同外（方案二含后港船闸），方案一为解决横向流速问题将交叉处渠道断面加大，增加了工程开挖，相应增加工程占地约 19028m^2；为使倒虹吸长度最短，其进出口排水渠道呈曲线布置，也较方案二增加了工程占地；上、下游设置两座船闸，相应必须设置上、下游的隔堤，其隔堤长度远大于方案二。方案二必须对西荆河至长湖段跨渠 12 座公路桥进行加高延长引桥。两方案主要工程量及投资详见表 19-1。

表 19-1 工程量及投资对照表

方案	挖方（含清基）（m^3）	填方（m^3）	混凝土（m^3）	碎石垫层（m^3）	反滤料（m^3）	钢筋（t）	渠顶公路（m）	永久占地（亩）	投资（万元）	公路桥（万元）
方案一	779980	1343793	66420	45230	687	2109	4390	532.5	9345	10422.97
方案二	1260537	867030	71077	25795	577	2436	4392	504.0	8507	13028.71
差值	−480557	476763	−4657	19435	110	−327	−2	28.5	838	−2605.74

注：1. 表中数据除倒虹吸主体工程外，含船闸、隔堤及倒虹吸进出口渠道工程量；
2. 投资包含船闸土建及机、电、金各专业的工程投资，公路桥投资单列。

综上所述，方案二在运行中不存在渠道横向流速的影响，有利于安全运行，主体工程除工程开挖及渠顶公路较方案一多外，均比方案一少，在不考虑对公路桥的影响时工程投资比方案一少 838 万元，考虑公路桥的加高等因素，相应工程投资方案二比方案一多 1767.74 万元。由于初设阶段要求引江济汉渠道不考虑通航，故只推荐方案一的布置，即西荆河交叉建筑物按完全立交过流布置，拟建西荆河倒虹吸及西荆河上、下游船闸（两座）。

工程实施阶段，考虑通航的要求下，方案二更优。

由于实施阶段船闸和倒虹吸的布置与可研阶段设计一致，因此下面主要将可研阶段的布置方案比选呈现出来。

19.3.2.3 西荆河交叉建筑物

（1）交叉建筑物布置方案

两方案布置原则，根据引江济汉主渠及西荆河实际地形、水位差别等情况，本阶段布置了立交和平交两方案进行比较，择优采用。两方案布置要求是满足西荆河通航、排洪及引江济汉渠道正常引水。

1）立交方案。

为满足西荆河航运要求，兴建西荆河船闸，西荆河常年水位较引江济汉渠道设计水位低，需在主渠道左右岸，沿西荆河设两座船闸，并为满足西荆河排洪及西荆河上游排水系统不受引江济汉渠道水倒灌影响，兴建西荆河倒虹吸，倒虹吸进出口与船闸闸首间设隔墙，隔断河渠水流。

2）平交方案。

为满足西荆河通航、引江济汉渠道正常引水，在西荆河上引江济汉渠右岸建通航船闸、节制闸各一座。

两方案相比，平交方案在河渠交叉区建筑物数量少，但由于西荆河上游至沙洋县城区河段常年低水位抬高至渠道设计水位 31.15m，相应 30km 长河道两岸堤防须按 1 级建筑物（与渠道级别相同）进行加固，并且由于沙洋县城区下游河道水位抬高，对沙洋县城区排涝产生较大的影响，还须对下游 30km 长河道两岸的排水建筑物进行封堵改建，并另建抽排泵站进行排涝。

为避免破坏原有水系，减少改造工程量，节省投资，本次阶段推荐西荆河与引江济汉主渠各自分流、互不干扰的立交方案，因河渠水位差较大，须在西荆河上、下游侧均布置船闸以满足通航要求，不考虑船闸过水流量，西荆河洪水全部由倒虹吸排出。

(2) 立交方案总体布置

对选定的立交方案本阶段拟定了两个总体布置方案进行比较。

方案一：倒虹吸紧靠船闸与船闸平行布置。

西荆河倒虹吸及船闸均兴建在西荆河上，倒虹吸布置在西荆河近右岸处，穿过引江济汉渠底；船闸布置在西荆河左侧，两座，分别位于引江济汉渠道左、右侧。为确保通航安全，两船闸间调顺段按 1.5～2 倍的导航段计，调顺段长 200m，上、下游两座船闸相邻闸首相距 450m；调顺段最小底宽 30m，为使倒虹吸管长度最短，船闸与倒虹吸中心相距 85m，倒虹吸管水平投影长 214m。

方案二：倒虹吸与引江济汉主渠正交布置。

为缩短倒虹吸管长度，使倒虹吸管长度最小，倒虹吸布置在西荆河右岸，与引江济汉主渠正交，并在西荆河上、下游与西荆河轴线分别相交 30°、25°开挖倒虹吸进出口渠道。倒虹吸管水平投影长为 180m。

(3) 立交方案比选

方案一、方案二均要考虑引江济汉主渠通航与不通航情况，通航与否仅对建筑物高度有影响，对总体布置影响不大，以下按考虑引江济汉主渠通航情况进行比选。

方案一：倒虹吸紧靠船闸平行布置，建筑物均设置在西荆河上，土方开挖量少，工程永久占地及临时占地少，为连接交通，须兴建两座跨度均为 120m 长的交通桥与船闸交通桥相连。

方案二：倒虹吸布置在西荆河右岸，位于引江济汉主渠上，其长度不受船闸的控制，管长约 180m，但由于要开挖倒虹吸进出口渠道，其土方开挖、回填及工程永久占地和临时占地量较大。

经比较分析，方案一建筑物布置紧凑，利于管理调度运行，工程永久占地少，工程投资省；但混凝土及钢筋量较方案二多，方案二土方开挖、回填及工程永久占地工程量较方案一多，工程造价高；故本阶段推荐倒虹吸紧靠船闸与船闸平行布置方案（即方案一）。

随着国家双碳战略的提出，各行各业都在积极响应政府号召，开启绿色低碳发展道路。作为一项利国利民的大型水利工程，更应义不容辞地担负起国家实现“双碳”战略目标的重任，工程实施过程中不断精益求精，响应了国家绿色发展的号召，尽可能地降低了能源消耗，以及最大限度地减少了对环境的负面影响。

19.4 永长渠倒虹吸工程参数优化及意义

19.4.1 永长渠倒虹吸工程概况

1）可研阶段。由于倒虹吸个数较多，对流量相对较小的（$Q \leqslant 10m^3/s$）均采用定型设计，对于流量较大的、典型的和有特殊要求的，则逐一设计。该阶段未对永长渠倒虹吸工程进行详细设计。

2）初设阶段。永长渠倒虹吸位于引江济汉渠桩号 62＋885m 处。进口渐变段兼沉砂池长 15m，闸室顺流向长 16m，管身段水平投影长 140.5m，出口闸室段长 10m。

3）实施阶段。在初步设计的基础上，永长渠倒虹吸水平段加长了 31m，其他设计方案基本保持不变。

19.4.2 参数优化的意义

由于倒虹吸具有工程量少、施工方便、节省动力及三材、造价低而且便于清除泥沙等特点，现广泛用于各国的农田水利建设、城市供水、大型调水工程。本工程考虑到通航要求，需在干渠布置引航道，因此在初步设计的基础上，永长渠倒虹吸水平段增加了 31m。工程建成后，不仅保证了汉江正常的防洪、排涝和灌溉功能，同时大大减少了渠道给当地生态带来的影响。

19.5 兴隆河倒虹吸工程参数优化

19.5.1 兴隆河倒虹吸工程概况

兴隆河倒虹吸位于渠线中心桩号 64＋246m 处，由进口渐变段兼沉砂池段、进口闸室段、出口闸室段、出口消力池段组成。倒虹吸管流量 $80m^3/s$，断面尺寸 4－3.5m×4.5m（孔－宽×高），进口底板高程 27.25m，平管段底高程约 18.1m，管身段水平投影长 331.86m。

可研阶段，未对兴隆河倒虹吸工程进行详细设计。

实施阶段，根据引航道的布置，在初步设计的基础上，其主要有三方面变化：①由于倒虹吸长度相对较长，兴隆河河道不顺直，将进出口闸室布置在河床中央，管线要适当转折，转折角为 1.65°，半径为 30m。倒虹吸管轴线与引江济汉渠交角由 97.66°变为 99.31°；②管身段水平加长了 178m；③管孔尺寸由原来的 3.5m×3.8m×4m（宽×高×孔）变成了 3.5m×4.5m×4m，管壁厚由 0.6m 变为 0.7m。见图 19-3。

图 19-3　兴隆河倒虹吸（拍摄于 2022. 7. 21）

19. 5. 2　兴隆河倒虹吸工程参数优化意义

倒虹吸管线总体布置根据地形、地势在管线轴向应为一轴线，尽量减少管线长度，在竖向应为折线，局部做填挖处理。管线布置综合考虑了区域内防洪、排涝、灌溉的需要，实施阶段对管身长度、管孔尺寸均做了进一步优化设计，进一步提高了工程的安全性和经济性。工程建成后，不仅解决了当地农田灌溉用水的难题，同时保障了城区生态用水需求。

19. 6　渠道增挖及护坡加厚

19. 6. 1　渠道增挖及护坡加厚概述

渠道桩号 4＋100～26＋000 两桩号区域内原设计渠底高程分别为 26. 85m 和 26. 20m，增挖后该段渠道渠底高程为 26. 20m。为保证渠道通航的安全性和渠道护坡的耐久性，航线范围内桩号 2＋950～4＋100 段泵后渠道混凝土护坡厚度由初设 10cm 调整为 12cm。

19. 6. 2　渠道增挖、护坡加厚的实际意义

根据输水结合通航的布局，水流将会对渠道护坡造成一定的冲刷，威胁渠道和建筑物的安全，因此必须充分考虑以上不利因素所带来的影响，实施阶段根据实际情况对渠道底部进行增挖，同时对混凝土护坡进行了加厚，一来保证了通航安全，另一方面增加了护坡

的耐久性，在保证主体工程正常安全运行的同时，对水土保持和环境要求也考虑得比较充分，真正把这项利国利民的工程做到了精益求精。

19.7 穿湖段围堰设计参数的变更

19.7.1 穿湖段围堰工程概述

通过穿湖段围堰可研阶段、设计阶段和最终施工的工程技术参数的调整优化，呈现穿湖围堰工程精益求精的原貌。穿湖段围堰设计变更为两个方面：一是围堰底部清淤取消，二是围堰高程变化。

在可研和初设阶段，穿湖段围堰采取将围堰下部淤泥在围堰填筑之前采用挖泥船清除。在技施设计阶段，考虑淤泥性质及分部并利用围堰土方填筑时对面层松散淤泥的挤压作用，至此该阶段设计时取消了穿湖段围堰下部淤泥的清除环节。

可研和初设时穿湖段围堰顶部高程为 29.0m。在技施阶段，根据长湖自然状态下的枯水期 10 月至次年 4 月 10 年标准的水位 29.87m，考虑超高 0.7m，确定围堰顶部高程为 30.6m。庙湖段围堰施工受征地影响，错过了最佳围堰填筑期，此后受长湖水位上涨的影响，围堰高程调整到 31.6m。

实施阶段，穿湖段围堰按照变更后的方案进行施工。

19.7.2 穿湖段围堰设计参数调整的意义

根据分析和计算，在设沉砂池条件下，渠道内淤积量相对较少。入渠泥沙基本上 85%以上输到汉江，10%淤积在沉砂池，渠道内淤积不到 5%。淤积在沉砂池的泥沙可通过机械每两年清淤一次到长江，而渠道内淤积泥沙可有效利用加大补水流量进行清淤，基本上不需采用其他工程措施。在实施阶段，河道清淤工程将极大地改变河流的形态，通常伴随着河道的裁弯取直，河床的渠系化、平直化，这些工程活动均是人为地改变了河流的形态，其本质是把一个复杂多样的河流生境，变成了简单、单一的河流生境，将对河流的生物多样性带来极大的损害。此次清淤环节取消，极大减少了对河流生态的破坏，同时节约了工程造价。

第五篇

景观生态贡献与前景展望

第 20 章　景观生态贡献

纵观人类文明史，河流生态系统对人类社会的发源、发展起到巨大的支撑作用，世界文明多数发源于大江和大河。因此，河流生态系统与人类社会系统相互交融、相互影响、共同发展。河流作为重要的生态系统类型之一，不仅可以提供食物、工农业及生活用水，还具有商业、交通、休闲娱乐等诸多服务功能，而且河流生态系统还是生物圈物质循环的主要通道之一，参与全球的物质循环过程，很多营养盐及污染物在河流中得以迁移和降解。河流生态系统指的是河流水体的生态系统，属于流水生态系统的一种，河流生态系统作为陆地和海洋的纽带，在生物圈的物质循环中扮演着重要的角色。河流生态系统也是许多生物赖以生存的家园，在长期的演变净化中逐渐构成丰富的生物群落。河水的流动特性大大增加了水中的含氧量，保证了河流生物能够进行有氧呼吸，而生物多样性的增加也反馈给河流生态系统增加其稳定性。河流生态系统是人类与环境平衡的生态系统，在保持自身内部系统稳定、生物多样性、生物群落结构完整的前提下，继续维持为人类提供良好的社会性服务。

引江济汉工程作为南水北调中线工程的水源区工程之一，是南水北调中线工程的重要组成部分和湖北省汉江中下游水资源优化配置的龙头项目，它的实施不仅对中线工程的调水规模和供水保证率有直接影响，而且对汉江中下游地区的生态环境的修复和改善具有重大作用，还可缓解汉江中下游水资源的供需矛盾，为汉江中下游地区社会经济的可持续发展和全面实现小康社会提供有力支撑，其生态效益和社会效益十分显著。

20.1　景观生态的意义

20.1.1　打造生态廊道，为汉江输水

引江济汉的引水线路关系到输水安全、经济和综合功能的发挥，最后确定为长江上荆江河段与汉江兴隆河段之间。水作为景观生态流的媒介物，能驱动物质、能量、物种和信息等在景观组分之间进行流动。引江济汉渠线的构建为养分的传输提供了条件，养分流主要是以溶解质的形式随水流而迁移。养分主要来源于岩石和土壤中无机物的风化，溶解，以及有机物质的分解。水分在被沿途生态绿带植物吸收后一部分可以进入食物链，在景观

中实现再分配，随水流的流动被迁移到沿途区域直至终点；另一部分则被循环利用；还有一部分养分会随地表或地下径流进入河湖海洋，融入更大范围的物质循环。

水既是一种被传输的物质，也是一种传输其他物质（包括可溶性和非可溶性物质）、能量和物种的媒介物。陆地水在重力作用下以河流、地表径流和地下径流的形式流动，同时也促成了可溶解矿物质、盐分、颗粒物、泥沙、人工废弃物、植物种子、孢子、小型动物和水生生物等在空间上的水平运动。水流是景观格局、过程、功能和动态变化的最主要和最活跃的物质流。水流穿越不同区域不同类型的景观，在沿途既影响周围的景观，同时也受不同景观的影响。来自景观系统内部和外部的水流首先影响某个或多个景观要素，进而通过这些要素的各自作用和综合作用影响景观格局及其稳定性。

在自然界中，植被类型的空间分布和景观格局受河流廊道影响很大，河道景观通常以河流廊道为中心向两边呈带状分布，随水热等条件的改变，植被类型也会依次发生变化。引江济汉生态廊道除了承担能量流和物质流的通道以外，也会源源不断地为汉江输送水源。

引江济汉渠道全长约67.23km，多年平均输水37亿m^3，其中补充汉江水量31亿m^3，补充东荆河水量6亿m^3，既可满足汉江中下游两岸的生产生活需要，又对汉江中下游地区的生态环境修复和改善具有重要意义。在农业灌溉方面，工程建成后，在满足供水范围内7个城市用水的基础上，结合闸站改造，可使灌溉保证率提高到80%左右。对于缓解因南水北调中线一期工程调水与汉江中下游河道需水之间的矛盾，改善当地生态、工农业用水、航运等各方面有重大贡献。

20.1.2 社会意义

水是自然环境的重要组成部分，一切生命赖以生存的物质基础。整个地球的含水量极为丰富，但水资源在地区之间的分布极不均匀，有许多地区都是贫水区，尤其是用于生活和生产的淡水资源更是十分不足，由于环境污染和生态破坏，造成地表水污染，地下水过度开发以及水旱灾害频发等问题，使水资源更加紧张。地球自然生态的运转与人类的生存离不开生态系统稳定持久地提供服务，其供给能力的高低和提供服务的水平直接影响区域的发展水平。为了维持区域的正常发展，保证发展步调的协调性，提出了引江济汉工程。水利工程是一个非常复杂的系统工程，在面对水资源分布不均和发展过程中水资源需求不同，结合分析各地区实际情况，对计划的可行性进行深入的研究的前提下，得出现阶段水利工程对河流生态产生的影响，通过修建生态水利能够有效地运用水资源，对自然生态环境进行更好的保护。

南水北调中线工程是南水北调工程的重要组成部分，对缓解京津及华北地区水资源短缺，改善受水区生态环境，促进该地区经济和社会的可持续发展具有重要战略意义，但调水后由于流域间水资源的分布改变，以及工程施工、移民等活动，对水源区和受水区的生态环境将产生深远的影响。引江济汉工程为南水北调中线工程中汉江中下游治理工程之一，可以满足在汉江兴隆以下河段的生态、灌溉、供水和航运用水条件，并解决东荆河灌区的灌溉水源，以缓解南水北调中线工程调水对汉江中下游生态环境和社会经济的影响。

引江济汉工程为南水北调中线工程中汉江中下游治理工程之一，其工程任务为满足在汉江兴隆以下河段的生态、灌溉、供水和航运用水条件，并解决东荆河灌区的灌溉水源，以缓解南水北调中线工程调水对汉江中下游生态环境和社会经济的影响。水利工程在我国国民经济发展中发挥着重要作用。

20.1.3 战略意义

（1）与南水北调工程接轨

南水北调工程规划是根据我国南方水多、北方水少的实际，早在1958年就正式提出的一项全国性水利规划。1980年代以后，随着经济社会的快速发展，加之气候变化的影响，北方地区水资源短缺的矛盾日趋严重，缺水所造成的损失和环境的恶化更为明显。国家在充分论证的基础上，已于2003年先后启动了南水北调东、中线工程。在南水北调工程规划中，湖北省为中线工程水源区。根据《南水北调中线一期工程项目建议书》所述，中线一期工程多年平均调水量为95亿m^3。调水后，汉江中下游的用水和生态环境将受到一定的影响。为此，国家在规划南水北调中线工程的同时，拟对汉江中下游采取一些工程措施，来减缓调水对汉江中下游灌溉、航运和生态环境的影响，这些工程包括兴建汉江兴隆枢纽、引江济汉工程、汉江干流沿岸闸站改扩建工程和汉江中下游局部河段航道整治工程，均已纳入南水北调工程总体规划。

由此分析，引江济汉工程建设是南水北调战略工程的补充。

（2）促进区域航运发展

引江济汉通航工程实施后，将成为长江中游和汉江中游间的连接运河，使长江、汉江中游的水运距离比绕道武汉缩短600余千米，是一条理想的水运捷径。它北联汉江，通豫、陕；南至长江向东可通长江中下游省份，向西可至川、贵，向南可达湖南与湘、资、沅、澧四水相连，在湘桂运河开辟后，还可经湘、桂抵两广。

由于其地理位置的优势，近几十年来，交通部门曾多次对此进行过规划。1960年在全国水运网规划中，两沙运河被选作京广运河的江汉联结段；1975年在开发长江水系规划中，又提出了以“汉江为骨干，两沙为中心”，建立四通八达水运网的规划意见；1984年，中国、德国交通部门双方派员共同对两沙运河线路进行了初步查勘。1984—1991年，交通部门均对两沙运河编制了规划。在1993年交通部编制的《全国水运主通道总体布局规划》中，正式将两沙运河列为全国二十条水运主通道之一。

根据我国交通运输的发展现状，2002年交通部在组织各方面专家分析论证的基础上，

研究制定了我国《公路、水路交通发展三阶段战略目标》（基础设施部分）（以下简称《三阶段发展目标》）。《三阶段发展目标》明确提出了各阶段的任务。着重强调指出，为实现在2050年前后，我国公路、水路交通现代化的战略目标，关键是在2020年前后要努力完成公路主骨架、水运主通道、港站主枢纽和交通运输支持保障系统，即“三主一支持”系统的建设。

水运主通道是国家级重点航道，是全国水运网的主骨架，是国家综合运输大通道的重要组成部分。按照我国生产力布局和水资源“T”形分布的特点，全国水运主通道规划为“两纵三横”共5条。分别是沿海南北水运主通道、京杭运河淮河水运主通道、长江及其主要支流主通道、西江及其主要支流主通道、黑龙江松花江主通道。

湖北省境内的汉江和规划建设的两沙运河（依托引江济汉工程）属长江水系的两条水运主通道河流，《三阶段发展目标》要求两条河流的航运建设在2010年以前基本完成。因此引江济汉工程建设符合区域航运发展规划。

（3）湖北省经济和社会可持续发展的重点项目

《湖北省国民经济和社会发展第十个五年计划纲要》指出，二十一世纪初期，湖北省国民经济和社会发展将进入全面建设小康社会，加速迈向现代化的新阶段。今后五到十年，是湖北省改革开放和现代化建设承前启后、继往开来的重要时期。在新的国际、国内环境中，湖北省面临着重大的发展机遇和严峻的挑战，必须审时度势，抓住机遇，乘势而上，加快发展，将湖北省建设成全国现代农业基地、现代工业基地和高技术产业基地，综合实力显著增强，成为全国重要的增长极之一，为实现第三步战略目标奠定良好的基础。

湖北省经济在二十一世纪初的战略目标是：改革攻坚取得重大进展，社会主义市场经济体制进一步得到完善，市场在资源配置中的作用得到较为充分的发挥；进一步拓展全方位、宽领域、多层次、高水平的对外开放格局，全省经济加快融入国际经济体系，经济外向度有较大提高；结构调整取得明显成效，建成一批关系经济、社会发展和生态环境的重大项目；培植一批竞争力强、科技含量高的名牌产品，壮大一批综合素质高、具有比较优势的大企业、大集团；汽车、钢铁、电力、建筑建材、纺织服装等现有优势产业得到提升优化，高新技术产业、教育、旅游等新兴优势产业发展加快；交通、通信优势明显加强，构筑新的“九省通衢”的区位优势；城镇化水平进一步提高，形成以武汉为中心、以黄石、宜昌、襄樊为顶点，以江汉平原为中心腹地的“金三角”经济高地；到2010年，人均国内生产总值在2000年的基础上再翻一番，国民经济发展速度快于、经济增长质量高于、经济效益好于全国平均水平。

在基础设施的规划部分，重点提到以提高航道通过能力和逐步高速化为目标，重点抓好“三主四重一网”（长江、汉江、引江济汉三条水运主通道，汉北河、松虎河、清江、内荆河等四条重点河流，江汉平原航道网）的规划建设，重铸湖北省“通江达海”的水运优势。

从上述全国性的规划和省内规划综合分析，引江济汉及其通航工程，是关系湖北省经济和社会可持续发展的重点项目。

（4）改善区域生态环境

《荆州市环境保护“十五”规划》制定的规划总体目标为：到2005年，在继续强化巩固2000年荆州市工业污染源达标排放工作的基础上，实现全市所有污染源全面达标排放，城市环境质量均有明显改善，所辖县、市、区、风景名胜区、自然保护区的环境质量按功能区划分别达到国家规定的有关标准；实施比以往更加严格有效的总量控制方案，二氧化硫排放量比1999年削减15%以上，COD排放量比1999年削减100%以上；同时改善生态环境、实施良性循环，加快城市环境基础设施建设。到2010年，全市环境质量完全达到功能区划要求，彻底消除环境质量超标的现象，基本建成生态工业、农业和城市功能体系；完善环境保护管理体制，强化环境监督管理；与2005年相比，全市污染物排放总量明显下降。

《荆门市环境保护“十五”计划和2010年目标》制定的近期规划总体目标为：到2005年，建立完善的市、县（市、区）、镇（乡）三级环境管理体系。加强自身建设，依法保护环境。环境空气质量达到国家二级标准，自然保护区、风景名胜区达到一级标准；地表水环境质量按全市地表水环境功能区划规定达到相应的标准；工业污染得到有效控制，城市环境质量有比较明显改善，建成全国生态示范区。到2010年生态环境恶化的趋势得到有效控制，城乡环境质量明显改善，达到环境清洁优美，生态良性循环。

《潜江市环境保护“十五”计划和2010年目标》制定的近期规划总体目标为：到2005年，力争全市环境污染状况有所减轻，农村生态环境恶化趋势缓解，健全我市适应社会主义市场经济体制的环保政策和管理体系。到2010年，基本改变环境恶化的状况，城乡环境质量有比较明显好转。

引江济汉工程渠线工程位于上述区域内，该工程主要任务是满足汉江下游生态用水、灌溉、航运的要求，工程建设施工期存在一定程度的污染，但工程建成后基本上没有污染物排放，同时其对生态环境的破坏也通过采取相应的工程和管理措施得到有效控制，同时，工程建成后将减缓南水北调中线工程对汉江下游生态环境的影响，同时对于灌溉、航运条件的改善都有极其重要的作用，符合区域经济可持续发展，也符合荆州市、荆门市、潜江市环境保护“十五”计划和2010年目标要求。

20.2 引江济汉渠线绿化带的意义

20.2.1 为引江济汉渠线提供有效的缓冲生态绿带

水滨地带是指水体边缘到陆地的过渡带，水滨缓冲作用是指沿河流生长的草、树和灌木具有控制侵蚀和清洁水体的功能。河流的整体质量与沿岸陆地状况息息相关，流域内植被绿化带的覆盖情况，人类活动干扰的强度和方式都直接或间接地滋养着生态绿化带的生长。一方面，引水渠的河水滋养着沿途绿化带植被的生长，随地区干旱程度的增加，水流对绿带植被的影响就越加明显。另一方面，河流生态廊道植被的遮阴效果，落叶枯枝，种子的输入等都会影响河水的理化性质。周边具有丰富茂密植被的河流廊道可以控制来自景观基底的溶解物质，为河岸两侧生物提供足够的生境和通道。此外，能够对来自周围景观的污染物质进行过滤，保证水质。2018 年 6 月，《中共中央国务院关于全面加强生态环境保护坚决打好污染防治攻坚战的意见》指出，要全面加强生态环境保护，提升生态文明，建设美丽中国，部署实施蓝天、碧水、净土三大保卫战。至 2020 年底，污染防治攻坚战阶段性目标任务已顺利完成，生态环境质量明显改善。据统计，2020 年全国地表水优良水质断面比例由 2015 年的 66% 上升到 83.4%，超过“十三五”目标值 13.4%；劣 Ⅴ类水体比例由 9.7% 下降到 0.6%，超过“十三五”目标值 4.4%；长江干流全部实现 Ⅱ类及以上水质。

在引江济汉缓冲带植物的选取上积极遵循自然规律，多选取对氮、磷等污染物去除能力较强、用途广泛、经济价值较高、观赏性强的本地优势物种。滩地植物群落恢复应适应滩地的水流条件，确保植物群落修复后的稳定性，保证 3～5 m 的宽度。在植物的选择上为确保物种多样性，为后期当地生态系统能够稳定发展，实用包括水生植物（沉水植物、浮叶植物、挺水植物）和湿生植物，以挺水植物和湿生植物恢复为主。陆域区域考虑常绿树种与落叶树种混交、深根系植物和浅根系植物搭配，多采用乔木+灌木+草本、乔木+草本、灌木+草本的植物配置方式。其次，这些植被绿化带还可以有效防止河岸侵蚀，减少水土流失，减缓颗粒物质和溶解物质的输入进程。经计算，引江济汉工程项目（以龙高Ⅰ线通航方案为叙述对象）水土流失防治责任范围总面积为 3568.12hm^2，其中项目建设区防治责任范围计 3459.89hm^2；直接影响区为 108.24hm^2。水土保持措施防治面积达到 3314.98hm^2，拦渣率达到 99%，减少预测期水土流失 26.99 万 t，减蚀率达到 86.2%。工程完工后，开发建设区水土保持方案措施全部到位，项目区内的水土流失得到有效治理，水土流失治理程度达到 95%以上，水土流失量控制率达到 85%以上，水土流失控制比达到 1.2 以下。通过采取相应的工程措施和植物措施，减缓因工程建设对环境造成的不利影响，工程建设区水土流失得到有效控制，扰动土地治理程度达到 95%以上，工程项目完工后，恢复植被，绿化美化区域环境，裸露地植被覆盖率占宜林宜草面积的 98%以上。引江济汉生态绿带作为陆地与河水之间的一条“缓冲带”，充当着生态过滤器的作用。岸边种植的缓冲带可以起到将水体与周边的农田或其他类型的土地隔离开的作用，可以减缓地表径流，使流速降低，减少对地面的冲刷，达到就地入渗的效果。其次，岸边生态绿带可以降低径流污染物的含量，截留径流中所含有的化肥，农药等有机污染物，防止大量进入水体造成水污染，导致水体富营养化。

在构建引江济汉生态缓冲带及采取一系列生态措施后，长江经济带水环境质量整体呈好转趋势。2017 年，长江经济带Ⅰ～Ⅲ类地表水断面比例为 77%，较 2010 年提高了 28 个百分点；劣Ⅴ类地表水断面比例仅为 3%，较 2010 年降低了 11 个百分点，水质总体改善幅度十分明显（图 20-1）。从地表水主要污染物浓度变化趋势来看，化学需氧量、氨氮、总磷等 3 项指标的年均浓度显著下降，2017 年较 2010 年分别下降了 35%，61% 和 37%（图 20-2）。2017 年，长江经济带河流型断面中，Ⅰ～Ⅲ类断面比例接近 84%，较 2010 年提高了 26 个百分点，劣Ⅴ类断面比例仅为 2%左右，较 2010 年降低 12 个百分点（图 20-3）；化学需氧量、氨氮、总磷等 3 项指标年均浓度显著下降，较 2010 年分别下降了 34%，64%和 41%（图 20-4）。2017 年，湖库型断面中，Ⅰ～Ⅲ类断面比例为 40%，较 2010 年提高了 17 个百分点，劣Ⅴ类断面比例为 7%左右，较 2010 年降低了 5 个百分点（图 20-5）；化学需氧量、氨氮、总磷等 3 项指标年均浓度显著下降，较 2010 年分别下降了 30%，57% 和 34%（图 20-6）。

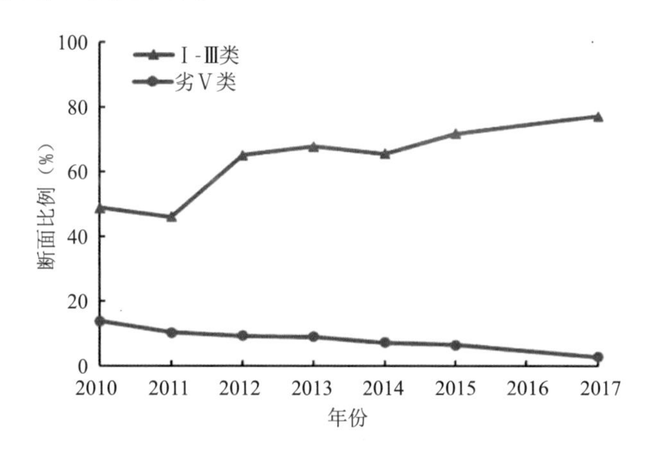

图 20-1　长江经济带地表水水质类别变化趋势

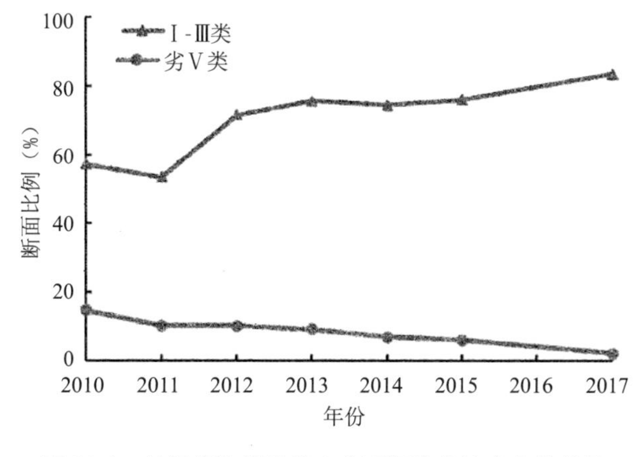

图 20-2　长江经济带地表水主要污染物浓度变化趋势

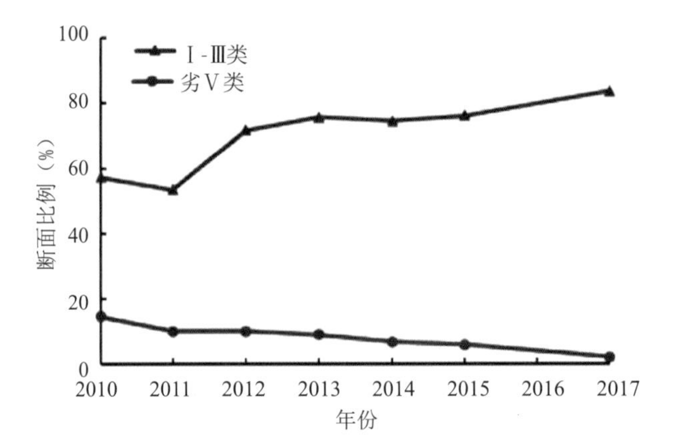

图 20-3　长江经济带河流水质类别变化趋势

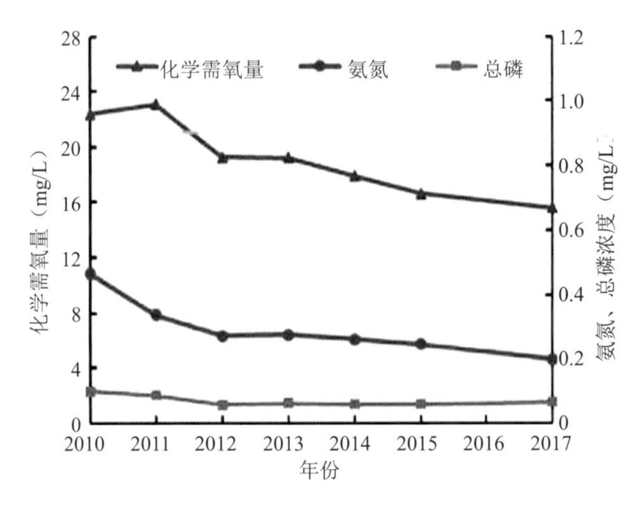

图 20-4　长江经济带河流主要污染物浓度变化趋势

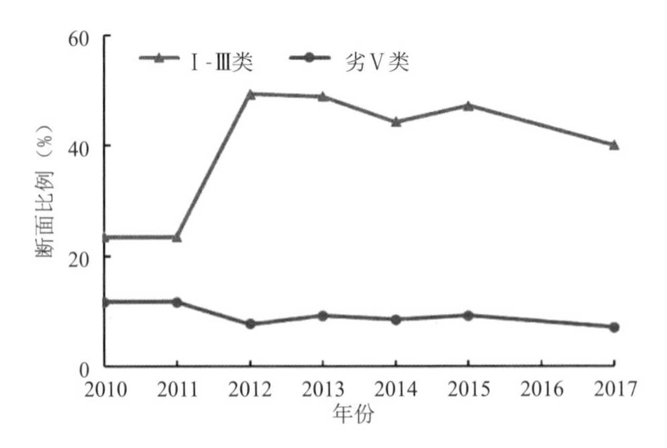

图 20-5　长江经济带湖库水质类别变化趋势

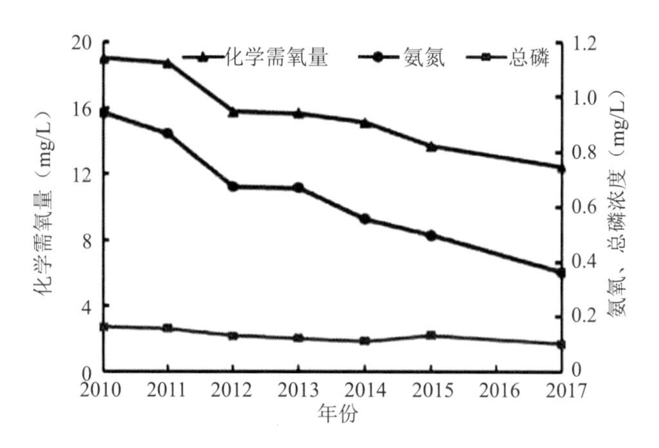

图 20-6 长江经济带湖库主要污染物浓度变化趋势

水流不间断的滨水廊道能够维持有利于某些鱼类生存所需条件，如低水温，含氧高，并且为水生食物链提供有机物质，为水生物种提供适宜的生境。此外生态缓冲带植被类型丰富，还充当着景观廊道的作用。沿岸树木及草本植物点缀着整个引江济汉渠线，曲折平坦的河岸线，优美的生态环境是人们进行户外活动不可缺少的场所。

20.2.2 提高河道沿线绿视率，改善人居环境，助推全民大健康

因工程特征，征地拆迁的影响范围呈带状分布，沿线除涉及渠道的部分土地和居民受影响外，大部分土地资源等物质条件不改变。因此，工程设计将采取“就近后靠，一次性补偿”的消化安置方式解决移民问题。工程拟安置移民 1887 户共 8492 人，基本为农业人口，见图 20-7。将通过对现有土地（水域等）资源的开发利用，在不影响本地其他居民生活水平的基础上，逐步使移民的生活达到或超过现有水准。其中沿岸生态绿化带便承担着重要作用。

沿岸生态绿化带的建设是引江济汉工程的重要配套组成部分，不仅可以起到吸附污染物，固土保水的作用，而且能充当防护林的角色，调节气候，防风固土，涵养水源，为周边居民提供更加优良的生活环境。工程十分注重生态环境保护与生态绿化带的建设，例如在施工期间做好施工道路绿化，栽植行道树，保护好临时征地范围内防护林、四旁树、沟渠防护林，以减少粉尘、噪声对办公生活与施工人员的影响。在工程完工后，尽快恢复施工迹地，充分利用可绿化面，种植适宜林草。为恢复和提高农村移民建房安置点的植被覆盖率，改善移民安置点自然环境，鼓励移民在新建房屋周围及附近空旷地带种植速生丰产树种以达到“四旁”绿化效果。杨树生长快，枝繁叶茂，在短时间内即可起到防止水土流失的作用，又能为移民提供薪材和用材。“四旁绿化”还可种植适当的经济林木，其树种以竹类、棕榈、柑橘等经济林为主，可增加移民经济收入，提高生活质量。

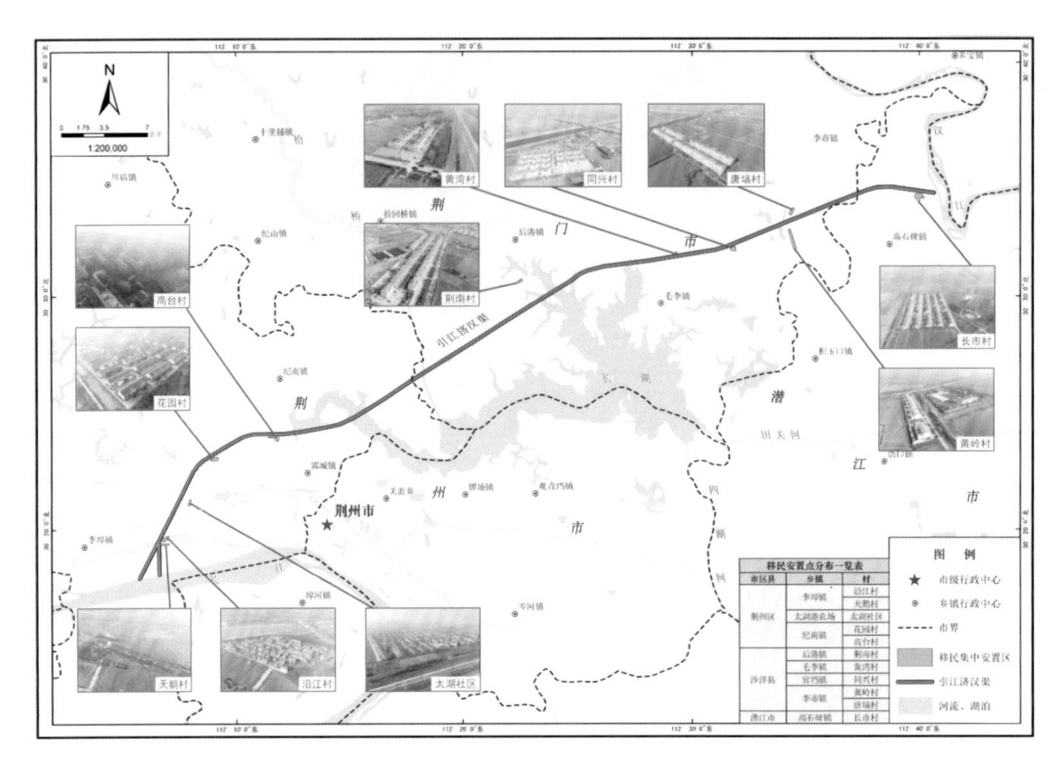

图 20-7　引江济汉工程移民集中安置点分布图

健康研究表明，在决定人类健康的各种综合性因素中，社会和环境因素占据了主要部分，比例高达 60%以上。世界卫生组织将健康定义为："不仅身体健康没有疾病，还要具备心理健康、社会适应良好和有道德"。不仅是个人的身心健康，而且包括社会环境的和谐与繁荣。随着城市化的发展逐渐出现人与自然绿色空间的隔阂、环境污染、面对生活压力产生的焦虑等不利于全民健康的现象。此种现状受到了国家的关注，2016 年国家编制《"健康中国 2030"规划纲要》，2017 年党的十九大报告提出实施"健康中国"战略，2019 年国家出台《健康中国行动（2019—2030 年）》等相关文件，健康逐步上升到了国家战略的高度。习近平总书记提出："没有全民健康，就没有全面小康""要把人民健康放在优先发展的战略地位"。人民健康对国家发展具有举足轻重的意义，健康问题得到社会高度关注。在城市的公共空间—滨水景观空间作为人与自然联系最为紧密的地区，对人类健康有着直接影响。滨水景观空间生态资源丰富，不仅可以营造良好的景观效果，而且能为水生植物、水鸟鱼虾提供生存栖息地，生态固坡减少水流冲刷对驳岸的损坏、防止水土流失、打造生物多样化的健康滨水景观。人与自然是相辅相成的，在稳定健康的生态环境下，通过利用天然水体优势，加强周边水域景观空间的建设，如户外公共空间，滨水步道，植物配置等提高河岸绿视率，为居民提供与自然亲密接触的平台，对缓解精神压力，调整心理状态都有着积极作用。

引江济汉工程在植物配置方面做到绿化植被层次丰富、错落有致，同时根据不同的环境、地形、地势及周围的建筑风格，选用适宜的树型（图 20-8，图 20-9）；以常绿、阔叶、乔木为主，适当搭配落叶、针叶、灌丛植物类型；同时种植一定数量的花卉、草本植物。以期打造富有吸引力的健康活动场所。对于道路绿地，树种方面选择具有较强的抗空气污染能力，有较好的净化空气、遮阳降尘、速生、枝叶繁茂、保水固土能力，少飞絮扬花，不妨碍环境卫生，适应当地土壤和气候条件的特点的树种。栽植的花草也应选具有常绿、适应性强、耐旱能力强、再生能力强、花期长等优点的种类。绿色植物具有吸收有害气体，吸滞烟灰粉尘，减弱噪声，保持水土，调温调湿，改善小气候，美化环境的作用，因此绿地的建设对环境改善有着不可忽视的作用。其次根据各居民点新址地形地貌，融入移民意愿，自然将住宅与当地环境融为一体。村内要设置公共绿地和小广场，给村民创造一个交流活动的场所。在广场上安置多种类型的健身器材，培养村民锻炼健身的良好习惯。

图 20-8　高石碑船闸景观绿化现状

图 20-9　荆堤大闸景观绿化现状

20.2.3　为陆生物种的扩散和迁移提供通道，对景观格局和多样性的贡献

根据生物渗透理论，动物运动规律可总结为“源—廊—汇”的空间模型，其对应的生境空间即栖息地、生态廊道和生境节点。生态廊道在动物运动中主要是联系栖息地、保障物种安全迁移的线型空间结构，为物种提供栖息地和移动、传播的通道，促进栖息地间基因和物种的交流，实现生物多样性的保护。在引江济汉工程前期调研中发现，规划区域存在洪涝、干旱、环境污染、血吸虫病害等主要环境问题。在这些干扰下导致景观破碎化，而景观破碎化是降低生物多样性最重要的过程之一。景观植被的破碎化导致野生动物栖息地受到干扰，地区内动物的正常迁徙通道受阻，影响了生物间的交流，阻碍了物种传播，对整个生态系统以及生物多样性都会造成不同程度的影响。

景观破碎化和生态环境被破坏被认为是生物多样性灭绝速率加快的重要原因，而引江济汉工程参照生态保护区的标准，自长江上荆江河段与汉江兴隆河段，建设了一条生态廊道连接了破碎化的生物栖息地，将其他斑块连接起来，提高整个区域景观的连接度，极大地丰富了物种多样性，构建起了一张生物多样性保护网络，为野生动物的迁徙、繁衍提供

了保障。对物种来说，将破碎化的景观连接起来不仅可以营造适宜的生境，而且还能引起适宜生境空间格局的变化，包括斑块面积变大、斑块形状趋于规则、内部生境面积变大、斑块间隔离度削弱等。修复破碎化生境有利于哺乳动物和鸟类的扩散迁移、鱼类的洄游，最终促进物种的生存和繁衍以及景观的生物多样性和稳定性。

其次引江济汉工程也十分重视对河段生态环境的保护，对水域水质，生态环境，水土保持等方面做了充分的前期调研，针对具体情况采取了相应的工程措施。引江济汉工程采取严格的陆生动物保护措施，大力宣传保护野生动物法，在渠线交界林地较多的路段、涵洞、桥梁、通道等地方设置预告、禁止鸣笛等标志。做好施工人员宣教工作，禁止捕杀野生动物和从事其他有碍动物生境的活动。合理安排施工机械运行方式和时段，尽量避免对陆生动物的惊扰。为陆生物种提供了良好的栖息环境。

景观格局多样性是指景观斑块类型及其空间分布的多样性，以及各斑块类型之间和斑块之间空间构型与功能联系的多样性。景观格局多样性多考虑不同类型的空间分布以及同一类型空间的连接度和连通性、相邻斑块间的聚集与分散程度。引江济汉生态廊道的构建加深了景观整体格局的空间连接程度，强化了物质、信息和能量等景观流在空间中的流通能力。其次，生态廊道的构建为斑块之间的种子传播、物种迁移、水分和养分流动等生态过程的交流提供了通道，促进了生物物种的扩散与传播，有利于生物物种的保护和生态系统的自身优化，从而促进景观空间格局内生物多样性，增强生态系统的稳定性和恢复能力。

第21章 前景展望与发展愿景

21.1 前景展望

引汇济汉工程是湖北省一项具有战略意义的综合利用工程，既可以实施南水北调中线工程补济汉江下游水量，补偿向北调水对汉江下游灌溉、航运造成的不利影响，又可以在江汉平原腹地形成沟通长江与汉江的水运捷径，促进区域经济的发展。同时，预计可以基本消除汉江兴隆以下河段发生的曾严重威胁武汉等城市供水安全的春季水华现象，还可以增加汉江下游江段的水环境容量，使下游沿岸天门、潜江、仙桃、汉川、蔡甸、武汉等城市的水环境质量得到明显改善，使汉江下游的生态环境得到合理的保护和健康发展，实现南水北调中线调水区和受水区经济、社会、生态的协调发展。作为南水北调中线工程的重要组成部分和湖北省最大的水资源优化配置工程。该工程建成后，不仅可有效缓解南水北调中线调水与汉江中下游河道内外需水之间的矛盾，还可为改善当地生态环境、灌溉、供水和航运用水创造条件，对促进湖北省经济社会可持续发展和汉江中下游地区的生态环境修复和改善具有重要意义。

引江济汉工程既能满足汉江兴隆以下河段的生态、灌溉、供水航运用水条件，又能解决东荆河灌区的灌溉水源。同时，其自身还兼有航运、撇洪和旅游等综合利用效益。主体渠线为核心保护区，工程所经之处为荆楚文化的发祥地，又是古两沙运河遗址，有丰富的楚汉文物古迹和优美的自然景观，被列为我国首批24座历史文化名城之一，是长江旅游线、三国旅游线与漳河水库水利风景旅游线的交汇点。可结合旅游需要，在沿线两侧在已有景观绿化基础上建设景观型河道，发展水利旅游事业。其工程的实施，既可以实施南水北调中线工程补济汉江下游水量，补偿向北调水对汉江下游灌溉、航运造成的不利影响，又可以在江汉平原腹地形成沟通长江与汉江的水运捷径，促进区域经济的发展。同时，预计可以起到基本消除汉江兴隆以下河段发生的曾严重威胁武汉等城市供水安全的春季水华现象。随着植树种草的绿化工程实施，对增加植被覆盖率、防止水土流失、美化环境具有积极作用，其所产生的社会、经济、环境效益是巨大的。

引江济汉工程直接供水范围内的6个灌区和7个城市都是通过沿江兴建的水闸和泵站取水，较大和取水较集中的灌区有谢湾灌区、泽口灌区、汉川二站灌区以及沿江各城市的

骨干自来水厂等。引江济汉工程实施后，结合闸站改造工程，可改善上述各灌区特别是东荆河灌区的灌溉用水和城镇供水的条件，为该地区社会经济的可持续发展提供有力支撑。

引江济汉工程结合局部航道整治，在满足河段最小通航流量的基础上，还可以使兴隆以下河段中水（600～800m^3/s）的通航保证率不低于"现状"水平，为航运远期规划目标将丹江口—汉口河段全面提高到Ⅲ级航道标准创造条件。同时，根据交通部的统一安排，引江济汉工程干渠将按Ⅲ级航道同步进行规划建设，可开辟长江中游与汉江下游的水运捷径，建成江汉运河（两沙运河），缩短江汉之间绕道航程 673km，提升工程自身的综合利用功能，对促进湖北经济的全面腾飞具有深远的影响。

引江济汉工程参照生态保护区的相关标准，使荆州环古城湿地公园、长湖湿地公园等作为重要景观节点的景观生态功能提升和沿河道绿化带协同发展，打造成一条兼具生态、文化和社会功能的健康生态廊道。同时引江济汉工程兼有生态环境、灌溉、城市供水、航运、撇洪和水利旅游等综合利用效益，同时满足人们的需求和社会的发展，引江济汉工程的及渠线景观带的规划和建设将成为江汉平原美丽的风景线，打造环境优良，经济腾飞的美好湖北。

21.2　引江济汉生态廊道愿景图

21.2.1　植物与工程措施相结合，减少洪涝灾害与水土流失

长江中游平原湖区是长江洪涝灾害最严重的地区，素有"万里长江险在荆江"之说，1931 年和 1954 年的洪水都是历史罕见的流域性大洪水，损失居全国之最。进入 20 世纪 80 年代以来，洪涝灾害明显增多，1998 年出现继 1954 年以来最大的一次全流域洪水，其中汉口水位超警戒水位达 80 天以上，损失十分严重。

汉江丹江口水库初期规模对防洪起到一定的作用，但由于初期规模水库库容有限，拦洪削峰后下泄的洪水对汉江中下游威胁仍然较大。2003 年 10 月出现了历史罕见的汉江流域大洪水，对汉江上、中、下游均造成严重影响。

造成洪涝灾害的主要原因是洪水来量大涨势猛，而中下游河槽泄洪能力与来水泄量极不平衡。加之堤防的防洪标准偏低，自身存在隐患，导致洪涝灾害频繁针对上述情况根据工程建设区地形、地质、土壤条件及区域水土流失、洪涝灾害状况，结合施工特点、施工布置和建设区近远期发展规划，以及所产生的水土流失影响和防治目标，统筹制定水土保持措施。按照工程措施和植物措施相结合、重点治理和一般防护相结合、安全保护和水土资源保护相结合、治理水土流失和恢复、提高土地生产力相结合原则，对建设区水土流失进行系统、全面设计，形成完整的水土流失防治体系。采用梯度植物配置方法，根据坡度选择不同高度的植物，设计顺应渠水季节性涨落，塑造多维韧性渠岸（图 21-1），底层耐

水湿复合植被群能有效适应蓄水时的水淹环境，上层灌木能抵御夏季涨落时的洪水冲刷，同时在顶层考虑城市景观美化，采用本土乔木打造多彩城市绿化景观带，形成多维韧性江岸。乔—灌—草结合的植物配置模式能最大程度增加雨水在地表的径流面积从而促进雨水下渗，减少水土流失，降低洪涝灾害发生的风险。同时在工程措施减少硬质，多采用透水铺装（图 21-2），让雨水充分下渗到地面从而减少对地面的冲刷，防止水土流失，同时还能补充地下蓄水量。让自然做工不仅能维持区域生态环境的稳定，而且能减少对现有工程措施的损耗，增加使用年限。

图 21-1　梯度韧性生态江岸

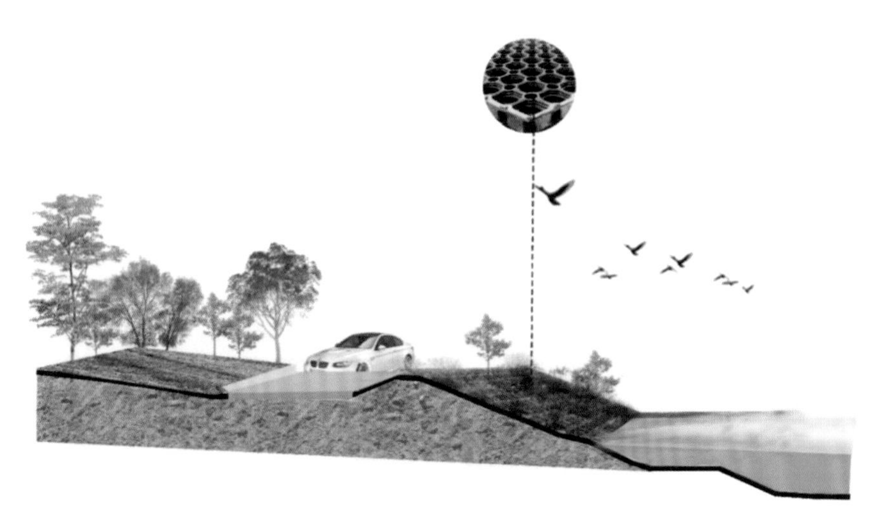

图 21-2　透水铺装

21.2.2 改善湿地生态、恢复湿地功能

“水”在城市发展过程中始终发挥着重要作用，引江济汉沿岸城市的生态保护和绿色发展始终都要围绕着“水”来展开，对于如何保护湿地生态，恢复湿地功能，改善湿地水质在引江济汉工程中多有展现。

随着经济发展需要，城市建设以牺牲城市自然生态环境为代价，盲目、片面地追求经济效益，导致湿地在过去某些阶段遭到严重破坏，城市周边湿地面积缩减、陆地植物系统被破坏，从而引发了一系列生态问题。经过调查发现由于自然和人为因素，工程沿线区域现已无原生植被，主要以农作物、经济作物和人工林为主。林地主要以农田林网、生态防护林、果木经济林、速生丰产林为主。林下草本植物大多是蕨类植物和禾本科植物，还有少量的灌木。工程沿线陆生植物主要为农田植被、疏林草丛，造林类型全部为人工林，树种主要以杨树、水杉、桃、梨、李等为主，在沟边、河边有少量枫树、楝树、桑树等种类。例如长湖湿地生态系统的破坏不利于污染物稀释扩散和降解，同时取水口存在血吸虫输入的风险、占用土地和移民人数也较多等，我们在注重该线路的环境保护设计的同时也要注意生态湿地的恢复与保护，使工程在发挥南水北调中线工程后改善汉江中下游生态环境质量的同时，对其周围的环境影响也降低到较小的程度。

高Ⅱ线、龙高Ⅰ线渠道穿越长湖，使输送到东荆河的 6.9 亿 m^3/a 水通过石桥河进入长湖，会改变长湖的水文情势，使长湖的水环境质量得到较大程度的改善。同时龙高Ⅱ线所输送的江水由庙湖进入长湖，由于增加了 28 亿 m^3/a 的长江水流经长湖，增加了长湖的流动，且输入的长江水为Ⅱ类水质，对与改善长湖湿地水质具有重要作用（图 21-3）。

(a)

(b)

图 21-3 生态湿地恢复原景图

21.2.3 引江济汉“三重境”

(1) 回归自然，保育鱼鸟栖息的生境

鸟类是一群擅于飞翔、生活型多样、物种多样性丰富和种群数量较多的脊椎动物，因此它们对于生境的改变和破坏十分敏感并能及时地迁移和寻找新的栖息地。虽然工程建设的时间暂定在冬季，但它们大都是涉水和傍水摄食，繁殖于芦苇、草灌和树林的夏候鸟。当它们发现原来的繁殖地景观斑块面目全非则会选择周边适宜的环境繁衍后代。但也很可能被迫而远走高飞，使长湖鸟类物种多样性降低。此外，通过对长江鱼类产卵场区域分布和工程项目设计的情况分析，在选取位于 3 个取水口（大埠街、龙洲垸、盐卡）的江口和沙市产卵场，对比历史资料和近年来对产卵场的监测结果表明，为使江水顺畅地流入引江渠道，工程对引水口及附近江段进行护坡、清石，这将改变产卵场现有的河床地形，产卵所需要形成泡漩水面的条件在较大的范围内消失，不利于家鱼亲鱼的产卵，现存的产卵场受到破坏或萎缩。此外，其余工程措施会对主要鱼类的洄游及主要鱼类卵、苗的存活率产生不同程度的影响。

针对上述情况，在施工区域采取多种形式开展保护湿地活动，不断提高他们的环保意识，使全体职工认识到湿地是全球生物多样性和生产力最高的生态系统，具有调蓄、防洪、抗旱、灌溉、淡水养殖、调节区域性气候、运输、科学研究、科普教育和生态旅游等多种功能。爱护长湖及其周边的一草一木，严禁对鸟类进行直接攻击、捕捉和投毒，违者依法查处。对被占用的池塘、草灌丛、精养鱼池和树林应在工程设计中尽可能以同等的面积还原，移栽树木，重植草丛和灌丛，新挖精养鱼池，使鸟类的生长、发育、繁殖和越冬生活得到有效的保护。同时对鱼类进行相关的补偿措施，建设相应的增殖放流站，定期向汉江和长江投放相应的鱼类苗种进行增殖鱼类的野生亲本捕捞、运输、驯养；实施人工繁殖和苗种培育；技术人员培训；实施放流。通过人工增殖放流以期达到遏制相应鱼类资源衰减的目的（图 21-4）。

图 21-4　引江济汉渠道沿线生境愿景图

（2）回归人民，复兴多维活力的魅力岸境

因工程特征，征地拆迁的影响范围呈带状分布，沿线除涉及渠道的部分土地和居民受影响外，大部分土地资源等物质条件不改变。因此，工程设计将采取“就近后靠”的消化安置方式解决移民问题。拟安置移民 1887 户共 8492 人，基本为农业人口。将通过对现有土地（水域等）资源的开发利用，充分挖掘二、三产业的生产潜力，在不影响本地其他居民生活水平的基础上，逐步使移民的生活达到或超过现有水准，其中打造复兴多维的魅力岸境凸显出重要作用。

在引江济汉渠道沿线景观带的构建上要从人民出发，打造滨水绿道网络体系和慢行系统，设计连贯性较强的沿江绿道，配合植物设计，形成沿江绿色生态通廊；同时可供人们进行休闲、散步、慢跑、骑行等活动，形成健康绿道活动空间（图 21-5）。

（3）回归城市，勾勒有机生长的互动城境

引江济汉工程地跨荆州、荆门、潜江 3 个市，东荆河节制工程位于潜江市和仙桃市。荆州古城也位居项目区中。位于长湖西南隅的荆州古城（江陵），是楚文化的发祥地，有丰富的楚汉文物古迹和优美的自然景观，被列为我国首批 24 座历史文化名城之一，是长江旅游线、三国旅游线与漳河水库水利风景旅游线的交汇点。

设计充分利用自然资源、文化资源，把人工环境和自然环境和谐相融，重视区域传统文化的独特作用，将当代文化与传统本土文化相结合，使人们在游赏过程中达到视觉体验和精神追求的双重追求，同时增强引江济汉渠线的开放性、文化性、连续性，使自然开放空间越来越好地调节城市环境，昭示着城市的文化内涵和品位（图 21-6）。

图 21-5　活力岸境

图 21-6　文化城境

21.2.4　引江济汉沿岸空间景观发展

引江济汉沿岸空间景观发展愿景见图 21-7。

图 21-7　引江济汉沿岸空间景观发展愿景图

参考文献

［1］ 王克六．我国淡水资源的利用现状及对策［J］．南方农业，2015，9（27）：239-242.

［2］ 翟家齐，赵勇，赵纪芳，等．南水北调来水对京津冀地区用水竞争力的影响［J］．南水北调与水利科技（中英文），2022，20（3）：440-450.

［3］ 赵洪亮．引江济汉工程开工［N］．中国水利报，2010-04-02（003）.

［4］ 郭志高．引江济汉工程宜早动工［N］．中国水利报，2009-10-23（B01）.

［5］ 王婷婷，张万顺，彭虹，等．引江济汉工程对汉江中下游生态环境影响［J］．水土保持研究，2007，(4)：40-43.

［6］ 田伟，贡权生，熊伟，等．引江济汉工程荆州段施工总体布置及评价［J］．人民长江，2014，45（16）：66-68+75.

［7］ 别大鹏．引江济汉工程设计特点及关键技术［J］．水利水电技术，2016，47（7）：3-8.

［8］ 袁国玉．引江济汉工程荆江大堤防洪闸超设计工况启闭机与闸门受力情况计算分析［J］．水政水资源，2019（1）：3.

［9］ 徐辉，曹平周．西北某大型倒虹吸工程设计分析［J］．水电能源科学，2015，33（5）：83-86.

［10］ 刘艳艳．基于河道清淤工程的环境影响分析与环境保护措施［J］．黑龙江水利科技，2012，40（10）：268-270.

［11］ 孙然好，魏琳沅，张海萍，等．河流生态系统健康研究现状与展望——基于文献计量研究［J］．生态学报，2020，40（10）：3526-3536.

［12］ 郝弟，张淑荣，丁爱中，等．河流生态系统服务功能研究进展［J］．南水北调与水利科技，2012，10（1）：106-111.

［13］ 王荣方，李卫忠，汪粉明．水利工程与河流生态系统关系研究［J］．运输经理世界，2021（8）：133-134.

［14］ 吉美慧．水利工程对河流生态系统的影响及生态水利工程的建设［J］．皮革制作与环保科技，2021，2（22）：42-44.

［15］ 雷英杰．污染防治攻坚战阶段性目标任务圆满完成［J］．环境经济，2021（Z1）：12-15.

［16］袁鹏，刘瑞霞，孙菲，等．构建河流生态缓冲带的意义与技术路线（代序言）［J］．环境工程学报，2022，16（1）：20-24.

［17］刘昂．健康视角下城市滨水景观空间的活力性营建——以临汾市汾河公园为例［J］．工业设计，2021（4）：113-115.

［18］贺慧，张彤，李婷婷．“平战”结合的社区可食景观营造——基于传染性疾病防控的思考［J］．中国园林，2021，37（5）：56-61.

［19］黄艳雁，曹姗姗．健康视角下的滨水景观设计策略［J］．湖北工业大学学报，2020，35（6）：105-108.

［20］蒙倩彬．基于生物多样性保护的城市生态廊道研究［D］．北京：北京林业大学，2016.

［21］游添茸，吴桐嘉，李翠，等．基于生境特征的生态廊道与城市发展共生探索——以成都市东部区域陆域生态廊道构建为例［J］．环境科学与管理，2022，47（1）：153-158.

［22］陈舒．生态廊道：连接生物多样之桥［N］．中国自然资源报．2021-10-11.

附录 1　陆生维管束植物名录

本名录收集南水北调中线一期引江济汉工程评价区维管束植物共计 93 科 255 属 379 种（含种下分类群）。科的排列方式分别是：蕨类植物科按照秦仁昌蕨类植物分类系统（1978 年）排列，裸子植物科按照秦仁昌植物分类系统（1978 年）排列，被子植物科按照恩格勒植物分类系统（1964 年）排列；各科内的属和种 均按照各自拉丁名字母顺序排列。另外，带符号“*”者为栽培植物。

蕨类植物门 *PTERIDOPHYTA*

一、木贼科 *Equisetaceae*
（一）问荆属 *Equisetum*
1. 问荆 *Equisetum arvense*
2. 节节草 *Equisetum ramosissimum*
二、海金沙科 *Lygodiaceae*
（二）海金沙属 *Lygodium*
3. 海金沙 *Lygodium japonicum*
三、鳞毛蕨科 *Dryopteridaceae*
（三）贯众属 *Cyrtomium*
4. 贯众 *Cyrtomium fortunei*
四、苹科 *Marsileaceae*
（四）苹属 *Marsilea*
5. 苹 *Marsilea quadrifolia*
五、槐叶苹科 *Salviniaceae*
（五）槐叶苹属 *Salvinia*
6. 槐叶苹 *Salvinia natans*
六、满江红科 *Azollaceae*
（六）满江红属 *Azolla*
7. 满江红 *Azolla imbricata*

种子植物门 *SPERMATOPHYTA*
裸子植物亚门 *GYMNOSPERMAE*

一、银杏科 *Ginkgoaceae*
（一）银杏属 *Ginkgo*
1. *银杏 *Ginkgo biloba*
二、苏铁科 *Cycadaceae*
（二）苏铁属 *Cycas*
2. *苏铁 *Cycas revoluta*
三、松科 *Pinaceae*
（三）松属 *Pinus*
3. 马尾松 *Pinus massoniana*
（四）雪松属 *Cedrus*
4. *雪松 *Cedrus deodara*
四、杉科 *Taxodiaceae*
（五）水杉属 *Metasequoia*
5. *水杉 *Metasequoia glyptostroboides*
（六）落羽杉属 *Taxodium*
6. *池杉 *Taxodium ascendens*
五、柏科 *Cupressaceae*
（七）侧柏属 *Platycladus*
7. *侧柏 *Platycladus orientalis*
（八）圆柏属 *Sabina*
8. *圆柏 *Sabina chinensis*
六、罗汉松科 *Podocarpaceae*
（九）罗汉松属 *Podocarpus*
9. *罗汉松 *Podocarpus macrophyllus*

被子植物亚门 *ANGIOSPERMAE*

双子叶植物纲 *DICOTYLEDONEAE*

一、胡桃科 *Juglandaceae*

（一）枫杨属 *Pterocarya*

1. 枫杨 *Pterocarya stenoptera*

二、杨柳科 *Salicaceae*

（二）柳属 *Salix*

2. * 垂柳 *Salix babylonica*

3. 旱柳 *Salix matsudana*

（三）杨属 *Populus*

4. * 意杨 *Populus x canadensis*

三、榆科 *Ulmaceae*

（四）朴树属 *Celtis*

5. 朴树 *Celtis tetrandra*

（五）榆属 *Ulmus*

6. 榆树 *Ulmus pumila*

7. 榔榆 *Ulmus parvifolia*

四、桑科 *Moraceae*

（六）构属 *Broussonetia*

8. 构树 *Broussonetia papyrifera*

（七）柘属 *Cudrania*

9. 柘树 *Cudrania tricuspidata*

（八）桑属 *Morus*

10. 桑 *Morus alba*

（九）葎草属 *Humulus*

11. 葎草 *Humulus scandens*

五、荨麻科 *Urticaceae*

（十）苎麻属 *Boehmeria*

12. 苎麻 *Boehmeria nivea*

六、蓼科 *Polygonaceae*

（十一）何首乌属 *Fallopia*

13. 何首乌 *Fallopia multiflora*

（十二）蓼属 *Polygonum*

14. 水蓼 *Polygonum hydropiper*

15. 两栖蓼 *Polygonum amphibium*

16. 萹蓄 *Polygonum aviculare*

17. 红蓼 *Polygonum orientale*

18. 酸模叶蓼 *Polygonum lapathifolium*

19. 绵毛酸模叶蓼 *Polygonum lapathifolium var. salicifolium*

20. 蚕茧草 *Polygonum japonicum*

21. 杠板归 *Polygonum perfoliatum*

22. 虎杖 *Polygonum cuspidatum*

23. 蓼子草 *Polygonum criopolitanum*

（十三）酸模属 *Rumex*

24. 酸模 *Rumex acetosa*

25. 羊蹄 *Rumex japonicus*

26. 齿果酸模 *Rumex dentatus*

七、商陆科 *Phytolaccaceae*

（十四）商陆属 *Phytolacca*

27. 商陆 *Phytolacca acinosa*

八、马齿苋科 *Portulacaceae*

（十五）马齿苋属 *Portulaca*

28. 马齿苋 *Portulaca oleracea*

（十六）土人参属 *Talinum*

29. 土人参 *Talinum paniculatum*

九、石竹科 *Caryophyllaceae*

（十七）卷耳属 *Cerastium*

30. 簇生卷耳 *Cerastium fontanum subsp. triviale (Link) Jalas*

31. 卷耳 *Cerastium arvense*

（十八）鹅肠菜属 *Myosoton Moench*

32. 鹅肠菜 *Myosoton aquaticum*

（十九）繁缕属 *Stellaria*

33. 繁缕 *Stellaria media*

十、藜科 *Chenopodiaceae*

（二十）藜属 *Chenopodium*

34. 藜 *Chenopodium album*

（二十一）地肤属 *Kochia*

35. 地肤 *Kochia scoparia*

（二十二）菠菜属 *Spinacia*

36. * 菠菜 *Spinacia oleracea*

十一、苋科 *Amaranthaceae*

（二十三）牛膝属 *Achyranthes*

37. 土牛膝 *Achyranthes aspera*

38. 牛膝 *Achyranthes bidentata*

（二十四）莲子草属 *Alternanthera*

39. 喜旱莲子草 *Achyranthesphiloxeroides*

40. 莲子草 *Alternanthera sessilis*

（二十五）苋属 *Amaranthus*

41. 刺苋 *Amaranthus spinosus*

42. 反枝苋 *Amaranthus retroflexus*

43. 凹头苋 *Amaranthus lividus*

（二十六）青葙属 *Celosta*

44. 青葙 *Celosia argentea*

45. * 鸡冠花 *Celosia cristata*

十二、木兰科 *Lardizabalaceae*

（二十七）木兰属 *Magnolia*

46. * 荷花玉兰 *Magnolia grandiflora*

47. * 二乔木兰 *Magnolia soulangeana*

十三、樟科 *Lauraceae*

（二十八）樟属 *Cinnamomum*

48. * 樟树 *Cinnamomum camphora*

十四、毛茛科 *Ranunculaceae*

（二十九）毛茛属 *Ranunculus*

49. 茴茴蒜 *Ranunculus chinensis*

50. 毛茛 *Ranunculusjaponicus*

51. 石龙芮 *Ranunculus sceleratus*

52. 扬子毛茛 *Ranunculus sieboldii*

53. 猫爪草 *Ranunculus ternatus*

（三十）铁线莲属 *Clematis*

54. 铁线莲 *Clematis florida*

55. 小木通 *Clematis armandi*

（三十一）天葵属 *Semiaquilegia*

56. 天葵 *Semiaquilegia adoxoides*

十五、防己科 *Menispermaceae*

（三十二）木防己属 *Cocculus*

57. 木防己 *Cocculus orbiculatus*

（三十三）千金藤属 *Stephania*

58. 千金藤 *Stephania japonica*

十六、睡莲科 *Nymphaeaceae*

（三十四）芡属 *Euryale*

59. 芡实 *Euryale ferox*

（三十五）莲属 *Nelumbo*

60. * 莲 *Nelumbo nucifera*

十七、金鱼藻科 *Ceratophyllaceae*

（三十六）金鱼藻属 *Ceratophyllum*

61. 金鱼藻 *Ceratophyllum demersum*

十八、三白草科 *Saururaceae*

（三十七）蕺菜属 *Houttuynia*

62. 蕺菜 *Houttuynia cordata*

十九、罂粟科 *Papaveraceae*

（三十八）紫堇属 *Corydalis*

63. 夏天无 *Corydalis decumbens*

64. 紫堇 *Corydalis edulis*

65. 延胡索 *Corydalisyanhusuo*

二十、十字花科 *Cruciferae*

（三十九）荠属 *Capsella*

66. 荠菜 *Capsella bursa-pastoris*

（四十）碎米荠属 *Cardamine*

67. 碎米荠 *Cardamine hirsuta*

68. 水田碎米荠 *Cardamine lyrata*

（四十一）独行菜属 *Lepidium*

69. 独行菜 *Lepidium apetalum*

70. 北美独行菜 *Lepidium virginicum*

（四十二）蔊菜属 *Rorippa*

71. 蔊菜 *Rorippa indica*

72. 广州蔊菜 *Rorippa cantoniensis*

73. 风花菜 *Rorippa Globosa*

（四十三）诸葛菜属 *Orychophragmus*

74. 诸葛菜 *Orychophragmus violaceus*

（四十四）萝卜属 *Raphanus*

75. * 萝卜 *Raphanus sativus*

（四十五）芸薹属 *Brassica*

76. * 青菜 *Brassica chinensis*

77. * 油白菜 *Brassica chinensis var. oleifera*

78. * 包菜 *Brassica millecapitata*

79. * 大白菜 *Brassica pekinensis*

80. * 菜薹 *Brassicaparachinensis*

(四十六) 菥蓂属 *Thlaspi*

81. 菥蓂 *Thlaspi arvense*

二十一、金缕梅科 *Hamamelidaceae*

(四十七) 檵木属 *Loropetalum*

82. * 红檵木 *Loropetalum chinense var. rubrum*

二十二、蔷薇科 *Rosaceae*

(四十八) 龙牙草属 *Agrimonia*

83. 龙牙草 *Agrimoniapilosa*

(四十九) 枇杷属 *Eriobotrya*

84. * 枇杷 *Eriobotrya japonica*

(五十) 蔷薇属 *Rosa*

85. 小果蔷薇 *Rosa cymosa*

86. 野蔷薇 *Rosa multtflora*

87. 月季 *Rosa chinensis*

(五十一) 蛇莓属 *Duchesnea*

88. 蛇莓 *Duchesnea indica*

(五十二) 悬钩子属 *Rubus*

89. 灰白茅莓 *Rubus tephrodes*

90. 插田泡 *Rubus coreanus*

91. 茅莓 *Rubus parvifolus*

(五十三) 李属 *Prunus*

92. * 桃 *Prunuspersica*

93. * 紫叶李 *Prunus cerasifera*

(五十四) 石楠属 *Photinta*

94. * 石楠 *Photinia serrulata*

(五十五) 杏属 *Armeniaca*

95. * 梅 *Armeniaca mume*

二十三、豆科 *Leguminosae*

(五十六) 合萌属 *Aeschynomene Linn.*

96. 合萌 *Aeschynomene indica*

(五十七) 黄耆属 *Astragalus*

97. 紫云英 *Astragalus sinicus*

(五十八) 大豆属 *Glycine*

98. * 大豆 *Glycine max*

(五十九) 决明属 *Cassia*

99. 决明 *Cassia tora*

(六十) 鸡眼草属 *Kummerowia*

100. 鸡眼草 *Kummerowia striata*

101. 长萼鸡眼草 *Kummerowia stipulacea*

(六十一) 胡枝子属 *Lespedeza*

102. 截叶铁扫帚 *Lespedeza cuneata*

(六十二) 苜蓿属 *Medicago*

103. 苜蓿 *Medicago sativa*

104. 南苜蓿 *Medicago hispida*

105. 天蓝苜蓿 *Medicago lupulina*

(六十三) 草木樨属 *Melilotus*

106. 草木樨 *Melilotus officinalis*

107. 黄花草木樨 *Melilotus officinalis*

(六十四) 菜豆属 *Phaseolus*

108. * 赤豆 *Phaseolus angularis*

109. * 绿豆 *Phaseolus radiates*

110. * 菜豆 *Phaseolus vulgaris*

(六十五) 豌豆属 *Pisum*

111. 豌豆 *Pisum sativum*

(六十六) 刺槐属 *Robinia*

112. 刺槐 *Robinia pseudoacacia*

(六十七) 田菁属 *Sesbania*

113. 田菁 *Sesbania cannabina*

(六十八) 车轴草属 *Trifolhim*

114. 白车轴草 *Trifolium repens*

(六十九) 野豌豆属 *Vicia*

115. 救荒野豌豆 *Vicia satva*

116. 广布野豌豆 *Vicia cracca*

117. 小巢菜 *Vigna hirsuta*

二十四、酢浆草科 *Oxalidaceae*

(七十) 酢浆草属 *Oxalis*

118. 酢浆草 *Oxalis corniculata*

二十五、牻牛儿苗科 *Geraniaceae*

(七十一) 老鹳草属 *Geranium*

119. 野老鹳草 *Geranium carolinianum*

二十六、大戟科 *Euphorbiaceae*

（七十二）铁苋菜属 *Acalypha*
120. 铁苋菜 *Acalypha australis*
（七十三）大戟属 *Euphorbia*
121. 泽漆 *Euphorbia helioscopia*
122. 地锦 *Euphorbia humifusa*
123. 斑地锦 *Euphorbia maculata*
（七十四）叶下珠属 *Phyllanthus*
124. 叶下珠 *Phyllanthus urinaria*
（七十五）乌桕属 *Sapium*
125. 乌桕 *Sapium sebiferum*
二十七、芸香科 *Rutaceae*
（七十六）柑橘属 *Citrus*
126. *桔 *Citrus reticulate*
（七十七）花椒属 *Zanthoxylum*
127. 竹叶花椒 *Zanthoxylum armatum*
128. 野花椒 *Zanthoxylum simulans*
二十八、苦木科 *Simarubaceae*
（七十八）臭椿属 *Ailanthus*
129. 臭椿 *Ailanthus altissima*
二十九、楝科 *Meliaceae*
（七十九）楝属 *Melia*
130. 楝 *Melia azedarach*
三十、漆树科 *Anacardiaceae*
（八十）盐肤木属 *Rhus*
131. 盐肤木 *Rhus chinensis*
三十一、无患子科 *Sapindaceae*
（八十一）栾树属 *Koelreuteria*
132. *复羽叶栾树 *Koelreuteria bipinnata*
133. 栾树 *Koelreuteria paniculata*
三十二、凤仙花科 *Balsaminaceae*
（八十二）凤仙花属 *Impatiens*
134. *凤仙花 *Impatiens balsamina*
三十三、冬青科 *Aquifoliaceae*
（八十三）冬青属 *Ilex*
135. *冬青 *Ilex chinensis*
136. 枸骨 *Ilex cornuta*
三十四、卫矛科 *Celastraceae*
（八十四）卫矛属 *Euonymus*
137. 卫矛 *Euonymus alatus*
138. 扶芳藤 *Euonymus fortune*
139. 白杜 *Euonymus maackii*
三十五、葡萄科 *Vitaceae*
（八十五）乌蔹莓属 *Cayratia*
140. 乌蔹莓 *Cayratia japonica*
（八十六）葡萄属 *Vitis*
141. 葛藟葡萄 *Vitis flexuosa*
142. *葡萄 *Vitis pinifera*
三十六、锦葵科 *Malvaceae*
（八十七）苘麻属 *Abutilon*
143. 苘麻 *Abutilon theophrasti*
（八十八）木槿属 *Hibiscus*
144. *木槿 *Hibiscus syriacus*
三十七、梧桐科 *Sterculiaceae*
（八十九）马松子属 *Melochia*
145. 马松子 *Melochia corchorifolia*
三十八、堇菜科 *Violaceae*
（九十）堇菜属 *Viola*
146. 紫花地丁 *Violaphilippica*
三十九、葫芦科 *Cucurbitaceae*
（九十一）冬瓜属 *Benincasa*
147. 冬瓜 *Benincasa hispida*
（九十二）西瓜属 *Citrullus*
148. *西瓜 *Citrullus lanatus*
（九十三）黄瓜属 *Cucumis*
149. *甜瓜 *Cucumis melo*
150. *黄瓜 *Cucumis sativus*
（九十四）南瓜属 *Cucurbita*
151. *南瓜 *Cucurbitamoschata*
（九十五）葫芦属 *Lagenaria*
152. *葫芦 *Lagenaria siceraria*
153. *瓠子 *Lagenaria siceraria*
（九十六）丝瓜属 *Luffa*
154. *丝瓜 *Luffa cylindrical*
（九十七）苦瓜属 *Momordica*

155. * 苦瓜 *Momordica charantia*
（九十八）栝楼属 *Trichosanthes*
156. 栝楼 *Trichosanthes kirilowii*
四十、千屈菜科 *Lythraceae*
（九十九）节节菜属 *Rotala*
157. 节节菜 *Rotala indica*
（一百）紫薇属 *Lagerstroemia*
158. * 紫薇 *Lagerstroemia indica*
四十一、菱科 *Trapaceae*
（一百零一）菱属 *Trapa*
159. 欧菱 *Trapa natans*
四十二、柳叶菜科 *Onagraceae*
（一百零二）柳叶菜属 *Epilobium*
160. 柳叶菜 *Epilobium hirsutum*
（一百零三）丁香蓼属 *Epilobium*
161. 丁香蓼 *Ludwigia prostrata*
162. 水龙 *Ludwigia adscendens*
四十三、小二仙草科 *Haloragidaceae*
（一百零四）狐尾藻属 *Myriophyllum*
163. 穗状狐尾藻 *Myriophyllum spicatum*
164. 狐尾藻 *Myriophyllum verticillatum*
四十四、伞形科 *Umbelliferae*
（一百零五）积雪草属 *Centella*
165. 积雪草 *Centella asiatica*
（一百零六）蛇床属 *Cnidium*
166. 蛇床 *Cnidium monnieri*
（一百零七）胡萝卜属 *Daucus*
167. 野胡萝卜 *Daucus carota*
（一百零八）天胡荽属 *Hydrocotyle*
168. 天胡荽 *Hydrocotyle sibthorpioides*
（一百零九）水芹属 *Oenanthe*
169. 水芹 *Oenanthe javanica*
170. 中华水芹 *Oenanthe sinensis*
（一百一十）窃衣属 *Torilis*
171. 窃衣 *Torilis scabra*
172. 小窃衣 *Torilis japonica*
四十五、报春花科 *Primulaceae*
（一百一十一）珍珠菜属 *Lysimachia*
173. 点腺过路黄 *Lysimachia hemsleyana*
174. 珍珠菜 *Lysimachia clethroides*
175. 泽珍珠菜 *Lysimachia Candida*
四十六、木樨科 *Oleaceae*
（一百一十二）木樨属 *Osmanthus*
176. * 桂花 *Osmanthus fragrans*
（一百一十三）女贞属 *Ligustrum*
177. 女贞 *Ligustrum lucidum*
178. 小叶女贞 *Ligustrum quihoui*
179. 小蜡 *Ligustrum sinenes*
四十七、胡麻科 *Pedaliaceae*
（一百一十四）胡麻属 *Sesamum*
180. 芝麻 *Sesamum indicum*
四十八、狸藻科 *Lentibulariaceae*
（一百一十五）狸藻属 *Utricularia*
181. 黄花狸藻 *Utricularia aurea*
182. 狸藻 *Utricularia vulgaris*
四十九、睡菜科 *Menyanthaceae*
（一百一十六）荇菜属 *Nymphoides*
183. 荇菜 *Nymphoides peltatum*
五十、夹竹桃科 *Apocynaceae*
（一百一十七）络石属 *Trachelospermum*
184. 络石 *Trachelospermum jasminoides*
（一百一十八）夹竹桃属 *Nerium*
185. * 夹竹桃 *Nerium indicum*
五十一、萝藦科 *Asclepiadaceae*
（一百一十九）鹅绒藤属 *Cynanchum*
186. 牛皮消 *Cynanchum auriculatum*
（一百二十）萝藦属 *Metaplexis*
187. 萝藦 *Metaplexis japonica*
五十二、茜草科 *Rubiaceae*
（一百二十一）鸡矢藤属 *Paederia*
188. 鸡矢藤 *Paederia scandens*
（一百二十二）拉拉藤属 *Galium*
189. 猪殃殃 *Galium aparine*
190. 四叶葎 *Galium bungei*

（一百二十三）栀子属 *Gardenia*

191. 栀子 *Gardenia jasminoides*

192. * 大花栀子 *Gardenia jasminoides*

五十三、旋花科 *Convolvulaceae*

（一百二十四）打碗花属 *Calystegia*

193. 打碗花 *Calystegia hederacea*

（一百二十五）番薯属 *Ipomoea*

194. * 雍菜 *Ipomoea aquatic*

195. * 番薯 *Ipomoea batatas*

（一百二十六）菟丝子属 *Cuscuta*

196. 南方菟丝子 *Cuscuta australis*

（一百二十七）牵牛属 *Pharbitis*

197. 牵牛 *Pharbitis nil*

198. 圆叶牵牛 *Pharbitispurpurea*

五十四、紫草科 *Boraginaceae*

（一百二十八）附地菜属 *Trigonotis*

199. 附地菜 *Trigonotis peduncularis*

五十五、马鞭草科 *Verbenaceae*

（一百二十九）马鞭草属 *Verbena*

200. 马鞭草 *Verbena officinalis*

（一百三十）牡荆属 *Vitex*

201. 牡荆 *Vitex negundo var. cannabifolia*

五十六、水马齿科 *Callitrichaceae*

（一百三十一）水马齿属 *Callitriche*

202. 沼生水马齿 *Callitrichepalustris*

203. 水马齿 *Callitriche stagnalis*

五十七、唇形科 *Labiatae*

（一百三十二）水苏属 *Stachys*

204. 水苏 *Stachys japonica*

（一百三十三）风轮菜属 *Clinopodium*

205. 风轮菜 *Clinopodium chinense*

206. 细风轮菜 *Clinopodium gracile*

207. 灯笼草 *Clinopodium olycephalum*

（一百三十四）活血丹属 *Glechoma*

208. 活血丹 *Glechoma longituba*

（一百三十五）鼠尾草属 *Salvia*

209. 荔枝草 *Salvia plebeian*

（一百三十六）黄芩属 *Scutellaria*

210. 半枝莲 *Scutellaria barbata*

（一百三十七）野芝麻属 *Lamium*

211. 宝盖草 *Lamium amplexicaule*

（一百三十八）益母草属 *Leonurus*

212. 益母草 *Leonurus heterophyllus*

（一百三十九）紫苏属 *Perilla*

213. 紫苏 *Perilla frutescens*

五十八、茄科 *Solanaceae*

（一百四十）辣椒属 *Capsicum*

214. * 辣椒 *Capsicum annuum*

（一百四十一）枸杞属 *Lycium*

215. 枸杞 *Lycium chinense*

（一百四十二）酸浆属 *Physalis*

216. 酸浆 *Physalis alkekeng*

（一百四十三）茄属 *Solanum*

217. 白英 *Solanum lyratum*

218. 龙葵 *Solanum nigrum*

219. 珊瑚樱 *Solanum pseudo-capsicum*

220. * 马铃薯 *Solanum* 仞*berosum*

五十九、玄参科 *Scrophulariaceae*

（一百四十四）母草属 *Lindernia*

221. 母草 *Lindernia Crustacea*

222. 陌上菜 *Lindernia procumbens*

（一百四十五）通泉草属 *Mazus*

223. 通泉草 *Mazus japonicus*

224. 弹刀子菜 *Mazus stachydifolius*

（一百四十六）婆婆纳属 *Veronica*

225. 水苦荬 *Veronica undulata*

226. 婆婆纳 *Veronica didyma*

227. 阿拉伯婆婆纳 *Veronicapersica*

六十、爵床科 *Acanthaceae*

（一百四十七）爵床属 *Rostellularia*

228. 爵床 *Rostellularia procumbens*

六十一、车前草科 *Plantaginaceae*

（一百四十八）车前属 *Plantago*

229. 车前 *Plantago asiatica*

六十二、忍冬科 *Caprifoliaceae*

（一百四十九）忍冬属 *Lonicera*

230. 忍冬 *Lonicera japonica*

（一百五十）接骨草属 *Sambucus*

231. 接骨草 *Sambucus chinensis*

六十三、败酱科 *Valerianaceae*

（一百五十一）败酱属 *Patrinta*

232. 败酱 *Patrinia scabiosaefolia*

233. 白花败酱 *Patrinia sinensis*

六十四、桔梗科 *Campanulaceae*

（一百五十二）半边莲属 *Lobelia*

234. 半边莲 *Lobelia chinensis*

六十五、菊科 *Compositae*

（一百五十三）蒿属 *Artemisia*

235. 黄花蒿 *Artemisia annus*

236. 艾蒿 *Artemisia argyi*

237. 野艾蒿 *Artemisia lavandulaefolia*

238. 蒌蒿 *Artemisia selengensis*

（一百五十四）醴肠属 *Eclipta*

239. 醴肠 *Eclipta prostrata*

（一百五十五）鬼针草属 *Bidens*

240. 鬼针草 *Bidens bipinnata*

241. 狼把草 *Bidens tripartita*

（一百五十六）飞廉属 *Carduus*

242. 丝毛飞廉 *Carduus crispus*

（一百五十七）天名精属 *Carpesium*

243. 天名精 *Carpesium abrotanoides*

（一百五十八）刺儿菜属 *Chrysanthemum*

244. 刺儿菜 *Cephalanoplos segetum*

（一百五十九）蓟属 *Cirsium*

245. 蓟 *Cirsium japonicum*

246. 野蓟 *Cirsium maackii*

247. 刺儿菜 *Cirsium setosum*

（一百六十）白酒草属 *Conyza*

248. 小蓬草 *Conyza canadensis*

249. 香丝草 *Conyza bonariensis*

（一百六十一）菊属 *Dendranthema*

250. 野菊 *Dendranthema indicum*

（一百六十二）醴肠属 *Eclipta*

251. 醴肠 *Eclipta prostrata*

（一百六十三）飞蓬属 *Erigeron*

252. 一年蓬 *Erigeron annuus*

253. 香丝草 *Erigeron crispus*

（一百六十四）鼠麴草属 *Gnaphalium*

254. 鼠麴草 *Gnaphalium affine*

（一百六十五）向日葵属 *Helianthus*

255. * 菊芋 *Helianthus tuberosus*

（一百六十六）泥胡菜属 *Hemistepta*

256. 泥胡菜 *Hemistepta lyrata*

（一百六十七）苦荬菜属 *Ixeris*

257. 中华小苦荬 *Ixeridium chinense*

（一百六十八）马兰属 *Kalimeris*

258. 马兰 *Kalimeris indica*

259. 全叶马兰 *Kalimeris integrifolia*

（一百六十九）稻槎菜属 *Lapsana*

260. 稻槎菜 *Lapsana apogonoides*

（一百七十）翅果菊属 *Pterocypsela*

261. 翅果菊 *Pterocypsela laciniata*

（一百七十一）豨莶属 *Siegesbeckia*

262. 腺梗豨莶 *Siegesbeckiapubescens*

（一百七十二）苦苣菜属 *Sonchus*

263. 苦苣菜 *Sonchus oleraceus*

264. 花叶滇苦菜 *Sonchus asper*

（一百七十三）假还阳参属 *Crepidiastrum*

265. 假还阳参 *Crepidiastrum lanceolatum*

（一百七十四）蒲公英属 *Taraxacum*

266. 蒲公英 *Taraxacum mongolicum*

（一百七十五）苍耳属 *Xanthium*

267. 苍耳 *Xanthium sibiricum*

（一百七十六）黄鹌菜属 *Youngia*

268. 黄鹌菜 *Youngiajaponica*

单子叶植物纲 *MONOCOTYLEDONEAE*

六十六、泽泻科 *Alismataceae*

(一百七十七) 慈姑属 *Sagittaria*

269. 窄叶慈姑 *Alisma canaliculatum*

270. 慈姑 *Sagittaria sagittifolia*

六十七、水鳖科 *Hydrocharitaceae*

(一百七十八) 黑藻属 *Hydrilla*

271. 黑藻 *Hydrilla verticillata*

(一百七十九) 水鳖属 *Hydrocharis*

272. 水鳖 *Hydrocharis dubia*

(一百八十) 水车前属 *Ottelta*

273. 水车前 *Ottelia alismoides*

(一百八十一) 苦草属 *Vallisneria*

274. 苦草 *Vallisneria spiralis*

六十八、眼子菜科 *Potamogetonaceae*

(一百八十二) 眼子菜属 *Potamogeton*

275. 菹草 *Potamogeton crispus*

276. 光叶眼子菜 *Potamogeton lucens*

277. 微齿眼子菜 *Potamogeton maackianus*

278. 竹叶眼子菜 *Potamogeton malaianus*

六十九、茨藻科 *Najadaceae*

(一百八十三) 茨藻属 *Najas*

279. 大茨藻 *Najas marina*

七十、浮萍科 *Lemnaceae*

(一百八十四) 浮萍属 *Lemna*

280. 浮萍 *Lemna minor*

(一百八十五) 紫萍属 *Spirodela*

281. 紫萍 *Spirodelapolyrrhiza*

七十一、百合科 *Liliaceae*

(一百八十六) 葱属 *Allium*

282. * 葱 *Allium fis tulosum*

283. * 蒜 *Allium sativum*

284. * 韭 *Allium tuberosum*

285. 薤白 *Allium macrostemon*

(一百八十七) 萱草属 *Hemerocallis*

286. 黄花菜 *Hemerocallis citrine*

287. 萱草 * *Hemerocallis fulva*

(一百八十八) 玉簪属 *Hosta*

288. 玉簪 *Hosta plantaginea* *

(一百八十九) 沿阶草属 *Ophiopogon*

289. 沿阶草 *Ophiopogon bodinieri*

290. 麦冬 *Ophiopogon japonicus*

七十二、石蒜科 *Amaryllidaceae*

(一百九十) 石蒜属 *Lycoris*

291. 石蒜 *Lycoris radiata*

(一百九) 葱莲属 *Zephyranthes*

292. 韭莲 *Zephyranthes grandiflora*

七十三、雨久花科 *Pontederiaceae*

(一百九十二) 雨久花属 *Monochoria*

293. 鸭舌草 *Monochoria vaginalis*

294. 雨久花 *Monochoria korsakowii*

295. 少花鸭舌草 *Monochoria vaginalis*

七十四、灯芯草科 *Juncaceae*

(一百九十三) 灯芯草属 *Juncus*

296. 灯芯草 *Juncus effusus*

七十五、鸭跖草科 *Commelinaceae*

(一百九十四) 鸭跖草属 *Commelina*

297. 鸭跖草 *Commelina communis*

298. 饭包草 *Commelina benghalensis*

(一百九十五) 水竹叶属 *Murdannia*

299. 水竹叶 *Murdannia triquetra*

七十六、美人蕉科 *Cannaceae*

(一百九十六) 美人蕉属 *Canna*

300. * 美人蕉 *Canna indica*

七十七、禾本科 *Gramineae*

(一百九十七) 看麦娘属 *Alopecurus*

301. 看麦娘 *Alopecurus aequalis*

302. 日本看麦娘 *Alopecurus japonicus*

(一百九十八) 荩草属 *Arthraxon*

303. 荩草 *Arthraxon hispidus*

(一百九十九) 芦竹属 *Arundo*

304. 芦竹 *Arundo donax*

(二百) 燕麦属 *Avena*

305. 野燕麦 *Avena fatua*

（二百零一）茵草属 *Beckmannia*

306. 茵草 *Beckmannia syzigachne*

（二百零二）雀麦属 *Bromus*

307. 扁穗雀麦 *Bromus catharttcus*

（二百零三）拂子茅属 *Calamagrostis*

308. 拂子茅 *Calamagrostis epigejos*

（二百零四）狗牙根属 *Cynodon*

309. 狗牙根 *Cynodon dactylon*

（二百零五）马唐属 *Digitaria*

310. 升马唐 *Digitaria adscendens*

311. 马唐 *Digitaria sanguinalis*

（二百零六）稗属 *Echinochloa*

312. 长芒稗 *Echinochloa caudata*

313. 光头稗子 *Echinochloa colonum*

314. 稗 *Echinochloa crusgalli*

（二百零七）穇属 *Eleusine*

315. 牛筋草 *Eleusine indica*

（二百零八）画眉草属 *Eragrostis*

316. 知风草 *Eragrost^s jerruginea*

317. 画眉草 *Eragrostispilosa*

（二百零九）牛鞭草属 *Hemarthria*

318. 牛鞭草 *Hemarthria fasciculate var. fasciculata*

（二百一十）白茅属 *Imperata*

319. 白茅 *Imperata cylindrica var. major*

（二百一十一）假稻属 *Leersia*

320. 假稻 *Leersia japonica*

（二百一十二）千金子属 *Leptochloa*

321. 千金子 *Leptochloa chinensis*

（二百一十三）黑麦草属 *Lolium*

322. 黑麦草 *Lolium perenne*

（二百一十四）芒属 *Miscanthus*

323. 芒 *Miscanthus sinensis*

324. 五节芒 *Miscanthus floridulus*

（二百一十五）稻属 *Oryza*

325. * 水稻 *Oryza sativa*

（二百一十六）雀稗属 *Paspalum*

326. 双穗雀稗 *Paspalum distichum*

327. 雀稗 *Paspalum thunbergii*

（二百一十七）狼尾草属 *Pennisetum*

328. 狼尾草 *Pennisetum alopecuroides*

（二百一十八）虉草属 *Phalaris*

329. 虉草 *Phalaris arundinacea*

（二百一十九）芦苇属 *Phragmites*

330. 芦苇 *Phragmites australis*

（二百二十）早熟禾属 *Poa*

331. 早熟禾 *Poa annua*

（二百二十一）棒头草属 *Polypogon*

332. 棒头草 *Polypogon fugax*

（二百二十二）鹅观草属 *Roegneria*

333. 鹅观草 *Roegneria kamoji*

（二百二十三）狗尾草属 *Setaria*

334. 狗尾草 *Setaria viridi*

335. 金色狗尾草 *Setaria glauca*

（二百二十四）鼠尾粟属 *Sporobolus*

336. 鼠尾粟 *Sporobolus fertilis*

（二百二十五）荻属 *Triarrhena*

337. 荻 *Triarrhena sacchariflora*

（二百二十六）小麦属 *Triticum*

338. * 普通小麦 *Triticum aestvum*

（二百二十七）菰属 *Zizania*

339. 菰 *Zizania latifolia*

七十八、天南星科 *Araceae*

（二百二十八）菖蒲属 *Acorus*

340. 菖蒲 *Acorus calamus*

341. 石菖蒲 *Acorus tatarinowii*

（二百二十九）大薸属 *Pistia*

342. 大薸 *Pistia stratiotes*

七十九、浮萍科 *Lemnaceae*

（二百三十）浮萍属 *Lemna*

343. 浮萍 *Lemna minor*

344. 品萍 *Lemna trisulca*

（二百三十一）紫萍属 *Spirodela*

345. 紫萍 *Spirodela polyrrhiza*

八十、香蒲科 *Typhaceae*

（二百三十二）香蒲属 *Typha*

346. 水烛 *Typha angustifolia*

347. 香蒲 *Typha orientalis*

八十一、莎草科 *Cyperaceae*

（二百三十三）苔草属 *Carex*

348. 红穗苔草 *Carex argyi*

349. 翼果苔草 *Carex neurocarpa*

（二百三十四）莎草属 *Cyperus*

350. 扁穗莎草 *Cyperus compressus*

351. 香附子 *Cyperus rotundus*

352. 异型莎草 *Cyperus difformis*

353. 碎米莎草 *Cyperus iria*

（二百三十五）飘拂草属 *Fimbristylis*

354. 两歧飘拂草 *Fimbristylis dichotoma*

（二百三十六）荸荠属 *Heleocharis*

355. 透明鳞荸荠 *Heleocharis pellucida*

356. 具刚毛荸荠 *Heleocharis valleculosa f. setosa*

357. 牛毛毡 *Heleochans yokoscensis*

358. * 荸荠 *Heleocharis tuberosa*

（二百三十七）水莎草属 *Juncellus*

359. 水莎草 *Juncellus serotinus*

（二百三十八）水蜈蚣属 *Kyllinga*

360. 短叶水蜈蚣 *Kyllinga brevifolia*

（二百三十九）砖子苗属 *Mariscus*

361. 砖子苗 *Mariscus umbellatus*

（二百四十）藨草属 *Scirpus*

362. 荆三棱 *Scirpus martinus*

363. 藨草 *Scirpus triqueter*

附录 2　评价区两栖类名录

中文名、拉丁名	生境	区系	数量	保护等级	依据
一无尾目 *Anura*					
（一）蟾蜍科 *Bufonida*					
中华蟾蜍 *Bufo gargarizans*	常见于阴湿的草丛中、土洞里以及砖石下等	广布种	+++	省级二有	目击访问
（二）蛙科 *Ranidae*					
2. 沼蛙 *Boulengerana guentheri*	栖息于稻田、池塘或水坑内，隐蔽在水生植物丛间或杂草丛中	东洋种	++	省级三有	资料
3. 黑斑侧褶蛙 *Pelophylax nigromaculata*	常栖息于池塘、水沟、稻田、水库、小河和沼泽地区	广布种	+++	省级三有	资料访问
4. 金线侧褶蛙 *Pelophylax plancyi*	栖息于池塘内草丛及藕叶上	东洋种	++	省级三有	资料
（三）叉舌蛙科 *Dicroglossidae*					
5. 泽陆蛙 *Fejervarya multistriata*	生活于平原、丘陵和海拔 2000 以下的山区稻田、沼泽、水塘、水沟等静水域或其附近的旱地草丛	东洋种	+++	省级三有	资料
（四）姬蛙科 *Microhylidae*					
6. 饰纹姬蛙 *Microhyla fissipes*	该蛙生活于海拔 1400m 以下的平原、丘陵和山地的泥窝或土穴内，或在水域附近的草丛中	广布种	++	省级三有	资料

注：1. 分类系统参照《中国两栖动物及其分布彩色图鉴》（费梁主编，2012 年）；
2. 三有：国家保护有益的或有重要经济、科学研究价值的两栖类。

附录 3 评价区爬行类名录

中文名、拉丁名	生境	区系	数量	保护等级	依据
一龟鳖目 *TESTUDINES*					
（一）鳖科 *Trionychidae*					
1. 中华鳖 *Pelodiscus sinensis*	生活在江河、池塘、水库等水流平缓的淡水水域	广布种	＋	三有	资料
（二）地龟科 *Geoemydidae*					
2. 乌龟 *Mauremys reevesii*	常栖于江河，湖沼或池塘中	东洋种	＋	三有	资料 访问
二有鳞目 *SQUAMATA*					
（三）壁虎科 *Gekkonidae*					
3. 多疣壁虎 *Gekko japonicus*	栖息在建筑物的缝隙中，野外岩缝中、石下、树上及柴草堆内亦常有发现	广布种	＋	三有	资料
（四）石龙子科 *Scincidae*					
4. 蓝尾石龙子 *Plestiodon elegans*	栖息于长江以南的低山山林及山间道旁的石块下，喜在干燥而温度较高的阳坡活动	东洋种	＋	三有	资料 访问
（五）蝰科 *Viperidae*					
5. 短尾蝮 *Gloydius brevicaudus*	生活于平原、丘陵、山区等地	东洋种	＋＋	三有	资料
（六）眼镜蛇科 *Elapidae*					
6. 银环蛇 *Bungarus multicinctus*	常发现于田边、路旁、坟地及菜园等处	东洋种	＋＋	省级 三有	资料
（七）游蛇科 *Colubridae*					
7. 黑眉晨蛇 *Orthriophis taeniurus*	生活在高山、平原、丘陵、草地、田园及村舍附近，也常在稻田、河边及草丛中，有时活动与农舍附近	东洋种	＋＋	省级 三有	资料 访问

续表

中文名、拉丁名	生境	区系	数量	保护等级	依据
8. 王锦蛇 *Elaphe carinata*	常于山地灌丛、田野沟边、山溪旁、草丛中活动	东洋种	+	省级 三有	资料
9. 乌梢蛇 *Ptyas dhumnades*	生活在丘陵地带	广布种	+	省级 三有	资料
10. 红纹滞卵蛇 *Oocatochus rufodorsatus*	生活于平原丘陵地带，半水栖型，喜河、湖、塘、溪附近的浅水区或稻田	东洋种	++	三有	资料
11. 虎斑颈槽蛇 *Rhabdophis tigrinus*	生活于山区、丘陵及平原，常出没于玉米地、路边、菜园地、水沟边及近水、潮湿多草处	广布种	+	三有	资料

注：分类系统参考《中国爬行纲动物分类厘定》（蔡波等，2015年）

三有：国家保护有益的或有重要经济、科学研究价值的爬行类。

附录 4 评价区鸟类名录

中文名、拉丁名	生境	区系	居留型	数量	保护等级	依据	环评	验收
一、鸡形目	*GALLIFORMES*							
（一）雉科 *Phasianidae*								
1. 环颈雉 *Phasianus colchicus*	栖息于灌丛、草地或丛林中	古北种	留鸟	++	省级三有	目击	√	√
二、雁形目	*ANSERIFORMES*							
（二）鸭科 *Anatidae*								
2. 绿头鸭 *Anas platyrhynchos*	栖息于开阔平原草地、沼泽、水库、江河、湖泊及沿海海岸和附近农田地区	古北种	冬候鸟	+	省级三有	资料	√	√
3. 绿翅鸭 *Anas crecca*	栖息于湖泊、池塘、河流和水稻田中	广布种	冬候鸟	+	三有	资料	√	√
4. 罗纹鸭 *A. falcata*	栖息于湖泊、沼泽或溪流等	广布种	冬候鸟	++	三有	资料	√	√
5. 赤膀鸭 *A. s. strepera*	栖息于淡水、咸水湿地和湖泊，植被较好的河流	广布种	冬候鸟	++	三有	资料	√	√
6. 赤颈鸭 *A. penelope*	栖息于湖泊、河流、海岸等	广布种	冬候鸟	+	三有	资料	√	√
7. 红头潜鸭 *Aythya ferina*	栖息于湖泊、池塘、海岸等	广布种	冬候鸟	+	三有	资料	√	√
8. 青头潜鸭 *A. baeri*	栖息于植被较好的湖泊、河流、池塘	广布种	冬候鸟	+	三有	资料	√	√
9. 凤头潜鸭 *A. fuligula*	栖息于湖泊、水库、沼泽等	广布种	冬候鸟	+	三有	资料	√	√

续表

中文名、拉丁名	生境	区系	居留型	数量	保护等级	依据	环评	验收
10. 白秋沙鸭 *Mergus albellus*	栖息于湖泊、水库、池塘及河流等	广布种	冬候鸟	+++	省级三有	资料	√	√
11. 普通秋沙鸭 *Mergus merganser*	栖息于湖泊水库及河流	广布种	冬候鸟	+	省级三有	资料	√	√
三、鸊鷉目 *PODICIPEDIFORMES PODICIPEDIFORMES*								
（三）鸊鷉科 *Podicipedidae*								
12. 小鸊鷉 *Podiceps ruficollis*	喜在清水及有丰富水生生物的湖泊、沼泽及涨过水的稻田	东洋种	留鸟	++	三有	目击	√	√
13. 凤头鸊鷉 *Podiceps cristatus*	喜在清水及有丰富水生生物的湖泊、沼泽及涨过水的稻田	东洋种	旅鸟	++	省级三有	目击	√	√
四、鸽形目 *COLUMBIFORMES*								
（四）鸠鸽科 *Columbidae*								
14. 珠颈斑鸠 *Streptopelia chinensis*	栖息于平原、草地、低山丘陵和农田地 带或住宅附近	东洋种	留鸟	+++	省级三有	目击	√	√
五、鹃形目	*CUCULIFORMES*							
（五）杜鹃科 *Cuculidae*								
15. 大杜鹃 *Cuculus canorus*	栖息于开阔林地，特别在近水的地 方	广布种	夏候鸟	++	省级三有	资料访问	√	√
16. 小鸦鹃 *Centropus bengalensis*	栖息于草地、灌木丛和矮树丛地带	东洋种	夏候鸟	+	国家II级	资料	√	√
六、鹤形目	*GRUIFORMES*							
（六）秧鸡科 *Rallidae*								
17. 黑水鸡 *Gallinula chloropus*	多见于湖泊、池塘及运河	广布种	夏候鸟	+	省级三有	目击	√	√
18. 红胸田鸡 *Porzana fusca*	栖息于沼泽、湖滨 与河岸草丛与灌 丛、水塘、水稻田 和沿海滩涂	东洋种	夏候鸟	+	省级三有	目击	√	√
19. 白骨顶 *Fulica atra*	栖息于低山、丘陵和平原草地、甚至荒漠与半荒漠地带的各类水域中	广布种	冬候鸟	+	三有	资料	√	√

续表

中文名、拉丁名	生境	区系	居留型	数量	保护等级	依据	环评	验收
七、鸻形目	*CHARADRIIFORMES*							
（七）雉鸻科 *Jacanidae*								
20. 水雉 *Hydrophasianus chirurgus*	栖息于有水生植物的淡水湖泊、池塘 和沼泽等	东洋种	夏候鸟	+	省级三有	资料	√	√
（八）鸻科 *Charadriidae*								
21. 凤头麦鸡 *Vanellus v.*	栖息于丘陵、平原、农田	广布种	冬候鸟	++	省级三有	目击	√	√
22. 环颈鸻 *Charadrius alexandrinus*	栖息于河流、海岸、河口等	广布种	冬候鸟	++	三有	资料	√	√
（九）鹬科 *Scolopacidae*								
23. 针尾沙锥 *Gallinago stenura*	栖息于沼泽、稻田、草地	广布种	冬候鸟	+	三有	资料	√	√
24. 扇尾沙锥 *G. gallinago*	栖息于淡水或盐水湖泊、河流、芦苇塘和沼泽地带	广布种	冬候鸟	+	三有	资料	√	√
25. 矶鹬 *Tringa hypoleucos*	栖息于江河沿岸、湖泊、水库、水塘岸边和附近沼泽湿地	广布种	冬候鸟	+	三有	资料	√	√
26. 黑腹滨鹬 *Calidris alpina*	栖息于湖泊、河流、水塘、河口附近沼泽与草地上	广布种	冬候鸟	+	三有	资料	√	√
（十）反嘴鹬科 *Recurvirostridae*								
27. 反嘴鹬 *Recurvirostra avosetta*	栖息于湖泊、水塘和沼泽地带	广布种	冬候鸟	+	三有	资料	√	√
（十一）鸥科 *Laridae*								
28. 海鸥 *Larus canus*	栖息于湖泊、河流	广布种	冬候鸟	++	三有	资料	√	√
29. 银鸥 *L. argentatus*	栖息于河流、湖泊、沼泽	广布种	冬候鸟	+	省级三有	资料	√	√
30. 红嘴鸥 *L. ridibundus*	栖息于江河、湖泊、水库、海湾	广布种	冬候鸟	++	三有	目击	√	

续表

中文名、拉丁名	生境	区系	居留型	数量	保护等级	依据	环评	验收
31. 须浮鸥 *Chlidonias hybrida*	栖息于湖泊、水库、河口、海岸和附近沼泽地带	古北种	夏候鸟	++	三有	资料	√	√
32. 普通燕鸥 *Sterna hirundo tibetana*	栖息于湖泊、河流、水塘和沼泽地带	古北种	夏候鸟	+	省级三有	资料	√	√
八、鹈形目	*PELECANIFORMES*							
（十二）鹭科 *Ardeidae*								
33. 大白鹭 *Egretta alba*	栖息于开阔平原和山地丘陵地区的河流、湖泊、水田、海滨、河口及其沼泽地带	广布种	冬候鸟	+	省级三有	资料	√	√
34. 白鹭 *Egretta garzetta*	喜稻田、河岸、沙滩、泥滩及沿海小溪流	东洋种	夏候鸟	+++	省级三有	目击	√	√
35. 池鹭 *Ardeola bacchus*	栖息于稻田、池塘、湖泊、水库和沼泽湿地等水域	东洋种	夏候鸟	+++	三有	目击	√	√
36. 夜鹭 *Nycticorax nycticorax*	栖息和活动于平原和低山丘陵地区的溪流、水塘、江河、沼泽和水田地上	广布种	夏候鸟	++	三有	目击	√	√
37. 牛背鹭 *Bubulcus ibis*	栖息于平原草地、牧场、湖泊、水库、山脚平原和低山水田、池塘、旱田和沼泽地上	东洋种	夏候鸟	++	三有	目击	√	√
38. 苍鹭 *Ardea cinerea*	栖息于平原草地、牧场、湖泊、水库、山脚平原和低山水田、池塘、旱田和沼泽地上	古北种	夏候鸟	++	省级三有	资料	√	√
39. 绿鹭 *Butorides striatus*	常见于山间溪流、湖泊，栖息于灌木草丛中、滩涂及红树林中	东洋种	夏候鸟	++	三有	资料	√	√
40. 黄苇鳽 *Lxobiychus sinensis*	栖息于平原，和低山丘陵地带富有水边植物的开阔水域	东洋种	夏候鸟	+	三有	资料	√	√

续表

中文名、拉丁名	生境	区系	居留型	数量	保护等级	依据	环评	验收
41. 栗苇鳽 *Lxobiychus cinnamomeus*	栖息于芦苇沼泽、水塘、溪流和水稻田中	东洋种	夏候鸟	+	三有	资料	√	√
42. 大麻鳽 *Botauru stellaris*	栖息于河流、湖泊、池塘边的芦苇丛	广布种	冬候鸟	+	三有	资料	√	√
（十三）鹈鹕科 *Pelecanidae*								
43. 普通鸬鹚 *Phalacrocorax carbo sinensis*	栖息于河流、湖泊、池塘、水库、河口及其沼泽地带	广布种	留鸟	+	省级三有	资料	√	√
九、犀鸟目	*BUCEROTIFORMES*							
（十四）戴胜科 *Upupidae*								
44. 戴胜 *Upupa epops*	栖息于山地、平原、森林、林缘、路边、河谷、农田、草地、村屯和果园	广布种	留鸟	+	省级三有	目击	√	√
十、佛法僧目 *CORACIIFORMES*								
（十五）翠鸟科 *Alcedinidae*								
45. 普通翠鸟 *Alcedo atthis*	常出没于开阔郊野的淡水湖泊、溪流、运河、鱼塘及红树林	广布种	留鸟	+	三有	目击	√	√
46. 斑鱼狗 *Ceryle rudis*	栖息于低山和平原溪流、河流、湖泊、运河等水域岸边	东洋种	留鸟	+	—	资料	√	√
十一、雀形目 *PASSERIFORMES*								
（十六）黄鹂科 *Oriolidae*								
47. 黑枕黄鹂 *Oriolus chinensis*	栖息于低山丘陵和山脚平原地带的天然次生阔叶林、混 交林	古北种	夏候鸟	+	省级三有	资料	√	√
（十七）卷尾科 *Dicruridae*								
48. 黑卷尾 *Dicrurus macrocercus*	栖息于开阔山地林 缘、平原近溪处，也常见于农田、村落附近的乔木枝 上	东洋种	夏候鸟	++	省级三有	目击	√	√

续表

中文名、拉丁名	生境	区系	居留型	数量	保护等级	依据	环评	验收
（十八）伯劳科 *Laniidae*								
49. 棕背伯劳 *Lanius schach*	栖息于开阔平原和低山一带，有时也到园林、农田、村宅附近活动	东洋种	留鸟	++	三有	目击	√	√
50. 红尾伯劳 *Lanius cristatus*	栖息于低山、丘陵和平原地带的疏林和林缘灌丛草地	古北种	旅鸟	+	省级三有	目击	√	√
（十九）鸦科 *Corvidae*								
51. 喜鹊 *Pica pica*	栖息于山地村落、平原林中。常在村庄、田野、山边林缘活动	广布种	留鸟	+++	省级三有	目击	√	√
52. 灰喜鹊 *Cyanopica cyana*	栖息于半山区林地、灌丛或村庄附近的杂木林、松林中	古北种	留鸟	+++	省级三有	目击	√	√
（二十）山雀科 *Paridae*								
53. 大山雀 *Parus majer*	栖息于低山和山麓地带的次生阔叶林、阔叶林和针阔叶混交林中	广布种	留鸟	+++	省级三有	目击	√	√
54. 黄腹山雀 *P. venustulus*	栖息于海拔2000米以下的山地各种林木中	东洋种	留鸟	+	三有		√	√
（二十一）百灵科 *Alaudidae*								
55. 小云雀 *Alauda gulgula*	栖于草地、干旱平原、泥淖及沼泽	东洋种	留鸟	+	三有	目击	√	√
（二十二）苇莺科 *Acrocephalidae*								
56. 厚嘴苇莺 *Acrocephalus scirpaceus*	栖息于低海拔的低山丘陵和山脚平原地带	广布种	旅鸟	++	—	资料	√	√
（二十三）燕科 *Hirundinidae*								
57. 家燕 *Hirundo rustica*	活动于村庄及其附近的田野	广布种	夏候鸟	++	省级三有	目击	√	√
58. 崖沙燕 Riparia riparia	栖息于沟壑陡壁，山地岩石带	古北种	夏候鸟	+	三有	资料	√	√
59. 金腰燕 Cecropis daurica	含泥做窝，窝呈葫芦状	广布种	夏候鸟	+++	省级三有	资料	√	√

续表

中文名、拉丁名	生境	区系	居留型	数量	保护等级	依据	环评	验收
(二十四)鹎科 *Pycnonotidae*								
60. 白头鹎 *Pycnonotus sinensis*	栖于平原至丘陵的竹林灌丛及疏林地带	古北种	留鸟	+	三有	目击	√	√
(二十五)莺鹛科 *Sylviidae*								
61. 棕头鸦雀 *Sinosuthora webbianus*	常结群在灌木荆棘间窜动,在灌丛间作短距离的低飞	东洋种	留鸟	++	三有	资料目击	√	√
(二十六)椋鸟科 *Sturnidae*								
62. 丝光掠鸟 *Sturnus sericeus*	栖息于电线、丛林、果园及农耕区	广布种	夏候鸟	++	省级三有	目击	√	√
63. 八哥 *Acridotheres cristatellus*	栖息于海拔 2000 米以下的低山丘陵和山脚平原地带的次生阔叶林、竹林和林缘疏林	东洋种	留鸟	+++	省级三有	目击	√	√
(二十七)鸫科 *Turdidae*								
64. 乌鸫 *Turdus merula*	栖息于林地、村镇边缘,平原草地或园圃间	东洋种	留鸟	+	省级	资料	√	√
(二十八)鹟科 *Muscicapidae*								
65. 北红尾鸲 *Phoenicurus auroreus*	栖于园圃藩篱或低矮灌木间	广布种	冬候鸟	+	三有	目击	√	√
(二十九)雀科 *Fringillidae*								
66. 麻雀 *Passer montanus*	多活动在有人类居住的地方	广布种	留鸟	+++	三有	目击	√	√
(三十)鹡鸰科 *Motacillidae*								
67. 白鹡鸰 *Motacilla alba*	分布于居民区、农田、水域等各类生 境	广布种	留鸟	++	三有	目击	√	√
68. 树鹨 *Anthus hodgsoni*	各类湿地及其边缘地带林地	广布种	冬候鸟	+	三有	目击	√	√
(三一)鹀科 *Emberizidae*								
69. 田鹀 *Emberiza rustica*	栖息于平原的杂木林、灌丛和沼泽草甸	广布种	冬候鸟	++	三有	目击	√	√

注:1. 分类系统参考《中国鸟类分类与分布名录(第三版)》(郑光美,2017 年);
2. 三有,国家保护有益的或有重要经济、科学研究价值的鸟类

附录 5　评价区兽类名录

中文名、拉丁名	生境	区系	数量	保护级别	来源
一劳亚食虫目 *Eulipotyphla*					
（　）猬科 *Erinaceidae*					
1. 东北刺猬 *Erinaceus amurensis*	栖息于山地森林、草原、农田、灌丛等	广布种	++	三有	资料
二翼手目 *CHIROPTERA*					
（二）蝙蝠科 *Vespertilionidae*					
普通伏翼 *Pipistrellus pipistrellus*	栖息于房屋屋檐下或古老的房屋中，也常隐匿在屋顶瓦隙或树洞中	广布种	++	—	资料
三啮齿目 *RODENTIA*					
（三）仓鼠科 *Cricetidae*					
棕色田鼠 *Lasiopodomys mandarinus*	栖息于海拔 3000*m* 以下的岩石低地、山地草原和森林草原，一般选取靠水而潮湿的地方作位栖息位点	古北种	+	—	资料
（四）鼠科 *Muridae*					
4. 褐家鼠 *Rattus norvegicus*	栖息于林地、灌丛、灌草丛、村落	广布种	+++	—	资料 访问
5. 黄胸鼠 *Rattus tanezumi*	多于住房、仓库内挖洞穴居	东洋种	+++	—	资料
6. 小家鼠 *Mus musculus*	主要活动于居民住宅区的室内及室周环境	广布种	+++	—	资料

续表

中文名、拉丁名	生境	区系	数量	保护级别	来源
7. 黑线姬鼠 Apodemus agrarius	常栖息在地埂、土堤、林缘和田间空地中，还经常进入居民住宅内过冬	广布种	+++	—	资料
四食肉目 CARNIVORA					
（五）鼬科 Mustelidae					
8. 黄鼬 Mustela sibirica	常见于森林林缘、灌丛、沼泽、河谷、丘陵和平原等地	广布种	+++	三有	访问
9. 猪獾 Arctonyx collaris	栖息于高、中低山区阔叶林、针阔混交林、灌草丛，一般选择天然岩石裂缝、树洞作为栖息位点	东洋种	+	省级 三有	资料 访问
五兔形目 LAGOMORPHA					
（六）兔科 Leporidae					
10. 华南兔 Lepus sinensis	栖息环境甚广，山区、丘陵地区均可活动	广布种	++	省级 三有	资料 访问

注：1. 分类系统参考《中国哺乳动物多样性（第 2 版）》（蒋志刚等，2017 年）；
　　2. 三有，国家保护有益的或有重要经济、科学研究价值的兽类。

附录6　检测报告

武汉楚江环保有限公司
检 测 报 告

CJ200422102－01

项目名称　引江济汉工程环保验收调查农田土壤肥力及地下水监测
委托单位　长江勘测规划设计研究有限责任公司
地　　址　湖北省
项目类别　委托检测
采样日期　2020年04月28日
报告日期　2020年05月18日

武汉楚江环保有限公司

一、任务来源及目的

受长江勘测规划设计研究有限责任公司的委托，我公司于2020年04月28日对引江济汉工程环保验收调查农田土壤肥力及地下水监测项目进行了检测。

二、检测内容

1. 检测因子、点位及频次：见表2-1。
2. 检测项目、分析方法及主要仪器一览表：见表2-2。
3. 采样日期：2020年04月28日。

表2-1　　检测因子、点位及频次

类别	点位名称	经纬度	检测因子	采样频次
地下水	D_1赵家台监测点	N30°22′35.68″，E112°08′31.05″	pH值、总硬度、溶解性总固体、硫酸盐、氯化物、铁、锰、铜、锌、铝、挥发酚、阴离子表面活性剂、耗氧量、氨氮、硫化物、钠、水位、埋深	采样1天1次
	D_2赵家台对照点	N30°22′46.84″，E112°08′15.41″		
	D_3笃实村监测占	N30°3403.45″，E112°3726.26″		
	D_4笃实村对照点	N30°33′40.76″，E112°3733.50″		
土壤	T_1赵家台监测点	N30°22′33.53″，E112°08′32.01″	pH值、有机质、全氮、碱解氮、有效磷、速效钾	采样1天1次
	T_2赵家台对照占	N30°22′45.58″，E112°08′17.22″		
	T_3笃实村监测点	N30°34′07.95″，E112°37′32.44″		
	T_4笃实村对照点	N30°33′42.48″，E112°3729.27″		

（本页以下空白）

表 2-2 检测项目、分析方法及主要仪器一览表

类别	检测因子	方法依据及分析方法	仪器设备相关信息		检出限
地下水	pH 值	生活饮用水标准检验方法 感官性状和物理指标 GB/T 5750.4—2006（玻璃电极法）	SX725 水质双参数测量仪 CJ-YQ-36-03	出厂编号：SX725X17111004 检定证书号：[C191216216]	0.01 （无量纲 ）
	总硬度	生活饮用水标准检验方法感官性状和物理指标 GB/T 5750.4—2006（乙二胺四乙酸二钠滴定法）	酸式滴定管 CJ-JC-17-08	出厂编号：3915 检定证书号：[2017LL01435694]	1.0mg/L
	溶解性总固体	生活饮用水标准检验方法感官性状和物理指标 GB/T 5750.4—2006（称量法）	FA2004B 电子天平 CJ-YQ-08-01	出厂编号：YK201404193 检定证书号：[力学字 201904468 号]	
	硫酸盐	水质无机阴离子（F^-、Cl^-、NO^{2-}、Br、NO^{3-}、PO_4^{3-}、SO_3^{2-}、SO_4^{2-}）的测定 HJ 84—2016（离子色谱法）	CIC-100 离子色谱仪 CJ-YQ-46-02	出厂编号：16361 检定证书号：[C191216214]	0.018mg/L
	氯化物	水质无机阴离子（F^-、Cl^-、NO^{2-}、Br、NO^{3-}、PO^{3-}、$SO3^{2-}$、SO_4^{2-}）的测定 HJ 84—2016（离子色谱法）	CIC-100 离子色谱仪 CJ-YQ-46-02	出厂编号：16361 检定证书号：[C191216214]	0.007mg/L
	铁	生活饮用水标准检验方法金属指标 GB/T 5750.6—2006 （原子吸收分光光度法）	ICE-3000 原子吸收分光光度计 CJ-YQ-26-02	出厂编号：AA02164702/GF02164710 检定证书号：[化学字 201900442 号]	0.03mg/L
	锰	生活饮用水标准检验方法金属指标 GB/T 5750.6—2006（原子吸收分光光度法）	ICE-3000 原子吸收分光光度计 CJ-YQ-26-02	出厂编号：AA02164702/GF02164710 检定证书号：[化学字 201900442 号 1	0.01mg/L
	铜	生活饮用水标准检验方法金属指标 GB/T 5750.6—2006（原子吸收分光光度法）	ICE-3000 原子吸收分光光度计 CJ-YQ-26-02	出厂编号：AA02164702/GF02164710 检定证书号：[化学字 201900442 号]	0.002mg/L
	锌	生活饮用水标准检验方法 金属指标 GB/T 5750.6—2006（原子吸收分光光度法）	ICE-3000 原子吸收分光光度计 CJ-YQ-26-02	出厂编号：AA02164702/GF02164710 检定证书号：[化学字 201900442 号]	0.005mg/L
	铝	生活饮用水标准检验方法 金属指标 GB/T 5750.6—2006（电感耦合等离子发射光谱法 ）	VISOTAAX 电感耦合等离子发射光谱仪 CJ-YQ-72-01	出厂编号：EL00043814 检定证书号：[2019HX03510025]	0.040mg/L

续表

类别	检测因子	方法依据及分析方法	仪器设备相关信息		检出限
地下水	挥发酚	水质挥发酚的测定 HJ 503—2009（4－氨基安替比林分光光度法 ）	721 可见分光光度计 CJ-YO-49-01	出厂编号：YK18TS1408260 检定证书号：［化学字 201900440 号］	0.0003mg/L
	阴离子表面活性剂	生活饮用水标准检验方法 感官性状和物理指标 GB/T 5750.4—2006（（亚甲蓝分光光度法）	721 可见分光光度计 CJ-YQ-49-01	出厂编号：YK18TS1408260 检定证书号：［化学字 201900440 号］	0.050mg/L
	耗氧量	生活饮用水标准检验方法 有机物综合指标 GB/T 5750.7—2006（酸性高锰酸钾滴定法）	HH-8 数显恒温水浴锅 CJ-YQ-22-04	出厂编号：1141 检定证书号：［热字 201901536 号］	0.05mg/L
	氨氮	生活饮用水标准检验方法 无机非金属指标 GB/T 5750.5—2006（纳氏试剂分光光度法）	721 可见分光光度计 CJ-YQ-49-01	出厂编号：YK18TS1408260 检定证书号：［化学字 201900440 号］	0.02mg/L
	硫化物	生活饮用水标准检验方法无 机非金属指标 GB/T 5750.5—2006（6.1、N，N－二乙基对苯二胺分光光度法）	721 可见分光光度计 CJ-YQ-49-01	出厂编号：YK18TS1408260 检定证书号：［化学字 201900440 号］	0.02mg/L
	钠	水质钾和钠的测定 GB 11904—1989（火焰原子吸收分光光度法）	ICE-3000 原子吸 收分光光度计 CJ-YQ-26-02	出厂编号：AA02164702/ GF02164710 检定证书号：［化学字 201900442 号］	0.001mg/L
土壤	pH 值	土壤 pH 值的测定 NY/T 1377—2007（电极法）	PHS-3Cp H 计 CJ-YQ-54-04	出厂编号：1805 检定证书号：［化学字 201900439 号］	—
	有机质含 量	土壤有机质测定法 NY/T 85—1988（重量法）	FA2004B 电子天平 CJ-YQ-08-01	出厂编号：YK201404193 检定证书号：［力学字 201904468 号］	—
	总氮	土壤质量全氮的测定 HJ 717—2014（凯氏法）	ZNHW 智能恒温电热套 CJ-YQ-116-01	—	48mg/kg（取样量为 lg）
	速效钾	土壤速效钾和缓效钾含量的 测定 NY/T 889—2004（原子吸收分光光度法）	ICE-3000 原子吸 收分光光度计 CJ-YQ-26-02	出厂编号：AA02164702/ GF02164710 检定证书号：［化学字 201900442 号］	5mg/kg（取 样量为 5g）
	碱解氮 *	森林土壤氮的测定 LY/T 1228—2015	25mL 滴定管 CHEM-DDG-01 8	—	8mg/kg
	有效磷	土壤检测 第 7 部分 土壤有效磷的测定 NYIT 1121.7—2014（分光光度法）	721 可见分光光度计 CJ-YQ-49-01	出厂编号：YK18TS1408260 检定证书号：［化学字 201900440 号］	—

备注：带“*”的因子分包至通标标准技术服务（常州）有限公司（CMA 证书编号：181020340370）（本页以下空白）。

三、监测质量保证措施

本次监测严格按照国家环境监测技术规范执行全程序的质量控制：

1. 地下水监测按照相应检测，质量控制详见表 3-1。

2. 监测人员经培训且持证上岗，姓名及上岗证编号详细情况见表 3-2。

表 3-1　　地下水质控控制结果　　（单位：mg/L）

2020.4.28				
监测因子	质控样结果			评价结果
	有证标准物质编号	实测值	标准值	
挥发酚	200351	0.0116	0.0115±0.0009	合格
耗氧量	B1907186	3.02	2.90±0.26	合格
铁	202429	0.605	0.602±0.024	合格
锰	202528	0.255	0.253±0.013	合格
氨氮	2005109	14.5	14.9±1.0	合格
铜	201132	0.459	0.450±0.026	合格
锌	201331	1.017	0.988±0.049	合格
氯化物	204726	12.65	12.5±0.3	合格
硫酸盐	204726	17.10	17.7±0.6	合格
硫化物	205532	2.72	2.73±0.26	合格
钠	202822	0.745	0.724±0.043	合格

表 3-2　　监测人员情况表

姓名	上岗证编号	持证项目
袁俊雄	采样员：CJSG2019072801	水质类：生活饮用水、地表水及地下水、污染源废水采样 气体类：环境空气、污染源废气、室内空气、无组织采样 噪声：环境噪声、厂界噪声、建筑室内噪声、交通道路噪声 固体类：土壤、底质、固体废物采样等
吴晓林	采样员：CJSG2016111702	水质类：生活饮用水、地表水及地下水、污染源废水采样 气体类：环境空气、污染源废气、室内空气、无组织采样 辐射类：工频电场电磁辐射 噪声：环境噪声、厂界噪声、建筑室内噪声、交通道路噪声 固体类：土壤、底质、固体废物采样等
王兴隆	采样员：CJSG2019101101	水质类：生活饮用水、地表水及地下水、污染源废水采样 气体类：环境空气、污染源废气、室内空气、无组织采样 噪声：环境噪声、厂界噪声、建筑室内噪声、交通道路噪声 固体类：土壤、底质、固体废物采样等

续表

姓名	上岗证编号	持证项目
张娟	分析员：CJSG2017070405	水类：色度、浊度、悬浮物、碱度、溶解氧、化学需氧量、生化需氧量、石油类和动植物油、氰化物、硫化物、总固体、溶解性总固体、硫酸盐等 气类：臭气浓度、烟尘、总悬浮颗粒物、可吸入颗粒物、降尘、二氧化硫、二氧化氮、氮氧化物等 生物类：菌落总数、大肠菌群、粪大肠菌群、耐热大肠菌群、大肠埃希氏菌等
李新	分析员：CJSG2017070404	水类：pH 值、六价铬、镉、铅、锌、氨氮、亚硝酸盐、硝酸盐氮、总氮、总磷、磷酸盐、单质磷、氟化物、硫酸盐、亚硫酸盐、硫化物、凯氏氮、氧化还原电位、铁氰络合物、石油类和动植物油、浊度/浑浊度、氯化物、氰化物、游离氯和总氯、阴离子表面活性剂、挥发酚、氯化氰、叶绿素 a、电导率、化学需氧量、生化需氧量、高锰酸盐指数、悬浮物 气类：颗粒物、TSP、PM_{10}、降尘、光气、二氧化硫、氮氧化物、氨、硫化氢、氟化物、一氧化碳、铬酸雾、氯气、氯化氢、沥青烟、酚类化合物、苯胺类、$PM_{2.5}$、臭气浓度 工作场所类：铬及其化合物（六价铬、三价铬）、无机含氮化合物、磷酸、二氧化硫、盐酸、甲醛、总粉尘、呼吸性粉尘 固体类：pH 值、含水率、阳离子交换量和交换性盐基总量、混合液污泥浓度、矿物油、有机物含量、有机质、有机碳、总氮、总磷、有效磷、水溶性盐总量、总碱度、氰化物、有效硫、六价铬、脂肪酸、氨氮、硝酸盐氮、腐殖质、交换性酸度、水解性总酸度、交换性盐基总量、氯离子含量、硫酸根离子、亚硝酸盐氮、水溶性和酸溶性硫酸盐、电导率、氧化还原电位、速效钾 生物类：菌落总数、大肠菌群、粪大肠菌群、耐热大肠菌群、大肠埃希氏菌、蛔虫卵 农产品类：水分、灰分、pH 值、酸度、氟、亚硝酸盐和硝酸盐
陈成	分析员：CJSG2016071701	水类：pH 值、悬浮物、总钙、总镁、砷、铍、银、铜、铅、锌、镉、铬、铊、铋、汞、锰、铁、镍、钒、钠、钾、锑、钴、铝、钼、锡、硒、阴离子表面活性剂、易沉固体、全盐量、矿化度、铁氰络合物、有机质、钡、硼、锶、钛、钡、锂、磷、硫、硅、化学需氧量、五日生化需氧量、氨氮、总氮、六价铬、氰化物、硫酸盐、亚硫酸盐、硫化物、挥发酚、动植物油、石油类、高锰酸盐指数 气类：颗粒物、TSP、PM_{10}、降尘、光气、臭气浓度、二氧化硫、氮氧化物、氨、硫化氢、氟化物、一氧化碳、二硫化碳、沥青烟、苯、甲苯、二甲苯、乙苯、苯乙烯、异丙苯、硝基苯类、甲醛、酚类化合物、苯胺类、甲醇、丙酮、丙烯腈、氯乙烯、PM25、甲烷、总烃和非甲烷总烃、苯可溶物、苯并（a）芘、挥发性卤代物、总挥发性有机化合物 固体类：pH 值、含水率、阳离子交换量和交换性盐基总量、混合液污泥浓度、矿物油、有机物含量、有机质、有机碳、总氮、总磷、有效磷、水溶性盐总量、总碱度、氰化物、氯离子含量、硫酸根离子、亚硝酸盐氮、水溶性和酸溶性硫酸盐

续表

姓名	上岗证编号	持证项目
秦烨	分析员：CJSG2016080501	水类：pH 值、色度、化学需氧量、五日生化需氧量、浊度/浑浊度、臭（臭和味）、总硬度、全盐量、二硫化碳、氯化物、氰化物、游离氯和总氯、氯胺、游离二氧化碳、总有机碳、有机质、二氧化硅、可吸附有机卤素、阴离子表面活性剂、挥发酚、苯乙烯、苯、甲苯、二甲苯、乙苯、异丙苯、乙醛、六六六、滴滴涕、苯胺、氯苯、硝基苯类化合物、四氯化碳、三氯甲烷、氯丁二烯、三氯甲烷、四氯化碳、无机阴离子 气类：颗粒物、TSP、PM_{10}、降尘、光气、臭气浓度、二氧化硫、氮氧化物、氨、硫化氢、氟化物、一氧化碳、二硫化碳、沥青烟、苯、甲苯、二甲苯、乙苯、苯乙烯、异丙苯、硝基苯类、苯胺类、甲醇、丙酮、丙烯腈、氯乙烯、颗粒物中水溶性阴离子、PM25、甲烷、总烃和非甲烷总烃、苯可溶物、苯并（a）芘、挥发性卤代物、总挥发性有机化合物 固体类：pH 值、含水率、阳离子交换量和交换性盐基总量、混合液污泥浓度、矿物油、有机物含量、有机质、有机碳、总氮、总磷、有效磷、水溶性盐总量、总碱度、氰化物、氯离子含量、硫酸根离子、亚硝酸盐氮、水溶性和酸溶性硫酸盐 生物类：菌落总数、大肠菌群、粪大肠菌群、耐热大肠菌群、大肠埃希氏菌、蛔虫卵

四、地下水检测结果

检测因子	检测结果			
	2020.4.28			
	D1 赵家台 监测点	D2 赵家台 对照点	D ?? 笃实村 监测点	D4 笃实村 对照点
pH 值（无量纲）	6.89	6.93	6.84	6.81
总硬度（mg/L）	131	188	206	215
溶解性总固体（mg/L）	167	234	264	290
硫酸盐（mg/L）	38.3	92.7	15.1	41.2
氯化物（mg/L）	28.1	57.1	29.9	36.3
铁（mg/L）	0.12	未检出	0.08	未检出
锰（mg/L）	未检出	未检出	0.07	0.02
铜（mg/L）	未检出	未检出	未检出	未检出
锌（mg/L）	未检出	未检出	未检出	未检出
铝（mg/L）	未检出	未检出	0.047	0.047
挥发性酚类（mg/L）	未检出	未检出	未检出	未检出
阴离子表面活性剂（mg/L）	未检出	未检出	未检出	未检出
耗氧量（mg/L）	3.29	3.23	1.19	3.41
氨氮（mg/L）	0.40	0.08	0.60	0.11

续表

检测因子	检测结果			
	2020.4.28			
	D1 赵家台监测点	D2 赵家台对照点	D ?? 笃实村监测点	D4 笃实村对照点
硫化物（mg/L）	未检出	未检出	未检出	未检出
钠（mg/L）	47.3	76.6	29.5	36.7
水位（m）	23	21	20	18
埋深（m）	2.0	1.8	2.1	2.4

五、土壤检测结果

检测因子	检测结果			
	2020.4.28			
	Ti 赵家台监测点	T2 赵家台对照点	T3 笃实村监测点	T/笃实村对照点
pH 值（无量纲）	6.35	6.40	6.42	6.50
有机质（%）	2.12	1.80	0.774	2.83
全氮（mg/kg）	1.54×103	1.52×103	659	2.06×103
氮（mg/kg）	117	87	92	62
有效磷（mg/kg）	2.2	3.9	2.1	26.0
速效钾（mg/kg）	152	184	77	192

（以下空白）

编制人：

审核人：

签发人：

签发日期：2020.5.18

图书在版编目（CIP）数据

南水北调中线一期引江济汉工程环境保护实践与管理 / 肖代文等著 .
—武汉 ： 长江出版社，2023.2
ISBN 978-7-5492-8716-1
Ⅰ . ①南… Ⅱ . ①肖… Ⅲ . ①南水北调 - 水利工程 -
生态环境 - 环境保护 - 研究 Ⅳ . ① TV68

中国国家版本馆 CIP 数据核字 (2023) 第 034021 号

南水北调中线一期引江济汉工程环境保护实践与管理
NANSHUIBEIDIAOZHONGXIANYIQIYINJIANGJIHANGONGCHENGHUANJINGBAOHUSHIJIANYUGUANLI
肖代文等 著

责任编辑： 闫彬
装帧设计： 蔡丹
出版发行： 长江出版社
地 址： 武汉市江岸区解放大道 1863 号
邮 编： 430010
网 址： http://www.cjpress.com.cn
电 话： 027-82926557（总编室）
027-82926806（市场营销部）
经 销： 各地新华书店
印 刷： 武汉新鸿业印务有限公司
规 格： 787mm × 1092mm
开 本： 16
印 张： 24.25
拉 页： 2
字 数： 580 千字
版 次： 2023 年 2 月第 1 版
印 次： 2023 年 2 月第 1 次
书 号： ISBN 978-7-5492-8716-1
定 价： 168.00 元